计 算 机 科 学 丛 书

软件建模与设计

UML、用例、模式和软件体系结构

（美）**Hassan Gomaa** 著　彭鑫 吴毅坚 赵文耘 等译

Software Modeling & Design
UML, Use Cases, Patterns, & Software Architectures

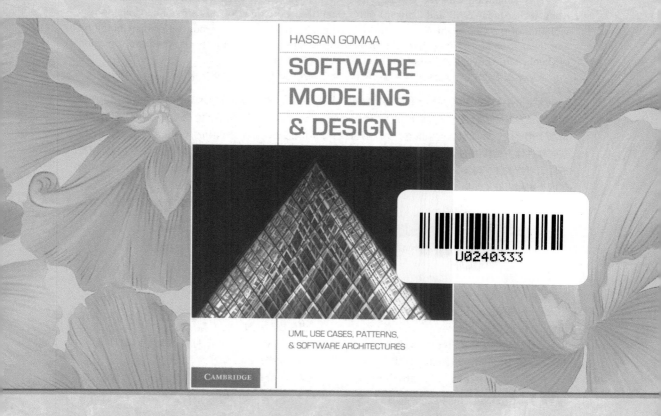

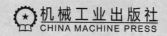

机械工业出版社
CHINA MACHINE PRESS

图书在版编目（CIP）数据

软件建模与设计：UML、用例、模式和软件体系结构 /（美）戈马（Gomaa, H.）著；彭鑫等译 . —北京：机械工业出版社，2014.6（2025.5 重印）
（计算机科学丛书）
书名原文：Software Modeling & Design: UML, Use Cases, Patterns, & Software Architectures

ISBN 978-7-111-46759-5

I. 软… II. ①戈… ②彭… III. 面向对象语言 - 程序设计 IV. TP312

中国版本图书馆 CIP 数据核字（2014）第 101580 号

北京市版权局著作权合同登记 图字：01-2011-3361 号。

本书介绍了关于软件应用建模和设计的知识。从 UML 中的用例到软件体系结构，本书展示了在解决现实世界问题的过程中如何应用 COMET，介绍了针对各种体系结构的模式（包括客户端 / 服务器以及基于构件的软件体系结构中的客户端 / 服务模式，面向服务的体系结构中的代理、发现和事务模式，实时软件体系结构中的实时控制模式，软件产品线体系结构中的分层模式）和软件质量属性（包括可维护性、可修改性、可测试性、可追踪性、可伸缩性、可复用性、性能、可用性和安全性）。此外，还包含了四个案例研究（包括银行系统、在线购物系统、应急监控系统和自动引导车辆系统）。

本书非常适合作为高等院校相关专业高年级本科生或研究生软件工程课程的教材，同时适合对大规模软件系统的分析、设计和开发感兴趣的软件工程师阅读参考。

出版发行：机械工业出版社（北京市西城区百万庄大街 22 号 邮政编码：100037）
责任编辑：迟振春　　　　　　　　　　　　　责任校对：殷　虹
印　　刷：北京富资园科技发展有限公司　　版　　次：2025 年 5 月第 1 版第 14 次印刷
开　　本：185mm×260mm　1/16　　　　　印　　张：27.75
书　　号：ISBN 978-7-111-46759-5　　　　定　　价：85.00 元

客服电话：（010）88361066　68326294

软件开发的主要困难在于概念化层次上的问题理解和方案规划，主要包括需求理解、分析和软件设计。其中，软件体系结构设计是一项最具挑战性的任务。一个高质量的软件体系结构应当完整、准确地实现特定软件系统所要求的各项功能需求，同时实现性能、可用性、可伸缩性、可维护性等软件质量属性。为此，设计人员需要全面、准确地理解软件需求和软件质量属性，掌握各种常见的软件体系结构模式并具有在特定问题环境中综合应用多种模式的能力。此外，为了准确、规范地描述需求模型、分析模型、体系结构模式以及特定的体系结构设计模型，统一、规范的可视化建模语言及相应的建模指导也是必不可少的。

本书面向软件体系结构设计，以统一建模语言（UML）为基础，从基于用例的需求建模、基于类图的静态建模、基于对象交互分析的动态建模、状态机建模等基本的需求和分析建模手段开始，逐步介绍了多种软件体系结构模式以及基于模式的软件体系结构设计方法。这些体系结构模式覆盖了当前最为流行的多种软件体系结构类型，包括面向对象的软件体系结构、客户端/服务器软件体系结构、面向服务的软件体系结构、基于构件的软件体系结构、并发和实时软件体系结构以及软件产品线体系结构。本书还提供了四个详细的案例研究以及一系列模型实例，所有例子都使用 UML 2 表示法进行描述。本书不仅适用于高年级本科生及研究生软件分析与设计相关课程教学，而且还可以作为软件开发和管理相关领域专业人员学习、应用软件分析与设计方法和建模规范的参考。

彭鑫、吴毅坚、赵文耘主要组织并参加了本书的翻译和审校工作。其中，彭鑫负责第 1 章、第 12 ~ 19 章、第 21 ~ 24 章、附录及索引的翻译工作，吴毅坚负责第 2 ~ 11 章、第 20 章及术语表的翻译工作，赵文耘审阅了全文。参加本书翻译工作的还包括陈碧欢、林云、钱文亿、赵欣等。

由于本书内容丰富、覆盖面广，同时译者水平有限，译文中难免有疏漏或错误，恳请各位读者批评指正。

概述

本书介绍了一种用例驱动、基于 UML 的软件体系结构建模和设计方法，包括面向对象的软件体系结构、客户端 / 服务器软件体系结构、面向服务的体系结构、基于构件的软件体系结构、并发和实时软件体系结构，以及软件产品线体系结构。本书为软件体系结构设计提供了一套统一的方法，同时针对每种类型的软件体系结构进行了特殊考虑。此外，本书还包含了四个案例研究：一个客户端 / 服务器银行系统、一个面向服务的体系结构的在线购物系统、一个基于构件的分布式应急监控系统和一个实时自动引导车辆系统。

本书介绍了一种基于 UML 的软件建模和设计方法——COMET（Collaborative Object Modeling and Architectural Design Method）。COMET 是一种高度迭代的面向对象的软件开发方法，覆盖了面向对象开发生存周期的需求、分析和设计建模阶段。

本书针对希望使用一种系统化的基于 UML 的方法（从基于用例的需求建模开始，通过静态和动态建模，直至基于体系结构设计模式的软件设计）来设计软件体系结构的读者。

本书内容

目前市场上有很多介绍面向对象分析和设计概念及方法的书。本书针对设计软件体系结构的特定需要，介绍了基于 UML 的软件体系结构设计，由基于用例的需求建模、基于类图的静态建模、基于对象交互分析的动态建模和状态机建模开始，直至基于体系结构设计模式的软件设计。书中所有的例子都使用 UML 2 表示法进行描述。具体而言，本书包括以下内容：

- 全面介绍了应用基于 UML 的面向对象概念进行需求建模、分析建模和设计建模。需求建模包括用例建模，以描述功能性需求，同时通过扩展的方式来描述非功能性需求。分析建模包括静态建模和动态建模（交互建模和状态机建模）。设计建模涉及重要的体系结构问题，包括一种将基于用例的交互图集成到初始软件体系结构以及应用体系结构和设计模式来设计软件体系结构的系统化的方法。
- 提供了一种通用的需求和分析建模方法，并且分析了设计不同类型的软件体系结构所面对的特定问题（每种类型的软件体系结构对应一章），包括面向对象的软件系统、客户端 / 服务器系统、面向服务的系统、基于构件的系统、实时系统和软件产品线。
- 介绍了如何通过首先考虑与相应的软件体系结构类型相关的模式来设计软件体系结构，包括：针对客户端 / 服务器以及基于构件的软件体系结构的客户端 / 服务模式；针对面向服务的体系结构的代理、发现和事务模式；针对实时软件体系结构的实时控制模式；针对软件产品线体系结构的分层模式。
- 介绍了对软件产品质量有重要影响的软件质量属性。其中很多属性都可以在软件体系结构设计时进行考虑和评价。所涉及的软件质量属性包括可维护性、可修改性、可测试性、可追踪性、可伸缩性、可复用性、性能、可用性和安全性。

- 介绍了四个详细的案例研究。这些案例研究按照软件体系结构类型进行组织，包括针对客户端/服务器体系结构的银行系统、针对面向服务的体系结构的在线购物系统、针对基于构件的软件体系结构的应急监控系统，以及针对实时软件体系结构的自动引导车辆系统。
- 本书最后提供了软件体系结构模式分类、针对基于本书进行学术性课程和工业课程教学的教学建议以及术语表、参考文献、索引。此外，本书的大多数章节后都包含相应的练习。

目标读者

本书的目标读者包括学术界以及计算机相关专业的从业人员。学术界的目标读者包括计算机科学及软件工程专业的高年级本科生、研究生以及本领域的研究者。相关从业人员包括参与大规模工业和政府软件系统的分析、设计和开发的分析师、软件架构师、软件设计人员、程序员、项目经理、技术经理、程序经理和质量保障专家。

阅读本书的方式

本书可以通过多种不同的方式进行阅读。可以按章节顺序进行阅读：第 1 章至第 4 章提供了介绍性的概念；第 5 章对 COMET/UML 软件建模和设计方法进行了概述；第 6 章至第 20 章对软件建模和设计进行了深入介绍；第 21 章至第 24 章提供了详细的案例研究。

除此之外，有些读者可能希望跳过某些章节，这取决于读者对相关内容的熟悉程度。第 1 章至第 4 章是介绍性的内容，有经验的读者可以跳过。熟悉软件设计思想的读者可以跳过第 4 章。对软件建模和设计特别感兴趣的读者可以直接从第 5 章开始阅读关于 COMET/UML 的介绍。不熟悉 UML 或者对 UML 2 的变化感兴趣的读者可以阅读第 2 章以及第 5 章至第 20 章。

有经验的软件设计者还可以将本书作为参考书，将各章作为项目到达需求、分析或设计过程中特定阶段时的参考。每一章的内容都相对独立。例如，可以通过第 6 章了解用例，通过第 7 章了解静态建模，通过第 9 章了解动态交互建模。第 10 章可以作为设计状态机的参考；第 12 章和附录 A 可以作为软件体系结构模式的参考；第 14 章可以作为面向对象软件体系结构的参考；第 15 章可以作为基于静态模型设计关系数据库的参考。可以通过第 16 章了解面向服务的体系结构；通过第 17 章了解基于构件的分布式软件设计；通过第 18 章了解实时设计；通过第 19 章了解软件产品线设计。也可以通过阅读案例研究来加强对如何使用 COMET/UML 方法的理解，因为每个案例研究都对实际应用的设计中需求、分析和设计建模过程所做出的各种决策进行了解释。

Hassan Gomaa

邮件地址：hgomaa@gmu.edu

个人网站：http://mason.gmu.edu/~hgomaa

第一部分：概览

第1章：引言

本章对软件建模和设计进行了简要介绍，讨论了一些软件设计问题，介绍了软件体系结构，此外还概述了基于 UML 的面向对象分析和设计。

第2章：UML 表示法概述

本章介绍了 UML 表示法，包括用例图、类图、交互图、状态图、包图、并发通信图和部署图。本章还介绍了 UML 扩展机制以及 UML 逐渐标准化的发展过程。

第3章：软件生存周期模型和过程

本章介绍了用于开发软件的软件生存周期模型，包括瀑布模型、原型过程、迭代过程、螺旋模型和统一过程。本章还对这些过程和模型进行了比较。

第4章：软件设计和体系结构概念

本章对一些关键的软件设计概念进行了介绍和讨论，包括类、对象、信息隐藏和继承等面向对象的设计概念，以及使用并发对象的并发处理。此外，本章还介绍了软件体系结构和构件、软件设计模式以及软件质量属性。

第5章：软件建模和设计方法概览

本章对软件建模和设计方法进行了概述，包括需求建模、分析建模和设计建模。此外，本章还对本书中所涉及的各种不同类型的软件体系结构进行了概述。

第二部分：软件建模

第6章：用例建模

本章首先对需求分析和需求规约进行了概述，然后介绍了用于需求开发的用例建模方法，接下来介绍了一种用例开发方法。本章涉及用例、参与者、识别用例、描述用例以及用例关系。本章还介绍了用于单个用例细化建模的活动图。此外，用例还被扩展用于描述非功能性需求。

第7章：静态建模

本章介绍了静态建模的相关概念，包括关联、整体 / 部分关系（组合和聚合）以及泛化 / 特化关系。此外，本章还介绍了一些特殊问题，包括系统边界的建模、信息密集的实体类建模。

第8章：对象和类组织

本章介绍了应用类的分类，即类在应用中所扮演的不同角色。主要的分类包括边界对象、实体对象、控制对象和应用逻辑对象。本章还介绍了各种对象相应的行为模式。

第9章：动态交互建模

本章介绍了动态交互建模概念。针对每个用例所开发的交互（顺序或通信）图包括主场景和可替换场景。本章还介绍了如何从用例开始开发交互模型。

第10章：有限状态机

本章介绍了有限状态机建模的概念。具体而言，一个状态相关的控制类需要使用有限状态机建模并描述为状态图。本章还介绍了事件、状态、条件、动作、进入和退出动作、复合状态、顺序和正交状态。

第11章：状态相关的动态交互建模

本章介绍了状态相关的对象交互的动态交互建模，包括状态机和交互图如何相互关联以及二者如何保持一致。

第三部分：软件体系结构设计

第12章：软件体系结构概览

本章介绍了软件体系结构的概念，包括软件体系结构的多视图、软件体系结构模式（结构模式和通信模式），提供了一种软件体系结构模式的描述模板，此外还对接口设计进行了介绍和讨论。

第13章：软件子系统体系结构设计

本章介绍了软件体系结构设计的各种问题，包括从分析到体系结构设计的转换、子系统设计中的关注点分离、子系统组织准则，以及子系统消息通信接口的设计。

第14章：设计面向对象的软件体系结构

本章介绍了顺序性软件体系结构的面向对象设计，特别是使用信息隐藏、类和继承等思想的设计。在类接口设计中，类的设计者需要决定哪些信息应该隐藏而哪些信息应该通过类接口（由类所提供的操作组成）暴露出来。本章讨论了契约式设计和顺序性类设计，包括数据抽象类、状态机类、图形用户界面类和业务逻辑类的设计，此外还讨论了类的详细设计。

第15章：设计客户端/服务器软件体系结构

本章介绍了客户端和服务器的设计，并对客户端/服务模式（结构以及行为）、顺序性和并发服务、从静态模型到关系数据库的映射（包括数据库包装器的设计以及逻辑关系数据库的设计）进行了讨论。

第16章：设计面向服务的体系结构

本章介绍了面向服务的体系结构的特点，讨论了 Web 服务和服务模式，包括注册、代理和发现模式，然后介绍了事务模式和事务设计，包括原子事务、两阶段提交协议、复合事务和长事务。本章还介绍了如何设计可复用的服务、如何基于服务复用构建应用、服务协调。

第17章：设计基于构件的软件体系结构

本章介绍了基于构件的分布式软件体系结构设计，包括构件接口（供给接口及请求接口）设计。本章还讨论了基于构件的软件体系结构如何使用结构化类和 UML 2 中引入的复合结构图表示法进行描述，该表示法可以描述构件、端口、连接器、供给和请求接口。

第 18 章：设计并发和实时软件体系结构

本章分析了嵌入式实时系统的特点，讨论了并发与控制、实时系统的控制模式、并发任务组织（包括事件驱动的任务、周期性任务和按需驱动的任务）以及任务接口的设计（包括消息通信、事件同步和通过被动对象的通信）。

第 19 章：设计软件产品线体系结构

本章介绍了软件产品线的特点——面向产品族进行共性和可变性建模，讨论了特征建模、可变性建模、软件产品线体系结构和应用工程。本章还介绍了用例、静态和动态模型、软件体系结构中的可变性建模。

第 20 章：软件质量属性

本章介绍了软件质量属性以及如何使用软件质量属性评价软件体系结构的质量。软件质量属性包括可维护性、可修改性、可追踪性、可用性、可复用性、可测试性、性能和安全性。本章还讨论了体系结构设计方法如何支持软件质量属性。

第四部分：案例研究

每个案例研究都详细描述了如何应用此前所介绍的概念和方法设计各种不同的软件体系结构：客户端/服务器软件体系结构、面向服务的体系结构、基于构件的软件体系结构，以及实时软件体系结构。每个案例研究都对建模和设计决策的原理进行了讨论。

第 21 章：客户端/服务器软件体系结构案例研究：银行系统

本章介绍了如何应用软件建模和设计方法来设计一个由一个银行服务器和多个 ATM 客户端组成的客户端/服务器系统——银行系统。ATM 客户端的设计同时也是并发软件设计的例子。银行服务的设计是顺序性面向对象设计的例子。

第 22 章：面向服务的体系结构案例研究：在线购物系统

本章介绍了如何应用软件建模和设计方法来设计一个面向服务的软件体系结构——在线购物系统，其中包含多个由多个客户端调用的服务并且需要服务代理、服务发现和服务协调。

第 23 章：基于构件的软件体系结构案例研究：应急监控系统

本章介绍了如何应用软件建模和设计方法来设计一个基于构件的软件体系结构——应急监控系统，其中软件构件可以在部署时被分配到硬件配置上。

第 24 章：实时软件体系结构案例研究：自动引导车辆系统

本章介绍了如何应用软件建模和设计方法来设计一个实时自动引导车辆系统（由多个并发任务组成）。该系统是一个工厂自动化系统之系统（system of system）的一部分。

附录 A：软件体系结构模式分类

为便于参照，本附录按照通用模板对本书中所用到的软件体系结构的结构模式、通信模式和事务模式进行了描述。

附录 B：教学考虑

本附录描述了基于本书进行学术性教学和工业课程教学的方法。

致 谢

Software Modeling & Design: UML, Use Cases, Patterns, & Software Architectures

衷心感谢各位评审者对本书初稿所提出的建设性意见和建议，包括 Rob Pettit、Kevin Mills、Bran Selic 以及其他未留名的评审者。十分感谢我在乔治梅森大学所开设的软件设计和可复用的软件体系结构课程的学生，感谢他们的热情、奉献和宝贵的反馈。同样十分感谢 Koji Hashimoto、Erika Olimpiew、Mohammad Abu-Matar、Upsorn Praphamontripong 和 Sylvia Henshaw 对本书的插图所做出的辛勤和细致的工作。感谢剑桥大学出版社的编辑和出版工作人员，包括 Heather Bergman、Lauren Cowles、David Jou、Diane Lamsback，以及 Aptara 的出版工作人员。没有他们，这本书将无法面世。

衷心感谢培生教育出版集团允许我使用此前出版的书籍中的一些材料，包括《Designing Concurrent，Distributed，and Real-Time Applications with UML》 以 及《Designing Software Product Lines with UML》。

最后但并非不重要的是，谢谢我的妻子 Gill 对我的鼓励、理解和支持。

第四部分 案例研究

Software Modeling & Design: UML, Use Cases, Patterns, & Software Architectures

概　览

引　言

1.1　软件建模

建模在各行各业中都得到了广泛应用，甚至可以追溯到早期文明，例如古代埃及、罗马和希腊，那时建模被用于提供艺术和建筑学中的小规模规划（图 1-1）。建模在科学和工程中广泛用于在某一精度和细节层次上提供系统的抽象，而我们又可以通过分析模型获得对所开发系统的更好理解。按照对象建模组织（OMG）的说法，"建模就是在编码之前对软件应用的设计"。

在基于模型的软件设计和开发中，软件建模被作为软件开发过程的一个根本性的部分。模型在系统的实现之前进行构造和分析，并用于指导后续的实现过程。

我们可以通过从多个不同的角度（又称为多视图）考虑系统以更好地理解系统（Gomaa 2006 ；Gomaa and Shin 2004），例如软件系统的需求模型、静态模型和动态模型。图形化建模语言（例如 UML）有助于对不同视图的开发、理解和交流。

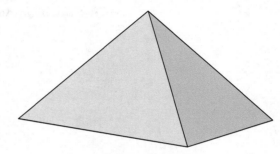

a）埃及的大金字塔模型

b）埃及的大金字塔

图 1-1　建模和建筑的例子

本章介绍了面向对象方法和表示法、软件建模和体系结构设计概览以及对于模型驱动体系结构（MDA）和 UML 的简介。此外，本章还简要介绍了软件设计方法的发展、面向对象分析和设计方法以及并发、分布式和实时设计方法。

1.2　面向对象方法与统一建模语言

面向对象概念在软件分析和设计中十分重要，因为这些概念与软件的可修改性、适应性和演化中的根本性问题相关。面向对象方法基于信息隐藏、类和继承的概念。信息隐藏可以使得系统模块独立，从而具有更好的可修改性和可维护性。继承则使得我们可以以一种系统化的方式对类进行调整。

随着软件应用的面向对象分析和设计方法及表示法的流行，统一建模语言（UML）被提出，从而为面向对象模型的描述提供了一种标准化的图形语言和表示法。然而，由于 UML 是一种与方法学无关的语言，因此需要与面向对象分析和设计方法一起使用。因为 UML 现在是描述面向对象模型的标准化的图形语言和表示法，因此本书将通篇使用 UML 表示法。

现代的面向对象分析和设计方法是基于模型的，并且综合使用了用例建模、静态建模、状态机建模和对象交互建模。几乎所有现代的面向对象方法都使用 UML 表示法来描述软件需求、分析和设计模型（Booch，Rumbaugh，and Jacobson 2005；Fowler 2004；Rumbaugh，Booch，and Jacobson 2005）。

在**用例建模**中，系统的功能性需求按照用例和参与者进行定义。**静态建模**提供了系统的结构化视图。类按照其属性以及与其他类的关系进行定义。**动态建模**提供了系统的行为视图。用例是通过对象之间的交互来实现的。对象交互图用于显示对象之间是如何通信以实现用例的。系统与状态相关的方面则使用状态图进行定义。

1.3　软件体系结构设计

软件体系结构（Bass，Clements，and Kazman 2003；Shaw and Garlan 1996）将系统的总体结构（包括构件及其连接关系）与各个构件的内部细节相分离。对于构件及其连接关系的强调有时被称为全局性的编程，而单个构件的详细设计被称为局部性的编程。

软件体系结构可以在不同的细节层次上进行描述。在较高的细节层次上，体系结构可以描述软件系统是如何分解为子系统的。在较低的细节层次上，体系结构可以描述子系统是如何分解为模块或构件的。这些不同层次上的体系结构强调的都是子系统 / 构件的外部视图，即子系统 / 构件所提供和需要的接口以及与其他子系统 / 构件的连接关系。

设计软件体系结构的时候应当考虑系统的软件质量属性。这些属性与体系结构如何满足重要的非功能性需求相关，例如性能、安全性和可维护性等。

软件体系结构有时被称为高层设计。软件体系结构可以从不同的视图进行描述（见 1.7 节），重要的是保证体系结构同时满足功能性（软件必须做什么）和非功能性（软件应当做得多好）软件需求。软件体系结构同时也是详细设计和实现（此时开发团队一般会变得更大）的出发点。

1.4　方法和表示法

本节定义重要的软件设计相关术语。

软件设计表示法是一种使用图形或文本方式或同时使用图形和文本描述软件设计的方法。例如，类图是一种图形化的设计表示法，而伪代码是一种文本化的设计表示法。UML 是一种针对面向对象软件应用的图形化表示法。设计表示法为如何进行软件设计给出了一些方面的建议，但并未为如何产生设计提供一种系统化的方法。

软件设计思想是一种可以用于设计系统的根本性的思想。例如，信息隐藏是一种软件设计思想。

软件设计策略是一种对设计的整体性规划和方向性指导。例如，面向对象的分解是一种软件设计策略。

软件结构组织准则是用于帮助设计者将软件系统组织为构件的启发式规则或指导方针。

例如，对象结构设计准则为如何将系统分解为对象提供了指导方针。

软件设计方法是一种描述了用于在给定的应用系统软件需求基础上创建一个设计方案的步骤序列的系统化方法。这种方法可帮助设计者或设计团队确定需要做出的决策、做出决策的顺序以及决策时使用的结构设计准则。设计方法建立在一组设计思想基础上，使用一种或多种设计策略，并且使用某种设计表示法描述所得到的设计。在一个给定的设计步骤中，设计方法可能会提供一组结构设计准则来帮助设计者将系统分解为构件。

协作的对象建模和设计方法（Collaborative Object Modeling and Design Method，COMET）使用 UML 表示法来描述设计。COMET 基于信息隐藏、类、继承和并发任务等设计思想。该方法使用并发对象设计的设计策略，该策略将软件系统的结构组织为一组主动和被动对象并且定义它们相互之间的接口。此外，该方法还为分析过程提供了结构设计准则来帮助将系统的结构组织为对象，而且为设计过程提供了附加的准则来确定子系统和并发任务。

1.5　COMET：一种基于 UML 的软件应用建模和设计方法

本书描述了一种称为 COMET 的基于 UML 的软件建模和体系结构设计方法。COMET 是一种迭代的用例驱动和面向对象的软件开发方法，涵盖了软件开发生存周期的需求、分析和设计建模阶段。系统的功能性需求被定义为参与者和用例。每个用例定义了一个或多个参与者与系统之间的交互序列。用例可以在各种不同的细节层次上进行考虑。在需求模型中，系统的功能性需求被定义为参与者和用例。在分析模型中，用例被具体化为参与用例的对象及其交互关系。而设计模型中则会开发软件体系结构，考虑分布、并发和信息隐藏等问题。

1.6　UML 标准

本节简要回顾 UML 如何逐步发展成为描述面向对象设计的标准建模语言和表示法。UML 的发展历史在 Kobryn（1999）中有详细介绍。UML 0.9 统一了 Booch、Jacobson（1992）和 Rumbaugh et al.（1991）所述的表示法。这一版本与各种厂商和系统集成商的参与一起构成了 UML 标准化工作的基础。这一标准化工作的结果是 UML 1.0 提案最终在 1997 年 1 月份提交给 OMG。经过一些修改后，最终的 UML 1.1 提案于当年晚些时候提交给 OMG，并在 1997 年 11 月被采用作为一种对象建模标准。

OMG 将 UML 作为一项标准进行维护。该标准被采用的第一个版本是 UML 1.3，随后的 UML 1.4 和 1.5 版本有一些较小的修订。2003 年的 UML 2.0 版本进行了一次较大的修订。关于 UML 的最新参考书一般都基于 UML 2.0 版本，包括 Booch，Rumbaugh，and Jacobson（2005）、Rumbaugh，Booch，and Jacobson（2005）、Fowler（2004）、Eriksson et al.（2004）以及 Douglass（2004）这些书的修订版。自此之后 UML 标准还有一些较小的修订。UML 标准的当前版本被称为 UML 2。

基于 UML 的模型驱动体系结构

按照 OMG 的观点，"建模是软件应用在编码之前的设计"。OMG 积极推动着在模型驱动的软件体系结构中将 UML 模型作为实现之前的软件体系结构建模表示。OMG 认为 UML 独立于特定的方法学，是一种描述面向对象分析和设计结果的表示法，其中的分析和设计过程可以采用各种不同的方法学。

UML 模型可以是平台无关模型（platform-independent model，PIM）也可以是平台相关模型（platform-specific model，PSM）。PIM 是一种在采用特定平台的决策做出之前描述软件体系结构的精确模型。首先开发 PIM 特别有用，因为同一个 PIM 可以映射到不同的中间件平台上，例如 COM、CORBA、.NET、J2EE、Web Services 或其他 Web 平台。本书中介绍的方法使用模型驱动体系结构的概念开发基于构件的软件体系结构，并将其表示为 UML 平台无关模型（PIM）。

1.7 软件体系结构的多视图

软件体系结构可以从不同的角度进行考虑，称为不同的视图。Kruchten（Kruchten 1995）提出了软件体系结构的 4+1 视图模型，提倡软件体系结构的多视图建模方法，其中用例视图位于中心位置（4+1 视图中的 1）。这些视图包括：逻辑视图，一种静态建模视图；进程视图，一种并发进程或任务视图；开发视图，一种子系统和构件设计视图；物理视图，一种反映物理拓扑结构及连接关系的视图。Hofmeister et al.（2000）描述了工业界对于软件体系结构的一种观点，包括四个视图：一个概念视图，描述主要的设计元素及其间的关系；一个代码视图，将源代码组织为对象代码、函数库和目录；模块视图，由子系统和模块组成；执行视图，描述了并发和分布式执行方面。

在本书中，我们将描述 UML 中不同的软件体系结构建模视图。这些视图包括：

- **用例视图**。该视图是一种功能性需求视图，是软件体系结构设计的输入。每个用例描述了一个或多个参与者（外部用户）与系统之间的交互序列。
- **静态视图**。该视图用类以及类间关系描述体系结构，其中的关系包括关联、整体/部分（组合或聚合）、泛化/特化关系。表示为 UML 类图。
- **动态交互视图**。该视图通过对象以及对象间的消息通信来描述体系结构。该视图也可以用来描述特定场景的执行序列。表示为 UML 通信图。
- **动态状态机视图**。一个控制构件的内部控制和定序可以用状态机来描述。表示为 UML 状态图。
- **结构构件视图**。该视图用构件来描述软件体系结构，构件间通过端口互联，支持供给接口和请求接口的描述。表示为 UML 结构化类图。
- **动态并发视图**。该视图将软件体系结构描述为在分布式结点上执行并且通过消息进行通信的并发构件。表示为 UML 并发通信图。
- **部署视图**。该视图描述分布式体系结构中构件如何分配到不同硬件结点上的特定配置。表示为 UML 部署图。

1.8 软件建模和设计方法的发展

在 20 世纪 60 年代，软件程序经常是在几乎没有进行任何系统化的需求分析和设计的情况下开发出来的。图形化的表示法（主要是流程图）经常在编码之前的详细设计规划中作为文档工具或者设计工具使用。创建子程序的最初目的是通过在程序中不同的部分调用代码块使其能够得到共享。很快，人们意识到子程序可以作为一种构造模块化系统的手段，并将其用作一种项目管理工具。程序可以被划分为多个模块，其中每个模块可以由单个的程序员进行开发并实现为一个子程序或函数。

随着结构化编程在 20 世纪 70 年代早期的发展，自顶向下设计以及逐步精化的思想（Dahl 1972）成为主流的程序设计方法，其目的是提供系统化的结构化程序设计方法。Dijkstra 在 T.H.E. 操作系统的设计过程中提出了最早的软件设计方法之一（Dijkstra 1968），该方法使用了层次化的体系结构。这是第一个用于并发系统（即操作系统）设计的设计方法。

在 20 世纪 70 年代中晚期，两种不同的软件设计策略占据了主导地位：面向数据流的设计和数据结构化设计。结构化设计中的面向数据流的设计方法（参见 Budgen[2003] 中的概览）是最早出现的几个完整、全面的设计方法之一。该方法的主要思想是通过考虑数据在系统中的流动可以更好地理解系统的功能。该方法提供了一种开发系统数据流图然后将其映射为结构图的系统化方法。结构化设计引入了耦合和内聚准则来评价设计质量，强调基于模块的功能分解以及模块接口的定义。基于数据流图开发的结构化设计中第一个部分则被细化和扩展成了一种全面的分析方法，即结构化分析（参见 Budgen[2003] 中的概览）。

另一种软件设计方法是数据结构化设计。该方法的观点是通过考虑数据结构获得对问题结构的充分理解。因此，该方法强调首先设计数据结构然后基于数据结构设计程序结构。使用这种策略的两种主要的设计方法是 Jackson 结构化方法（Jackson 1983）和 Warnier/Orr方法。

在数据库领域中，逻辑数据和物理数据分离的思想是开发数据库管理系统的关键。有很多方法都强调数据库的逻辑设计，包括 Chen 引入的实体 - 关系建模。

Parnas（1972）关于信息隐藏的观点对软件设计做出了巨大的贡献。早期系统（甚至是那些已经考虑了模块化设计的系统）的一个主要问题来自于全局数据的广泛使用，这使得这些系统很容易出错且难以修改。信息隐藏为大量减少全局数据的使用提供了一种方法。

20 世纪 70 年代后期 MASCOT 表示法以及此后的 MASCOT 设计方法的提出是对并发和实时系统设计的一个重要贡献。MASCOT 在数据流方法基础上，对任务之间基于消息通信通道或者数据池（封装了共享数据结构的信息隐藏模块）的通信方式进行了形式化。任务只能通过调用通道或数据池提供的访问程序间接地访问通道或数据池中的数据。访问程序还可以对数据访问进行同步（通常使用信号量），从而使访问数据的任务无需关心任何同步问题。

软件设计方法在 20 世纪 80 年代逐渐成熟起来，同时出现了几种新的系统设计方法。Parnas 在海军研究实验室（Naval Research Lab，NRL）工作期间探索了信息隐藏方法在大规模软件设计中的使用，由此导致了海军研究实验室软件成本降低方法（Naval Research Lab Software Cost Reduction Method）（Parnas，Clements，and Weiss 1984）。在并发和实时系统上应用结构化分析和结构化设计方法的工作导致了实时结构化分析和设计（Real-Time Structured Analysis and Design，RTSAD）方法（参见 Gomaa[1993] 概览）以及实时系统设计（Design Approach for Real-Time Systems，DARTS）方法（Gomaa 1984）的产生。

另一种在 20 世纪 80 年代早期出现的软件开发方法是 Jackson 系统设计（Jackson System Development，JSD）方法（Jackson 1983）。JSD 方法将软件设计视为对现实世界的模拟，强调使用并发任务对问题域中的实体进行建模。该方法是较早倡导设计应该首先对现实进行建模的方法之一，在这一点上早于面向对象分析方法。系统被视为对现实世界的模拟，并被设计为一个并发任务的网络，其中每个现实世界实体使用并发任务进行建模。JSD 方法同时还突破了当时已成为惯性思维的自顶向下的设计思想，对软件设计采用了一种中间向外的行为性建模方法。该方法是对象交互建模的先导，而对象交互建模则是现代面向对象开发的一个重要内容。

1.9 面向对象分析和设计方法的发展

20 世纪 80 年代中晚期，面向对象编程的流行和成功使得几种面向对象设计方法相继出现，包括 Booch，Wirfs-Brock，Wilkerson，and Wiener（1990）、Rumbaugh et al.（1991）、Shlaer and Mellor（1988，1992）以及 Coad and Yourdon（1991，1992）。这些方法所强调的重点在于问题域建模、信息隐藏和继承。

Parnas 倡导将信息隐藏作为一种设计更加独立的模块的方法，这种独立的模块可以在对其他模块影响很小甚至不造成任何影响的情况下进行修改。Booch 将面向对象思想引入到设计中，最初与信息隐藏一起应用到基于 Ada 的系统的**面向对象设计**中，然后扩展为在**面向对象设计**中使用信息隐藏、类和继承。Shlaer and Mellor（1988）、Coad and Yourdon（1991）及其他人将面向对象思想引入到分析中。与结构化方法相比，面向对象方法被普遍认为提供了一种更加平滑的从分析到设计的过渡。

面向对象分析方法将面向对象思想应用到软件生存周期的分析阶段，强调识别问题域中的现实世界对象并将其映射为软件对象。在对象建模上最初的设想是源自于逻辑数据库设计中使用的信息建模（特别是实体关系（E-R）建模，更一般地说是语义数据建模）的静态建模方法。实体关系建模中的实体是问题域中的信息密集型对象。实体、实体的属性以及实体间的关系在实体关系图中进行确定和描述；重点完全在数据建模上。在设计过程中，实体关系模型被映射到数据库（通常是关系数据库）中。在面向对象分析中，问题域中的对象被识别和建模为软件类，然后确定每个类的属性以及类之间的关系（Coad 1991；Rumbaugh et al. 1991；Shlaer and Mellor 1988）。

面向对象的静态建模中的类与实体关系建模中的实体类型的主要区别在于类有操作而实体类型没有操作。此外，信息建模只对存储在数据库中的持久化实体进行建模，而静态的对象建模中也会对其他问题域中的类进行建模。信息建模中也包含了聚合和泛化/特化这样更加高级的概念。在 UML 之前使用最广泛的静态对象建模表示法是对象建模技术（Object Modeling Technique，OMT）（Rumbaugh et al. 1991）。

静态对象建模也称为类建模和对象建模，因为其中包含确定对象所属的类并且在类图中描述类与类之间的关系。领域建模这一术语也用来指对问题域的静态建模（Rosenberg and Scott 1999；Shlaer and Mellor 1992）。

早期的面向对象分析和设计方法通过信息隐藏和继承强调软件开发的结构性方面而忽视了动态方面。OMT（Rumbaugh et al. 1991）的一个重要贡献在于清晰地表明了动态建模也是同等重要的。除了为对象图引入静态建模表示法外，OMT 还展示了如何使用状态图进行动态建模以显示主动对象与状态相关的行为及如何使用顺序图来显示对象间的交互序列。Rumbaugh et al.（1991）使用状态图，这是一种最初由 Harel（1988，1998）所设想的层次化的状态转换图，用来建模主动对象。Shlaer and Mellor（1992）也是用状态转换图来建模主动对象。Booch 最初使用对象图来显示实例级的对象间交互，后来对交互进行顺序编号从而更加清楚地描述对象间的通信。

Jacobson（1992）为系统的功能性需求的建模引入了用例的概念，还使用顺序图来描述参与一个用例的对象之间的交互序列。用例的概念是 Jacobson 的面向对象软件工程生存周期中所有阶段的基础。用例的概念已经对现代面向对象软件开发产生了深远的影响。

在 UML 之前，还有其他一些试图统一不同的面向对象方法和表示法的尝试，包括

Fusion（Coleman et al. 1993）和 Texel and Williams（1997）的著作。UML 表示法最初由 Booch、Jacobson 和 Rumbaugh 提出，其目的是集成用例建模、静态建模和动态建模（使用状态图和对象交互建模）表示法，这些将在第 2 章中描述。其他方法学家也对 UML 的发展做出了贡献。Cobryn[1999] 和 Selic（1999）有一个关于 UML 是如何演化的以及在未来会怎样演化的有趣的讨论。

1.10　并发、分布式和实时设计方法

实时系统的并发设计方法（Concurrent Design Approach for Real-Time Systems，CODARTS）（Gomaa 1993）结合了早期的并发设计、实时设计和早期的面向对象设计方法，强调信息隐藏模块的构造和并发任务的构造。

Octopus（Awad，Kuusela，and Ziegler 1996）是一种基于用例、静态建模、对象交互和状态图的实时设计方法。ROOM（Selic，Gullekson，and Ward 1994）是一种与 CASE（Computer-Assisted Software Engineering，计算机辅助软件工程）工具 ObjecTime 紧密联系的面向对象的实时设计方法，它是基于参与者（actor）的，即一种使用 ROOMcharts（一种状态图的变种）建模的主动对象。ROOM 模型可以被执行，因此可以作为系统的早期原型使用。

针对大规模系统的动态建模，Buhr（1996）引入了一个有趣的概念，称为用例映射（use case map），它是基于用例的概念产生的。

针对基于 UML 的实时软件开发，Douglass（2004，1999）提供了一个关于 UML 如何应用于实时系统开发的全面介绍。

针对并发、实时和分布式应用设计的 COMET 方法的一个早期版本在 Gomaa（2000）中进行了介绍，这个版本是基于 UML 1.3 的。这本新的教科书在 UML 2 的基础上扩展了 COMET 方法，更加强调软件体系结构，并且涉及更大范围内的软件应用，如面向对象软件体系结构、客户端 / 服务器软件体系结构、面向服务的体系结构、基于构件的软件体系结构、并发和实时软件体系结构、软件产品线体系结构等。

1.11　总结

本章介绍了面向对象方法和表示法、软件体系结构设计和 UML，还简要描述了软件设计方法、面向对象分析和设计方法以及并发、分布式和实时设计方法的发展历史。第 2 章将对 UML 表示法进行概要介绍。第 3 章描述软件生存周期及方法。第 4 章介绍软件设计和体系结构概念。第 5 章描述针对 COMET 方法的基于用例的软件生存周期。

练习

选择题（每道题选择一个答案）

1. 什么是软件建模？
   （a）开发软件模型
   （b）在编码之前设计软件应用
   （c）开发软件图
   （d）开发软件原型

2. 什么是统一建模语言？
   （a）描述面向对象模型的编程语言

（b）绘制面向对象模型的画图工具

（c）描述面向对象模型的图形化语言

（d）描述面向对象模型的一种标准化的图形语言和表示法

3. 什么是软件体系结构？

（a）一座建筑之中的软件 （b）一个客户端/服务器系统的结构

（c）软件系统的总体结构 （d）软件类及其关系

4. 什么是软件设计表示法？

（a）关于软件设计的注释和说明 （b）软件的图形化或文本描述

（c）软件的文档化 （d）产生一个设计的一种系统化方法

5. 什么是软件设计思想？

（a）软件的图形化或文本描述

（b）软件的文档化

（c）可以应用于软件系统设计的一种根本性的思想

（d）产生一个设计的一种系统化的方法

6. 什么是软件设计策略？

（a）软件的图形化或文本描述

（b）可以应用于软件系统设计的一种根本性的思想

（c）产生一个设计的一种系统化的方法

（d）开发一个设计的总体计划和指导

7. 什么是软件结构组织准则？

（a）可以应用于软件系统设计的一种根本性的思想

（b）产生一个设计的一种系统化的方法

（c）用于帮助将软件系统组织为一组构件的指导方针

（d）开发一个设计的总体计划

8. 什么是软件设计方法？

（a）产生一个设计的一种系统化的方法

（b）用于帮助将软件系统组织为一组构件的指导方针

（c）开发一个设计的总体计划

（d）软件的图形化或文本描述

9. 什么是平台无关模型（PIM）？

（a）在做出针对特定硬件平台的承诺之前的一种软件平台

（b）在做出针对特定平台的承诺之前的一种精确的软件体系结构模型

（c）映射到特定平台上的一种精确的软件体系结构模型

（d）软件的图形化或文本描述

10. 什么是平台相关模型（PSM）？

（a）一种特定的硬件平台

（b）在做出针对特定平台的承诺之前的一种精确的软件体系结构模型

（c）映射到特定平台上的一种精确的软件体系结构模型

（d）软件的图形化或文本描述

UML 表示法概述

统一建模语言（UML）是 COMET 方法使用的表示法。本章提供了对 UML 表示法的简要概述。自从 1997 年首次作为一个标准被采用之后，UML 表示法就一直在不断地演化。对于该标准的主要修订发生在 2003 年，因此 UML 2 成为了当前的标准版本。这个标准的之前版本被称为 UML 1.x。

UML 表示法的规模在过去几年大幅增长，现在它已支持对许多图的表示。本书采用的方法与 Fowler（2004）采用的一样，即只使用了 UML 表示法中具有明显优点的部分。本章描述了 UML 表示法中适用于 COMET 方法的主要特征。由于已有很多书籍介绍完整的 UML 表示法，因此本章的目的不是完整地阐述 UML，而是简要概述 UML。本章将简要描述在本书中使用到的每一个 UML 图的主要特征，而省略一些较少使用的特征。另外，本章也会简要解释 UML 2 和 UML 1.x 表示法之间的不同之处。

2.1 UML 图

在应用开发中，UML 表示法支持以下图：
- **用例图**（Use case diagram），2.2 节对其进行简要描述。
- **类图**（Class diagram），2.4 节对其进行简要描述。
- **对象图**（Object diagram）（类图的一个实例版本），COMET 没有使用该图。
- **通信图**（Communication diagram），在 UML 1.x 中称为交互图，2.5.1 节中对其进行简要描述。
- **顺序图**（Sequence diagram），2.5.2 节对其进行简要描述。
- **状态机图**（State Machine diagram），2.6 节对其进行简要描述。
- **活动图**（Activity diagram），COMET 未广泛使用该图，本书第 6 章会对其进行简要描述。
- **组合结构图**（Composite structure diagram），一个在 UML 2 中新引入的图，这种图实际上更适合于在 UML 平台无关模型中创建分布式构件。本书第 17 章会对其进行描述。
- **部署图**（Deployment diagram），2.9 节对其进行简要描述。

第 6 章至第 19 章描述了 COMET 方法是如何使用这些 UML 图的。

2.2 用例图

一个**参与者**（actor）发起一个**用例**（use case）。用例定义了参与者与系统之间的一组交互序列。在用例图中，参与者用一个人形图标表示，系统则用一个方框来表示，一个用例表示为方框中的一个椭圆。通信关联（communication association）将参与者与他们参与的用例进行连接。用例之间的关系通过包含（include）关系和扩展（extend）关系进行定义。用例图的表示法如图 2-1 所示。

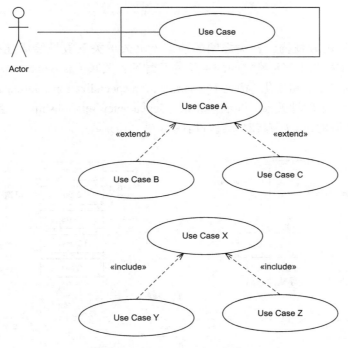

图 2-1　UML 表示法中的用例图

2.3　类和对象

类（class）和对象（object）在 UML 表示法中被描绘成方框，如图 2-2 所示。表示类的方框总是包含类名，并且可选择性地列出类的属性（attribute）和操作（operation）。当同时描述以上三者时，方框的顶部区域放置类名，中部区域放置属性，底部区域放置操作。

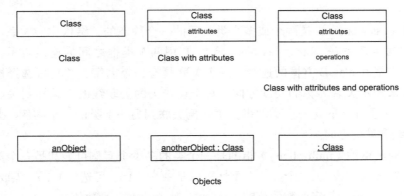

图 2-2　UML 表示法中的对象和类

为了区分类（类型）和对象（该类型的一个实例），对象名称需要带有下划线。可以在对象名和类名之间使用冒号分隔来完整地描绘一个对象，例如 anObject:Class。也可选择性地隐藏冒号和类名，仅剩下对象名，例如 anObject。另一种方式是隐藏对象名，仅在冒号后显示类名，例如 :Class。正如 2.4 节描述的那样，类和对象会在多种 UML 图中被描绘。

2.4 类图

在**类图**中，类用方框描绘，类之间的静态（永久）关系被描绘成连接方框之间的连线。UML 表示法支持以下三种类之间的主要关系类型：关联（association）、整体 / 部分关系（whole/part relationship）和泛化 / 特化（generalization/specialization relationship）关系，这些关系如图 2-3 所示。第四种关系，即依赖关系（dependency relationship），经常被用来表示包之间是如何进行关联的，2.7 节将对其进行描述。

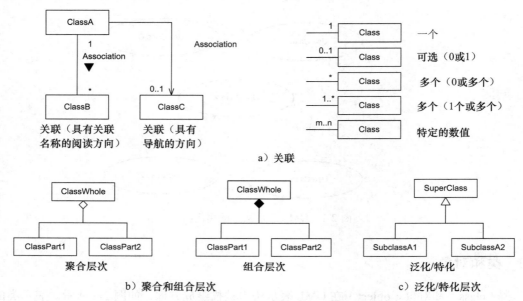

图 2-3　UML 表示法中类图内的关系

2.4.1 关联

一个**关联**（association）是两个或多个类之间的一个静态的、结构化的关系。两个类之间的关联被称为二元关联（binary association），它用两个类框之间的连线表示，如图 2-3a 中连接 classA 方框和 classB 方框的连线。一个关联具有一个名字，并且可选择性地具有一个黑色小箭头来表示关联名称的阅读方向。每个连接类的关联线的末端标明关联的多重性（multiplicity），多重性指的是一个类的多少个实例关联到另一个类的一个实例。此外，可以用棍状箭头描绘导航的方向。

一个关联的**多重性**（multiplicity）指的是一个类的多少个实例可能和另一个类的单个实例有关（如图 2-3a 的右边）。一个类的多重性可以是一个（1）、可选（0..1）、零或多个（*）、一个或多个（1..*），或者特定的数值范围（$m...n$），其中 m 和 n 是数值。

2.4.2 聚合和组合层次

聚合和组合层次（aggregation and composition hierarchy）是**整体 / 部分**（whole/part）的关系。组合关系（用黑色菱形表示）是一个比聚合关系（用空心菱形表示）更强的整体 / 部分关系的形式。菱形与聚合或组合中（ClassWhole）的类方框相连接（见图 2-3b）。

2.4.3　泛化和特化层次

泛化 / 特化层次（generalization/specialization hierarchy）是一种**继承**关系（inheritance relationship）。泛化被描绘为一个连接子类（subclass）到父类（superclass）的具有箭头的连线，箭头与表示父类的方框连接（见图 2-3c）。

2.4.4　可见性

可见性（visibility）指类中的一个元素是否在类外可见，如图 2-4 所示。在类图中描绘可见性是可选的。**公有可见性**（public visibility）使用 + 号，表示一个元素在类的外部是可见的。**私有可见性**（private visibility）使用 – 号，表示一个元素只在定义它的类的内部是可见的，对于其他类是隐藏的。**受保护可见性**（protected visibility）使用 # 号，表示一个元素在定义它的类及其所有子类中是可见的。

16 ∼ 17

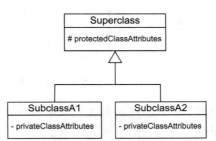

图 2-4　UML 表示法中类图内的可见性

2.5　交互图

通信图和顺序图是 UML 的两种主要类型的交互图，它们用来描绘对象间是如何进行交互的。在这些交互图中，对象用长方形方框表示，对象的名字不需要使用下划线标绘。2.5.1 节和 2.5.2 节将描述这些图的主要特征。

2.5.1　通信图

通信图在 UML 1.x 中被称为协作图（collaboration diagram），它展示了合作对象间如何通过发送与接收消息进行动态的交互。通信图描绘了交互对象的组织结构。其中，对象用方框表示，连接方框的线代表了对象间的交互。与这些线相邻的带有标签的箭头表示了对象间消息传递的名字和方向。同时，对象间传递消息的顺序被进行了编号。通信图的表示法如图 2-5 所示。其中，星号（*）表示一个可选的迭代，即一条消息被发送了多于一次。一个可选的条件（condition）表示一条消息在满足特定条件的情况下才会被发送。

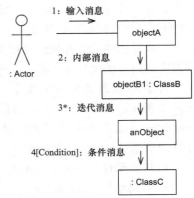

图 2-5　UML 表示法中的通信图

18

2.5.2　顺序图

顺序图是另一种说明对象间交互方式的图，如图 2-6 所示，顺序图将对象交互通过时间序列的方式进行描绘。**顺序图**具有两个维度，其中参与交互的对象被描绘在水平方向，而垂直方向代表时间维度。从每一个对象框出发都有一条被称为生命线（lifeline）的垂直虚线。每条生命线可以选择性地具有一个使用双实线表示的激活杆（activation bar，图中未示出），它用来表示对象执行的时间。

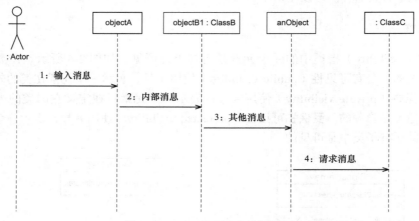

图 2-6　UML 表示法中的顺序图

参与者通常显示在页面的最左端。带有标签的水平箭头代表消息。仅有箭头连接的源对象和目标对象是相关的，消息从源对象发送到目标对象。时间从页面的顶部开始增加直至底部。另外，消息之间的间隔是不相关的。

UML 2 已大幅扩展了顺序图的表示法，增加了对循环和条件的描述，这些内容在第 9 章和第 11 章中介绍。

2.6　状态机图

在 UML 表示法中，一个状态转换图被称为**状态机图**。本书使用**状态图**（statechart）这一更为通用的术语。在 UML 表示法中，圆角框表示状态，连接圆角框的弧线表示转换，如图 2-7 所示。状态图的初始状态（initial state）用一个始于小黑圆圈的弧线表示。终结状态（final state）是可选的，它被描绘为嵌套在大白圈中的小黑圆圈，有时也被称为靶心（bull's-eye）。状态图可以按层次分解，将一个组合状态分解成为一组子状态。

在表示状态转换的弧线上，使用事件 [条件]/ 动作（Event[Condition]/Action）进行标记。**事件**（event）引起了状态的转换，当事件发生时，为了发生转换，可选的布尔**条件**（condition）必须为真。可选的**动作**（action）作为转换的结果被执行。一个状态可具有以下任意的动作：

- **进入动作**（entry action），它在进入状态的时候执行
- **退出动作**（exit action），它在退出状态的时候执行

图 2-7 描述了一个被分解为顺序的子状态 A1 和 A2 的组合状态 A。在这种情况下，状态图在一个时刻内只会处于一个子状态，即进入第一个子状态 A1 然后进入子状态 A2。图 2-8 描述了一个被分解为正交区域（orthogonal region）BC 和 BD 的组合状态 B。在这种情况下，状态图在同一个时刻进入了每一个正交区域 BC 和 BD 中。每一个正交的子状态被进一步分解为顺序的子状态。因此，当进入组合状态 B 时，同样进入了状态 B1 和 B3。

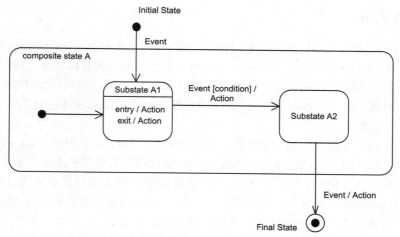

图 2-7　UML 表示法中的状态机：带有顺序子状态的组合状态

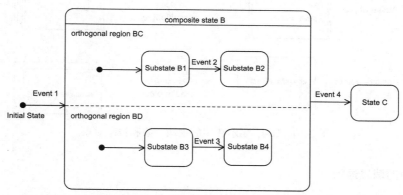

图 2-8　UML 表示法中的状态机：带有正交区域的组合状态

2.7　包

在 UML 中，**包**是一组建模元素的组合，例如代表一个系统或一个子系统。如图 2-9 所示，用一个文件夹图标表示包，即在一个大长方形的角上依附一个小长方形。包也可能被嵌套在其他包里面。依赖（dependency，如图 2-9 中所示）和泛化 / 特化（generalization/specialization）是包之间可能具有的关系。包可用于容纳类、对象或者用例。

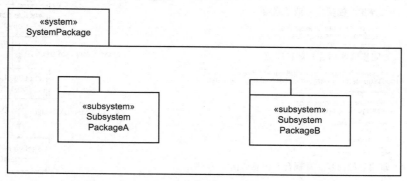

图 2-9　UML 表示法中的包

2.8　并发通信图

在 UML 表示法中，一个主动对象可用于描绘一个并发对象（concurrent object）、进程（process）、线程（thread）或任务（task）。可以用一个左右两边带有两根垂直线的方框表示一个主动对象。**主动对象**（active object）拥有自己的控制线程，并且能与其他对象并发执行。与此相反，**被动对象**（passive object）不具有控制线程。被动对象只在其他对象（主动或被动）调用其方法时才会执行。

主动对象在描绘系统并发视角的**并发通信图**中描绘（Douglass 2004）。在 UML 2 的并发通信图中，主动对象用左右两边带有两条相互平行的垂直线的矩形框表示，被动对象则用常规的矩形框表示。在 UML 1.x 表示法中用粗黑线矩形框表示主动对象的方式已经不再采用。图 2-10 是并发通信图的一个示例，它也展示了当同一个类的多个对象被实例化时对于多对象（multiobject）的表示法（在 UML 2 中不再使用的 UML 1.x 标记）。

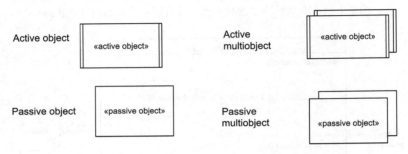

图 2-10　UML 表示法中的主动对象和被动对象

并发通信图中的消息通信

并发通信图中任务之间的消息接口可以是**异步的**（松耦合），也可以是**同步的**（紧耦合）。图 2-11 总结了 UML 对消息通信的表示法。图 2-12 描绘了一个并发通信图，并发通信图

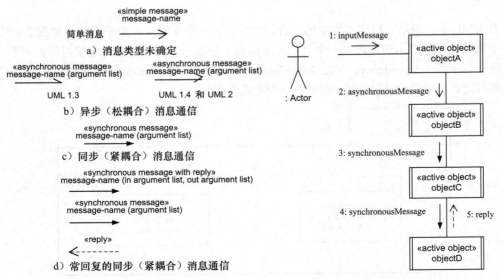

图 2-11　UML 表示法中的消息　　　　图 2-12　UML 表示法中的并发通信图

是通信图的一个版本，它展示了主动对象（并发对象、进程、任务或线程）以及这些对象之间不同种类的消息通信。同步的消息通信存在两种可能：（1）带回复的同步消息通信（黑色箭头代表请求，带箭头的虚线代表回复）；（2）不带回复的同步消息通信（黑色箭头代表请求）。需要注意，从 UML 1.4 开始，UML 对异步通信的表示从一个半箭头改变为一个全箭头。同时，用全箭头表示一个简单消息的方式是 UML 1.3 与更早版本中的使用惯例。在分析建模阶段，当消息通信的类型还未确定时，使用简单消息是一种有用的方式。

2.9　部署图

　　部署图以物理结点和结点间物理连接的方式（例如网络连接）展示了一个系统的物理配置。一个结点使用一个立方体表示，连接则用这些立方体之间的连接线表示。本质上，部署图是以系统结点为关注点的一种类图（（Booch，Rumbaugh，and Jacobson 2005）。

　　本书中，一个结点往往代表了一个带有约束的计算机结点（见 2.10.3 节），这个约束描述了该结点存在多少实例。物理连接具有一个表示连接类型的构造型（stereotype，见 2.10.1 节），例如《局域网》（«wide area network»）或《广域网》（«local area network»）。图 2-13 展示了部署图的两个示例。在第一个示例中，结点通过广域网（WAN）被连接在一起；在第二个示例中，结点通过局域网（LAN）连接在一起。另外，在第一个示例中，ATM Client（每个 ATM 拥有一个结点）结点与拥有一个结点的 Bank Server 连接。位于结点中的对象可选择性地被表示在结点立方体中。在第二个示例中，网络被表示为一个立方体结点。当两个以上的计算机结点被同一网络连接在一起时，可以使用这种表示形式。

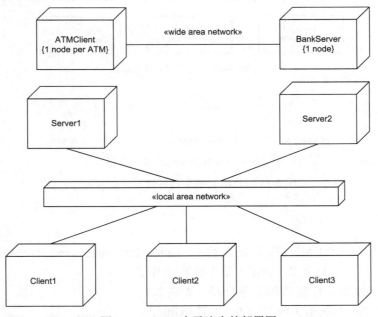

图 2-13　UML 表示法中的部署图

2.10　UML 扩展机制

　　UML 提供了三种语言扩展机制（Booch，Rumbaugh，and Jacobson 2005；Rumbaugh，Booch， and Jacobson 2005），它们是构造型（stereotype）、标记值（tagged value）和约束（constraint）。

2.10.1 构造型

一个**构造型**定义了一个从已有 UML 建模元素中派生出来的、且针对建模者问题进行裁剪的构造块（Booch，Rumbaugh，and Jacobson 2005）。本书广泛使用了构造型。UML 已经定义了多种标准的构造型。另外，建模者可以定义新的构造型。本章包括了多个使用构造型的示例，既有标准构造型，也有 COMET 特定的构造型。构造型是用书名号（«»）表示的。

图 2-9 的包图使用构造型 «系统»（system）和 «子系统»（subsystem）来区别这两种不同类型的包。图 2-11 则使用构造型来区别不同种类的消息。

在 UML1.3 中，一个 UML 建模元素只能具有一个构造型。然而，UML1.4 及其后的版本扩展了构造型的概念，它们允许一个建模元素被附加多个构造型。因此，一个建模元素不同的、可能正交的特性可以通过不同的构造型被描绘出来。COMET 方法就是利用了这个附加的功能。

UML 构造型表示法允许一个建模者针对一个特定的问题对 UML 建模元素进行裁剪。如图 2-14a 所示，UML 的构造型一般位于建模元素（例如类或对象）内部，并且使用书名号标记。然而，UML 也允许将构造型表示为符号。其中一个最通常的表示方式是 Jacobson 提出的，它用于统一软件开发过程（Unified Software Development Process，USDP）中（Jacobson，Booch，and Rumbaugh 1999）。该过程使用构造型表示 «实体»（entity）类、«边界»（boundary）类和 «控制»（control）类。图 2-14b 展示了使用 USDP 的构造型符号所表示的 Process Plan«实体» 类、Elevator Control«控制» 类以及 Sensor Interface« 边界 » 类。

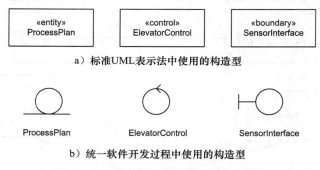

a）标准UML表示法中使用的构造型

b）统一软件开发过程中使用的构造型

图 2-14　UML 构造型的可选择的表示法

2.10.2 标记值

标记值扩展了一个 UML 构造块的属性（Booch，Rumbaugh，and Jacobson 2005），从而为其增加新的信息。标记值以 { 标记 = 值 } 的形式书写在大括号中。新添加的标记值用逗号分隔。如图 2-15 所示，一个类可具有标记值 { 版本 =1.0，作者 =Gill}。

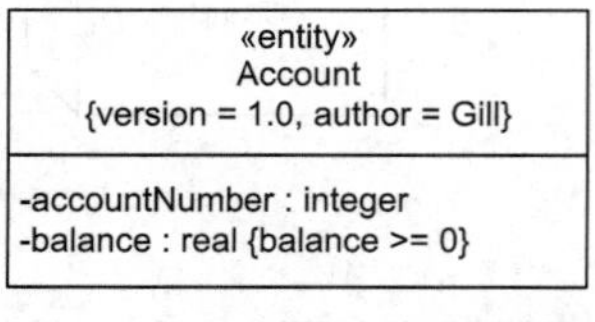

2.10.3 约束

约束指定了一个必须为真的条件。在 UML 中，约束是一个 UML 元素语义的扩展，它允许新规则的加入或修改已存在的规则（Booch，

图 2-15　UML 表示法中的标记值和约束

Rumbaugh，and Jacobson 2005）。如图 2-15 中的 Account 类在其属性 balance 上具有约束 {balance>=0}，表示账户的余额不能为负数。另外，UML 也提供了对象约束语言（Object Constraint Language，Warmer and Kleppe 1999）来表达约束。

25

2.11　本书的约定

本书用到的一些特定的附加约定随着项目的阶段而改变。例如，大小写约定在分析模型（不太正式）和设计模型（更为正式）中是不同的。

2.11.1　需求建模

在图和文本中，用例的名字采用单词的首字母大写的形式，且在多个单词中使用空格，例如 Withdraw Funds。

2.11.2　分析建模

分析模型的命名约定如下：

1. 类

类名单词首字母大写。在图中，多单词的名字间没有空格，例如 CheckingAccount。然而在文本中，为了提升可读性引入了空格，例如 Checking Account。

属性名单词首字母小写，例如 balance。对于多单词组成的属性，在图中不使用空格分隔，但在文本中引入空格。多单词名称中的第一个单词首字母小写，接下来的单词首字母大写。例如，在图中使用 accountNumber，在文本中使用 account Number。

属性的类型使用首字母大写的单词表示，例如 Boolean、Integer 或 Real。

2. 对象

对象可以通过多种方式表示，如下所述：

- **一个单独的命名对象**。在这种情况下，第一个单词的首字母小写，之后单词的首字母大写。例如，在图中，对象表示为 aCheckingAccount 和 anotherCheckingAccount 的形式；在文本中，相同的对象表示为 aChecking Account 和 another CheckingAccount 的形式。
- **一个单独的未命名对象**。图中有些对象被表示为不具有对象名的类实例，例如：CheckingAccount。在文本中，这个对象被命名为 CheckingAccount。为了提升可读性，冒号被去除了，且在多单词组成的名字中引入了空格。

这意味着，根据一个对象在图中的表示方式，在文本中有时该对象的首单词首字母大写，有时首单词的首字母小写。

26

3. 消息

在分析模型中，由于消息的类型未被确定，因此消息总是表示为简单消息（参见图 2-11 和 2.8.1 节）。消息名字的首字母大写。在图和文本中，多单词组成的消息名字具有空格，例如 Simple Message Name。

4. 状态图

在图和文本中，状态、事件、条件、动作和活动的名称都是首字母大写的，并且在多单词间存在空格，例如，状态 Waiting for PIN、事件 Cash Dispensed、动作 Dispense Cash。

2.11.3 设计建模

设计模型的命名约定如下：

1. 主动类和被动类

主动类（并发类）和被动类的命名约定与分析模型中类的命名约定一致（见 2.11.2 节）。

2. 主动对象和被动对象

主动对象（并发对象）和被动对象的命名约定与分析模型中对象的命名约定一致（见 2.11.2 节）。

3. 消息

在设计模型中，消息名字的第一个单词首字母是小写的，接下来的单词首字母大写。在图和文本中，单词之间都没有空格，如 alarmMessage。

消息参数的名字用首字母小写的形式，例如 speed。在图和文本中，多单词的属性名字之间没有空格，另外，多单词名字的第一个单词首字母小写，之后的单词首字母大写，例如 cumulativeDistance。

4. 操作

在图和文本中，操作（也叫方法）的命名约定都遵循消息的命名约定。因此，操作及其参数的第一个单词的首字母都是小写的，之后的单词首字母大写。单词之间不存在空格，例如 validatePassword（userPassword）。

2.12 总结

本章简要介绍了 UML 表示法的主要特征和本书中使用的 UML 图的主要特性。

为进一步阅读关于 UML 2 表示法的内容，Fowler（2004）和 Ambler（2005）提供了介绍性的材料。更多的详细信息可在 Booch，Rumbaugh，and Jacobson（2005）和 Eriksson et al.（2004）中找到。其中，Rumbaugh，Booch，and Jacobson（2005）提供了对 UML 的广泛而详细的参考。

练习

选择题（每道题选择一个答案）

1. 在用例图中，参与者如何表示？

（a）椭圆 　　　　　　　　　　（b）人形图标

（c）方框 　　　　　　　　　　（d）虚线

2. 在用例图中，用例如何表示？

（a）椭圆 　　　　　　　　　　（b）人形图标

（c）方框 　　　　　　　　　　（d）虚线

3. 在类图中，类如何表示？

（a）具有一个分隔区域的方框

（b）具有一个或两个分隔区域的方框

（c）具有一个、两个或三个分隔区域的方框

（d）椭圆

4. 在类图中，关联如何表示？

　　（a）两个类方框之间的实线　　　　　　（b）两个类方框之间的虚线

　　（c）一个接触上层类方框的菱形　　　　（d）一个接触上层类方框的箭头

5. 在类图中，类元素的公有可见性如何表示？

　　（a）+ 号　　　　　　　　　　　　　　（b）– 号

　　（c）# 号　　　　　　　　　　　　　　（d）* 号

6. UML 交互图有哪两种类型？

　　（a）类图和顺序图　　　　　　　　　　（b）顺序图和通信图

　　（c）类图和通信图　　　　　　　　　　（d）状态图和通信图

7. 交互图用来描绘什么？

　　（a）对象和连接　　　　　　　　　　　（b）类和关系

　　（c）对象和消息　　　　　　　　　　　（d）状态和事件

8. 状态图用来描绘什么？

　　（a）对象和连接　　　　　　　　　　　（b）类和关系

　　（c）对象和消息　　　　　　　　　　　（d）状态和事件

9. UML 包是什么？

　　（a）一个方框　　　　　　　　　　　　（b）一组类的聚集

　　（c）一组用例的聚集　　　　　　　　　（d）一组模型元素的聚集

10. 部署图用来描绘什么？

　　（a）以物理类和类间物理连接的方式描绘系统的物理配置

　　（b）以物理对象和对象间物理连接的方式描绘系统的物理配置

　　（c）以物理结点和结点间物理连接的方式描绘系统的物理配置

　　（d）以物理计算机和计算机间物理网络的方式描绘系统的物理配置

第 3 章

Software Modeling & Design: UML, Use Cases, Patterns, & Software Architectures

软件生存周期模型和过程

软件生存周期是以开发软件为目的的一种分阶段方法，在每一阶段都有特定的交付物和里程碑。软件生存周期模型是软件开发过程的抽象，它能简便地用于规划软件开发的整体过程。本章从软件生存周期的视角来讲述软件开发，其中简要描述和对比了不同种类的软件生存周期模型（也称为软件过程模型），这些模型包括螺旋模型和统一软件开发过程。另外，本章也讨论了设计验证和确认以及软件测试这几项工作所承担的角色。

3.1 软件生存周期模型

瀑布模型（waterfall model）是最早被广泛使用的软件生存周期模型。本节首先回顾瀑布模型，然后概述其他可选择的软件生存周期模型，这些模型用来克服瀑布模型的部分局限性，它们是：抛弃型原型生存周期模型（throwaway prototyping life cycle model），增量开发生存周期模型（incremental development life cycle model，也称为演化式原型 evolutionary prototyping），螺旋模型（spiral model），以及统一软件开发过程（Unified Software Development Process）。

3.1.1 瀑布生存周期模型

从 20 世纪 60 年代以来，开发软件的成本逐步增长，同时制造和购买硬件的成本则急剧下降。进一步说，当前软件成本一般占据整个项目预算的百分之八十，然而在软件开发的早期，硬件则是最大的项目成本（Boehm 2006）。

在 20 世纪 60 年代，相关人员还没有明确理解与开发软件相关的一些问题。在 60 年代后期，人们才理解到存在软件危机这一问题。软件工程这个术语是指为了有效开发一个大型软件系统所需要的管理与技术方法、过程和工具。随着软件工程概念的不断推广与使用，人们已经使用软件生存周期模型开发了许多大规模的软件。图 3-1 展示了第一个被广泛使用的软件生存周期模型，通常指的是瀑布模型，它一般被看做是传统的或者"古典"的软件生存周期。瀑布模型是一个理想化的过程模型，它规定每一阶段完成后才能启动下一阶段，另外，一个项目在没有迭代和重复的情况下从一个阶段移动到下一个阶段。

3.1.2 瀑布模型的局限性

瀑布模型是对早期软件项目所使用的较为散乱的开发方法的一种重要改进，它已经被成功应用在许多项目中。然而，事实上，当在开发中检测到一些软件错误时，在生存周期的连续阶段中时常需要一些重复与迭代（见图 3-2）。此外，对于一些软件开发项目而言，瀑布模型会呈现出以下显著问题：

- 软件需求作为软件开发项目中的一个关键因素，无法进行合适的测试，直至一个工作系统被开发出来并能演示给最终用户。事实上，好几个研究工作已经指出软件需求规约的错误通常在最后才被检测到（直至执行系统测试或验收测试才能被检测到），并且需要花费最大的代价对其进行纠正。

- 只有在生存周期的后期才能得到一个工作的系统。因此，直到系统几乎可以运行时，一个重要的设计或性能问题才有可能被发现，到那时通常已经太晚了，以至于无法采取有效的措施。

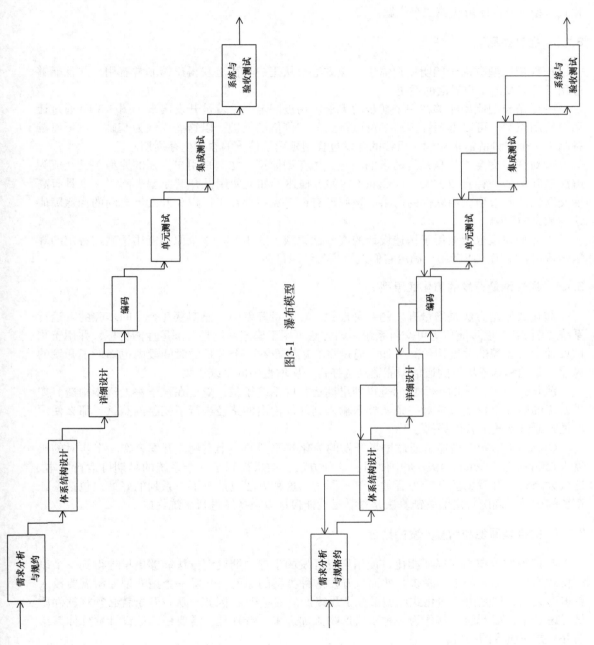

图3-1　瀑布模型

图3-2　阶段间存在迭代的瀑布模型

对于带有很大风险因素的软件开发项目来说——例如，由于那些无法清晰理解或预期会改变的需求所导致的风险——瀑布模型的变体或者其他替代模型已经被提出。

可以使用两种不同的软件原型方法来克服瀑布模型的一些局限：抛弃型原型和演化式原型。抛弃型原型有助于解决瀑布模型的第一个问题，这个问题在前面的列表中已被描述，演化式原型则有助于解决第二个问题。

3.1.3　抛弃型原型

抛弃型原型有助于阐明用户需求。该方法对从用户界面上获得反馈非常有用，并且能够应用于具有复杂用户界面的系统。

一个抛弃型原型能够在一个初步的需求规约被制定之后就被开发出来（图 3-3）。通过让用户使用原型，可以得到许多通常难以得到的有价值的反馈。以这些反馈为基础，就可以准备制定一个修订的需求规约。后续的开发过程则延续了传统的软件生存周期。

针对详述交互式信息系统需求的问题，抛弃型原型（尤其是用户界面的原型）已经成为解决该问题的一种有效方案。Gomaa（1990）描述了如何使用抛弃型原型来阐明一个具有高度交互性的制造型应用软件的需求。该原型有助于克服存在于用户和开发者之间的沟通障碍这一最大的问题。

抛弃型原型也能被用于构造设计的实验性原型（图 3-4）。这个原型能用于确定特定的算法是否逻辑正确，或者用于确定它们是否满足性能目标。

3.1.4　通过增量开发的演化式原型

演化式原型方法是增量开发的一种形式，在增量开发中，原型从几个中间步骤的可运行系统（图 3-5）逐步演化为可交付系统。该方法可用于确定系统是否满足性能目标，并用于测试设计中所涵盖的关键构件。另外，通过将实现分布在一个较长的时间段内也降低了开发的风险。用例和基于场景的通信图能辅助选择每一次增量中的系统子集。

演化式原型方法的一个目标是得到早期运行的系统子集，随后在该子集上逐步构造。如果系统的第一个增量版本对一条从外部输入到外部输出的路径进行了完整的测试，那么使用增量式原型方式是有优势的。

Gomaa（1990）描述了通过增量开发的演化式原型的一个实例。开发者在一个实时的机器人控制系统（Gomaa 1986）中使用了这种方法，结果得到了一个系统的早期可运行版本，这极大鼓舞了开发团队和管理者的士气。同时，这种方法也带来了一系列的好处，包括验证系统的设计、确定特定的关键算法是否满足性能目标以及持续进行系统集成。

3.1.5　抛弃型原型和增量开发的结合

与传统的瀑布生存周期相比，使用增量开发的生存周期模型方法能够更早地得到一个以演化式原型为形式的工作系统。然而，开发这种类型的原型比开发一个抛弃型原型需要投入更多的关注，这是由于演化式原型形成了最终产品的基础；因此，从一开始就必须将软件质量考虑进来，而不能将其作为一种事后产物添加进来。特别是，需要仔细地设计软件体系结构并且指明所有的接口。

传统的瀑布生存周期模型因引入抛弃型原型或增量开发而受到严重的冲击。将抛弃型原型与增量开发这两种方法结合起来也是有可能的，如图 3-6 所示。其中，抛弃型原型被用来阐明需求。当理解需求并完成规约之后，就可开始进行一个增量开发生存周期。在后续的增量开发中，由于用户环境的变化，需求的进一步变更也可能是必要的。

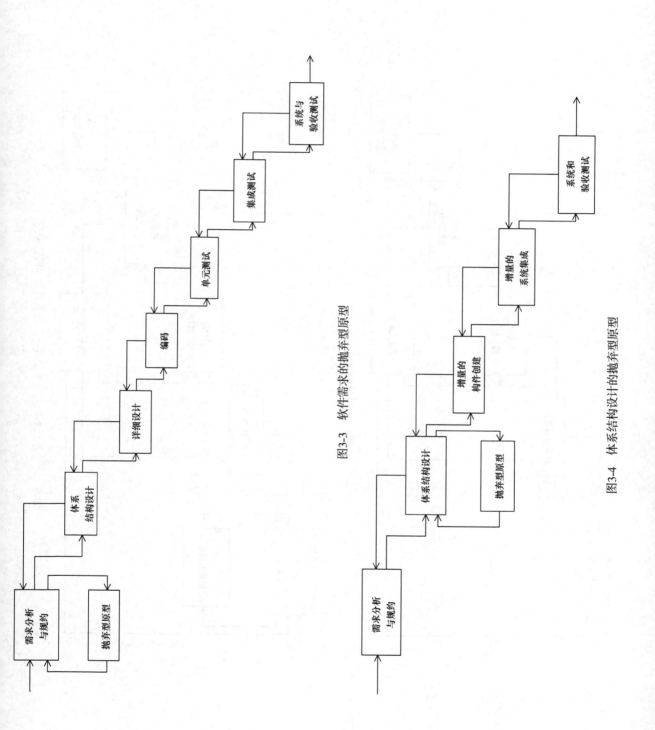

图3-3 软件需求的抛弃型原型

图3-4 体系结构设计的抛弃型原型

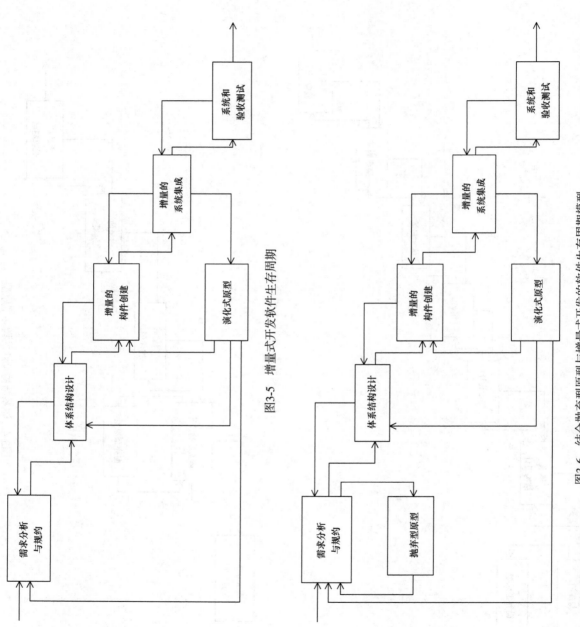

图3-5 增量式开发软件生存周期

图3-6 结合抛弃型原型与增量式开发的软件生存周期模型

3.1.6　螺旋模型

螺旋模型是一个风险驱动的过程模型，最初由 Boehm（1988）开发用来解决软件生存周期早期过程模型中存在的已知问题，尤其是瀑布模型中的问题。螺旋模型旨在涵盖其他生存周期模型，例如瀑布模型、增量开发模型以及抛弃型原型模型。

在螺旋模型中，径向坐标代表成本，角坐标代表完成一次模型周期（循环）的成果。螺旋模型包含以下 4 个象限，如图 3-7 所示。

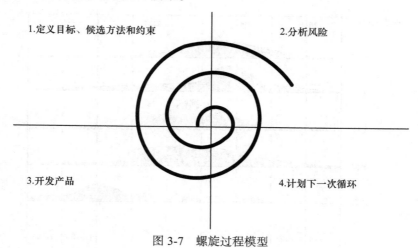

图 3-7　螺旋过程模型

1）**定义目标、候选方法和约束**。此次循环的详细计划：确定目标以及用来实现目标的各种候选方法。

2）**分析风险**。对当前项目风险进行详细评估；为了减轻风险，计划待执行的活动。

3）**开发产品**。进行产品开发，例如需求分析、设计或者编码。

4）**计划下一次循环**。对此次循环的成果进行评估，并开始计划下一次循环。

螺旋模型的每一次循环都会迭代地经过这 4 个象限，尽管循环的次数是由特定项目决定的。每一个象限中的活动描述都要足够通用，使得它们能够被包含在任何一个循环中。

螺旋模型的目标是风险驱动，因此一个特定循环中的风险由"分析风险"这一象限决定。为了管理这些风险，需要额外地计划特定项目的活动来解决这些风险。例如，当风险分析指出软件需求并未被清晰理解时，就需要采用需求原型。这些特定项目的风险被称为过程驱动力（process driver）。对于任何过程驱动力而言，需要执行一个或多个特定项目的活动来管理这个风险（Boehm and Belz 1990）。

识别一个特定项目风险的例子是确定初始的软件需求没有被很好地理解。用来管理该风险所需执行的一个特定项目的活动是开发一个抛弃型原型，其目的是从用户处得到反馈从而有助于阐明系统的需求。

3.1.7　统一软件开发过程

按照 Jacobson et al.（1999）中的描述，统一软件开发过程（USDP）是使用 UML 表示法的一种用例驱动的软件过程。USDP 也被称为 Rational 统一过程（RUP）（Kroll and Kruchten 2003；Kruchten 2003）。USDP/RUP 是一种流行的基于 UML 的软件开发过程。本节介绍 PLUS 方法如何用于 USDP/RUP 过程。

32
≀
37

38

如图 3-8 所示，USDP 包含 5 个核心工作流和 4 个阶段，同时 USDP 是可迭代的。**制品**（artifact）被定义为由一个过程生产、修改或使用的信息（Kruchten 2003）。**工作流**（workflow）被定义为生产可观测结果的一系列活动（Kruchtem 2003）。**阶段**（phase）被定义为两个里程碑之间的一段时间，在此过程中一组事先定义的开发目标得到了满足，完成了一些制品，同时做出了是否进入下一阶段的决定（Kruchten 2003）。通常，在一个阶段中存在超过一次的迭代；因此，USDP 中一个阶段迭代与螺旋模型中的一次循环是相对应的。

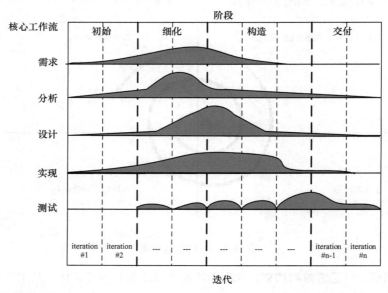

图 3-8 统一软件开发过程（Jacobson et al，THE UNIFIED SOFTWARE DEVELOPMENT PROCESS，Figure 1.5 "Unified Software Development Process" p.11，©1999 Pearson Education，Inc. Reproduced by permission of Pearson Education，Inc.）

每一次循环历经所有的四个阶段，并且指明了每一个核心工作流中的开发工作。每一个工作流及其产物如下所述：

1）**需求**。需求工作流的产物是用例模型。

2）**分析**。分析工作流的产物是分析模型。

3）**设计**。设计工作流的产物是设计模型和部署模型。

4）**实现**。实现工作流的产物是实现模型。

5）**测试**。测试工作流的产物是测试模型。

与螺旋模型类似，USDP 是一个风险驱动的过程。USDP 生存周期阶段如下所述（Jacobson，Booch，and Rumbaugh 1990；Kruchten 2003）：

1）**初始**。在初始阶段，制定出达到足够水平的初步想法，用以证明有能力进入细化阶段。

2）**细化**。在细化阶段，定义软件体系结构。

3）**构造**。在构造阶段，开发出能够发布给用户的软件产品。

4）**交付**。在交付阶段，软件被交付给用户。

3.2　设计验证和确认

Boehm（1981）区分了软件确认（software validation）和软件验证（software verification）。

软件确认的目标是要确保软件开发团队"构建了正确的系统"，也就是说，确保系统符合用户的需求。软件验证的目标是要确保软件开发团队"正确地构建系统"，也就是说，确保软件系统在每一个阶段中的构造与前一个阶段所定义的规约相符合。

本节简要讨论的主题是软件质量保证（software quality assurance）和软件设计的性能分析（performance analysis of software designs）。另一个重要的活动是根据软件需求测试整个集成系统，它是在系统测试阶段实施的，这部分内容将在软件测试的 3.3 节中进行介绍。

3.2.1　软件质量保证

软件质量保证是指一系列确保软件产品质量的活动。软件验证和确认是软件质量保证的重要目标。

根据用户需求，抛弃型原型能够用于对系统的确认（在开发系统之前），有助于确保开发团队"构建了正确的系统"，即系统确实符合用户的需求。抛弃型原型也能够用于构造设计的实验原型。

软件技术评审（software technical review）能够为软件验证和确认带来很大的帮助。在软件验证中，确保设计符合软件需求规约是非常重要的。需求追踪和软件设计的技术评审能够有助于该活动的开展。

40

3.2.2　软件设计的性能分析

在系统实现之前分析软件设计的性能来评估设计是否满足性能目标是十分有必要的。如果在生存周期早期就能发现潜在的性能问题，那么就能够采取措施来克服它们。

评估软件设计的方法使用排队模型（Menascé，Almeid，and Dowdy 2004；Menascé，Gomaa，and Kerschberg 1995；Menascé and Gomma 2000）和模拟模型（Smith 1990）。对于并行系统而言，能够使用 Petri 网（David 1994；Jensen 1997；Pettit and Gomaa 2006；Stansifer 1994）来建模和分析并行设计。在（Gomaa 2000）中描述的一个方法是通过使用实时调度理论来分析实时设计的性能。

3.3　软件生存周期的活动

无论采用哪种软件生存周期，都需要执行以下章节所简要描述的软件工程活动。

3.3.1　需求分析和规约

在这个阶段，识别和分析用户的需求。软件需求规约（SRS）详细叙述了需要开发出的系统的需求。SRS 是软件的一类外部规约，它的目的是提供完整的关于系统外部行为是什么的描述，而不描述系统内部是如何进行工作的。Davis（1993）清晰地描述了 SRS 的构成。

在诸如嵌入式系统这样的系统中，软件是更大范围的硬件/软件系统的一个组成部分，系统的需求分析和规约阶段就有可能在软件需求的分析和规约之前进行。使用这种方法，在软件需求分析开始之前，系统功能性需求就被分配到软件和硬件上了。

3.3.2　体系结构设计

一个软件体系结构（Bass，Clements，and Kazman 2003；Shaw and Garlan 1996）通过描述构件及其连接的方式，将系统的整体结构与单个构件的内部实现细节进行分离。重点是对构件及其连接的描述，有时被称为大规模编程（programming-in-the-large），而单个构件的详细设计则被称为小规模编程（programming-in-the-small）。在这个阶段中，构件组成了系统的结构，同时定义了这些构件之间的接口。

3.3.3 详细设计

在详细设计阶段，定义每一个系统构件的算法细节。这项工作经常使用程序设计语言（PDL）来完成，这种语言也被称为结构化英语（Structured English）或者伪代码（pseudocode）。另外，内部数据结构也会被设计。

3.3.4 编码

在编码阶段，使用为这个项目所选择的编程语言对每一个构件进行编码。通常这项工作要遵循一系列的编码和文档标准。

3.4 软件测试

由于发现错误以及定位和纠正错误的困难性，因此在多个阶段都要进行软件测试（Ammann and Offutt 2008）。单元测试和集成测试是"白盒"测试方法，需要了解软件的内部知识；系统测试是基于软件需求规约的"黑盒"测试方法，不需要了解软件内部结构。

3.4.1 单元测试

单元测试表示在单个构件与其他构件进行组合之前对其进行单独的测试。单元测试的方法使用测试覆盖准则，经常使用的测试覆盖准则包括语句覆盖（statement coverage）和分支覆盖（branch coverage）。语句覆盖需要达到每一个语句应至少被执行一次。分支覆盖则需要达到每一个分支的可能结果应至少被测试一次。

3.4.2 集成测试

集成测试表示将已测试的单个构件逐步地组合为更复杂的构件组，然后对这些构件组进行测试，直到组合成完整的软件系统，同时构件间的接口都已经被测试过。

3.4.3 系统测试

系统测试是测试一个经过集成的硬件和软件系统来验证系统是否满足特定需求的一个过程（IEEE 1990）。测试人员测试整个系统或主要的子系统来判定它们是否与需求规约保持一致。为了使测试更加客观，推荐让一个独立的测试团队来执行系统测试。

在系统测试过程中，需要测试软件系统的几个特征（Beizer 1995）。这些特征包括：

- **功能测试**。判定系统执行了需求规约中所描述的功能。
- **负载（压力）测试**。判定当系统运行时是否能够处理计划中的大量的和变化的负载。
- **性能测试**。测试系统满足响应时间的需求。

3.4.4 验收测试

在验收系统之前，通常在用户安装阶段，用户组织或其代表都会进行验收测试。与系统测试相关的大多数问题也应用于验收测试。

3.5　总结

本章从软件生存周期的视角讲述软件开发，其中简要描述和对比了不同种类的软件生存周期模型，也被称为软件过程模型（包括螺旋模型和统一软件开发过程）。另外，本章还讨论了设计验证和确认以及软件测试这几项工作所承担的角色。第 5 章将介绍 COMET 方法的基于用例的软件生存周期。

练习

选择题（每道题选择一个答案）

1. 什么是软件生存周期？
   - （a）软件的生命
   - （b）一个开发软件的可循环方法
   - （c）一个开发软件的阶段性方法
   - （d）在循环中所开发的软件的生命

2. 瀑布生存周期模型是什么？
   - （a）在瀑布下开发的软件
   - （b）一个过程模型，在这个模型中每一个阶段在下一个阶段开始之前完成
   - （c）一个过程模型，在这个模型中各个阶段相互重叠
   - （d）一个过程模型，在这个模型中各个阶段是循环的

3. 下面哪一项表示了瀑布生存周期模型的局限性？
   - （a）软件是按阶段被开发的
   - （b）每一个阶段在下一个阶段开始之前被完成
   - （c）软件开发是循环进行的
   - （d）除非一个可用的系统被开发完成，否则不适合测试软件需求

4. 下面哪个方法能克服上一个问题中所指出的局限性？
   - （a）分阶段软件开发
   - （b）抛弃型原型
   - （c）演化式原型
   - （d）增量开发

5. 什么是演化式原型？
   - （a）分阶段软件开发
   - （b）抛弃型原型
   - （c）风险驱动的开发
   - （d）增量开发

6. 螺旋模型强调的方法是什么？
   - （a）分阶段软件开发
   - （b）抛弃型原型
   - （c）风险驱动的开发
   - （d）增量开发

7. 软件确认的目标是什么？
   - （a）构造系统
   - （b）构造正确的系统
   - （c）正确地构造系统
   - （d）测试系统

8. 软件验证的目标是什么？
   - （a）构造系统
   - （b）构造正确的系统
   - （c）正确地构造系统
   - （d）测试系统

9. 什么是"白盒"测试？
   - （a）单元测试
   - （b）集成测试
   - （c）使用系统内部知识的测试
   - （d）不使用系统内部知识的测试

10. 什么是"黑盒"测试？
   - （a）系统测试
   - （b）集成测试
   - （c）使用系统内部知识的测试
   - （d）不使用系统内部知识的测试

软件设计和体系结构概念

本章描述软件设计的关键概念，这些概念在很长一段时间内体现了对软件体系结构设计的价值。首先，介绍面向对象的概念，主要描述其中所包含的对象和类的概念。随后，本章讨论在面向对象设计中信息隐藏的角色，同时对继承的概念也进行了介绍。本章接着介绍了并发处理以及并发应用中并发对象的概念。在这之后，对软件设计模式、软件体系结构以及基于构件系统的主要特征进行了概述。最后，讨论软件质量属性的概念。本章中的示例均使用 UML 进行描述，UML 表示法的概述可参见本书第 2 章。

本章的内容结构如下：4.1 节对面向对象概念进行概述。4.2 节描述信息隐藏。4.3 节描述继承和泛化 / 特化关系。4.4 节概述了并发处理。4.5 节对软件设计模式进行概述，具体的模式则将在随后的章节中描述。4.6 节概述软件体系结构和基于构件系统的主要特征。最后，4.7 节介绍软件质量属性。

4.1 面向对象概念

面向对象程编程和 Smalltalk 中首次引入了面向对象（object-oriented）这个术语，尽管信息隐藏和继承中的面向对象的概念可能出现得更早。信息隐藏及其在软件设计中的使用可追溯至 Parnas（1972），他倡导使用信息隐藏作为设计模块的一种方式，通过这种方式设计出的模块更为自包含（独立），因此当其发生变化时对其他模块仅会产生少量的影响，甚至没有影响。Simula 67（Dahl and Hoare 1972）首次使用了类和继承的概念，但这些概念仅在 Smalltalk 被提出之后才开始获得广泛接受。

45

在软件开发中，面向对象的概念非常重要，因为它们解决了基本的适应与演化问题。由于软件开发中面向对象模型尤其有利于演化和变更，因此软件建模方法从面向对象的视角进行开展。本节描述了问题（分析）层和解决方案（设计）层的面向对象概念。

对象和类

一个**对象**是现实世界中物理的或概念的实体，它提供了对现实世界的理解，并因此形成了软件解决方案的基础。一个现实世界的对象可具有物理属性（它们能被看到或被触摸到），例如一扇门、一辆汽车或一盏灯。一个概念对象是更抽象的概念，例如一个账户或一次交易。

面向对象的应用由对象组成。从设计的视角来说，一个对象涵盖了数据（data）以及作用于数据之上的过程（procedure），这些过程通常被称为操作（operation）或者方法（method）。一些建模方法（包括 UML 表示法）将操作定义为一个对象所执行功能的规约，同时将方法定义为该功能的实现（Rumbaugh et al. 2005）。在本书中，术语操作既代表规格说明，也代表实现，这与 Gamma（2005），Meyer（2000）以及其他学者所指的一致。

一个操作的**签名**（signature）代表该操作的名字、参数以及返回值。一个对象的**接口**（interface）是它提供的操作的集合，这些操作通过签名定义。一个对象的类型通过它的接口来定义，对象的实现则由它的类来定义。因此，Meyer 将一个类定义为一种**抽象数据类型**

（abstract data type）的实现（Meyer 2000）。

对象（也被叫做一个对象实例）是一个简单的"事物"，例如 John 的汽车或者 Mary 的账号。一个类（也被叫做一个对象类）是具有相同特征的对象的集合，例如"账户"（Account）、"雇员"（Employee）、"汽车"（Car）或者"客户"（Customer）。图 4-1 描述了一个 Customer 类和两个对象，分别是 aCustomer 和 anotherCustomer。这两个对象是 Customer 类的实例。另外，对象 anAccount 和 anotherAccount 是 Account 类的实例。

属性（attribute）是由类中的对象所持有的一个数据值，每一个对象的属性都有一个特定的取值。图 4-2 展示了一个带有属性的类。Account 类有两个属性：accountNumber 和 balance。anAccount 和 anotherAccount 是 Account 类的两个对象。每一个 account 对象的属性都有特定的取值。例如对象 anAccount 中属性 accountNumber 的取值是 1234，对象 anotherAccount 中属性 accountNumber 的取值则是 5678。前一个对象中属性 balance 的取值是 \$525.36，后一个对象中属性 balance 的取值则是 \$1897.44。在一个类中，属性名是唯一的，尽管不同的类可能拥有相同的属性名，例如在 Customer 类和 Employee 类中都存在名为 name 和 address 的属性。

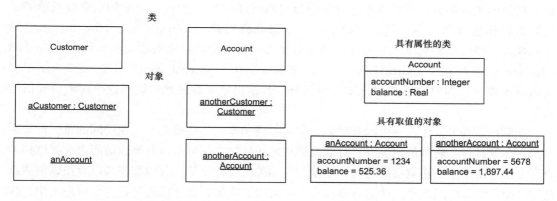

图 4-1 类和对象示例   图 4-2 具有属性的类示例

操作是由一个对象所执行的一项功能的规约。一个对象可拥有一个或多个操作。操作对对象所包含的属性值进行操控。操作可具有输入和输出参数。在同一个类中的所有对象拥有相同的操作。例如，Account 类有 readBalance、credit、debit、open 和 close 操作。图 4-3 展示了带有操作的 Account 类。

一个对象是一个类的实例。在执行阶段，单个对象按照需求被实例化。每一个对象都有一个独一无二的标识，该标识是将该对象与其他对象进行区分的特征。在某些情况下，该标识可能是一个属性（例如，一个账户号码或者一个客户名称），但它不一定必须是一个属性。设想有两个蓝色的球，从各个方面来看它们都是一样的，然而它们却具有不同的标识。

Account
accountNumber : Integer balance : Real
readBalance () : Real credit (amount : Real) debit (amount : Real) open (accountNumber : Integer) close ()

图 4-3 具有属性和操作的类示例

4.2 信息隐藏

信息隐藏是与所有软件系统设计相关的一个基本的软件设计概念。由于早期系统普遍使用全局数据，因此这些系统经常容易出错并且难以修改。Parnas（1972，1979）指出通过使用信息隐藏，开发者能够通过大量减少或者在理想情况下完全消除全局数据的方式将软件系统设计得更易修改。Parnas 主张将信息隐藏作为软件系统分解成模块的一种标准。每一个信息隐藏模块应当隐藏一个可能会发生变化的设计决策。每一个可变的决策被称为模块的秘密（secret）。使用这种方法后，就可实现为变化而设计（design for change）的目标。

4.2.1　面向对象设计中的信息隐藏

信息隐藏是面向对象设计中的基本概念。在设计对象的时候，特别是当要确定什么信息应是可见的，什么信息应被隐藏时，就要使用信息隐藏。一个对象中不需要被其他对象看到的那些部分应当被隐藏起来。因此，如果对象的内部发生变化，仅仅会影响这个对象。另外，术语封装（encapsulation）也被用来描述由对象带来的信息隐藏。

使用了信息隐藏，那些很有可能发生变化的信息被封装（即隐藏）在一个对象中。这个信息仅能通过对操作进行调用而被外界间接地访问（访问过程或函数），这些操作同时也是对象的组成部分。只有这些操作能够直接地访问信息；因此被隐藏的信息以及能够访问它的操作就被绑定在一起，形成了一个**信息隐藏对象**（information hiding object）。操作的规约（即操作的名字和参数）被称为对象接口。对象接口也被称为抽象接口（abstract interface）、虚拟接口（virtual interface）或外部接口（external interface）。接口表示了对象的可见部分，即对象中与用户相关的部分。其他对象则通过接口调用这个对象所提供的操作。

在应用软件开发中，一个潜在的问题是可能需要改变那些被几个对象访问的重要的数据结构。在没有信息隐藏的情况下，对数据结构的任何改变都可能需要修改访问该数据结构的所有对象。使用信息隐藏就能将与该数据结构相关的设计决策、其内部连接以及操纵该数据结构的操作细节隐藏起来。信息隐藏所带来的解决方案将数据结构封装在一个对象之中，仅能通过对象的操作才能直接地访问该数据对象。

其他对象仅能通过调用对象的操作来间接地访问被封装起来的数据结构。因此，如果数据结构发生变化，仅会对包含该数据结构的对象产生影响。由这个对象支持的外部接口不会发生改变，因此间接访问这个数据结构的对象不会受到这个变化的影响。这种信息隐藏的形式被称为**数据抽象**（data abstraction）。

4.2.2　信息隐藏示例

接下来将给出一个软件设计中信息隐藏的示例，该示例会和不使用信息隐藏的功能式方法进行比较。为了解释信息隐藏的好处，考虑功能式方法和信息隐藏对下列问题的解决方案。几个模块访问一个栈；在功能式解决方案中模块是过程或函数，而在信息隐藏解决方案中则是对象。在功能式解决方案中，栈是一个全局的数据结构。使用这种方法，每一个模块都直接访问这个栈，因此为了能够对栈进行操纵，每一个模块都需要知道这个栈的表示形式（数组或链表）（图 4-4）。

信息隐藏解决方案是将栈的表示形式（例如，数组）在需要访问该栈的对象的视角上隐藏起来。一个信息隐藏对象（栈对象）的设计如下（图 4-5）：

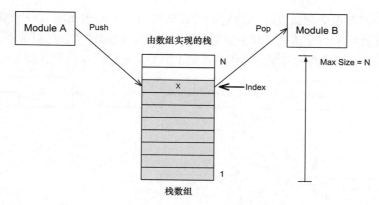

图 4-4　全局访问栈数组示例

注：该图不符合 UML 表示法。

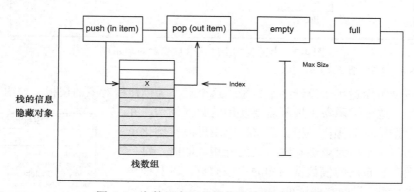

图 4-5　由数组实现的栈信息隐藏对象示例

注：该图不符合 UML 表示法。

- 定义一组操作来操纵数据结构。在栈的示例中，典型的操作是 push、pop、full 以及 empty。
- 定义数据结构。例如，在栈的示例中，定义了一个一维数组。另外，定义了一个指示栈顶端的变量，以及一个表示队列长度的变量。
- 不允许其他对象访问这个数据结构。它们能够调用对象的操作来向栈顶推入一个元素，或者从栈中取出一个元素。

现在假设对栈的设计从一个数组改变为一个链表，考虑这个变化对功能式解决方案和信息隐藏解决方案带来的影响。在两个解决方案中，栈的数据结构都得改变。然而，在功能式的解决方案中，栈由一个全局的数据结构实现，由于每一个访问这个栈的模块都直接操作了这个数据结构，因此这些模块都必须改变。改变后，模块必须操纵链表的指针，而不再操纵数组的索引（图 4-6）。

在信息隐藏解决方案中，除了内部的栈数据结构发生巨大变化之外，信息

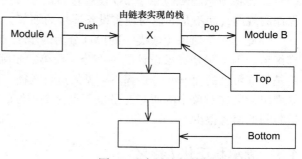

图 4-6　全局访问栈链表示例

注：该图不符合 UML 表示法。

隐藏对象的操作细节也必须改变，因为它们现在要访问一个链表而不是一个数组（图4-7）。然而，对其他对象可见的外部接口却不需要修改。因此，使用这个栈的对象不会受到这种变化的影响，它们可以继续调用对象的操作，甚至不需要知道已经发生的变化。

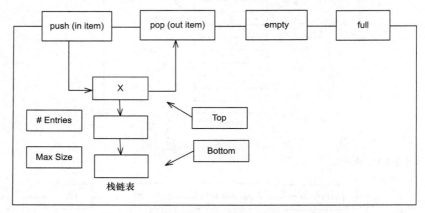

图 4-7　由链表实现的栈信息隐藏对象示例

注：该图不符合 UML 表示法。

同样的概念可以适用于设计一个栈类，这个类作为创建栈对象的模板。如图4-8所示定义了一个栈类，这个类隐藏了栈所需要使用的数据结构，并指定了操纵数据结构的操作。根据需要，应用可以实例化单独的栈对象。每一个栈对象都有它自己的标识。同时，每一个栈对象都拥有它自己的栈数据结构的本地拷贝，以及栈操作需要的其他实例变量的本地拷贝。

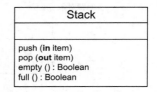

图 4-8　一个栈信息隐藏类示例

4.2.3　设计信息隐藏对象

前一小节列举的两个示例主要是为了解释信息隐藏的好处。通过抽取对象的内部复杂性，封装提升了抽象的层次，认识到这一点是十分重要的。这种方式提升了粒度的尺寸。开发者只需要考虑接口，而不是内部的复杂性。因此，在栈示例中，我们不需要从最初就考虑栈的内部实现细节。实际上，我们应当通过考虑一个对象应提供怎样的接口来开始设计一个信息隐藏对象。例如，在设计栈的时候，接口需要提供 push、pop、empty 和 full 操作。对于一个消息队列来说，应当有将一个消息入队和出队的操作，而队列的实际数据结构可以稍后才被确定。当将信息隐藏应用于 I/O 设备接口的设计时，其中的关键问题是构成虚拟设备接口的操作的规约，而不是如何与现实设备连接的细节。

因此，一个对象（或类）的设计分为两步：首先设计作为外部视图的接口，随后设计内部细节。第一步是高层设计的一部分，而第二步则是详细设计的一部分。由于经常需要对哪些是外部可见的而哪些是外部不可见的进行权衡，因此设计很可能是一个迭代的过程。通常，暴露出封装在对象中的所有变量也不是一个很好的主意，例如通过 get 和 set 操作，这意味着被隐藏的信息很少。

4.3　继承和泛化 / 特化

继承是分析和设计中的一个有用的抽象机制。继承很自然地为那些在某些方面相似但也不是完全相似的对象进行建模；因此，这些对象具有一些共同的特性，也包含一些唯一的特性用来区分它们。继承是一种已被广泛使用于其他领域的分类机制。例如，动物世界的分类法将动物划分成哺乳类，鱼类、爬行类，等等。猫和狗具有共同的特性，这些特性能够被泛化为哺乳动物的特性。然而，它们也具有唯一的特性（例如，狗能吠叫而猫只能喵喵叫）。

继承是在不同类中分享和复用代码的机制。一个子类（child class）继承其父类（parent class）的特性（被封装的数据和操作）。随后它能够修改其父类的结构（被封装的数据）和行为（操作）。父类被称为**超类**（superclass）或者**基类**（base class）。子类被称为**子类**（subclass）或者是派生类（derived class）。将父类进行修改从而形成子类的过程被称为特化。子类可以被进一步特化，这样就创建出了类的层次结构，这也叫做**泛化/特化**层次结构。

类继承是一种通过复用父类的功能而扩展应用系统功能的机制。因此，使用已存在的类能够增量地定义一个新的类。一个子类能够更改其父类所封装的数据（被称为实例变量）和操作。通过增加新的实例变量，子类就能够更改这些封装的数据。通过增加新的操作或者重新定义现有的操作，子类就能够更改父类中的操作。一个子类也有可能废弃父类的操作；然而，不推荐这种做法，因为在这种情况下，子类不再共享父类的接口。

在如图4-9所示的银行账户示例中，CheckingAccount和SavingsAccount拥有一些共同的属性，其他的则是不同的属性。在所有账户中都相同的属性（即accountNumber和balance）被作为了父类Account的属性。特定于一个SavingsAccount的属性，例如cumulativeInterest（在这个银行中，CheckingAccount不累计利息）则被作为子类SavingsAccount的属性。类似地，特定于一个CheckingAccount的属性，例如lastDepositAmount，被作为了子类CheckingAccount的属性。

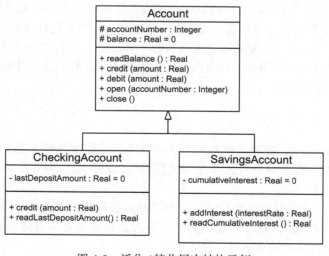

图4-9 泛化/特化层次结构示例

每一个子类都增加了新的操作。在子类SavingsAccount中，增加的新操作是readCumulativeInterest，它用来读取"累计的利息"（cumulativeInterest），另外，新增addInterest操作来增加每日的利息（interest）。对于子类CheckingAccount来说，新增加的操作是readLastDepositAmount。第14章将更加详细地描述这个示例。

4.4 并发处理

一个对象可能是主动的，也可能是被动的。对象经常是被动的，也就是说，它们等待另一个对象来调用它们的操作，并且从不启动任何行动。而一些面向对象的方法和语言（例如 Ada 和 Java）支持主动的对象。主动对象也被称为并发对象，独立于其他的主动对象而执行。

4.4.1　顺序应用与并发应用

顺序应用是一个顺序的程序，它由一组被动对象组成并且仅有一个控制线程。当一个对象调用另一个对象的操作时，控制就会从调用操作传递到被调用的操作。当被调用的操作执行完毕时，控制就会返回到调用的操作。在一个顺序应用中，仅支持同步的消息通信（过程调用或方法调用）。

在一个**并发应用**中，通常有几个并发对象，每一个对象都拥有属于它自己的控制线程。并发应用支持异步的消息通信，因此一个并发的源对象能够向一个并发的目标对象发送一条异步的消息，源对象随后继续执行，而不用考虑目标对象何时接收到这条信息。如果消息到达时目标对象很繁忙，那么消息就会被缓存。

4.4.2　并发对象

并发对象也叫做主动对象、并发过程、并发任务或者线程（Gomma 2000）。一个**并发对象（主动对象）**拥有自己的控制线程并能独立于其他的对象而执行。**被动对象**拥有被并发对象所调用的操作。被动对象也能调用其他被动对象中的操作。被动对象没有控制线程，因此它们是被动类的实例。被动对象中的一个操作一旦被并发对象调用，就会在并发对象的控制线程中执行。

一个并发对象表示一个顺序程序的执行，或者是并发程序中一个顺序构件的执行。每一个并发对象处理一个顺序执行的线程，因此在一个并发对象中不允许存在并发的操作。然而，整个系统的并发是通过多个并发对象的并行执行来实现的。并行对象经常异步地执行（即，以不同的速度），并且在一段很长的时间内彼此相互独立。有时，并发对象需要和其他对象进行通信并同步它们之间的行动。

4.4.3　并发对象间的协作

在并发系统的设计中，需要考虑几个不会在顺序系统设计过程中出现的问题。在大多数的并发应用中，并发对象必须相互协作来完成应用所需的服务。当并发对象相互协作时，通常会出现下面三个问题：

1）当并发对象需要互斥地访问资源（例如共享的数据或物理设备）时，会出现**互斥问题**（mutual exclusion problem）。这个问题的另外一种形式是多读者 – 写者（multiple readers and writers）问题，其中互斥的约束有时会被放宽。

2）当两个并发对象需要互相同步它们的操作时，就会发生**同步问题**（synchronization problem）。

3）当并发对象需要相互通信从而将数据从一个并发对象传向另一个并发对象时，就会发生**生产者 / 消费者问题**（producer/consumer problem）。并发对象之间的通信经常被称为进程间通信（IPC）。

4.4.4　同步问题

当两个任务需要在没有进行数据通信的情况下同步它们的操作时，就会使用事件同步。

源任务执行一个信号（事件）操作，这表示一个事件已经发生。事件同步是异步的。在 UML 中，这两个任务被描绘为主动对象，同时存在从发送任务发送到接收任务的异步事件信号。目标任务执行一个等待（事件）操作，这个操作将任务挂起直至源任务已经发出了事件。如果事件已被发出，那么目标任务就不会被挂起。下面给出一个示例。

　　并发对象间同步的示例

　　考虑一个来源于并发机器人系统的事件同步的例子。每一个机器人系统被设计为一个并发的对象并且控制一个移动的机器人手臂。一个执行拾取和放置动作的机器人（pick-and-place robot）将物件带到工作场地，另一个钻孔机器人（drilling robot）就能在物件上钻四个孔。当钻孔操作完成后，拾取和放置机器人将物件移走。

　　这里需要解决多个同步问题。第一，存在一个碰撞区域，在这个区域中拾取 – 放置机器人和钻孔机器人的手臂可能发生碰撞。第二，拾取 – 放置机器人必须在钻孔机器人开始钻孔之前放置物件。第三，钻孔机器人必须在拾取 – 放置机器人移走物件之前完成钻孔。对于这些问题的解决方案采用事件同步，如下文所述。

　　拾取 – 放置机器人将物件移动到工作场地，从碰撞区域离开，然后发出 partReady 的事件。这个信号将钻孔机器人唤醒，使其移动至工作场地并且进行钻孔。在完成钻孔操作之后，钻孔机器人离开碰撞区域，随后发出第二个信号 partCompleted，这个信号是拾取 – 放置机器人一直在等待接收的信号。

　　在被信号唤醒之后，拾取 – 放置机器人移走物件。每一个机器人执行一次循环，因为机器人重复地执行着它们的操作。以上所述的解决方案如下（也可参见图 4-10）：

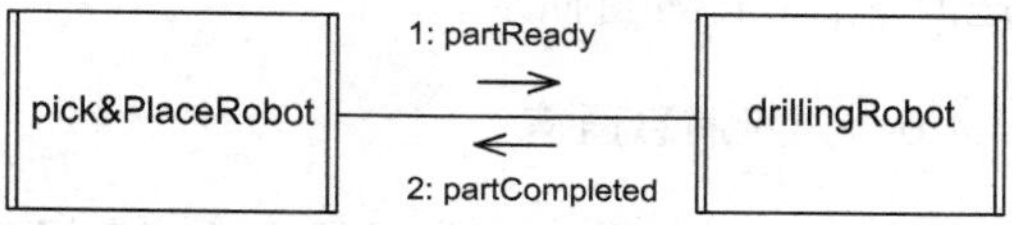

图 4-10　并发对象间同步示例

54

拾取 – 放置机器人

```
while workAvailable do
    Pick up part
    Move part to work location
    Release part
    Move robot arm to safe position
    signal (partReady)
    wait (partCompleted)
    Pick up part
    Remove part from work location
    Place part
end while;
```

钻孔机器人

```
while workAvailable do
    wait (partReady)
    Move robot arm to work location
    Drill four holes
    Move robot arm to safe position
    signal (partCompleted)
end while;
```

4.4.5 生产者 / 消费者问题

并发系统中的一个共同问题是生存者并发对象和消费者并行对象之间存在的问题。生产者并发对象生产信息，然后消费者并发对象消费这个信息。在一个并发系统中，每一个并发对象拥有它自己的控制线程，同时这些并发对象异步地执行。因此当并发对象间希望交换数据时，同步并发对象间的操作是有必要的。由此生产者必须在消费者消费数据之前就生产出数据。如果消费者已准备接收数据但生产者还未生产出数据，那么消费者必须等待生产者。如果生产者在消费者准备接收数据之前就已经生产了数据，那么要么阻止生产者继续生产，要么将这些数据为消费者缓存起来从而允许生产者继续生产。

对这个问题的一个通用的解决方案是在生产者和消费者并发对象之间使用消息通信。两个并发对象之间的消息通信含有两个目的：

1）将数据从一个生产者（源）并发对象转移到一个消费者（目标）并发对象。

2）在生产者和消费者之间进行同步。如果没有消息，消费者必须等待来自生产者的消息。在某些情况下，生产者等待来自消费者的回复。

并发对象间的消息通信可能是同步的，也可能是异步的。在一个分布式应用中，同步对象可能位于相同的结点，也可能散布在多个不同结点上。如果使用异步消息通信，生产者向消费者发送消息后能够继续执行而不等待回复。如果使用同步消息通信，生产者向消费者发送消息后立即等待回复。

4.4.6 异步消息通信

异步消息通信也叫做松耦合的消息通信，使用这种通信方式，生产者向消费者发送消息后要么不需要得到回复，要么在收到回复之前执行其他的功能。因此，生存者发出消息后继续执行而不需要等待回复。消费者接收消息。由于生产者和消费者并发对象以不同的速度执行其功能，因此能够在生产者和消费者之间建立一个先入先出（FIFO）消息队列。当消费者请求一个消息而队列中没有消息时，消费者就会被挂起。

图 4-11 给出了一个异步消息通信的示例。在这个示例中，生产者并发对象向消费者并发对象发送消息。一个 FIFO 消息队列存在于生产者和消费者之间。

图 4-11 异步（松耦合）消息通信

4.4.7 带回复的同步消息通信

带回复的同步消息通信也叫做带回复的紧耦合的消息通信，使用这种通信方式，生产者发送一条消息给消费者后就等待回复。当消息到达时，消费者接收消息，处理它，生成一个回复，然后发送该回复。随后生产者和消费者均继续执行。如果没有消息时，消费者就会被挂起。在一对给定的生产者和消费者之间不存在消息队列。同时，正如第 12 章将要描述的那样，也存在**不带回复的同步消息通信设计模式**。

带回复的同步消息通信的示例如图 4-12 所示，其中生产者向消费者发送一条消息，在接收到信息之后，消费者就向生产者发送一个回复。

图 4-12 带回复的同步（紧耦合）消息通信

4.5 设计模式

在软件设计中，开发者时常会遇到一个在以往的不同项目中已经得到解决的问题。问题的上下文经常是不同的，它可能是不同的应用、不同的平台或者不同的编程语言。这种不同的上下文常常会导致开发者重新设计并且重新实现这个解决方案，因此就掉入了"重新发明齿轮"的陷阱中。软件模式这个领域（包括体系结构和设计模式）正在帮助开发者避免那些不必要的重新设计和重新实现。

Christopher Alexander 在建筑物的体系结构中首次提出了模式的概念，并且他的书 《The Timeless Way of Building》（Alexander 1970）对这个概念进行了描述。Gamma、Helms、Johnson 和 Vlissides 的书 《Design Patterns》（1995）将设计模式在软件行业中加以推广，这本书描述了 23 种设计模式。之后，Buschmamm et al.（1996）描述了跨越不同抽象层次的模式，从高层的体系结构模式到设计模式，再到低层的习惯用法。

设计模式描述了待解决的重复出现的设计问题、对问题的解决方案以及解决方案工作的上下文（Buschmann et al. 1996；Gamma et al. 1995）。这个描述指明了在一个特殊的上下文中为了解决一个普遍存在的设计问题而定制的对象和类。由于涉及多个类并且涉及不同的类对象之间的交互，因此设计模式是一个比类的粒度更大的复用方式。设计模式有时被称作为微体系结构（microarchitecture）。

在设计模式的概念最初获得成功之后，其他类型的模式也被不断开发出来。可复用的模式主要包括以下几种类型：

- **设计模式**。在这本被大量引用的书（Gamma et al. 1995）中，四位软件设计师 Erich Gamma、Richard Helm、Ralph Johnson 和 John Vlissides 描述了设计模式。这四位设计师在某些方面被称为"四人帮"。一个设计模式是一小组协作的对象。
- **体系结构模式**。Buschmann et al.（1996）在西门子描述了这项工作。体系结构模式比设计模式的粒度更大，它用于定义一个系统中主要子系统的结构。
- **分析模式**。Fowler（2002）描述了这个模式，他在分析不同应用领域的过程中找到了相似性。他描述了在面向对象分析中发现的重复出现的模式，并且用静态模型（类图）对其进行描述。
- **特定产品线的模式**。这些模式在特定的领域中被使用，例如工厂自动化领域（Gomma 2005）或者电子商业领域。通过关注特定的应用领域，设计模式能够提供更适合于特定领域的解决方案。
- **习惯用法**。习惯用法是低层的特定于给定的编程语言的设计模式，它们描述了使用语言特性（例如 Java 或 C++ 的特性）而对一个问题产生的实现方案。这些模式最接近代码，但是它们仅能被用同样的编程语言编写的应用所使用。

4.6 软件体系结构和构件

软件体系结构（Bass et al. 2003；Shaw and Garlan 1996）使用构件及其连接的方式，将

系统的整体结构与单个构件的内部实现细节进行分离。本节描述构件接口的设计，这在软件体系结构中是一个重要的问题。在描述供给接口、请求接口以及连接构件的连接器之前，本节描述接口是如何被定义的。

4.6.1 构件和构件接口

可以以不同的方式使用构件这个术语。一般意义上，构件经常用于表示模块化系统，系统中的模块依赖于特定的平台或软件体系结构以不同的方式被开发出来。

构件是自包含的（通常是并发的）且具有良好定义接口的对象，它能够在与最初设计不同的应用中被使用。为了完全指定一个构件，使用它所提供的操作以及它所需要的操作来进行定义是非常必要的（Magee et al. 1994；Shaw and Garlan 1996）。这样的定义与传统的面向对象方法形成对照，传统的面向对象方法仅仅使用它提供的操作来定义一个对象。然而，如果将一个已有的构件集成到一个基于构件的系统中时，理解构件需要的操作以及它提供的操作是非常重要的，因此要将这些接口显式地描述出来。

4.6.2 连接器

除了定义构件之外，一个软件体系结构必须定义将构件结合起来的连接器。一个**连接器**封装了两个或多个构件之间的互连协议。构件间不同种类的消息通信包括**异步**通信（松耦合）和**同步**通信（紧耦合）。每一种通信类型的互连协议都能被封装在一个连接器中。例如，尽管在同一结点上的构件间异步消息通信在逻辑上与那些在不同结点上的构件之间的通信是相同的，在这两种情况中仍会使用不同的连接器。在前一种情况中，连接器使用共享的内存缓冲；后一种情况则使用在网络上发送消息的连接器。

4.7　软件质量属性

软件质量属性（Bass，Clements，and Kazman 2003）指软件的质量需求，通常也被称为非功能性需求。在软件体系结构设计中要明确考虑每一个非功能性需求。在开发软件体系结构时处理并评估质量属性能够对软件产品的质量产生深远的影响。质量属性包括：

- **可维护性**（maintainability）。在软件部署之后它能够被更改的程度。
- **可修改性**（modifiability）。在最初开发期间和最初开发之后软件能够被修改的程度。
- **可测试性**（testability）。软件能够被测试的程度。
- **可追踪性**（traceability）。每一个阶段的产品能够被追踪到上一个阶段产品的程度。
- **可伸缩性**（scalability）。在最初部署之后系统能够成长的程度。
- **可复用性**（reusability）。软件能够被复用的程度。
- **性能**（performance）。系统满足其性能目标的程度，例如吞吐量和响应时间。
- **安全性**（security）。系统抵御安全威胁的程度。
- **可用性**（availability）。系统能够解决系统失效问题的程度。

4.8　总结

本章描述了软件设计的主要概念以及基于构件的软件体系结构的重要概念。本章介绍的面向对象的概念形成了接下来几章的基础。第 7 章描述了静态建模如何应用于软件系统的建模。第 9 章、第 10 章和第 11 章描述了动态建模如何用于软件系统的建模。其中，第 9 章和

第 11 章介绍了使用对象交互建模的对象间动态建模技术。第 10 章介绍了使用有限状态机对一个对象的内部行为进行动态建模。

本章使用软件质量属性这一术语介绍了非功能性需求。在第 6 章中详述了非功能性需求，而第 20 章描述了在软件体系结构中怎样处理软件质量属性。第 12 章更加详细地对设计模式进行了描述。

另外，本章也描述了基于构件的软件体系结构的概念，强调了构件的基础而非技术，构件的技术通常是频繁变化的。第 17 章将进一步描述基于构件的软件体系结构的开发。

练习

选择题（每道题选择一个答案）

1. 下列哪一项是面向对象的概念？
  （a）模块和接口　　　　　　　　　　（b）模块和信息隐藏
  （c）类、信息隐藏和继承　　　　　　（d）并发和信息隐藏

2. 下列哪一项是对象的特性？
  （a）一个函数或子过程　　　　　　　（b）一个模块
  （c）一组数据和对数据进行操作的过程　（d）一组函数和算法

3. 什么是类？
  （a）一个对象实例　　　　　　　　　（b）对象的实现
  （c）具有相同特征的对象的集合　　　（d）具有不同特征的对象的集合

4. 什么是类的操作（或方法）？
  （a）被一个类执行的函数的规约和实现
  （b）被一个类提供的子例程的规约和实现
  （c）被一个类提供的函数或过程的规约和实现
  （d）被一个类提供的接口的规约和实现

5. 什么是操作的签名？
  （a）操作的名字　　　　　　　　　　（b）操作的函数或子例程
  （c）操作的名字、参数和返回值　　　（d）对象的接口

6. 什么是类的接口？
  （a）类的签名　　　　　　　　　　　（b）类提供的操作的规约
  （c）类的内部细节　　　　　　　　　（d）类的实现

7. 什么是属性？
  （a）类的描述　　　　　　　　　　　（b）类的内部性质
  （c）类具有的数据项　　　　　　　　（d）类的参数

8. 什么是软件设计的信息隐藏？
  （a）隐藏信息从而使得它不被发现　　（b）隐藏很可能发生变化的设计决策
  （c）隐藏信息让信息安全　　　　　　（d）将数据封装在一个类中

9. 什么是数据抽象？
  （a）信息隐藏的另一个名字　　　　　（b）封装数据从而隐藏其结构
  （c）在数据库中存储数据　　　　　　（d）在数据结构中存储数据

10. 什么是继承？
  （a）从父类中继承特性的机制　　　　（b）在类间共享和复用代码的机制
  （c）在类间共享数据的机制　　　　　（d）在类间隐藏信息的机制

软件建模和设计方法概览

本书描述的软件建模和设计方法称为 COMET（Collaborative Object Modeling and Architectural Design Method，协作的对象建模和体系结构设计方法）。该方法使用 UML 表示法。COMET 是一个迭代的用例驱动和面向对象的方法，它特别强调了软件开发生存周期的需求、分析和设计建模阶段。本章从软件生存周期的角度考虑 COMET 方法。COMET 方法的开发过程是一个基于用例的软件过程，与统一软件开发过程（Unified Software Development Process，USDP）（Jacobson，Booch，and Rumbaugh 1999）和螺旋模型（Boehm 1988）兼容。本章展示了 COMET 的基于用例的软件生存周期，并描述了 COMET 方法如何与 USDP 或者螺旋模型一起使用。接着，概述了对 COMET 方法的主要活动，并总结了在使用 COMET 时的步骤。

5.1 节描述 COMET 基于用例的软件生存周期；5.2 节把 COMET 方法与其他软件过程进行比较；5.3 节给出 COMET 方法中需求、分析和设计建模活动的概述；5.4 节给出本书中不同种类的软件体系结构设计的概述。

5.1 COMET 基于用例的软件生存周期

COMET 基于用例的软件生存周期模型是一种围绕**用例**概念的高度迭代的软件开发过程。在需求模型中，用参与者和用例来描述系统的功能性需求。每个用例定义了一个或多个参与者与系统之间的交互序列。在分析模型中，实现用例以描述参与用例的对象以及它们之间的交互。在设计模型中，开发软件体系结构，以描述构件以及它们之间的接口。完整的 COMET 基于用例的软件生存周期模型如图 5-1 所示。COMET 生存周期是高度迭代的。COMET 方法通过基于用例的方法将需求、分析和设计建模三个阶段结合在一起。

5.1.1 需求建模

在**需求建模**阶段，所开发的需求模型使用参与者和用例描述了系统的功能性需求。每个用例要开发一个叙述性描述。在此过程中，用户的输入和主动的参与是必不可少的。如果需求没有被很好地理解，那么可以开发一个抛弃型原型来帮助澄清需求（参见第 2 章）。

5.1.2 分析建模

在**分析建模**阶段，要开发系统的静态和动态模型。静态模型定义了问题域类之间的结构关系。这些类及其关系描绘在类图中。对象的组织准则用来决定在分析模型中要考虑哪些对象。然后，开发动态模型来实现来自需求模型的用例，以显示每个用例中参与的对象以及对象间是如何交互的。对象和它们之间的交互描绘在通信图或者顺序图中。在动态模型中，使用状态图来定义状态相关的对象。

5.1.3 设计建模

在**设计建模**阶段，要设计系统的软件体系结构。在此阶段中，分析模型被映射到一个运

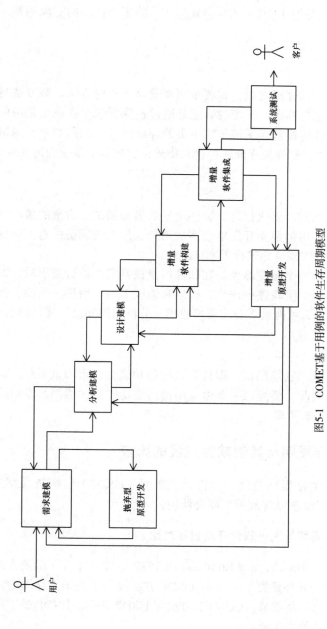

图5-1　COMET基于用例的软件生存周期模型

行环境。分析模型（强调的是问题域）被映射到设计模型（强调的是解域）中。此阶段提供子系统的组织准则来将系统组织为子系统。子系统被视为聚合或者复合对象。将分布式的子系统设计为使用消息相互通信的可配置构件时，要给予特别的考虑。接着设计每个子系统。对于顺序系统，重点放在信息隐藏、类和继承的面向对象的概念。对于并发系统的设计，例如实时的、客户端 / 服务器（C/S）和分布式应用，除了考虑面向对象的概念外，还需要考虑并发任务的概念。

5.1.4　增量软件构建

在软件体系结构设计完成之后，就要采用增量软件构建方法。该方法是基于为每次增量选择系统的一个子集进行构建。子集的确定是通过选择要包含在该增量中的用例和参与这些用例的对象。增量软件构建包含了该子集中类的详细设计、编码和单元测试。这是一个分阶段的方法，通过该方法，软件被逐渐地构建和集成，直到整个系统构造完成。

5.1.5　增量软件集成

在增量软件集成期间，要执行每个软件增量的集成测试。增量的集成测试是基于为该增量选择的用例。为每个用例都要开发集成测试用例。集成测试是白盒测试的一种形式，对参与每个用例的对象之间的接口都进行了测试。

每个软件增量形成一个增量原型。在软件增量被判定为符合要求后，就通过增量软件构建和增量软件集成这两个阶段进行迭代，构建和集成下一个增量。然而，如果在软件增量中检测出重要的问题，那么可能就需要在需求建模、分析建模和设计建模阶段中进行迭代。

5.1.6　系统测试

系统测试包括系统的功能测试，即针对系统的功能性需求测试系统。这种测试是黑盒测试，基于黑盒用例。因此，要为每一个黑盒用例构建功能测试用例。发布给客户的任何软件增量都需要经历系统测试阶段。

5.2　COMET 生存周期与其他软件过程的比较

本节将 COMET 生存周期与统一软件开发过程（USDP）和螺旋模型进行简要的比较。COMET 方法可以和 USDP 或螺旋模型联合使用。

5.2.1　COMET 生存周期与统一软件开发过程对比

USDP（Jacobson, Booch, and Rumbaugh（1999），第 3 章作了简要介绍）强调了过程和方法（方法相对于过程其外延更小一些）。USDP 方法提供了关于生存周期方面的相当多的细节以及关于使用方法的一些细节。COMET 方法与 USDP 兼容。USDP 的工作流就是需求、分析、设计、实现和测试的工作流。

COMET 生存周期的每个阶段都对应 USDP 中的一个工作流。COMET 的前三个阶段与 USDP 的前三个工作流程有着相同的名字。这一点并不意外，因为 COMET 生存周期受到 Jacobson 早期工作（Jacobson 1992）的强烈影响。COMET 增量软件构建活动对应于 USDP 的实现工作流。COMET 的增量软件集成和系统测试阶段映射到 USDP 的测试工作流。COMET

之所以将这些活动分开是因为集成测试被看作开发团队的活动，而系统测试应该由分离的测试团队来承担。

5.2.2 COMET 生存周期与螺旋模型对比

COMET 方法也能够与螺旋模型（Boehm 1998）同时使用。在为螺旋模型的一个给定周期进行项目计划期间，项目经理要决定在项目开发象限（第三象限）中执行哪些特定的技术活动。被选中的技术活动（例如需求建模、分析建模或者设计建模）都将会在第三象限中执行。在第二象限中执行的风险分析活动和在第四象限中执行的周期计划决定了在每个技术活动中需要多少次迭代。

5.3 需求、分析和设计建模

UML 表示法支持需求、分析和设计概念。本书描述的 COMET 方法将需求活动、分析活动和设计活动分开。需要强调的是，UML 模型需要补充附加的信息才能完全地描述软件体系结构。

需求建模解决开发系统的功能性和非功能性需求。COMET 区分分析和设计如下：分析是拆解或分解问题，以便问题能够被更好地理解；设计是综合解决方案或组合解决方案（把解决方案放在一起）。这些活动将在后续小节中详细描述。

5.3.1 需求建模中的活动

在需求模型中，系统被认为是一个黑盒。要开发用例模型。
- **用例建模**。定义参与者和黑盒用例。系统的功能性需求采用用例和参与者来描述。用例描述是一个行为视图；用例之间的关系给出了一个结构视图。用例建模详见第 6 章。
- **陈述非功能性需求**。这在需求阶段也很重要。UML 表示法没有陈述这个问题。然而，可以对用例建模方法进行补充来陈述非功能性需求，如第 6 章所述。

5.3.2 分析建模中的活动

在分析模型中，重点是理解问题；因此，重点在标识问题域中的对象以及对象之间传递的信息。有些问题要推迟到设计阶段，例如对象是主动的还是被动的，消息发送是异步的还是同步的，以及接收对象调用哪些操作等。

在分析模型中，考虑的是对问题域的分析。其活动如下：
- **静态建模**。定义特定问题的静态模型。这是系统中提供信息的结构视图。类是由它们的属性及其和其他类之间的关系定义的。操作在设计模型中定义。对于信息密集系统，该视图是非常重要的。重点是在问题域中对现实世界的类进行信息建模。静态建模将在第 7 章中详细介绍。
- **对象的组织**。决定参加每个用例的对象。给出对象的组织准则，以帮助确定系统中的软件对象：哪些是实体对象、边界对象、控制对象以及应用逻辑对象。对象组织将在第 8 章中介绍。在对象确定之后，对象之间的动态交互将在动态模型中描述。
- **动态交互建模**。实现用例来显示参与每个用例的对象之间的交互。开发通信图或顺序图来显示对象如何相互通信来执行用例。第 9 章描述了无状态的动态建模，包括动态交互建模方法，它是用来帮助确定对象之间如何交互来支持用例的。第 11 章描述了状态相关的动态交互建模，其中对状态相关的控制对象间的交互和它们执行的状态图进行了显式地建模。

- **动态状态机建模**。系统的状态相关的视图使用层次状态图来定义。每个状态相关的对象由其状态图来定义。设计有限状态机和状态图详见第 10 章。

5.3.3　设计建模中的活动

在设计模型中，考虑的是解域。在这个阶段中，分析模型被映射到一个并发设计模型。为了设计软件体系结构，将执行以下活动：

- **集成对象通信模型**。开发集成的对象通信图。详见第 13 章。
- **做关于子系统结构和接口的决策**。开发总体的软件体系结构。将应用组织为子系统。详见第 13 章。
- **做关于在软件体系结构中使用什么软件体系结构模式和设计模式的决策**。软件体系结构模式详见第 12、15、16、17 和 18 章。
- **做关于类接口的决策，特别是对于顺序软件体系结构**。对每个子系统，设计信息隐藏类（被动类）。设计每个类的操作和每个操作的参数。详见第 14 章。
- **做关于如何将分布式应用组织为分布式子系统的决策**，其中子系统被设计成为可配置的构件，并且定义构件之间的消息通信接口。详见第 13、15、16 和 17 章。
- **做关于对象特性的决策**，特别是它们是主动的还是被动的。对于每个子系统，将系统组织为并发的任务（主动对象）。在任务的组织过程中，使用任务组织准则来组织任务，并定义任务的接口。详见第 18 章。
- **做关于消息特性的决策**，特别是它们是同步的还是异步的（要回复还是不要回复）。体系结构通信模式详见第 12、13、15、16、17 和 18 章。

COMET 强调在分析和设计过程中的特定阶段使用组织准则。对象组织准则用来帮助确定系统中的对象；子系统组织准则用来帮助确定子系统；并发对象组织准则用来确定系统中并发（主动）对象。贯穿始终地使用 UML 构造型来清晰地显示组织准则的使用。

5.4　设计软件体系结构

在软件设计建模期间，根据软件体系结构的特性来做出设计决策。本书中设计建模部分的章节描述了不同种类的软件体系结构的设计：

- **面向对象的软件体系结构**。第 14 章使用信息隐藏、类和继承的概念来描述面向对象设计。
- **客户端 / 服务器软件体系结构**。第 15 章描述了客户端 / 服务器软件体系结构设计。一个典型的设计包含了一个服务器和多个客户端。
- **面向服务的体系结构**。第 16 章描述了面向服务的体系结构设计，它包含了多个分布式自治服务，这些服务能被组合成分布式软件应用。
- **基于构件的分布式软件体系结构**。第 17 章描述了基于构件的软件体系结构设计，可以在分布式配置的分布式平台上部署执行。
- **实时软件体系结构**。第 18 章描述了实时软件体系结构设计，这通常是用来处理多个输入事件流的并发体系结构。它们典型地依赖于状态，带有集中的或分散的控制。

- **软件产品线体系结构**。第 19 章描述了软件产品线体系结构设计，这种体系结构是为产品族的，需要捕获产品族中的共性和可变性。

67

5.5 总结

本章描述了为开发基于 UML 面向对象软件应用的 COMET 基于用例的软件生存周期。本章将 COMET 生存周期与 USDP 和螺旋模型进行了对比，并描述了 COMET 如何与 USDP 或螺旋模型一起使用。接着描述了 COMET 方法中的主要活动，并总结了使用 COMET 的步骤。COMET 方法中的每个步骤将在本书后续的章节中加以更详细地描述。

对于软件密集型系统（即软件是一个更大的硬件 / 软件系统的组成部分），系统建模可以在软件建模之前实施。UML 有一个分支叫做 SysML，它是一个面向系统工程应用的通用目的的建模语言。

练习

以下问题与本书中描述的软件建模和设计方法（COMET）相关。

选择题（每道题选择一个答案）

1. 需求建模过程中会进行以下哪项活动？
  （a）系统的功能性需求用功能、输入和输出来描述
  （b）系统的功能性需求用参与者和用例来描述
  （c）系统的功能性需求用文本描述
  （d）系统的功能性需求通过用户访谈来确定

2. 分析建模过程中会进行以下哪项活动？
  （a）开发用例模型　　　　　　　　　（b）开发数据流图和实体联系图
  （c）开发静态和动态模型　　　　　　（d）开发软件体系结构

3. 设计建模过程中会进行以下哪项活动？
  （a）开发用例模型　　　　　　　　　（b）开发数据流图和实体联系图
  （c）开发静态和动态模型　　　　　　（d）开发软件体系结构

4. 增量软件构建中会实施以下哪项活动？
  （a）对系统的一个子集中的类进行详细设计和编码
  （b）对系统的一个子集中的类进行详细设计、编码和单元测试
  （c）对系统的一个子集中的类进行编码和单元测试
  （d）对系统的一个子集中的类进行单元测试和集成测试

5. 增量软件集成过程中会进行以下哪项活动？
  （a）实现每个软件增量中的类　　　　（b）单元测试每个软件增量中的类
  （c）集成测试每个软件增量中的类　　（d）系统测试每个软件增量中的类

6. 在系统测试期间会进行以下哪种测试？
  （a）白盒测试　　　　　　　　　　　（b）黑盒测试
  （c）单元测试　　　　　　　　　　　（d）集成测试

68

Software Modeling & Design: UML, Use Cases, Patterns, & Software Architectures

软 件 建 模

用 例 建 模

系统的需求描述了用户对系统的期望；换言之，即系统将为用户做些什么。当定义系统的需求时，该系统应该被看作一个黑盒，使得只有系统的外部特性才被考虑。功能性需求和非功能性需求都需要被考虑。需求建模包含了需求分析和需求规约。

用例建模是一种描述系统的功能性需求的方法（将如本章所述）。系统的数据需求（以需要被系统存储的信息而言）是使用静态建模（见第 7 章）来确定的。系统的输入和输出首先在用例模型中描述，然后在静态建模过程中进行细化。

6.1 节概述软件需求分析和规约，接着描述了用于定义功能性需求的用例方法，以及扩展用例来描述非功能性需求。本章还描述了**参与者**（actor）和**用例**（use case）的概念，然后介绍用例间的关系，尤其是包含（include）和扩展（extend）关系。6.2 节概述用例建模以及一个简单用例的例子。6.3 节描述参与者和它们在用例建模中的角色。6.4 节涵盖如何标识用例这一重要的主题。6.5 节描述如何将用例文档化。6.6 节给出用例描述的一些例子。6.7 节描述用例关系。用包括关系建模在 6.8 节中介绍；用扩展关系建模在 6.9 节中介绍。6.10 节描述用例指南。6.11 节描述规定非功能性需求。6.12 节描述用例包。6.13 节描述如何使用活动图更精确地描述用例。

6.1 需求建模

开发一个新的软件系统有两个主要原因：替代一个手工系统，或者替代一个现存的软件系统。第一种情况中，开发新系统来替换手工系统，而手工系统的记录可能保存在纸质文档并存放在档案柜中。另一种情况中，开发新系统来替换严重过时的现存软件系统，例如，因为它运行在已淘汰的硬件上（例如一个集中式的主机系统），或者因为它是由已淘汰的语言（如 Cobol）开发的并且（或者）该系统几乎或者根本没有文档。是开发一个新的系统还是替换现存系统，精确和明白地规定新系统的需求是非常重要的。在系统中经常有许多用户；在一个大公司中，可能有工程师、市场和销售人员、经理、IT 人员、行政人员等。每个用户组（常常被称作涉众）的需求必须被理解和规定出来。

6.1.1 需求分析

软件需求描述了系统必须为用户提供的功能。需求分析包含了分析需求（例如，通过用户访谈）和分析现存的手工或自动的系统。询问用户的问题包括下面这些：你在当前（手工的或自动的）系统中是什么角色？你是如何使用当前系统的？当前系统的优势和局限有哪些？新系统应该给你提供哪些特征？分析一个现存的手工系统涉及理解当前系统和对当前系统进行文档记录，确定当前系统的哪些特征应该被自动化、哪些该保持手工，以及和用户讨论在系统自动化时哪些功能可以以不同的方式完成。分析一个现存软件系统需要抽取软件需求，将功能性需求从产生于设计或实现决策的功能中分离出来，标识非功能性需求，决定哪些功能要以不同的方式完成，以及要增加哪些新功能。

6.1.2 需求规约

在分析之后，需求需要被规约化。需求规约是需要需求分析师和用户达成共识的文档。它是后续设计和开发的起点，因此也必须被开发者所理解。功能性需求和非功能性需求都需要被规约化。

功能性需求描述了为了达到系统的目的系统必须能够提供的功能。在定义功能性需求时，有必要描述系统需要提供什么功能，哪些信息需要从外部环境（例如外部用户、外部系统或外部设备）输入给系统，哪些需要由该系统输出给外部环境，以及哪些存储信息该系统要读取或更新。例如，一个查看银行账户余额的功能性需求，用户需要输入账户号码，系统需要从客户账户读取余额并输出该余额。 [72]

非功能性需求有时也被称作质量属性，是指系统必须满足的服务质量目标。非功能性需求的例子有：性能需求，规定系统响应时间为 2 秒；可用性需求，规定系统必须在 99% 的时间中可运行；或安全性需求，如防止系统被入侵。

6.1.3 软件需求规约的质量属性

以下属性被认为有利于书写好的软件需求规约（Software Requirements Specification，SRS）：

- **正确**。每个需求都是对用户需要的精确解释。
- **完整**。SRS 包含了每个有意义的需求。另外，SRS 需要定义系统对每个可能输入的响应，无论输入是正确的或错误的。最后，不应有任何的"待定"。
- **无二义**。这意味着每个陈述的需求只有一个解释。模糊的陈述都必须被替换。
- **一致**。这是指确保单个需求之间不冲突。可能会有冲突的术语，例如两个术语都意指同一个概念；可能会有冲突的需求，例如一个需求做出了一个关于其所依赖需求的错误假设；还可能在后续的阶段添加一个新需求时，会和已有的需求冲突。
- **可验证**。需求规约实际上是开发者和客户机构之间的合同。软件验收标准是开发自需求规约的。因此，每个需求能被测试以确定系统满足需求是必要的。
- **非计算机专家能够理解**。因为系统的用户很可能是非计算机专家，所以需求规约以易理解的叙述文字书写是很重要的。
- **可修改**。因为需求规约很可能经过多次迭代，并且系统部署之后也需要演化，所以需求规约可修改是必要的。为了辅助该目标，需求规约需要有目录、索引以及交叉引用。每个需求应该只在一个地方陈述，否则，不一致性就可能蔓延到规约中。
- **可追踪**。需求规约需要能反向追踪到系统级需求和用户需要，同时也需要能向前追踪到满足需求的设计部件和实现需求的代码部件。 [73]

在开发需求规约的过程中会频繁地产生困境，因为上述这些目标中有些是相互冲突的。例如，为了让需求规约更易理解可能会和让其一致和无二义的目标相冲突。在需求规约过程的所有阶段，用户参与是必需的，以确保用户的需要包含在需求规约中。理想情况下，用户也应当在需求规约的团队中。需要和用户一起举行多次评审。开发抛弃型原型对澄清用户需求是有帮助的（详见第 3 章）。对自动化一个手工系统而言，当用户可能不清楚自动化系统会是什么样子时，原型设计会非常有用。质量属性的概述在第 4 章给出，更详细的描述见第 20 章。

6.2 用例

在用例建模方法中，功能性需求用参与者（系统的用户）和用例来描述。**用例**定义了一个或多个参与者和系统之间的交互序列。在需求阶段，用例模型将系统考虑成黑盒，并以包含用户输入和系统响应的叙述形式描述参与者和系统之间的交互。**用例模型**用参与者和用例描述系统的功能性需求。系统被看作黑盒，即处理系统会做**什么**来响应参与者的输入，而不是系统**如何做**的内部细节。在后续的分析建模（见第 8 章）期间，会确定参与每个用例的对象。

用例总是从参与者的输入开始。典型地，一个用例包含了参与者和系统之间的交互序列。每个交互由参与者的输入以及后续的系统响应组成。因此，参与者向系统提供输入，而系统向参与者提供响应。系统总是被考虑为一个黑盒，使得其内部细节不会暴露。尽管一个简单的用例可能只包含参与者和系统之间的一个交互，但一个更典型的用例会由参与者和系统之间的多个交互组成。更复杂的用例也可能会涉及不止一位参与者。

举一个简单的银行系统的例子，自动提款机（ATM）允许客户从他们的银行账户中取款。这里有一个参与者"ATM 客户"（ATM Customer）和一个用例"取款"（Withdraw Funds），如图 6-1 所示。"取款"用例描述了客户和系统之间的交互序列。用例始于客户将一张 ATM 卡插入到读卡器中，然后，客户响应系统提示输入密码（PIN），最终客户收到 ATM 机发出的现金。

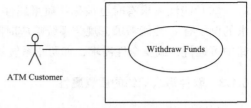

图 6-1 参与者和用例的示例

一个简单的用例

考虑"应急监控系统"（Emergency Monitoring System）中的"查看警报"（View Alarms）作为一个非常简单的用例示例。其中有一个参与者，即"监控操作员"（Monitoring Operator），他能请求查看所有警报的状态。该用例描述的关键部分由以下内容组成：

- 用例的名称：查看警报。
- 参与者的名称：监控操作员。
- 一句话的用例概要：给出简要描述。
- 对事件主序列的描述。对该用例而言，第一步是操作员请求，第二步是系统响应。
- 对主序列的替代情况的描述。对该用例而言，在第二步会有一个替代：如果出现监控紧急状况则该替代会被执行。

用例名称：查看警报
概要：监控操作员查看未解决的警报。

参与者：监控操作员
主序列：
1. 监控操作员请求查看未解决的警报。
2. 系统显示未解决的警报。对于每个警报，系统显示警报的名称、警报描述、警报位置和警报严重性（高、中、低）。

可替换序列：
第 2 步：紧急情况。系统向操作员显示紧急警告消息。

6.5 节给出了一种更全面的文档化用例描述的方法；6.6 节表述了一个更详细的示例。

6.3 参与者

参与者描绘了一个与系统交互的外部用户（即在系统之外）（Rumbaugh et al. 2005）。在用例模型中，参与者是与系统交互的唯一外部实体；换句话说，参与者是在系统之外的，不是系统的一部分。

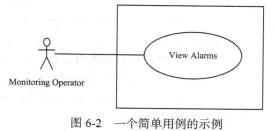

图 6-2 一个简单用例的示例

6.3.1 参与者、角色和用户

参与者代表了在应用领域中扮演的一种角色；典型地，该角色是人类用户扮演的。用户是一个个体，而参与者代表了相同类型的所有用户所扮演的角色。例如，"银行系统"中有多位客户，他们都由参与者 ATM Customer 来代表。因此，参与者 ATM Customer 是对一种用户类型的建模；单个的客户是该参与者的实例。

参与者常常是人类用户。因为这个原因，在 UML 中，参与者用人形图标来表示。在许多信息系统中，人是唯一的参与者。但在其他系统中，会有其他类型的参与者作为人类参与者的补充或者替代。因此，参与者可能是一个和本系统通过接口连接的外部系统。在某些应用中，参与者还可以是外部输入输出（I/O）设备或计时器。外部 I/O 设备和计时器参与者在实时嵌入式系统中非常普遍；在这些系统中，本系统通过传感器和执行器与外部环境进行交互。

6.3.2 主要和次要参与者

主要参与者启动用例。因此，用例始于来自主要参与者的输入，系统必须响应主要参与者。其他参与者称为**次要参与者**，可以参与到用例中。一个用例中的主要参与者可以是另一个用例中的次要参与者。至少有一个参与者必须从用例中获得价值；通常，这就是主要参与者。

主要参与者和次要参与者的示例如图 6-3 所示。参与者"远程系统"（Remote System）启动"生成监控数据"（Generate Monitoring Data）用例，该用例中远程系统发送监控数据，向监控操作员显示。在该用例中，"远程系统"是主要参与者，它启动了用例；"监控操作员"（Monitoring Operator）是次要参与者，它接收监控数据，并因此从该用例中获得价值。

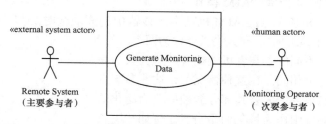

图 6-3 主要参与者和次要参与者以及外部系统参与者的示例

6.3.3 对参与者建模

人类参与者通常使用多种 I/O 设备与系统进行物理交互。人类参与者通过标准的 I/O 设备频繁地与系统交互，例如键盘、显示器或鼠标。然而，在某些情况中，人类参与者也会通过非标准的 I/O 设备与系统交互，如各种各样的传感器。所有这些情况中，人是参与者，I/O

设备不是参与者。因此，参与者是终端用户。

考虑人类参与者的一些例子。在"应急响应系统"中，通过标准 I/O 设备和系统交互的"监控操作员"是参与者的例子，如图 6-2 所示。另一个人类参与者的例子是 ATM 客户（图 6-1），他通过多种 I/O 设备与"银行系统"交互，包括读卡器、吐钞器和凭条打印机，另外还有键盘和显示器。

参与者也可以是**外部系统参与者**，或者启动（作为主要参与者）或者参与（作为次要参与者）用例。外部参与者的一个例子是"应急监控系统"中的"远程系统"。"远程系统"启动"生成监控数据"（Generate Monitoring Data）用例，如图 6-3 所示。远程系统发送要显示给监控操作员的监控数据。

在某些情形下，参与者可以是**输入设备参与者**或者**输入/输出设备参与者**。当用例中没有人的参与、向系统提供外部输入的参与者是输入设备或 I/O 设备时，这种情况就会发生。典型地，输入设备参与者通过传感器与系统交互。输入设备参与者的一个例子是"监控传感器"（Monitoring Sensor），它为"生成警报"（Generate Alarm）用例提供传感器输入，如图 6-4 所示。"监控操作员"（Monitoring Operator）在该用例中也是次要参与者。

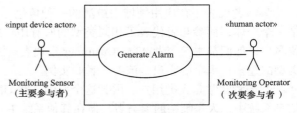

图 6-4　输入设备参与者的示例

参与者也可以是**计时器参与者**，周期性地向系统发送定时事件。当系统需要定期地输出某些信息时，就需要周期性用例。图 6-5 给出了计时器参与者的一个例子。"报告计时器"（Report Timer）参与者启动"显示每日报告"（Display Daily Report）用例，该用例周期性地（例如，每天中午）准备一份每日报告并将其显示给用户。在这个例子中，计时器是主要参与者，用户是次要参与者。在计时器是主要参与者的用例中，通常是次要参与者（本例中的用户）从用例中获得价值。

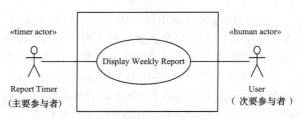

图 6-5　计时器参与者的示例

如果一个人类用户可能会扮演两个或两个以上独立的角色，则每个角色由不同的参与者来表示。例如，同样的用户可能在不同的时间会扮演"ATM 操作员"（ATM Operator）角色（当向 ATM 机现金吐钞器中补充现金时）和"ATM 客户"（ATM Customer）角色（当取现金时），于是会被建模为两个参与者。

在某些系统中，不同的参与者可能拥有一些公共的角色，但其他的角色却不相同。在这种情况下，这些参与者能被泛化，使得他们角色中的公共部分能被捕获为泛化的参与者，而不同的部分则作为特化的参与者。例如"应急响应系统"（第 23 章），其中的两个参与者"监控传感器"参与者和"远程系统"参与者行为相似，都是监控远程传感器并向系统发送传感器数据和警报。这种相似的行为可以被建模为一个泛化的参与者，即"远程传感器"，它代表了这个公共的角色（即，两个特化参与者的公共的行为），如图 6-6 所示。

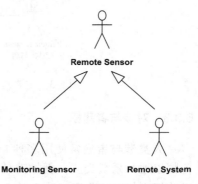

图 6-6　参与者的泛化和特化

6.3.4 谁是参与者

有时候并不明确谁是参与者。实际上，最先的评估可能是不正确的。例如，在报告失窃卡片的用例中，用户参与者电话告知银行他的 ATM 卡遭窃了。这看上去很明显客户是参与者。然而，如果客户实际上是通过电话向银行职员告知，而银行职员实际上将信息录入系统，那么银行职员才是参与者。

6.4 标识用例

为了确定系统中的用例，从考虑参与者及其与系统间的交互开始是有用的。每个用例描述了参与者和系统之间的交互序列。用这种方法，系统的功能性需求通过用例来描述，用例构建了系统的功能规约。然而，当开发用例时，重要的是避免功能分解。在功能分解中，多个小的用例描述系统的单个小功能，而不是描述对参与者提供有用结果的事件序列。

我们再看看银行系统的例子。除了从 ATM 机取款之外，参与者"ATM 客户"也被允许查询账户或在两个账户间转账。由于这些是由客户发起的带来不同有用结果的不同功能，因此查询和转账功能宜被建模为分离的用例，而不是成为原始用例的一部分。这样，客户就能启动三个用例（如图 6-7 所示）："取款"（Withdraw Funds）、"查询账户"（Query Account）和"转账"（Transfer Funds）。

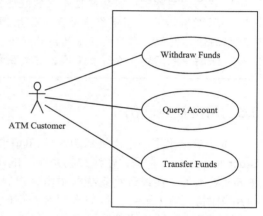

图 6-7 "银行系统"的参与者和用例

用例的主序列描述了参与者和系统之间最常见的交互序列。用例的主序列中也会存在分支来描述参与者和系统之间不那么频繁的交互。这些可替换序列是与主序列偏离的，仅仅在某些环境（例如参与者向系统进行了错误的输入）下才执行。用例中的可替换序列有时可以稍后和主序列合并起来，这取决于应用需求。可替换序列也在用例中描述。

在"取款"用例中，主序列是成功取款的步骤的序列。可替换序列用来说明各种错误情况，如当客户输入错误的 PIN 码时必须提示，ATM 卡未被识别或已挂失，等等。

用例中的每个序列称作**场景**。一个用例通常描述了多个场景：一个主序列和多个可替换序列。请注意，场景是用例中一个完整的序列，因此场景可以始于执行主序列，然后在决策点接上一个可替换分支。例如，"取款"的一个场景开始于主序列中客户将 ATM 卡插入读卡器，看到提示后输入 PIN 码，但是收到了一条错误消息，因为 PIN 码是错误的，接着再输入正确的 PIN 码。

6.5 用例模型中文档化用例

用例模型中的每个用例都采用用例描述来文档化，如下所示：

用例名称：每个用例都给予一个名字。

概述：用例的简短描述，一般是一两句话。

依赖：这个可选的部分描述了该用例是否依赖其他用例，即它是否包含或扩展另一个用例。

参与者：该部分给用例中的参与者命名。总是有一个主要参与者来启动用例。另外，可以有次要参与者也参与到用例中。例如，在"取款"用例中，"ATM客户"是唯一的参与者。

前置条件：从该用例的角度在用例开始时必须为真的一个或多个条件。例如，ATM机是空闲状态，屏幕显示"欢迎"消息。

主序列描述：用例的主体是对该用例主序列的叙述性描述，这是参与者和系统之间最经常的交互序列。该描述的形式是参与者的输入，接着是系统的响应。

可替换序列描述：主序列的可替换分支的叙述性描述。主序列可能有多个可替换分支。例如，如果客户的账户没有足够的资金，则显示抱歉并退出卡片。在给出可替换描述的同时，用例中可替换序列从主序列分支出来的这个步骤也被标识出来。

非功能性需求：非功能性需求的叙述性描述，例如性能和安全性需求。

后置条件：该用例终点处（从该用例的角度来看）总是为真的条件，如果遵循了主序列的话。例如，客户的资金已经被取出。

未解决的问题：在开发期间，有关用例的问题被记录下来，用于和用户进行讨论。

6.6 用例描述示例

本小节给出了一个用例示例："下单请求"（Make Order Request），它是"在线购物系统"的用例之一。图6-8展示了"在线购物系统"中由客户启动的用例的用例图。其中有一个参与者"客户"（Customer）（他浏览商品目录并请求购买商品）以及由该参与者启动的三个用例，分别是"浏览商品目录"（Browse Catalog）（浏览商品目录并选择商品）、"下单请求"（为了购买而提供账户和信用卡信息）和"查看订单"（View Order）（查看订单的状态）。在"下单请求"用例的主序列中，客户下单购买网上商品目录中的商品并有足够的信用为商品付款。可替换序列处理其他不常出现的情况：客户没有账号需要去注册一个账号，或者客户有一张无效的信用卡。

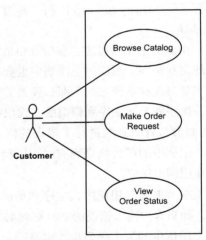

图6-8 "在线购物系统"的参与者和用例

用例名称：下单请求

概述：客户下单从在线购物系统中购买商品。客户的信用卡要验证有足够信用为所要购买的目录商品付款。

参与者：客户

前置条件：客户已选择一个或多个目录商品。

主序列：

    1. 客户提出订单请求和客户账户 ID 来为购买付款。

    2. 系统检索客户账户信息，包括该客户的信用卡详细信息。

    3. 系统针对购买价格检查客户的信用卡，并创建信用卡购买授权号码（如果检查通过）。

    4. 系统创建发货单，包含订单明细、客户 ID 和信用卡授权号码。

    5. 系统确认批准购买，并向客户显示订单信息。

可替换序列：

第 2 步：如果客户没有账号，则系统为其创建一个账号。

第 3 步：如果客户的信用卡请求被拒绝，则系统提示客户输入不同的信用卡号码。客户可以输入一个不同的信用卡号码或取消订单。

后置条件：系统为客户创建了发货单。

6.7 用例关系

当用例变得非常复杂时，用例之间的依赖可以用包含（include）和扩展（extend）关系来定义，其目的是使可扩展性最大化和复用用例。包含用例（inclusion use cases）是用来标识多个用例中共同的交互序列，这些共同的交互序列能被抽取出来和复用。

UML 提供的另一个用例关系是用例泛化。用例泛化（use case generalization）与扩展关系相似，因为它也是用来描述变化性的。然而，用户经常觉得用例泛化的概念很含糊，因此在 COMET 方法中，泛化的概念局限于类。扩展关系足以处理用例的变化性。

6.8 包含关系

在应用的用例首次开发之后，有时就能确定参与者和系统之间的共同交互序列，它们横跨了多个用例。这些共同交互序列反映了多个用例之间共同的功能。一个共同交互序列可以从多个原始的用例中抽取出来，并形成一个新的用例，称作**包含用例**。包含用例通常是抽象的，即它不能够独立执行。一个抽象用例必须作为一个具体（即可执行）用例的一部分来执行。

当共同的功能分离到包含用例中时，该用例就能被其他用例复用。然后就有可能定义旧用例的一个更简洁的版本，该版本移除了共同交互序列。旧用例的这个简洁的版本被称作**基用例**（或具体用例），它包含了包含用例。

包含用例总是反映了多个用例之间共同的功能。当共同的功能分离到包含用例中时，该包含用例就能被多个基用例（可执行的用例）复用。通常只有在初始迭代中已经开发了多个用例之后才能开发包含用例。只有在这时，重复的交互序列才能被发现，来形成包含用例的基础部分。

包含用例是和基用例联合起来执行的，基用例包含并执行包含用例。在编程术语中，包含用例类似于库例程，而基用例则类似于调用库例程的程序。

包含用例可以没有特定的参与者。实际上，参与者是包含了包含用例的基用例的参与者。因为不同的基用例都会使用包含用例，所以包含用例可能会被不同的参与者使用。

6.8.1 包含关系和包含用例示例

考虑"银行系统"（见第 21 章的"银行系统"案例研究）作为包含用例的例子，其中有一个参与者"ATM 客户"（ATM Customer）。系统的初始分析标识了三个用例："取款"（Withdraw Funds）、"查询账户"（Query Account）和"转账"（Transfer Funds）。这三个用例是由该参与者启动的主要功能。在"取款"用例中，主序列包含了读 ATM 卡、验证客户的密码、检查客户在所请求的账户中有足够的资金，接着，如果验证成功，则发出现金、打印凭条并退出卡片。对这三个用例进一步分析会发现每个用例的第一个部分，即读 ATM 卡和验证客户的密码是相同的。在每个用例中重复该序列没有好处，因此，将 PIN 码验证这一序列分离成一个单独的包含用例，称作"验证 PIN 码"（Validate PIN），这个用例可以被（修改后的）"取款"、"查询账户"和"转账"用例使用。该示例的用例图如图 6-9 所示。两种类型的用例之间的关系是包含关系；"取款"、"查询账户"和"转账"用例包含了"验证 PIN 码"用例。

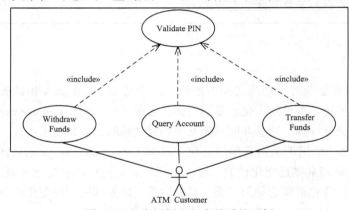

图 6-9　包含用例和包含关系的示例

包含用例"验证 PIN 码"和包括"验证 PIN 码"用例的基用例"取款"的用例描述的主要部分如下：

包含用例"验证 PIN 码"

用例名称：验证 PIN 码

概述：系统验证客户 PIN 码。

参与者：ATM 客户

前置条件：ATM 空闲，显示"欢迎"消息。

主序列：

1. 客户向读卡器中插入 ATM 卡。

2. 如果系统识别了该卡，则读取卡号。

3. 系统提示客户输入 PIN 码。

4. 客户输入 PIN 码。

5. 系统检查该卡的有效期以及是否已经报告丢失或遭窃。

6. 如果卡是有效的，则系统检查用户输入的 PIN 码是否和系统存储的卡 PIN 码匹配。

7. 如果 PIN 码数字匹配，则系统检查该 ATM 卡可访问哪些账户。

8. 系统显示客户账号并提示客户交易类型：取款、查询或转账。

可替换序列：（可替换描述见第 21 章）

基用例 "取款"

用例名称：取款

概述：客户从有效的银行账户提取特定数量的钱款。

参与者：ATM 客户

依赖："包含"验证 PIN 码"用例。

前置条件：ATM 机空闲，显示"欢迎"消息。

主序列：

1. 包含"验证 PIN 码"用例
2. 客户选择**取款**
3.（之后的取款描述见第 21 章）

6.8.2 结构化冗长的用例

包含关系也能够用来组织一个冗长的用例。基用例提供参与者和系统之间高层次的交互序列。包含用例提供参与者和系统之间低层次的交互序列。"制造高容量部件"（Manufacture High-Volume Part）用例（图 6-10）就是这样一个例子，它描述了制造一个部件的交互序列。该过程包含了接收生产该部件的原材料（在"接收部件"（Receive Part）用例中描述），在每个工厂工作站执行生产步骤（在"在高容量工作站处理部件"（Process Part at High-Volume Workstation）用例中描述）和运输已生产的部件（在"运输部件"（Ship Part）用例中描述）。

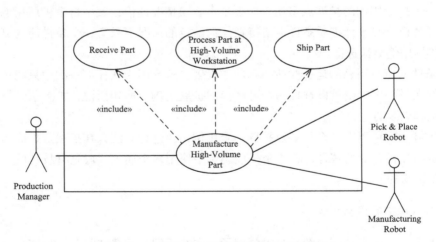

图 6-10 多个包含用例和包含关系的示例

6.9 扩展关系

在某些情形下，一个用例可能会非常复杂，有许多可替换的分支。扩展关系用来对用例可能采取的可替换路径进行建模。如果一个用例有太多可替换的、可选的和异常的交互序列，那么它可能会变得非常复杂。针对该问题的一个解决方案是将可替换或可选的交互序列分离成单独的用例。该新用例的目的是扩展旧的用例（如果保持合适的条件）。被扩展的用例称作**基用例**，用来进行扩展的用例称作**扩展用例**。

在某些条件下，基用例能通过在扩展用例中给出的描述进行扩展。根据哪个条件为真，基用例能以不同的方式进行扩展。扩展关系可用于以下情况：

- 展示基用例只在某些环境下执行的有条件的部分
- 对复杂或可替换的路径建模

特别要注意，一方面，基用例不依赖于扩展用例。另一方面，扩展用例依赖于基用例并只在基用例中引起它执行的条件为真时才执行。尽管一个扩展用例通常只扩展一个基用例，但它扩展一个以上的用例也是可能的。一个基用例能够被多个扩展用例扩展。

6.9.1 扩展点

扩展点是用来规定基用例中能被增加扩展的精确位置。一个扩展用例只可以在这些扩展点上扩展基用例（Fowler 2004；Rumbaugh el al. 2005）。

每个扩展点都被赋予了一个名称。扩展用例对于扩展点有一个插入片段，该片段在其基用例中扩展点的位置处插入。扩展关系可以是有条件的，这意味着可以定义一个条件，该条件必须为真时才调用扩展用例。这样，就可能在同一个扩展点上有多个扩展用例，但每个扩展用例都满足不同的条件。

片段定义了在达到扩展点时所执行的行为片段。当用例的一个实例被执行并到达了基用例中的扩展点时，如果条件满足，则用例的执行将转移到扩展用例中的相应片段。在片段完成后，执行再转移回基用例。

带着多个扩展用例的扩展点可用于对多个可替换情况建模，其中每个扩展用例规定了一个不同的可替换。要设计扩展条件，使得在任何给定的情况下只有一个条件能为真，这样就只有一个扩展用例会被选择。

扩展条件的值在用例的运行时执行期间被设置，这是因为在任何一次中只能选择一个扩展用例，而在另一次中则可以选择一个可替换的扩展用例。换句话说，扩展条件是在用例的运行时设定和更改的。

虽然扩展用例可以在多个扩展点扩展一个用例，但这种方法只在扩展点扩展与扩展用例扩展相等价时才推荐。尤其是，在一个扩展用例中使用多个插入片段是有技巧的，因此也被认为是易于出错的。

6.9.2 扩展点和扩展用例示例

考虑下面这个超市系统（图 6-11）的例子。在基用例"顾客结账"（Checkout Customer）中声明一个名为"付款"（Payment）的扩展点。基用例处理顾客结账。三个扩展用例处理付款类型："现金结账"（Pay by Cash）、"信用卡结账"（Pay by Credit Card）和"借记卡结账"（Pay by Debit Card）。为每个扩展用例提供一个选择条件。扩展关系使用扩展点名称和选择条件来标注。例如，«extend»（付款）[现金付款]，如图 6-11 所示。互斥的选择条件分别是 [现金付款]、[信用卡付款] 和 [借记卡付款]。用例执行期间，取决于客户选择如何付款，合适的选择条件会置为真。

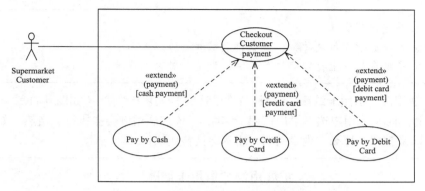

图 6-11 扩展关系和扩展用例的示例

基用例 "顾客结账"

用例名称：顾客结账

概述：系统为顾客结账。

参与者：顾客

前置条件：结账台空闲，显示"欢迎"消息。

主序列：

1. 顾客扫描所选的商品。

2. 系统显示商品名称、价格和累计总价。

3. 对每一项购买的商品，顾客重复步骤 1 和 2。

4. 顾客选择付款方式。

5. 系统提示现金付款、信用卡付款或借记卡付款。

6. «付款»

7. 系统屏幕显示"谢谢"。

在该基用例的描述中，第 6 步 «付款» 是一个占位符，标识了有个合适的扩展用例在此执行。对于扩展用例"现金结账"，扩展条件是称作 [现金付款] 的选择条件。当条件 [现金付款] 为真时，该扩展用例会被执行。

扩展用例 "现金结账"

用例名称：现金结账

概述：顾客为购买的商品使用现金结账。

参与者：顾客

依赖：扩展顾客结账

前置条件：顾客已经扫描了商品，但尚未付款。

插入片段的描述：

1. 顾客选择现金付款。

2. 系统提示顾客放入纸币或硬币现金。

3. 客户放入现金。

> 4. 系统计算找零。
> 5. 系统显示应付款总额、现金付款额和找零。
> 6. 系统在收据上打印应付款总额，现金付款额和找零。

对于扩展用例"信用卡结账"，选择条件是称为 [信用卡付款]（如图 6-11）。当条件 [信用卡付款] 为真时（即用户选择了用信用卡结账），该扩展用例会被执行。当然，如果用户选择用现金结账来替代，那么"现金结账"用例会被替代执行。

扩展用例"信用卡结账"

用例名称：信用卡结账
概述：顾客为购买的商品用信用卡结账。
参与者：顾客
依赖：扩展顾客结账
前置条件：顾客已经扫描了商品，但尚未付款。
插入片段的描述：
> 1. 顾客选择信用卡付款。
> 2. 系统提示顾客刷卡。
> 3. 顾客刷卡。
> 4. 系统读取卡的 ID 和有效期。
> 5. 系统将交易信息发送到授权中心，包含卡 ID、有效期和支付金额。
> 6. 如果交易被批准，则授权中心返回肯定的确认信息。
> 7. 系统显示支付金额和确认信息。
> 8. 系统在收据上打印支付金额和确认信息。

扩展用例"借记卡结账"的用例描述以相似的方式处理，只是客户仍需要输入 PIN 码。"借记卡结账"有一个选择条件，称作 [借记卡付款]。

6.10 用例组织指南

用例关系的小心应用有助于用例模型的总体组织；然而，用例关系要审慎地采用。要注意，不宜采用对应于独立功能（例如出钞、打印回执和退卡）的小的包含用例。这些功能太小了，把它们从用例中分离出来会导致功能分解，使用例碎片化。这些碎片化用例的用例描述可能每个只有一句话而不是对交互序列的描述，这就会导致一个过度复杂和难以理解的用例模型，换言之，只见树木（独立功能）不见森林（整个交互序列）！

6.11 规定非功能性需求

非功能性需求可以用用例描述中一个单独的部分来规定，这与规定可替换序列的形式基本相同。例如，对于"验证 PIN 码"用例，可能有一个安全需求：卡号和 PIN 码都必须被加密。也可能有一个性能需求：系统必须在 5 秒内响应参与者的输入。如果非功能性需求应用到一组相关的用例，那么它们也能同样被文档化，如下一小节所述。

非功能性需求可以用用例描述中一个单独的部分来规定。对于"验证 PIN 码"用例，非功能性需求可以描述如下：

> **安全需求**：系统应加密 ATM 卡号和 PIN 码。
> **性能需求**：系统应在 5 秒内响应参与者的输入。

6.12 用例包

对于大型系统，不得不处理用例模型中的大量用例经常是很难操作的。解决这种增大问题的一个好的方法是引入**用例包**，将相关的用例分组到一起。这样，用例包就能表示那些描述系统的主要功能子集的高层次需求。因为参与者经常启动和参与相关的用例，所以用例也能基于使用它们的主要参与者来分组成包。适用于一组相关用例的非功能性需求可以分配到包含这些用例的用例包中。

例如，"应急监控系统"中，系统的主要参与者是"远程传感器"（Remote Sensor）、"监控操作员"（Monitoring Operator）和"应急管理员"（Emergency），每一个都启动和参与多个用例。图 6-12 展示了应急监控系统中用例包的例子，名为"应急监控用例包"（EmergencyMonitoringUseCasePackage），包含了 4 个用例。"监控操作员"是用例"查看警报"和"查看监控数据"的主要参与者，是其他用例的次要参与者。"远程传感器"是"生成警报"（Generate Alarm）用例和"生成监控数据"（Generate Monitoring Data）用例的主要参与者。

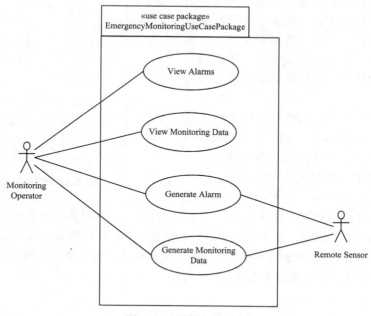

图 6-12 用例包的示例

6.13 活动图

活动图是一种描述控制流和活动中序列的 UML 图。活动图显示了活动序列、决策结点和循环，甚至还有并发活动。活动图在工作流建模中被广泛使用，例如，在面向服务的应用中。

　　用例模型也能使用活动图来描述。然而，活动图能力的一个子集就足以描述用例。特别地，对于用例没有必要对并发活动进行建模。

　　活动图可用来表示用例的顺序步骤，包括主序列和所有的可替换序列。活动图可用于为用例提供更精确的描述，因为活动图会明确地显示出在序列中的哪里以及可替换序列有哪个条件会从主序列中偏离出来。活动结点可用来表示该用例的一个或多个顺序步骤。高层活动结点可用来表示一个用例，该用例稍后可被分解成一个独立的活动图。活动图也可用来描绘用例中的顺序。

　　活动图使用活动结点、决策结点、连接顺序活动结点的弧和循环来描绘用例。活动结点用来描绘用例描述中一个或多个步骤。决策结点用来描绘基于决策结果可替换序列会从主序列中分支出来的情况。取决于用例，可替换序列可以重新合并到主序列中，例如，循环回到之前的活动结点或者之后重新合并到主序列中。

　　活动结点可以是聚合结点，能层次地分解以给出低层次的活动图。此概念可用于描绘包含用例和扩展用例。因此，基用例中的一个活动结点可用来表示到包含（或扩展）用例的一条链接，然后这些用例便以单独的较低层次的活动图来描绘。

　　图 6-13 给出了活动图的一个例子，这是"在线购物系统"（见 6.6 节）的"下单请求"用例。该用例包含了一个主序列，其中顾客提出下单请求来购买网上商品目录中的商品，并且有足够的信用为商品付款。可替换序列是为了

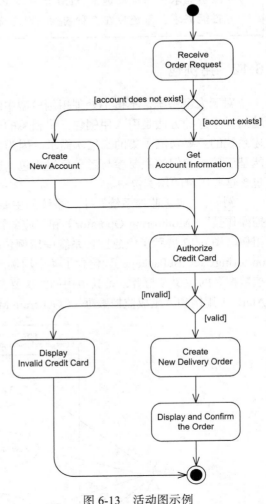

图 6-13　活动图示例

创建一个新的顾客账户和为了处理无效的信用卡。每个会导致可替换场景的决策点都被显式地描绘出来。在这个示例中，客户输入下单请求信息，系统获取账户信息（带有一个创建新账户的可替换序列），并请求信用卡授权。如果信用卡有效，则系统创建新的发货单并显示订单。如果信用卡无效，则系统显示无效信用卡提示。

6.14　总结

　　本章给出了需求分析和规约的概述，并描述了用例方法来定义系统的功能性需求。本章描述了参与者和用例的概念，还描述了用例关系，特别是扩展和包含关系。

　　用例模型对后续的软件开发有很强的影响，因此用例在动态交互建模期间的分析模型里实现，如第 9 章和第 11 章所述。对于每个用例，参与到用例中的对象都是由使用第 8 章描述

的对象结构组织标准来确定的，并且定义了对象之间的交互序列。软件能在项目的每个阶段通过选择要开发的用例来增量地开发，如第5章所述。集成和系统测试用例也要基于用例。对状态相关的用例，状态图也能用来描绘状态和转换，如第10章所述。

练习

选择题（每道题选择一个答案）

1. 什么是用例？
   （a）涉及用户的案例研究
   （b）用户和系统之间的交互序列
   （c）用户和系统中对象的交互序列
   （d）用户对系统的输入序列

2. 用例中的参与者是什么？
   （a）系统内部的对象
   （b）舞台上表演的人
   （c）与系统交互的外部实体
   （d）该系统要交付给的那个客户

3. 主要参与者是什么？
   （a）第一个上台的演员
   （b）开始用例的参与者
   （c）参与用例的参与者
   （d）系统内部的对象

4. 次要参与者是什么？
   （a）第二个上台的演员
   （b）开始用例的参与者
   （c）参与用例的参与者
   （d）系统内部的对象

5. 用例中的可替换序列是什么？
   （a）描述错误情况的序列
   （b）与主序列不同的序列
   （c）描述与次要参与者交互的序列
   （d）描述与主要参与者交互的序列

6. 包含用例能用来做什么？
   （a）描述全包含在内的用例
   （b）描述与参与者的长交互
   （c）描述多个用例共有的功能
   （d）描述包含其他用例的用例

7. 扩展用例能用来做什么？
   （a）描述与参与者的长交互
   （b）描述多个用例共有的功能
   （c）描述由其他用例扩展的用例的功能
   （d）描述只在某些条件下执行的不同用例的条件部分

8. 活动图在用例建模中能用来做什么？
   （a）描绘由系统中所有用例执行的活动的序列
   （b）描绘与用例交互的外部活动的序列
   （c）描绘用例中主动对象的序列
   （d）描绘用例的主序列和可替换序列中的活动

9. 非功能性需求在用例模型中如何描述？
   （a）在用例描述的一个分开的小节中
   （b）作为用例的前置条件
   （c）作为用例的后置条件
   （d）在分开的文档中

10. 什么是用例包？
    （a）描述系统中参与者的包
    （b）描述系统中用例的包
    （c）相关用例的组
    （d）参与用例的对象包

92

93

静 态 建 模

静态模型展示的是问题的静态结构视图，它不随时间的变化而变化。一个静态模型描述了被建模系统的静态结构，相比系统的功能，这些静态结构被认为不太会改变。特别地，静态模型定义了系统中的类、这些类的属性、类之间的关系以及每个类的操作。在本章中，**静态建模**是指建模过程，采用 UML **类图**表示法来描绘静态模型。

对象、类和类属性的概念在第 4 章进行了描述，本章描述类之间的关系。有三种类型的关系：**关联**，整体 / 部分（**组合**和**聚合**）关系，以及**泛化 / 特化**（**继承**）关系。另外，本章还论述了问题域静态建模的特殊考虑，除了实体类的静态建模外，还包括整个系统上下文和软件系统上下文的静态建模。类操作的设计被延迟到设计阶段，在类设计时被处理（见第 14 章）。

静态模型由类图描述。7.1 节描述类之间不同种类的关联关系。7.2 节描述整体 / 部分关系，特别是组合和聚合层次关系。7.3 节描述泛化 / 特化层次关系。7.4 节概述约束。7.5 节描述使用 UML 进行静态建模，其初始重点是对物理类和实体类的建模。下一个主题包含在 7.6 节中，是对整个系统（硬件和软件）的范围和软件系统的范围进行静态建模，从而确定整个系统和外部环境之间的边界，以及软件系统和外部环境之间的边界。7.7 描述使用 UML 构造型对类进行归类。7.8 节描述 UML 构造型是如何应用于外部类的建模的。实体类（数据密集型类）的静态建模在 7.9 节描述。

7.1　类之间的关联

关联定义了两个或多个类之间的关系，指明了类之间的一种静态的、结构化的关系。例如，"雇员"（Employee）工作于"部门"（Department），这里"雇员"和"部门"是类，工作于是一个关联。类是名词，而关联通常是动词或者动词短语。

链接是类实例（对象）之间的连接，表示类之间的关联的实例。例如，Jane 工作于"制造部门"（Manufacturing），这里 Jane 就是"雇员"的一个实例，"制造部门"是"部门"的一个实例。两个对象之间可存在一个链接，当且仅当它们相应的类之间存在一个关联。

关联本身是双向的。关联的名称取其正向："雇员"工作于"部门"。关联也有一个隐含的相反的方向（通常没有被显式地表述）："部门"雇佣"雇员"。关联大部分是二元的——即描述两个类之间的关系。然而，它们也可以是一元的（自我关联）、三元的或是多元的。

7.1.1　类图描述关联

在类图中，关联显示为一条连接两个类框的弧线，弧线旁边有关联的名称。图 7-1 给出了关联的一个示例："公司"（Company）被"首席执行官"（CEO）领导（Is Led by）。

在类图中，关联名称通常从左向右、自顶向下读。然而，在一个拥有很多类的大规模类图里，类通常相对于彼此处在不同的位置。为了避免在读 UML 类图时产生歧义，COMET 使用了 UML 箭头符号来指明该从哪个方向读关联名称，如图 7-1 所示。

7.1.2　关联的多重性

关联的多重性规定了一个类的多少个实例能与另一个类的单个实例建立关联。关联的多重性有以下几种情况：

- **一对一关联**。在两个类的一对一关联中，在两个方向上的关联都是一对一的。因此，两个类中任意一个类的一个对象只与另一个类的一个对象有一个链接。例如，在"公司"被"首席执行官"领导这一关联中，一个特定的公司仅有一个首席执行官，而且一个首席执行官仅是一个公司的领导。一个例子是"苹果"（Apple）公司的首席执行官史蒂夫·乔布斯。一对一关联的静态建模表示法如图 7-1 所示。
- **一对多关联**。在一对多关联中，两个类之间在一个方向上有一个一对多关联，而在相反方向是一个一对一关联。例如，在"银行"（Bank）管理（Administer）"账户"（Account）这个关联中，单个银行管理多个账户，但是一个账户只能由一个银行管理。一对多关联的静态建模表示法如图 7-2 所示。
- **规定数值关联**。规定数值关联是一个指明了特定数字的关联。例如，在"汽车"（Car）由"门"（Door）进入（Is entered through）这一关联中，一辆汽车有两扇或四扇门（写为 2，4），但是绝不会有一扇、三扇或五扇门。相反方向的关联依然是一对一的，即一扇车门只属于一辆汽车。注意，一个特定的汽车制造商决定一辆汽车能有多少门；而另一个制造商可能做出不同的决定。规定数值关联如图 7-3 所示。

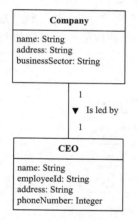

图 7-1　一对一关联的示例

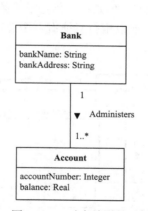

图 7-2　一对多关联的示例

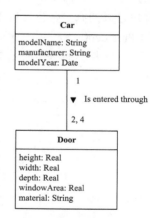

图 7-3　规定数值关联的示例

- **可选关联**。在可选关联中，一个类的一个对象到另一个类的一个对象可能不总是存在链接。例如，在"客户"（Customer）拥有（own）"借记卡"（Debit Card）这一关联中，客户能选择是否拥有一张借记卡。可选关联（零或一关联）如图 7-4 所示。也可以有零或一或多关联。例如，在"客户"拥有"信用卡"（Credit Card）这一关联中，一个客户可以没有信用卡、有一张信用卡或者多张信用卡，如图 7-5 所示。注意，在这两个例子中，相反方向的关联都是一对一的（例如，"借记卡"被"客户"拥有）。
- **多对多关联**。多对多关联是在两个类之间的两个方向上各是一个一对多关联的关联。例如，在"课程"（Course）由"学生"（Student）参与（Is attended by）、"学生"参加（Enroll in）"课程"这一关联中，在课程和听课学生之间有一个一对多关联，因为一个课程有多个学生听课。在相反方向也有一个一对多关联，因为一个学生可以参加

96

多个课程。这种情况如图 7-6 所示，关联在两个方向上都被显示出来。

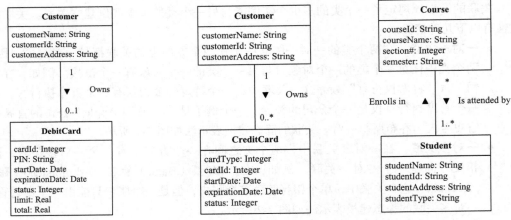

图 7-4 可选（零或一）关联　　　图 7-5 可选（零或一或多）关联　　　图 7-6 多对多关联

图 7-7 给出了在银行应用中各个类和它们之间关联的一个例子。"银行"类分别与"客户"类和"借记卡"类都有一个一对多关联。因此，一个银行为多个客户提供服务以及管理多张借记卡。"客户"与"账户"有一个多对多关联，所以一个客户可拥有不止一个账户，一个账户也可以是多个客户的共同账户。"客户"与"借记卡"有一个可选关联，所以一个给定的客户可以拥有一张也可以没有借记卡，但是一张借记卡必须属于一个客户。"银行"和"总裁"（President）有一个一对一关联，所以银行只能有一个总裁，一个总裁仅能作为一个银行的总裁。这些类的属性如图 7-8 所示。

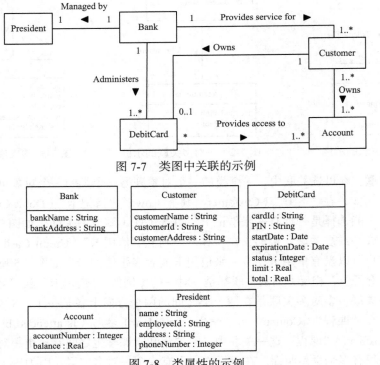

图 7-7 类图中关联的示例

图 7-8 类属性的示例

7.1.3 三元关联

三元关联是在类之间的三个方向的关联。三元关联的一个例子是"买方"（Buyer）、"卖方"（Seller）和"中介"（Agent）三个类之间的关联。该关联是"买方"通过"中介"和"卖方"协商价格。如图 7-9 所示。三元关联展示为一个连接三个类的菱形。更高阶的关联，即三个类以上的关联是十分罕见的。

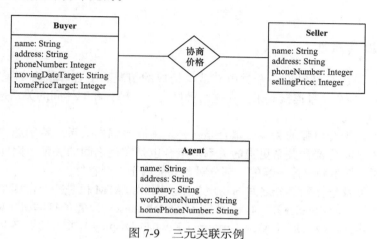

图 7-9　三元关联示例

7.1.4　一元关联

一元关联（也称为自身关联）是一个类的一个对象与同一个类的另一个对象之间的关联。例如"人"（Person）是"人"（Person）的孩子（Is child of）（图 7-10），"人"与"人"结婚（Is married to），"雇员"是"雇员"的老板（Is boss of）。

7.1.5　关联类

关联类是对两个或多个类之间的关联进行建模的类。关联类的属性就是该关联的属性。在两个或多个类之间的复杂关联中，关联是有可能拥有属性的。这经常发生在多对多关联中，其中属性不属于任何一个类，而是属于该关联。

图 7-10　一元关联示例

看一个关联类的例子，考虑"项目"（Project）类和"雇员"（Employee）类之间的多对多关联。在该关联中，一个项目配备了多个雇员，一个雇员可以工作于多个项目：

"项目"配备（Is staffed by）"雇员"

"雇员"工作于（Works on）"项目"

图 7-11 说明了这两个类（"雇员"类和"项目"类）以及一个称为"小时数"（Hours）的关联类，其属性是"工作小时数"（hoursWorked）。这个"工作小时数"属性既不是"雇员"类的属性也不是"项目"类的属性，它是"雇员"类和"项目"类之间关联的一个属性，因为它表示一个特定的雇员（多个雇员当中特定的一个）在一个特定的项目（一个雇员工作于多个项目）上的工作时间。

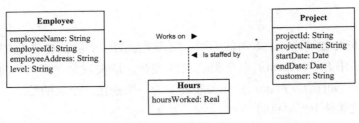

图 7-11 关联类示例

7.2 组合和聚合层次

组合和聚合层次都是讨论一个类由其他类构成的情况。组合和聚合都是关系的特殊形式：类通过整体/部分关系连接起来。在这两种情况下，部分和整体间的关系是一个 Is part of（是⋯⋯的一部分）关系。

组合是一种比聚合更强的关系，聚合是一种比关联更强的关系。特别地，组合关系是一种在部分和整体之间比聚合关系更强的关系。组合也是实例之间的关系。因此，部分对象的创建、存在和消亡都是和整体一起的。部分对象只能属于一个整体。

组合类经常涉及整体和部分之间的物理关系。因此，ATM 机是一个由四个部分组成的组合类："读卡器"（CardReader），"吐钞器"（Cash Dispenser），凭条打印机（Receipt Printer）以及 "ATM 客户键盘显示器"（ATM Customer Keypad Display）类（如图 7-12 所示）。ATM 组合类和它的四个部分类中的每一个都有一个一对一关联。

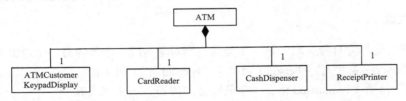

图 7-12 组合层次示例

聚合层次是整体/部分关系的一种较弱的形式。在一个聚合里，部分实例能添加到聚合整体中，也能从聚合整体中移除。由于这个原因，聚合有可能被用来对概念类建模，而不是对物理类建模。此外，一个部分可以属于多个聚合。聚合层次的一个例子是大学里的 "学院"（College）（图 7-13），其部分是 "管理办公室"（Admin Office）、一些 "系"（Department）以及一些 "研究中心"（Research Center）。可以创建新的系，时常也可以撤销老的系或者与其他系合并。可以创建研究中心，或者撤销、合并研究中心。

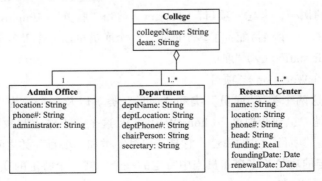

图 7-13 聚合层次示例

在组合和聚合里，属性都从整体向部分传播。因此，每个 ATM 机的唯一标识 ATM Id 也 [101] 标识了特定的读卡器、吐钞器和客户键盘 / 显示器，作为 ATM 组合类的部分。

7.3　泛化 / 特化层次

有一些类相似但不相同，它们有些共同的属性，也有其他不同的属性。在**泛化 / 特化层次**中，共同属性被抽象到一个泛化类，称作超类。不同的属性是特化类的性质，特化类被称作子类。在子类和超类之间有一个 Is a 的关系。超类也被称为父类或祖先类。子类也被称为孩子类或者子孙类。

每一个子类继承了超类的性质，但是也对这些性质以不同的方式进行了扩展。一个类的性质是其属性或操作。继承允许对父类进行适配，来形成子类。子类从超类继承了属性和操作。子类还可以增加属性、增加操作或者重定义操作。每一个子类自身也可以成为超类，进一步特化形成其他子类。设计超类和子类的操作将在第 14 章描述。

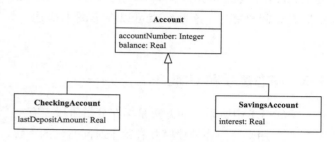

图 7-14　泛化 / 特化层次

考虑图 7-14 给出的银行账户的例子。活期账户（Checking Account）和储蓄账户（Savings Account）[⊖]有一些共同的属性，而其他属性则是不同的。所有账户的共同属性——即"账号"（accountNumber）和"余额"（balance）——作为超类"账户"（Account）的属性。储蓄账户特有的属性，例如产生的"利息"（interest）（在这个银行中，活期账户不产生任何利息），作为子类"储蓄账户"的属性。活期账户特有的属性，例如"最后存款金额"（lastDepositAmount），作为子类"活期账户"的属性。

"储蓄账户"Is a "账户"。

"活期账户"Is a "账户"。

区分器是表明对象的哪个性质被泛化关系用来进行抽象的一种属性。例如，上述"账户"泛化中的区分器"账户类型"（accountType）区分了"活期账户"和"储蓄账户"，如图 7-15 所示。区分器并不需要成为泛化类或特化类的一个属性。因此，它不是"账户"超类或其两个子类的属性。

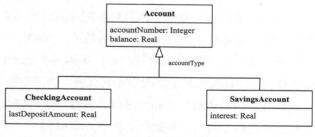

图 7-15　泛化 / 特化的区分器

[102]

7.4　约束

约束规定了必须为真的条件或限制（Rumbaugh，Booch，and Jacobson 2005）。约束可使用任何文本语言表示。UML 也提供了一种约束语言——对象约束语言（OCL，Warmer and Kleppe 1999），可选择性地加以使用。

⊖　Checking Account 多用于美国英语，表示活期账户；Savings Account 多用于英国英语，表示储蓄账户。这里举这个例子，并非中文字面意思上活期账户是储蓄账户的一种。——译者注

有一种约束是对属性的可能值的限制。考虑下面的例子：在银行的例子中，可能规定账户不允许有负余额。这可以表示为一个在"账户"类的"余额"属性上的约束，来说明余额不允许为负值：{"余额">=0}。在类图里，属性上的约束写在相应的属性旁边，如图 7-16 所示。

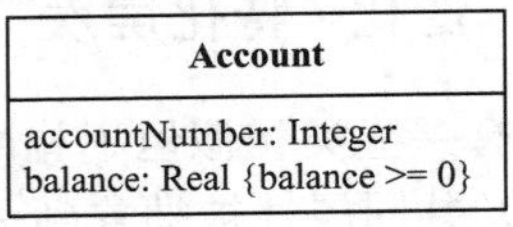

另一种约束是在关联链接上的限制。通常，一个关联中"多"端的对象是没有顺序的。然而，在某些情况下，问题域中的对象可能有一个希望被建模的显式的顺序。例如，考虑一对多关联："账户"被"ATM 交易"修改。在这个关联里，ATM 交易是根据时间排序的；因此，约束可以表示为 { 根据时间排序 }。这种约束可以在类图中描述，如图 7-17 所示。

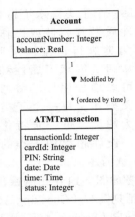

图 7-16   对象约束示例

图 7-17   关联中排序约束示例

7.5   静态建模和 UML

COMET 中所采用的方法是早在分析阶段就有一个概念静态模型，用来对问题域建模并有助于对问题域的理解。其目标是专注于问题域中能从静态建模得到最大收益的那些部分，尤其是物理类和数据密集型类（被称为实体类）。本节描述了在分析期间实施的初始概念静态建模；在设计阶段实施的更详细的静态建模在第 14 章描述。

问题域的静态建模

在问题域的静态建模中，最初的重点是对物理类和实体类建模。**物理类**是有物理特性的类——即它们能被看到和摸到。这样的类包括物理设备（嵌入式应用中，这往往是问题域的一部分）、用户、外部系统和计时器。**实体类**是概念上的数据密集型类，通常是持久的——即长久存在。实体类在信息系统中尤其普遍（例如在银行应用中的账户和交易）。

在有多个物理设备（如传感器和执行器）的嵌入式系统中，类图能有助于对这些真实世界的设备建模。例如，在银行系统中，ATM 机是一个嵌入的子系统，那么它对于真实世界的设备、设备的关联以及关联的多重性进行建模是有很用的。组合类常常被用来展示真实世界的类是怎样和其他类组合的（例如，图 7-18 所描绘的 ATM 机）。

考虑银行应用问题域的静态模型。银行为多个 ATM 机提供了一个服务，如图 7-18 所示。每一个 ATM 机是由一个"读卡器"（Card Reader）、一个"吐钞器"（Cash Dispenser）、一个"凭条打印机"（Receipt Printer）和一个"ATM 客户键盘显示器"（ATM Customer Keypad Display）组成的组合类。"ATM 客户"参与者将卡插入"读卡器"，并通过"ATM 键盘显示器"进行交互。"吐钞器"将现金发放给"ATM 客户"参与者。"凭条打印机"为"ATM 客户"参与者打印一张收据。这些物理实体代表了问题域中的类，对这些类需要在软件系统中有一种概念表示。在对象和类的构造期间需要做出这些决策（如第 8 章所述）。另外，"操作员"（Operator）参与者是一个用户，他的工作是维护 ATM 机。

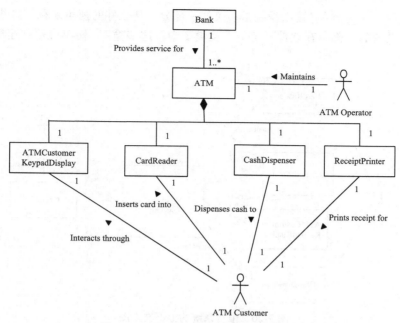

图 7-18　"银行系统"的概念静态建模

7.6　系统上下文的静态建模

理解一个计算机系统的范围是非常重要的，特别是什么要包含在系统之内，什么要留在系统之外。上下文建模显式地标识了什么是在系统内的，什么是在系统外的。上下文建模可以在整个系统（硬件和软件）的级别上完成，或者在软件系统（仅软件）的级别上完成。显式地展现了作为黑盒对待的系统（硬件和软件）和外部环境间边界的图称为**系统上下文图**。显式地展现了软件系统（也作为黑盒对待）和外部环境（包含硬件）间边界的图称为**软件系统上下文图**。这些系统边界的视图比通常由用例图给出的边界要更详细。

在开发系统上下文图的过程中，在考虑软件系统的上下文之前考虑整个硬件 / 软件系统（即硬件和软件两方面）的上下文是有帮助的，这在需要对硬件 / 软件做出权衡的情况下特别有用。在考虑整个硬件 / 软件系统时，只有用户（即人类参与者）和外部系统在系统之外。输入 / 输出（I/O）设备是系统硬件的一部分，因此会出现在整个系统的内部。

考虑"银行系统"的整个硬件 / 软件系统作为例子。从整个硬件 / 软件系统的视角来看，"ATM 客户"和"ATM 操作员"参与者（图 7-18）在系统外，如图 7-19 所示。图 7-18 中所示的所有其他实体，特别是输入 / 输出设备（包括读卡器、吐钞器、凭条打印机和 ATM 客户键盘 / 显示器），是整个硬件 / 软件系统的一部分（图 7-19）。

从整个系统的视角即硬件和软件两方面来看，"ATM 客户"和"ATM 操作员"参与者是在系统的外部，如图 7-19 所示。"ATM操作员"通过键盘和显示器与系统交互。"ATM 客户"参与者通过四个输入 / 输出设备（读卡器、吐钞器、凭条打印机和 ATM 客户键盘 / 显示器）与系统交互。从整个硬件 / 软件

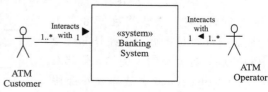

图 7-19　银行硬件 / 软件系统的上下文类图

系统的视角来看，这些输入 / 输出设备是系统的一部分。从软件的视角来看，这些输入 / 输出设备是在软件系统的外部。在软件系统上下文类图中，这些输入 / 输出设备被建模为外部类，如图 7-20 所示。

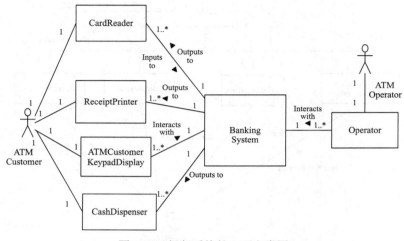

图 7-20 银行系统的上下文类图

软件系统上下文类图能够通过对连接到该系统的外部类进行静态建模来确定。特别地，上一节所描述的物理类通常是输入 / 输出设备，它们是软件系统的外部类。另外，软件系统上下文类图也能通过在用例中考虑参与者及其使用什么设备接入系统来确定。这两种方法都在 7.8 节描述。

7.7 使用 UML 构造型对类分类

字典里分类的定义是"在归类系统中一种特别定义的划分"。在类构造中，COMET 方法主张对类进行分类，从而将具有相似特性的类分组到一起。由于基于继承的归类是面向对象建模的一个目标，因此采用继承本质上就是一种自然的归类策略。这样，把账户类分为活期账户和储蓄账户是个好主意，这是因为活期账户和储蓄账户有些共同的属性和操作，也有其他不同之处。然而，分类是一种战略上的归类——一种决策将类组织成某些组，因为大部分软件系统拥有这些种类的类，而且通过这种方法对类分类有助于更好地理解被开发的系统。

在 UML 里，构造型被用来区别不同种类的类。**构造型**是现有建模元素（如一个应用程序或外部类）的子类，用来代表一种用法区别（如应用的种类或外部类的种类）。在 UML 标记法中，构造型由一对双尖括号（类似于汉语书名号）括起来，例如《实体》（entity）。在软件应用中，类根据它在应用中扮演的角色进行分类，例如《实体》（entity）类或者《边界》（boundary）类，这些将在第 8 章中论述。外部类是根据它们在外部环境中的特点进行分类的，例如《外部系统》（external system）或者《外部用户》（external user），这些将在 7.8 节论述。

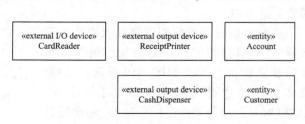

图 7-21 展示的例子是"银行系统"

图 7-21 UML 类及其构造型示例

的外部输入 / 输出设备 "读卡器"（Card Reader），外部输出设备 "吐钞器"（Cash Dispenser）和 "凭条打印机"（Receipt Printer），以及实体类 "账户"（Account）和 "客户"（Customer）。

7.8 外部类建模

静态建模使用 UML 表示法，系统上下文将硬件 / 软件系统显示为一个有构造型《系统》（system）的聚合类，外部环境描绘成外部类，系统必须对该类有接口，如图 7-19 所示。在软件系统的情况下，上下文将软件系统显示为一个有构造型《软件系统》（《software system》）的聚合类，外部环境描绘成外部类，软件系统必须对该类有接口，如图 7-20 所示。

图 7-22 展示了外部类通过构造型（见 7.7 节）进行分类的情况；这样，构造型就用来区分各种各样的外部类。图 7-22 中，每个方框代表了外部类的一种不同的分类，它们之间的关系是继承关系。这样，一个外部类就被分类为《外部用户》类、《外部设备》（external device）类、《外部系统》（external system）类或者《外部计时器》（external timer）类。只有外部用户和外部系统才是整个系统的真正外部。硬件设备和计时器是整个系统的一部分，但是对于软件系统是外部。这样，图 7-22 便从软件系统的视角将外部类进行分类。

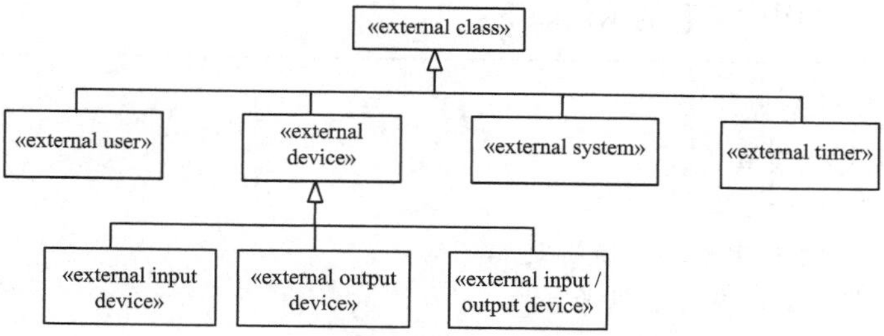

图 7-22 通过构造型对外部类分类

如图 7-22 所示，外部设备被进一步分类如下：

- **外部输入设备**。仅向系统提供输入的设备，例如传感器。
- **外部输出设备**。仅从系统接收输出的设备，例如执行器。
- **外部输入 / 输出设备**。向系统提供输入并从系统接收输出的设备，例如 ATM 读卡器。

人类用户经常通过标准的输入 / 输出设备（例如键盘、显示器和鼠标）和软件系统进行交互。我们对这些标准输入 / 输出设备的特性并不感兴趣，因为它们由操作系统处理。就向用户输出哪些信息和由用户输入哪些信息而言，我们对用户的接口要感兴趣得多。为此，通过标准输入 / 输出设备和软件系统交互的外部用户被描述为一个《外部用户》（external user）。

一个通用的指南是，一方面，只有在用户通过标准输入 / 输出设备和系统交互时，人类用户才要表示为一个外部用户类。另一方面，如果用户通过特定于应用的输入 / 输出设备和软件系统进行交互，那么这些输入 / 输出设备就要表示为外部输入 / 输出设备类。

对于一个实时嵌入式系统，希望标识出低层次的外部类，这些外部类对应于软件系统必须有接口连接的物理输入 / 输出设备。这些外部类使用构造型《外部输入 / 输出设备》（external I/O device）描述。例如，在 "自动引导车辆系统" 中，"到达传感器"（Arrival Sensor）外部输入设备和 "发动机"（Motor）外部输出设备。

当系统接口到其他系统时，就需要一个《外部系统》类，或者发送数据，或者接收数据。这样，在"自动引导车辆系统"中，软件系统有接口连接到两个外部系统："监管系统"（Supervisory System）和"显示系统"（Display System）。

如果一个应用需要追踪时间，并且/或者如果它需要外部计时器事件来启动系统中的某些动作，那么就要使用«外部计时器»类。在实时系统中，外部计时器类是最频繁被用到的。"自动引导车辆系统"中的一个例子是"时钟"（Clock）。因为软件系统需要外部计时器事件来启动各种周期性的活动，所以需要这样一个时钟。有时，对周期性活动的需要要在设计阶段才会明显。

软件系统聚合类和外部类之间的关联描述是在软件系统上下文类图中，特别显示出关联的多重性。软件系统上下文类图中标准的关联名称是：输入到，输出到，和…通信，和…交互，向…发信号。这些关联按如下方式使用：

«外部输入设备»（external input device）输入到«软件系统»

«软件系统»输出到«外部输出设备»（external output device）

«外部用户»和«软件系统»交互

«外部系统»和«软件系统»通信

«外部计时器»向«软件系统»发信号

软件系统上下文类图中关联的示例如下：

读卡器输入到"银行系统"

"银行系统"输出到吐钞器

操作员和"银行系统"交互

"监管系统"和"自动引导车辆系统"通信

时钟向"自动引导车辆系统"发信号

7.8.1 从外部类开发软件系统上下文类图示例

从外部类开发软件系统上下文类图的示例如图 7-20 所示，图中显示了和"银行系统"必须接口的外部类。这些外部类是从前述问题域的静态模型中直接确定的。而且，这些外部类都通过构造型分类。

在这个例子中，三个输入/输出设备被分类为外部设备类："读卡器"、"凭条打印机"和"吐钞器"。因为外部类"ATM 客户键盘/显示器"是标准输入/输出设备，因此被分类为外部用户类。同样的原因，操作员外部类也被分类为外部用户类。因为对每个 ATM 机，这些外部类都有一个实例，并且存在多个 ATM 机，所以每个外部类和"银行系统"之间都有一个一对多关联。图 7-23 展示了用构造型描述的外部类的软件系统上下文类图。在软件系统上下文类图中显式地标明了外部类构造型，直观地描述了系统中每个外部类所扮演的角色。这样，哪个类表示外部输出设备，哪个类表示外部用户，就显而易见了。

软件系统上下文类图的另一个示例是"自动引导车辆系统"，如图 7-24 所示。这个软件系统有六个外部类：两个外部系统（"监管系统"和"显示系统"），一个外部输入设备（"到达传感器"），两个外部输出设备（"机械臂"和"发动机"），以及一个外部计时器（"时钟"）。

7.8.2 参与者和外部类

下一步考虑如何通过分析和系统交互的参与者来导出软件系统上下文类图。参与者是一

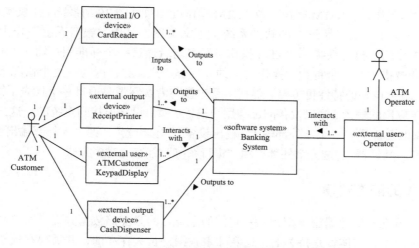

图 7-23 带构造型的银行软件系统上下文类图

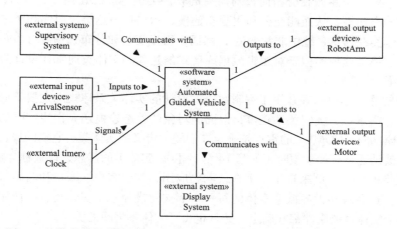

图 7-24 带有外部类构造型的"自动引导车辆系统"软件系统上下文类图

个比外部类更抽象的概念。参与者和外部类之间的关系如下：

- **输入／输出设备参与者**等同于外部输入／输出设备类。这意味着输入／输出设备参与者通过外部输入／输出设备类连接到系统。
- **外部系统参与者**等同于外部系统类。
- **计时器参与者**通过外部计时器类连接到系统，外部计时器类向系统提供计时器事件。
- **人类用户参与者**有最大的灵活性。在最简单的情况下，用户参与者通过标准用户输入／输出设备（例如键盘、显示器和鼠标）连接到系统。外部类被给予其用户参与者的名称，因为感兴趣的是来自用户的逻辑信息。然而，在更复杂的用例下，人类参与者有可能通过多种外部类连接到系统。"银行系统"中客户参与者就是这样一个例子，参与者通过多个外部输入／输出设备与系统连接，如 7.8.3 节所述。

7.8.3 从参与者开发软件系统上下文类图示例

为了从参与者确定外部类，有必要理解每个参与者的特性以及每个参与者是如何与系统交互的（如用例中所述）。考虑所有参与者都是人类用户的情况。在"银行系统"中，有两个参与

110

者，它们都是人类用户："ATM 客户"和"ATM 操作员"，如图 7-19 的系统上下文类图所示。

图 7-23 显示了"银行系统"的软件系统上下文类图，其中"银行系统"作为一个聚合类，外部类连接到"银行系统"。"ATM 操作员"参与者通过一个标准用户输入 / 输出设备连接到系统，并被描述为一个称为"操作员"的《外部用户》类，因为在这个情况下，用户的特性比输入 / 输出设备的特性更重要。然而，客户参与者实际上是通过一个代表了键盘 / 显示器和三个特定应用的输入 / 输出设备的标准用户输入 / 输出设备连接到系统的。这三个特定应用的输入 / 输出设备是：一个《外部输入 / 输出设备》"读卡器"，两个《外部输出设备》"凭条打印机"和"吐钞器"。这五个外部类和"银行系统"都有一对多关联。

7.9 实体类的静态建模

实体类是概念性的数据密集型类——它们的主要目的是存储数据并提供对这些数据的访问。在许多情况下，实体类是持久的，这意味着数据是长久存在的，并需要存储于文件或数据库中。尽管一些方法主张在分析阶段对所有的软件类进行静态建模，COMET 方法还是强调了实体类的静态建模，从而能充分利用静态建模表示法在表达类、属性和类之间的关系方面的优势。实体类在信息系统中非常普遍；然而，很多实时和分布式系统有可观的数据密集型类。关注于实体类建模类似于对逻辑数据库模式的建模。实体类通常在设计阶段映射到一个数据库，如第 15 章所述。

面向对象的静态建模和频繁用于逻辑数据库设计的实体关系建模的主要不同是，尽管两种方法都对类、类属性、类间关系建模，但面向对象的静态建模还允许规定类的操作。在问题域的静态建模期间，COMET 的重点是确定在问题中定义的实体类、它们的属性和它们的关系。规定操作被延迟到设计建模时（如第 14 章所述）。实体类的静态建模被称为实体类建模。

实体类建模的一个示例来自于一个在线购物应用，其中客户、账户和商品目录都在问题描述中提到了。这些现实世界概念实体的每一个都被建模为一个实体类，并使用构造型《实体》描述。每个实体类的属性都被确定，并且定义了实体类之间的关系。

在线购物应用的实体类模型的示例如图 7-25 所示。因为这个静态模型描述的仅为实体类，所以所有的类都有《实体》构造型来描述它们在应用中所扮演的角色。图 7-25 显示了"客户"（Customer）实体类，它和"客户账户"（Customer Account）类有一个一对一关联，后者又和"发货单"（Delivery Order）类有一个一对多的关联关系。"发货单"类是"商品"（Item）类的聚合，而"商品"类又和"商品目录"（Catalog）类（其中描述商品）有一个多对一关联，和"库存"（Inventory）（其中存储商品）有一个可选关联（其中的 0 是因为特定的商品可能在库存中缺货）。这个例子在"在线购物系统"案例研究中有更详细的描述（见第 22 章）。

类属性建模

在对实体类的建模中，一个重要的考虑是定义每个实体类的属性。实体类是数据密集型的，这意味着它有多个属性。如果一个实体类看上去只有一个属性，那么它是否真的是一个实体类就有问题了。事实上，这个有疑问的实体更有可能应该建模为另外一个类的属性。

考虑图 7-26 所示实体类的属性。每个类有多个属性，提供了该类区别于其他类的信息。此外，类的每个实例有这些属性的特定值去区分该类的其他实例。这样，客户类通过属性体现了其特性，这些属性描述了需要识别单个客户的信息，包括客户 ID、客户姓名、地址、电话号码、传真号码和电子邮件地址。另一方面，客户账户类包含了提供账户的详细信息的属性。

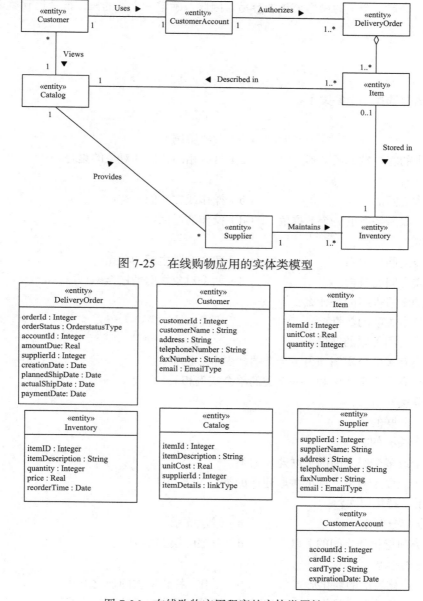

图 7-25 在线购物应用的实体类模型

«entity» DeliveryOrder

orderId : Integer
orderStatus : OrderstatusType
accountId : Integer
amountDue: Real
supplierId : Integer
creationDate : Date
plannedShipDate : Date
actualShipDate : Date
paymentDate: Date

«entity» Customer

customerId : Integer
customerName : String
address : String
telephoneNumber : String
faxNumber : String
email : EmailType

«entity» Item

itemId : Integer
unitCost : Real
quantity : Integer

«entity» Inventory

itemID : Integer
itemDescription : String
quantity : Integer
price : Real
reorderTime : Date

«entity» Catalog

itemId : Integer
itemDescription : String
unitCost : Real
supplierId : Integer
itemDetails : linkType

«entity» Supplier

supplierId : Integer
supplierName: String
address : String
telephoneNumber : String
faxNumber : String
email : EmailType

«entity» CustomerAccount

accountId : Integer
cardId : String
cardType : String
expirationDate: Date

图 7-26 在线购物应用程序的实体类属性

7.10 总结

　　本章描述了静态建模的一些基本概念，包括了类之间的关系。本章描述了三种类型的关系：**关联、组合 / 聚合**关系和**泛化 / 特化**关系。另外，本章描述了静态建模是如何被使用来对问题域的结构视图进行建模。其中包含了：整个系统上下文的静态建模，它描述了在整个硬件 / 软件系统之外的类；软件系统上下文的静态建模，它描述了在软件系统之外的类；实体类（概念性的数据密集型类）的静态建模。

　　解决方案域的静态建模被延迟到设计阶段。尽管静态建模也包括定义每个类的操作，但在动态建模后确定一个类的操作会更加容易。因此，确定一个类的操作被延迟到类设计阶段，如第 14 章所述。

练习

选择题（每道题选择一个答案）

1. 什么是类？
   - （a）课程
   - （b）对象实例
   - （c）系统中的客户端或服务器
   - （d）具有相同特性的对象的集合

2. 什么是属性？
   - （a）两个类之间的关系
   - （b）操作或方法的参数
   - （c）类的对象所持有的一个数据值
   - （d）操作的返回值

3. 什么是关联？
   - （a）两个类之间的关系
   - （b）两个对象之间的关系
   - （c）两个类之间的链接
   - （d）两个对象之间的链接

4. 关联关系的多重性指的是什么？
   - （a）一个类中关联的数量
   - （b）两个类之间关联的数量
   - （c）一个类有多少个实例和另一个类的多少个实例相关
   - （d）一个类有多少个实例和另一个类的单个实例相关

5. 什么是关联类？
   - （a）有多个关联的类
   - （b）有一个关联的类
   - （c）对两个或多个类之间的关联建模的类
   - （d）对两个或多个对象之间的关联建模的类

6. 什么是泛化 / 特化层次？
   - （a）整体 / 部分关系
   - （b）继承关系
   - （c）泛化类和特化类之间的关联
   - （d）分层的层次结构

7. 什么是组合层次？
   - （a）泛化 / 特化层次的弱化形式
   - （b）泛化 / 特化层次的强化形式
   - （c）整体 / 部分关系的弱化形式
   - （d）整体 / 部分关系的强化形式

8. 什么是聚合层次？
   - （a）泛化 / 特化层次的弱化形式
   - （b）泛化 / 特化层次的强化形式
   - （c）整体 / 部分关系的弱化形式
   - （d）整体 / 部分关系的强化形式

9. 系统上下文类图定义了什么？
   - （a）系统中的实体类
   - （b）系统怎样连接到其他系统
   - （c）系统和外部环境之间的边界
   - （d）系统中的上下文类

10. 什么是实体类？
    - （a）实体 / 关系图中的类
    - （b）存储数据的类
    - （c）连接到外部实体的类
    - （d）外部类

对象和类组织

在定义了用例和开发了问题域的静态模型后，下一步是确定系统的软件对象。在这个阶段，重点在对问题域中真实世界对象进行建模的软件对象上。

软件对象是由用例和问题域的静态模型确定的。本章为如何确定系统中的对象提供了指南，给出了对象构造的标准，并通过使用构造型对对象进行分类。重点是在真实世界中发现的问题域对象，而不是在设计时确定的解域对象。

在第 7 章中描述的静态建模被用来确定外部类，然后这些外部类会被描绘在软件系统上下文类图中。这些外部类用来帮助确定软件边界类——连接到外部环境并与之通信的软件类。实体类及其关系也是在静态建模时确定的。本章中，软件系统所需要的对象和类被确定和分类。特别地，本章的焦点是那些在问题域静态建模期间没有被确定的附加的软件对象和类。

类之间的静态关系是在**静态模型**中考虑的（如前一章所述），而对象之间的动态关系是在**动态模型**中考虑的，这将在第 9、10、11 章论述。

8.1 节给出了对象和类的构造的概述。8.2 节描述了对应用类和对象进行建模。8.3 节给出了对象和类构造分类的概述。8.4 节描述了外部类（在第 7 章中首次介绍）及其与软件边界类的关系。8.5 节描述了不同种类的边界类和对象。8.6 节描述了实体类和对象，这些在第 7 章中首次介绍。8.7 节描述了不同种类的控制类和对象。8.8 节描述了应用逻辑的类和对象。

115

8.1 对象和类的组织准则

没有一个统一的方式将一个系统分解为对象，因为做出这些决策都是基于分析员的判断和问题的特性。对象是否是同一个类或是不同的类依赖于问题的本质。例如，在汽车目录中，轿车、面包车、卡车可能是同一个类的对象。然而，对于汽车制造商而言，轿车、面包车、卡车可能是不同类的对象。这种现象的原因可能是，对于汽车目录而言，每种汽车需要相同类型的信息；而对于汽车制造商而言，则需要更详细的信息，对不同类型的车是不相同的。

本章给出了对象和类构造标准来辅助设计者将一个系统构建成对象。用来标识对象的方法是在问题域中寻找真实世界对象，然后设计相对应的软件对象对真实世界建模。在标识出这些对象之后，对象之间的交互就在动态模型的**通信图**或顺序图中描述出来（见第 9、11 章）。

8.2 对应用类和对象建模

7.9 节描述了实体类的静态建模，这主要从分析阶段的静态建模中收益，因为实体类是信息密集的。然而，实体类只是系统中软件类的一种。在着手动态建模（见第 9、10、11 章）之前，有必要确定需要哪些软件类和对象来实现每一个用例。标识软件对象和类能通过应用对象和类的构造标准来得到很大的辅助，这些标准为将一个应用构建成对象提供了指导。这种方法通过它们在应用中所扮演的角色来对软件类和对象进行分类。

在这一步中，类被分类，使得带有相似特性的类被分组到一起。图 8-1 展示了应用类的

116 分类。构造型（见 7.7 节）被用来区分不同种类的应用类。因为对象是类的实例，所以对象拥有和它所实例化的类相同的构造型。因此，在本节中所描述的分类对类和对象是一样的。

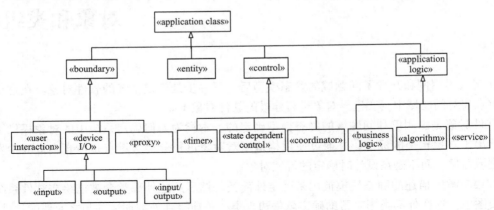

图 8-1　用构造型对应用类分类

在图 8-1 中，每一个框代表应用类的不同分类，它们之间的关系是继承关系。因此，应用类被分类为实体类、边界类、控制类或应用逻辑类。这些构造型又被进一步分类，如图 8-1 所示。

这个分类过程类似于图书馆中对书籍的分类，有主要的类别（如小说和非小说），以及进一步将小说分类为经典、神秘、冒险等，将非小说分类为传记、自传、旅游、烹饪、历史以及其他分类。这个过程也类似于对动物王国的分类，可划分为主要的类别（哺乳动物、鸟类、鱼类、爬行动物等），并进一步划分成子类别（如猫、狗、猴子都是哺乳动物的子类别）。

8.3　对象和类的组织分类

对象和类是根据它们在应用中所扮演的角色来分类的。有四个主要的对象和类的构造分类，如图 8-1 所示：边界对象、实体对象、控制对象以及应用逻辑对象。大多数应用会拥有这四个类别中每个类别的对象。然而，不同类型的应用会在某个分类中拥有大量的类。因此，信息密集型系统将有多个实体类，这就是为什么静态建模对这些系统如此重要。另一方面，实时系统更有可能拥有多个设备输入/输出边界类来连接各种传感器和执行器。它们还可能拥有复杂的状态相关的控制类，因为这些系统是与状态高度相关的。这些对象构造分类总结在下面的列表中，并在 8.4 到 8.7 节中详述。

四个主要的对象和类构造分类如下：

1）**实体对象**。一种软件对象，很多情况下是持久的，封装了信息并提供对它所储存信息的访问。在某些情况下，实体对象可以通过服务对象访问。

2）**边界对象**。连接到外部环境并与之通信的软件对象。边界对象进一步分类如下：

- **用户交互对象**。与人类用户进行交互并通过接口连接到人类用户的软件对象。
- **代理对象**。连接到外部系统或者子系统并与之通信的软件对象。
- **设备 I/O 边界对象**。从硬件输入/输出设备接收输入或向硬件输入/输出（I/O）设备输出的软件对象。

3）**控制对象**。对对象的集合提供全局协调的软件对象。控制对象可以是**协调者对象**、**状**
117 **态相关控制对象**或**计时器对象**。

4）**应用逻辑对象**。包含应用逻辑细节的软件对象。当希望从正在操纵的数据中分开隐藏应用逻辑时需要这种软件对象，因为我们认为有可能应用逻辑会独立于数据发生变化。对信息系统而言，应用逻辑对象通常是**业务逻辑对象**，而对实时应用、科学应用或工程应用而言，应用逻辑对象通常是**算法对象**。另一个分类是**服务对象**，为客户对象提供服务，典型地存在于面向服务的架构和应用中。

在大部分情况下，一个对象属于哪个分类通常是显而易见的。然而，在某些情况下，一个对象有可能满足上面标准中的多个。例如，一个对象可以同时具备实体对象（封装了某些数据）和算法对象（执行了一个重要的算法）的特性。在这些情况下，可将该对象分配给看上去更适合的分类。注意，更重要的是要确定系统中的所有对象，而不是过分关心如何分类少量模棱两可的情况。

对每一个对象结构组织准则，有一个对象行为模式，它描述了该对象如何与其相邻对象进行交互。理解对象的典型行为模式是很有用处的，因为当在一个应用中使用这种对象分类时，往往会以相似的方式与相同种类的相邻对象进行交互。每一种行为模式都在 UML 通信图中描述。

8.4 外部类与软件边界类

正如 7.8 节所述，外部类是那些在软件系统外部并且通过接口连接到系统的类。边界类是系统内部的类，通过接口连接到外部类并与其通信。为了帮助确定系统中的边界类，有必要考虑和它们相连的外部类。

标识出那些与系统通信并通过接口连接到系统的外部类对标识系统自身的一些类（即边界类）是有帮助的。每一个外部类与一个系统中的边界类进行通信。通常在外部类（假定它已经被正确地标识出来）和与之通信的内部边界类之间存在一对一的关联。外部类用以下方式通过接口连接到软件边界类：

- **外部用户类**通过接口连接到**用户交互类**，并与之交互。
- **外部系统类**通过接口连接到**代理类**，并与之通信。
- **外部设备类**为**设备 I/O 边界类**提供输入和 / 或接收其输出。继续分类为：
  - **外部输入设备类**向**输入类**提供输入。
  - **外部输出设备类**接收来自**输出类**的输出。
  - **外部 I/O 设备类**向 **I/O 类**提供输入并接收其输出。
- **外部计时器类**向**软件计时器类**发信号。

一个外部设备类代表一个 I/O 设备类型。一个外部 I/O 设备对象代表一个特定的 I/O 设备，即该设备类型的一个实例。在下一节中，我们考虑通过接口连接到外部对象并与之通信的内部对象。

8.5 边界类和对象

本节描述了三种不同种类的边界对象的特性。这三种边界对象是：用户交互对象、代理对象和设备 I/O 边界对象。在每种情况下，都将给出边界类的一个示例，后面跟该边界类的实例（即边界对象）采用典型的交互序列与相邻对象通信的行为模式的示例。

8.5.1 用户交互对象

用户交互对象直接与人类用户通信，从用户获取输入，通过标准 I/O 设备（如键盘、显示器和鼠标）向用户提供输出。依赖于用户接口技术，用户接口可能非常简单（比如命令行接口），也有可能更复杂（比如图形化用户界面 [GUI] 对象）。用户交互对象可以是一个组合对象，由几个较简单的用户交互对象组成。这意味着用户通过多个用户交互对象与系统交互。这些对象用《用户交互》（user interaction）构造型描述。

图 8-2a 中描述了一个简单的用户交互类——"操作员交互"（Operator Interaction）——的示例。该类的一个实例是"操作员交互"对象（见图 8-2b），该对象用用户交互对象的典型行为模式来描述。这个对象接受来自于操作员参与者的操作员命令；从一个实体对象"传感器数据资源库"（Sensor Data Repository）请求传感器数据；并把接收到的数据显示给操作员。也可能有更复杂的用户交互对象，例如，"操作员交互"对象可以是由几个较简单的用户交互对象组合而成的组合用户交互对象。这就允许操作员在一个窗口中接收工作站状态的动态更新，在另一个窗口中接收警报状态的动态更新，在第三个窗口中与系统进行交互式对话。每一个窗口都是由多个 GUI 部件组成，比如菜单、按钮和更简单的窗口。

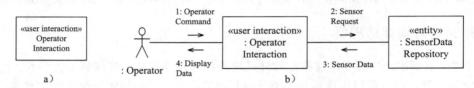

图 8-2 用户交互类和对象示例

8.5.2 代理对象

代理对象通过接口连接到外部系统并与之通信。代理对象是外部系统的本地代表，隐藏了"如何"与外部系统通信的细节。

代理类的一个例子是"抓取和放置机器人代理"（Pick & Place Robot Proxy）类。图 8-3 给出了代理对象的行为模式的示例，其中描述了通过接口连接到"外部抓取和放置机器人"（External Pick & Place Robot）并与之通信的"抓取和放置机器人代理"对象。"抓取和放置机器人代理"对象对"外部抓取和放置机器人"发出"抓取"（pick）和"放置"（place）机器人命令。真实世界的机器人对命令进行响应。

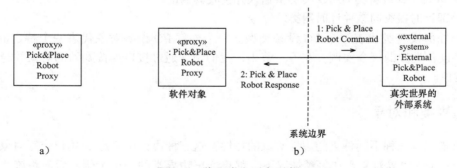

图 8-3 代理类和对象示例

注：系统边界虚线仅供说明用途，并不符合 UML 表示法。

每一个代理对象都隐藏了如何通过接口与特定外部系统连接并与之通信的细节。代理对象更有可能通过向外部的计算机控制的系统发送消息的方式进行通信（如前述机器人的例子），而不是像设备 I/O 边界对象那样通过传感器和执行器来通信。然而，这些问题都要到设计阶段才会处理。

8.5.3 设备 I/O 边界对象

设备 I/O 边界对象对一个硬件 I/O 设备提供软件接口。设备 I/O 边界对象对非标准的特定应用 I/O 设备是必需的，这些非标准设备在实时系统中更加普遍，尽管它们在其他系统中也经常用到。标准 I/O 设备典型地由操作系统来处理，因而专用设备 I/O 边界对象不需要作为应用的一部分来开发。

在应用领域中的物理对象是拥有一些物理特性（如它能被看见和摸到）的真实世界对象。对于每一个与问题相关的真实世界对象，在系统中都要有与之相对应的软件对象。例如，在"自动引导车辆系统"中，发动机和机械臂与真实世界的物理对象是相关的，因为它们与软件系统交互。另一方面，车辆底盘和车轮与真实世界对象是不相关的，因为它们不与软件系统交互。在软件系统中，相关的真实世界物理对象通过软件对象来建模，比如车辆发动机和机械臂软件对象。

真实世界物理对象通常通过传感器和执行器连接到系统。这些真实世界对象通过传感器向系统提供输入，通过执行器接收来自系统的输出。因此，对于软件系统，真实世界对象实际上是向系统提供输入和接收系统输出的 I/O 设备。因为真实世界对象对应于 I/O 设备，所以连接到它们的软件对象被称为设备 I/O 边界对象。

例如，在"自动引导车辆系统"中，车站到达指示器是一个真实世界对象，它拥有一个传感器（输入设备）用来向系统提供输入。发动机和机械臂是真实世界对象，由执行器（输出设备）控制，接收系统的输出。

输入对象是一种设备 I/O 边界对象，从一个外部输入设备获取输入。图 8-4 给出了一个输入类的例子：在通信图中，一个输入类"温度传感器接口"（Temperature Sensor Interface）和一个这个类的实例（一个输入对象）。输入对象 aTemperatureSensorInterface 从外部真实世界硬件对象 aReal-World TemperatureSensor 输入设备接收温度传感器输入。图 8-4 在显示硬件构造型《外部输入设备》（external input device）和软件《输入》（input）对象的同时，也显示了硬件/软件边界。这样，输入对象就向外部硬件输入设备提供了软件系统接口。

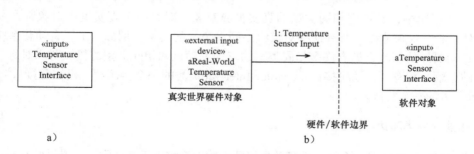

图 8-4 输入类与对象示例

注：系统边界虚线仅供说明用途，并不符合 UML 表示法。

输出对象是一个设备 I/O 边界对象，向外部输出设备发送输出。图 8-5 给出了输出类的一个例子：一个叫做"红灯接口"（Red Light Interface）的输出类，连同该类的一个实例 Red Light Interface 对象，它向外部真实世界对象"红灯执行器"（Red Light Actuator）输出设备发送输出。Red Light Interface 软件对象向硬件 Red Light Actuator 发出"开"或"关"的灯光命令（Light command）。图 8-5 同样显示了软件/硬件边界。

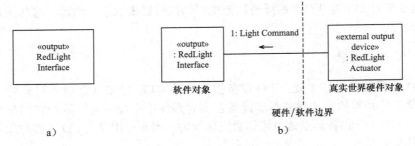

图 8-5 输出类和对象示例

注：系统边界虚线仅供说明用途，并不符合 UML 表示法。

硬件 I/O 设备也可以是一种既向系统提供输入、又能从系统接收输出的设备，其相应的软件类是 I/O 类，从这个类实例化出来的软件对象是一个 I/O 对象。**输入 / 输出（I/O）对象**是一种设备 I/O 边界对象，从外部 I/O 设备接收输入，并向外部 I/O 设备发送输出。这种情况就是"ATM 读卡器接口"（ATM Card Reader Interface）类（见图 8-6a）及其实例"ATM 读卡器接口"对象（见图 8-6b），该对象从外部 I/O"设备 ATM 读卡器"（ATM Card Reader）接收 ATM 卡输入。另外，ATM Card Reader Interface 还向读卡器发送弹卡和吞卡输出命令。

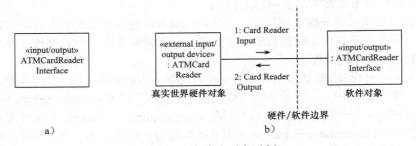

图 8-6 I/O 类和对象示例

注：系统边界虚线仅供说明用途，并不符合 UML 表示法。

在一些应用中，有许多相同类型的真实世界对象。对每一个真实世界对象都由一个设备 I/O 对象的方式来建模，所有这些对象都是同一个类的实例。例如，工厂自动化系统控制了许多自动引导的车辆，拥有许多相同类型的车辆发动机和相同类型的机械臂。对每一个自动引导的车辆，都有"发动机接口"（Motor Interface）类的一个实例和"机械臂接口"（Arm Interface）类的一个实例。

8.5.4 描述外部类和边界类

第 7 章讨论了如何确定系统范围以及如何画出**软件系统上下文类图**，以展示所有通过接口连接到系统并与之通信的外部类。扩展该图来展示与外部类通信的边界类是很有用的。边界类是系统内部的软件类，它们处于系统和外部环境间的边界上。系统显示为一个聚合类，边界类作为系统的一部分，显示在该聚合类的内部。处于系统外部的每一个外部类与边界类之间都有一个一对一关联。因此，从外部类（如软件系统上下文类图所描述的）开始会有助于确定边界类。

从"银行系统"的软件系统上下文类图开始，我们确定每一个外部类与一个边界类通信（图 8-7）。软件系统被描述为一个聚合类，包含了连接到外部类的边界类。在这个应用中，有三个设备 I/O 边界类和两个用户交互类。这些设备 I/O 边界类是："读卡器接口"（Card

Reader Interface），读取 ATM 卡；"吐钞器接口"（Cash Dispenser Interface），发放现金；"凭条打印机接口"（Receipt Printer Interface），打印收据。"客户交互"（Customer Interaction）类是一个用户交互类，它向客户显示文本信息并给出提示，并接收客户的输入。"操作员交互"（Operator Interaction）类向 ATM 操作员提供用户接口，为 ATM 机补充现金。对于每一个 ATM 机，每个边界类都有一个实例。

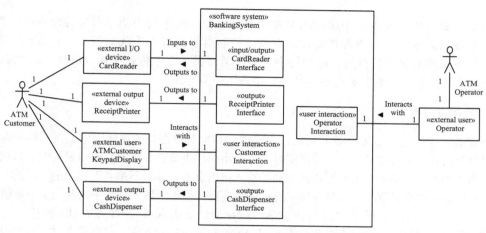

图 8-7　"银行系统"的外部类和边界类

8.6　实体类和对象

实体对象是存储信息的软件对象。实体对象是实体类的实例，这些实体类的属性和与其他实体类的关系在静态建模时被确定，如第 7 章所述。实体对象存储数据，并通过它们提供的操作为这些数据提供有限的访问。在某些情况下，实体对象为了更新它所封装的信息，可能需要访问其他实体对象。

在许多信息系统的应用中，通过实体对象封装的信息被存储在文件或数据库中。在这些情况下，实体对象是持久的，这意味着当系统关闭然后再开启时，它所包含的信息能被保持。在某些应用中，比如实时系统，实体对象往往存储在主存中。这些问题在设计阶段被解决，如第 14 章所述。

"账户"（Account）类是银行应用中实体类的一个例子（图 8-8）。构造型 «entity» 明确地标识了它是哪种类。Account 类的实例是实体对象（如图 8-8 所示），这个实体对象也通过构造型 «entity» 来标识。Account 的属性有 "账户编号"（accountNumber）和 "余额"（balance）。对象 anAccount 是一个持久（长期存在的）对象，通过实现不同用例的多个对象来访问。这些用例包括在各种 ATM 机上进行账户取款、查询和转账的客户用例，还包括人类出纳员用例来开设和关闭账户以及对账户进行借记和贷记。账户也可以被那些实现为客户准备月结单并打印的用例的对象来访问。

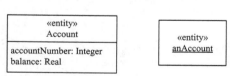

图 8-8　实体类与对象示例

"传感器数据"（Sensor Data）类是传感器监控示例中的实体类的例子（图 8-9）。这个类存储关于模拟

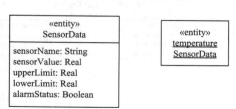

图 8-9　实体类和对象示例

传感器的信息，其属性有"传感器名称"（sensorName）、"传感器值"（sensorValue）、"上限"（upperLimit）、"下限"（lowerLimit）以及"警报状态"（alarmStatus）。"温度传感器数据"（Temperature Sensor Data）对象是该类的一个实例的例子。

8.7 控制类和对象

控制对象提供了实现一个用例的对象的总体协调。简单的用例不需要控制对象。然而，在一个较复杂的用例中，通常需要控制对象。控制对象类似于乐队的指挥，它指挥（控制）其他参与该用例的对象的行为，通知每个对象在何时做什么。依赖于用例的特性，控制对象可以是状态相关的。控制对象有多个种类，将在下一节介绍。

8.7.1 协调者对象

协调者对象是做出总体决策的对象，它确定了相关对象集合的总体顺序安排。经常需要协调者对象为用例的执行提供总体的顺序安排。它做出总体决策，并决定其他对象何时、以何种顺序参与到用例中。协调者对象根据它接收到的输入做出决策，并且不是状态相关的。因此，由协调者对象发起的动作只取决于包含在传入消息中的信息，而不依赖于系统中之前发生的事情。

一个协调者类的例子是"银行协调者"（Bank Coordinator），如图 8-10a 所述。这个类的实例"银行协调者"对象接收来自客户端 ATM 机的 ATM 交易。根据交易类型，"银行协调者"将该交易交给合适的交易处理对象来执行该交易。在"银行系统"里，有"取款交易管理器"（Withdrawal Transaction Manager）对象、"转账交易管理器"（Transfer Transaction Manager）对象、"查询交易管理器"（Query Transaction Manager）对象以及"PIN 验证交易管理器"（PIN Validation Transaction Manager）对象（见图 8-10b）。

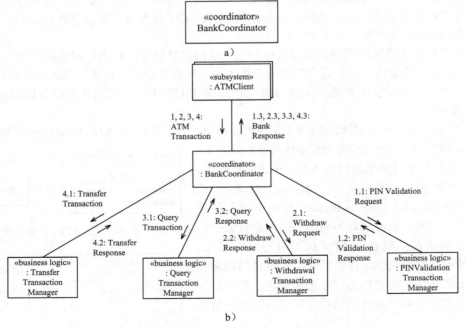

图 8-10 协调者类和对象示例

另一种协调者是面向服务应用中的协调者对象，它协调在一个用户交互对象和一个或多个服务对象之间的交互。8.8.3 节描述了这样的例子。

8.7.2　状态相关的控制对象

状态相关的控制对象是一种在不同状态下其行为有变化的控制对象。有限状态机用于定义状态相关的控制对象，并用状态图来描述。状态图最先由 Harel（1988，1998）提出，它可以是平的（非层次的）或者层次的，如第 10 章所述。本节仅给出状态相关的控制对象的简要概述，第 10、11 章会有更多详细的介绍。

状态相关的控制对象接收引起状态转移的输入事件，并产生控制其他对象的输出事件。由状态相关的控制对象产生的输出事件不仅依赖该对象接收的输入，还依赖对象的当前状态。状态相关的控制对象的例子是"ATM 控制"（ATM Control）对象（图 8-11），它是用"ATM 控制"状态图的方式定义的。在该例中，显示了 ATM Control 控制了另两个输出边界对象："凭条打印机接口"和"吐钞器接口"。

在一个控制系统里，通常有一个或多个状态相关的控制对象，也可能拥有多个相同类型的状态相关的控制对象。尽管每个对象都可能处在不同的状态，但它们都执行同一个有限状态机（描述为状态图）的一个实例。"银行系统"中有一个这样的例子，"银行系统"有多个 ATM 机，每个 ATM 机有状态相关的控制类 ATM Control 的一个实例，如图 8-11 所示。每个"ATM 控制"对象执行它自己的"ATM 控制"状态图的实例，并追踪本地 ATM 机的状态。另一个例子来自"自动引导车辆系统"，其中车辆的控制和顺序安排是由状态相关的控制对象"车辆控制"（Vehicle Control）的方式建模的，并且通过状态图的方式来定义。于是，每辆车都有一个车辆控制对象。更多的关于状态相关的控制对象的信息将在第 11 章给出。

8.7.3　计时器对象

计时器对象是一个由外部计时器（如实时时钟或操作系统时钟）激活的控制对象。计时器对象要么自己执行某个动作，要么激活另一个对象来执行期望的动作。

图 8-12 给出了计时器类的例子："报告计时器"（Report Timer）。该类的一个实例——计时器对象 Report Timer——通过一个来自外部计时器"数字时钟"（Digital Clock）的计时器事件激活。然后，该计时器对象发送一个"准备"（Prepare）消息给"周报"（Weekly Report）对象。

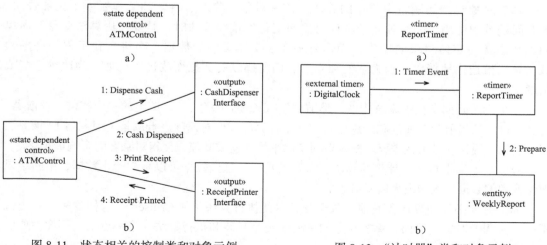

图 8-11　状态相关的控制类和对象示例　　　　图 8-12　"计时器"类和对象示例

8.8 应用逻辑类和对象

本节描述了三种应用逻辑对象，即业务逻辑对象、算法对象和服务对象。和控制对象一样，应用逻辑对象更可能在开发动态模型时被考虑，而不是在开发初始的概念静态模型时被考虑。

8.8.1 业务逻辑对象

业务逻辑对象定义了用于处理一个客户端请求的特定业务的应用逻辑，其目标是将可能相互独立变化的业务规则封装（隐藏）到分离的业务逻辑对象中。另一个目标是将业务规则从它们操作的实体数据中分离出来，因为业务规则可以独立于实体数据而变化。通常是业务逻辑对象在其执行期间访问各种实体对象。

业务逻辑对象只在特定情况下需要。有时，有以下两种选择：将业务逻辑封装到分离的业务逻辑对象中，或者，如果业务规则足够简单，就把它作为一个实体对象的操作。这种选择的指导思想是，如果业务规则只有通过访问两个或者更多的实体对象才能执行，就应该有一个分离的业务逻辑对象。另一方面，如果访问一个实体对象就足以执行业务规则，则可将它作为该对象的一个操作。

业务逻辑类的一个例子是"取款交易管理器"类，如图 8-13 所示。该类的一个实例——"取款交易管理器"业务逻辑对象——为 ATM 客户的取款请求服务，它封装了处理 ATM 取款请求的业务规则。例如，第一个业务规则是客户在取款后必须至少要有 50 元的余额；第二个业务规则是客户使用借记卡取款每天不允许超过 250 元。"取款交易管理器"对象访问"账户"对象，以确定第一个业务规则是否满足。它访问"借记卡"（Debit Card）对象以确定第二个业务规则是否满足，其中"借记卡"对象维护了当天 ATM 客户取款的实时总额。如果业务规则有一个不满足，则取款请求被拒绝。

业务逻辑对象通常必须和实体对象交互，以便执行其业务规则。这样看来，它类似于协调者对象。然而，业务逻辑对象的主要职责是封装和执行业务规则，这一点上它不像主要职责是监督其他对象的协调者对象。

8.8.2 算法对象

算法对象封装问题域中使用的算法，该种对象在实时、科学和工程领域中更加普遍。当有问题域中使用了一个独立于其他对象而变化的重要算法时，就要使用算法对象。简单的算法通常是实体对象的操作，操作封装在该实体类内的数据。在科学和工程的许多领域，算法被迭代地精化，因为它们独立于它们所操纵的数据而改进（例如，为改善性能或精度）。

一个例子是列车控制系统中的"巡航器"（Cruiser）算法类。该类的一个实例"巡航器"对象通过比较当前列车速度和理想巡航速度来计算应如何对速度进行调整（图 8.14）。该算法是复杂的，因为它必须在需要时提供对列车的平缓加速或减速，使得对乘客的影响最小化。

算法对象经常封装了计算其算法所需要的数据。这些数据可以是初始化数据、中间结果数据或阈值数据（例如最大值或最小值）。

算法对象必须频繁地和其他对象交互，以便执行算法（如 Cruiser）。这样看来，它类似于一个协调者对象。然而，算法对象的主要职责是封装和执行算法，这一点上它不像主要职责是监督其他对象的协调者对象。

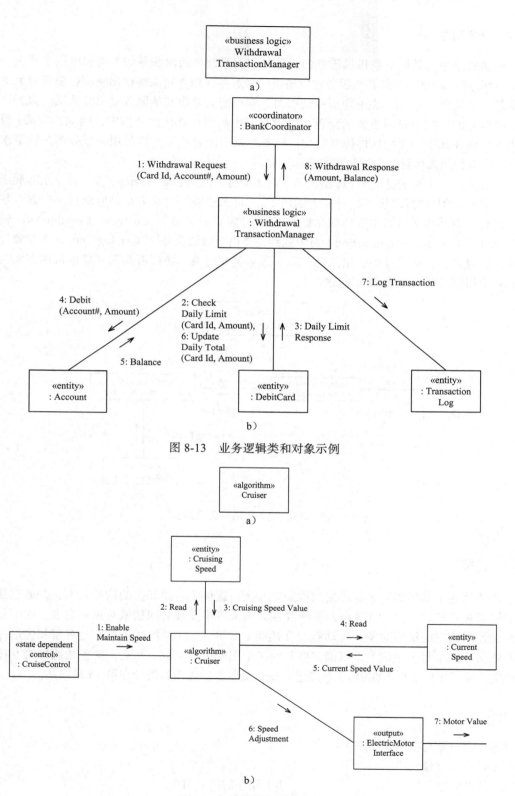

图 8-13　业务逻辑类和对象示例

图 8-14　算法类和对象示例

8.8.3 服务对象

服务对象是为其他对象提供服务的对象，它们通常在面向服务的架构和应用中提供，如第 16 章所述。客户端对象能从服务对象请求一个服务，服务对象将做出响应。服务对象绝不会发起一个请求；然而，在响应服务请求时，它可能会寻求其他服务对象的帮助。服务对象在面向服务的架构中扮演重要的角色，尽管它们也被用在其他的架构中，例如客户端 / 服务器体系结构和基于构件的软件体系结构。服务对象可能封装了它需要用来服务客户端请求的数据，或者访问其他封装了该数据的实体对象。

服务类的一个例子是图 8-15a 给出的"目录服务"（Catalog Service）类。图 8-15b 展示了执行该类的实例（"目录服务"对象）的例子。"目录服务"对象为在供应商目录中查看各种不同的目录商品和从目录中选择商品提供支持。"客户协调者"（Customer Coordinator）辅助"客户交互"（Customer Interaction）对象找到一个由"目录服务"（Catalog Service）对象提供的供应商目录，并从目录中做出选择。除了服务类和对象，协调者类和对象也常用在面向服务的架构和应用中，如第 16 章所述。

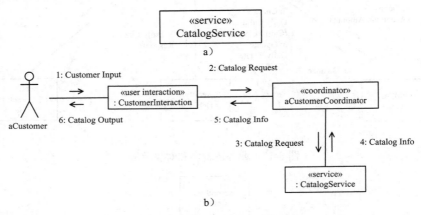

图 8-15 服务类和对象示例

8.9 总结

本章描述了如何确定系统中的软件对象和类，提供了对象和类的构造标准，并通过使用构造型对对象和类分类。其重点是那些要在真实世界中发现的问题域对象和类上，而不是那些在设计时确定的解域对象。在动态交互建模（如第 9、11 章所述）期间，对象和构造标准通常依次应用于每个用例上，以确定参与到每个用例中的对象。然后，对象之间的交互序列被确定。子系统构造标准在第 13 章描述。每个类所提供操作的设计在第 14 章描述。

练习

选择题（每道题选择一个答案）

1. 什么是边界对象？
   - （a）外部对象
   - （b）储存数据的对象
   - （c）和外部对象通信的对象
   - （d）控制其他对象的对象

2. 什么是控制对象？

（a）与其他对象相关的对象　　　　（b）和外部对象通信的对象

（c）控制其他对象的对象　　　　　（d）被其他对象控制的对象

3. 什么是状态相关的控制对象？

（a）与状态机相关的对象　　　　　（b）和状态机通信的对象

（c）控制状态机的对象　　　　　　（d）执行状态机的对象

4. 什么是协调者对象？

（a）管理器对象　　　　　　　　　（b）根据状态机做出决策的对象

（c）做决策的对象　　　　　　　　（d）决定和哪个实体对象交互的对象

5. 如何从上下文图确定边界类？

（a）通过观察它　　　　　　　　　（b）通过选择上下文图中的外部类

（c）通过确定和外部类通信的软件类　（d）通过在硬件和软件类之间绘制边界

6. 什么是计时器对象？

（a）外部时钟　　　　　　　　　　（b）内部时钟

（c）被外部计时器唤醒的对象　　　（d）和时钟交互的对象

7. 类构造标准对什么有帮助？

（a）将一个应用构造为多个类　　　（b）定义类的属性

（c）定义类的关联　　　　　　　　（d）定义类的操作

8. 应用类的分类过程类似于什么？

（a）图书馆中对书分类　　　　　　（b）决定一本书需要多少副本

（c）在学校中找到教室　　　　　　（d）标识学校有哪些实验室

9. 类构造中的构造型的目的是什么？

（a）根据类构造标准对类打标签　　（b）标识属于相同类的对象

（c）区分外部对象和软件对象　　　（d）标识两个类之间的关联

10. 什么是业务逻辑对象？

（a）用在业务应用中的对象　　　　（b）定义特定业务应用逻辑的对象

（c）对象的内部逻辑　　　　　　　（d）确定一个客户端请求是否符合逻辑的业务对象

动态交互建模

　　动态建模提供了系统的一种视图，其中考虑了控制和顺序安排，该视图要么在一个对象中（通过一个有限状态机的方式），要么在对象之间（通过对对象交互的分析）。本章阐述了对象之间的动态交互。

　　动态交互建模是基于在用例建模阶段开发的用例的实现进行的。对于每一个用例来说，有必要去确定每一个参与的对象是怎样在用例中和其他对象进行动态交互的。在第 8 章中描述的对象结构组织准则能够用于确定参与到每一个用例中的对象。本章论述对于每一个用例，如何开发一个交互图来描绘参与到该用例中的对象和这些对象之间的消息序列。这种交互以通信图或顺序图来展现，同时还会在消息序列描述中加入对于每个对象交互的叙述性描述。请注意，本章中所有的系统都是指软件系统。

　　本章先描述了使用通信图和顺序图进行对象交互建模，然后描述了这两种图如何运用于动态交互建模。接下来，阐述了动态交互建模方法的细节，来确定对象之间是如何协作的。本章还阐述了无状态的动态交互建模，也称作基本的动态交互建模。第 11 章将会阐述状态相关的动态交互建模，和无状态的动态交互建模不同的是，它引入了由状态图控制的状态相关的通信。

　　9.1 节概述了对象交互建模并描述了两种交互图：通信图和顺序图。9.2 节阐述了交互图中的消息序列编号问题。9.3 节介绍了动态交互建模。9.4 节描述了无状态的动态交互建模。9.5 节给出了无状态动态交互建模的两个例子。

[132]

9.1　对象交互建模

　　对于每一个用例而言，参与其中的对象总是动态地和其他对象合作，如本节下文所言，我们可以用一个 UML 通信图或者是一个 UML 顺序图来对其进行展示。

9.1.1　通信图

　　通信图是一种 UML 交互图，它从动态的视角描绘了一组对象是怎样通过对象间消息传递来进行相互交互的。在分析建模的过程中，每一个用例对应一张通信图，只有参与了这个用例的对象才会被显示在通信图上。在通信图中，对象之间的消息发送序列是由消息序列的编号来描述的。通信图中的消息序列应该和用例中描述的参与者和系统之间的交互顺序相对应。

　　我们可以用应急监控系统案例研究中的"查看警报"（View Alarms）用例（图 9-1）来展示如何用一个通信图来描绘用例中的对象，在这个例子中，监控操作员需要查看未处理的警报。在这个简单用例的通信图（图 9-2）上只有两个对象：一个用户交互对象和一个服务对象。用户交互对象被称为"操作员交互"（Operator Interaction），服务对象被称为"警报服务"（Alarm Service）。

　　这个用例的通信图描绘了用户交互对象（操作员交互），向服务对象（警报服务）发出一个请求，该服务对象收到请求后做出响应（见图 9-2）。

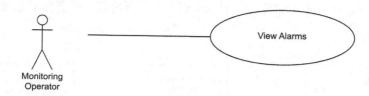

图 9-1 用例"查看警报"的用例图

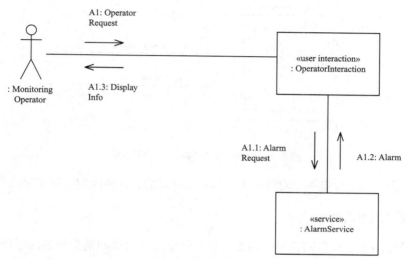

图 9-2 用例"查看警报"的通信图

9.1.2 顺序图

对象之间的交互也可以用顺序图来表示，顺序图按时间顺序展示了对象之间的交互。一个**顺序图**展示了所有参与交互的对象以及它们之间消息来往的顺序。顺序图也可以用来描述循环和迭代。顺序图和通信图虽然描述的是类似的信息（尽管不是完全一致），但是用的却是不同的方法。通常我们要么使用通信图，要么使用顺序图来对系统进行动态描述，而不是两种同时使用。

因为顺序图描述的是使用从上到下的顺序来对消息序列进行顺序显示，因此对顺序图中的消息没有必要进行编号。在下面的例子中，为了使顺序图和通信图的消息顺序对应，我们也在顺序图上对消息进行了编号。

图 9-3 用"查看警报"用例展示了一个顺序图。这个顺序图中传达了和通信图一致的信息，如图 9-2 所示。

9.1.3 对象交互建模的分析和设计决策

在分析模型中，消息表示对象之间的信息传递。利用交互图（通信图或顺序图）可以帮助确定对象的操作，因为消息的抵达通常会调用操作。在 COMET 里，分析建模的重点是捕获对象之间传递的信息，而不是被调用的操作。在设计过程中，我们可能会决定让到达同一个对象的两个不同消息去调用不同的操作，也可能会调用一个相同的操作，只是把消息名作为操作的参数。然而，这些决策需要推迟到设计阶段来进行。同样应该被推迟到设计阶段的决策还有对象（同步或异步）间传递的消息类型。在分析阶段，所有在对象之间传递的信息都是简单的消息。

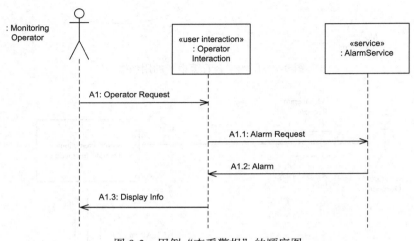

图 9-3　用例"查看警报"的顺序图

在分析阶段，不会确定一个对象是主动的还是被动的，这些决定也被推迟到设计阶段。

9.1.4　顺序图和通信图对比

无论是顺序图还是通信图都可以用来描绘对象交互和对象间消息传递的序列。顺序图可以通过顺序展示的形式很清晰地显示对象间消息传递的序列，但要想在顺序图上看清对象之间是如何关联的却较为困难。另外，如果使用了循环语句（例如 do-while 语句）或者是判定语句（例如 if-then-else 语句），则会降低对象交互顺序的可读性。

通信图展示了对象的布局，尤其显示了对象之间是如何关联的。两种交互图都可以用来展示消息序列。因为在通信图上展示消息序列的直观性要比在顺序图上展示的效果差，所以我们需要在通信图上对消息序列进行编号。不过即使在通信图上编了号，在阅读消息序列的时候也要比在顺序图上花更多的时间。另一方面，如果一个交互牵涉了很多对象，顺序图就更难阅读了。这些图可以被压缩到一页之中，也可以横跨多个页面。

COMET 之所以偏好使用通信图而不是顺序图，是因为从分析阶段过渡到设计阶段中的一个很重要的步骤就是去整合通信图的信息来创建初期的软件系统体系结构，这个内容会在第 13 章中提到。利用通信图来进行整合要比用顺序图容易很多。如果分析是从顺序图开始的话，那么在进行整合之前还要把每张顺序图都转换成通信图。然而，有时利用顺序图也是非常方便的，尤其是面对一些非常复杂或大规模的对象交互时更是如此。

9.1.5　用例和场景

场景是用例的一条特定路径。因此，一个交互图上特定的消息序列其实描绘的是一个场景而不是一个用例。要想把一个用例的所有可能路径都显示出来通常需要超过一张交互图。

利用给出的条件，可以把不同的可能情况都描绘在一张交互图上，从而可以在一张交互图上把整个用例都描绘出来。但是，这样复杂的交互图却往往难以读懂。在实践中，用一张交互图来描述一个单独的场景通常会更加清晰。

同样，利用有循环结构和分支结构的顺序图，也可以把整个用例的所有交互序列描绘出来，包括主序列和其他可替换序列。更详细的内容会在第 9.5 节中讨论。

9.1.6　通用和实例形式的交互图

交互图（顺序图或通信图）的两种形式分别是通用形式和实例形式。**实例形式**用来详细地描述一个特定的场景，把一个可能的对象实例间的交互序列描绘出来。而**通用形式**则是用来描述参与交互的对象之间所有可能的交互关系，因此会包含循环、分支和条件。交互图的通用形式既可以用来描述主序列，也可以用来描述其他可替换用例的序列。实例形式的交互图用来描绘一个特定的场景，这个场景通常是用例中的一个实例。使用实例形式的交互图需要多张交互图来描绘一个给定的用例，其数量取决于这个用例中描述了多少种可能的备选情况。实例形式和通用形式的交互图的例子，包括通信图和顺序图，都会在第 9.5 节中讨论。

对于除非是最简单的用例的大部分用例，实例形式的交互图会比通用形式的交互图更加清晰。当几种备选情况都在一张图上描绘的时候，这些图很容易就会变得非常复杂。在实例形式的顺序图上，因为时间顺序直接体现在页面上，所以很容易跟踪消息序列。但是，通用形式的顺序图——具有循环、分支和条件的情况——就不是这么简单的了，它会把整个消息序列变得非常难以理解。

9.2　交互图上的消息序列编号

通信图或者顺序图上的消息都会被赋予消息序列编号。本节中，我们会对消息序列编号提供一些指导。这些指导都遵循了通用的 UML 惯例；除此以外，它们也会被扩展以更好地解决并发、备选情况和庞大消息序列的问题。在本章后面给出的示例中（第 9.5 节中的更多例子）以及第 20 章到第 24 章中的案例研究中给出的示例都将遵循这些惯例。

9.2.1　交互图上的消息标签

顺序图或者交互图上的消息标签遵循以下的语法（这里只介绍消息标签中与分析阶段相关的部分）：

[序列表达式]：消息名称（参数列表）

其中，序列表达式包含了消息序列的编号和一个重现的指示器。

- **消息序列编号**。消息序列编号的构成如下：第一个消息序列编号代表着通信图上某个消息序列的事件的起始。典型的消息序列形式如下：1，2，3，…；A1，A2，A3，…。一个更加精细的消息序列可以用 Dewey 分类系统来描述，例如 A1.1.1 紧跟着 A1.1，然后是 A1.2。在 Dewey 系统中，一个典型的消息编号序列是 A1，A1.1，A1.1.1，A1.2。
- **循环**。循环的部分是可选的，它代表了条件或迭代的执行。循环的部分代表了当满足一定条件的情况下会发送零条或多条信息。
  - *[**迭代语句**]。在一个消息序列编号后面加上一个星号（*）表示要发送超过一条的消息。这个可选的迭代语句是用来指定重复的执行，例如 [j := I,n]。一个在消息序列编号后加上星号来代表迭代的例子是 3*。

- [**条件语句**]。放在中括号里的一个条件用来指示一个分支条件。这个可选的条件语句是用来指定分支结构的，例如 [x < n]，意味着只有当这个条件判断为真的时候，消息才会被发送出去。例如，跟在一个消息序列编号后面的条件 4[x < n] 和 5[Normal] 就是有条件的消息传递的例子。在两种情况下，只有分别当条件满足的时候，消息才会被发送出去。
- **消息名称**。消息名称是指定的。
- **参数列表**。消息的参数列表是可选的，它指定了所有要随着消息一起发送的参数。

发送出去的消息的返回值是可选的。但是，在分析阶段建议只使用一些简单的消息，不要带返回值，把应该使用哪种消息类型这个问题推迟到设计阶段去考虑。

9.2.2 交互图上的消息序列编号

在一张支持一个用例的通信图上，对象参与每一个用例的序列是通过消息序列编号来描述的。一个用例的消息序列编号的形式如下：

[第一个可选的字母序号][数字序号][第二个可选的字母序号]

第一个可选的字母序号是一个可选的用例 ID，它标示了一个用例是一个特定的具体的用例还是一个抽象的用例。第一个字母是一个大写字母，后面如果需要描述性用例 ID 的话，还可能跟着一个或多个大写或者小写字母。

最简单的消息序列的形式是用一个整数序列表示，例如 M1、M2 和 M3。但是，在一个有着多个外部参与者输入的交互系统当中，带有一个小数的数字序列可能会更有用，也就是说，用整数来表示外部事件，而用跟在后面的小数表示内部事件。例如，如果参与者的输入被指定为 A1，A2 和 A3，则完整的通信图消息序列应当是 A1，A1.1，A1.2，A1.3，…，A2，A2.1，A2.2，…，A3，A3.1，A3.2，…。

一个例子是 V1，其中 V 代表用例，数字代表支持用例的通信图的消息序列。发送第一个消息的对象 V1 是这个用例基于通信的启动者。因此，在图 9-2 和图 9-3 分别所示的通信图和顺序图上，参与者的输入都是从 V1 开始的。后续的消息编号是 V1.1，V1.2 和 V1.3，如果对话还将继续的话，下一个参与者的输入将从 V2 开始编号。

9.2.3 并发和可替换的消息序列

第二个在消息序列编号中可选的字母序号是用来描述一些特殊的分支情况：要么是并发情况，要么是备选情况。

并发的消息也可以在一个通信图中描绘，一个小写的字母表示一个并发序列，也就是说，被指定为 A3 和 A3a 的序列是并发的序列。例如，消息 A2 到达对象 X 可能会导致对象 X 同时向对象 Y 和 Z 发送了消息，并导致它们并行地执行。为了阐明这个例子中的并发情况，假设被发送到对象 Y 的消息被指定为 A3，被发送到对象 Z 的消息被指定为 A3a。A3 序列中后续的消息被指定为 A4，A5，A6，…，而 A3a 序列的后续消息会被指定为 A3a.1，A3a.2，A3a.3，如此继续。因为 A3a 的后续序列编号更加复杂，所以用 A3 来表示主消息序列，用 A3a，A3b 这样的编号来表示支持性消息序列。另外一种显示两个并发序列的方法是避免使用 A3，而是直接使用 A3a 和 A3b，当然，这种方法也有问题，如果 A3a 又产生了两个新的并发序列，整个编号模式将变得非常复杂，因此更加推荐的是第一种方法。

可替换消息序列用消息之后跟着的条件来描述。一个大写字母用来命名一个可替换的分支。例如，主分支可能被标记为 1.4[Normal]，另外不常用到的分支则可能被标记为 1.4A[Error]。正常（Normal）分支的消息序列编号可能是 1.4[Normal]，1.5，1.6，如此继续。可替换分支的消息序列编号可能是 1.4A[Error]，1.4A.1，1.4A.2，如此继续。

9.2.4 消息序列描述

消息序列描述是一种支持性的文档，一般和交互图一起提出。它经常被当做是动态模型的一部分来开发，描述的是分析模型对象是如何参与到交互图中描绘的每一个用例中的。消息序列描述是一个叙述性描述，描述了当每个消息到达通信图或顺序图上的目标对象时会发生什么。消息序列描述使用通信图上的消息序列编号。它描述了从源对象到目标对象的消息序列发送以及当一个目标对象收到一个消息的时候会做些什么。消息序列描述通常提供了额外的信息，这些信息在对象交互图上没有被描绘出来。例如，每次访问一个实体对象时，消息序列描述可以提供额外的信息，比如对象参考的属性有哪些。

消息序列描述的例子在 9.5 节中给出。

138

9.3 动态交互建模

动态交互建模是一种交互式的策略，它用来帮助确定分析模型对象之间是怎样交互来支持用例的。动态交互建模在每一个用例中被执行。第一次尝试是用第 8 章中描述的对象结构组织准则来确定用例中参与的对象。接着分析这些对象是怎样合作来执行用例的。这个分析可能会展示出需要额外对象和 / 或定义额外的交互。

动态交互建模可能是状态相关或者是无状态的，这取决于对象通信是否是状态相关的。本章主要描述无状态的动态交互建模。状态相关的动态交互建模将在第 11 章中描述。

9.4 无状态动态交互建模

无状态的动态交互建模方法的主要步骤如下：从用例开始，接着考虑实现用例所需的对象，然后再确定对象之间消息通信的序列。

---

1. **开发用例模型**。这个步骤在第 6 章中已经有过描述。对于动态建模来说，考虑每一个主要参与者和系统之间的每一个交互。记住，参与者和系统之间的交互是从一个外部输入开始的。系统对这个输入进行一些内部执行并做出响应，通常是提供一个系统输出。参与者输入的序列和系统响应都会在用例中描述。从开发在用例的主路径中描述的场景的通信序列开始。考虑每一个序列中的参与者和系统的交互。

2. **确定在实现用例时所需的对象**。这步需要使用对象结构组织准则（见第 8 章）来确定在实现用例时所需的对象，包括了边界对象（下述 2a）和内部软件对象（下述 2b）。

2a. **确定边界对象**。考虑参与用例的参与者，确定外部对象（系统的外部，通过外部对象参与者和系统进行通信）和软件对象（收到参与者输入）。

139

从考虑外部对象输入到系统的输入开始。对于每一个外部输入事件，考虑处理事件所需要的软件对象。如果输入事件是来自一个外部对象的话，我们需要一个软件边界对象（例如一个输入对象或者是一个用户交互对象）。在接收到外部输入的时候，边界对象通常会处理和发送消息给内部对象。

2b. **确定内部软件对象**。考虑用例的主序列。利用对象结构组织准则来首先确定参与用例的内部软件对象，例如控制对象或者是实体对象。

3. **确定消息通信序列**。对于每一个从外部对象输入的事件，考虑接收输入事件的边界对象和参与共同处理事件的后续对象（实体对象或控制对象）之间的通信。画一张通信图或者是顺序图来展示参与用例的对象以及它们之间传递消息的序列。这个序列通常由一个来自参与者（外部对象）的外部输入开始，紧着跟的是参与软件对象之间的内部消息序列，最终到一个参与者（外部对象）的外部输出。对于每一个随后的参与者和系统之间的交互，重复这个过程。结果是，额外的对象可能被要求参与到这个用例当中，由此会需要指定额外的消息通信和消息序列编号。

4. **确定可替换序列**。考虑其他不同的可替换序列，例如在用例的可替换部分描述的错误处理。然后考虑什么对象需要参与到执行可替换序列分支中来，以及在这些对象之间消息通信的序列。

9.5 无状态动态交互建模示例

这里会展示两个无状态动态交互建模的例子。第一个例子从"查看警报"（View Alarms）用例开始，第二个例子从"下单请求"（Process Delivery Order）用例开始。

9.5.1 查看警报示例

作为一个无状态动态交互建模的例子，考虑从应急监控系统案例研究中的"查看警报"用例。这个例子遵循在9.4节中描述的动态建模四个步骤，因为这是一个简单的例子，没有备选的序列。

1. 开发用例模型

在这个"查看警报"用例中，只有一个参与者，即"监控操作员"（Monitoring Operator），他可以要求去查看警报的状态，在图9-1中所示。这个用例的描述可以简单地描述如下：

[140]

> **用例名**：查看警报
>
> **参与者**：监控操作员
>
> **概述**：监控操作员查看未处理的警报并且可以知道这个警报被触发的原因。
>
> **前置条件**：监控操作员已经登录系统。
>
> **主序列**：
>
> 　　1. 监控操作员请求查看未处理的警报。
>
> 　　2. 系统显示未处理的警报。对于每一个警报，系统显示这个警报的名字、警报的描述、警报的地址和警报的严重级别（高，中，低）。
>
> **后置条件**：未处理的警报被显示出来。

2. 确定实现用例所需的对象

因为查看警报是一个简单的用例，只有两个对象参与在这个用例里面，如图9-2所示。所需的对象可以通过仔细地阅读用例来确定。一个用户的交互对象被称为"操作员交互"

（Operator Interaction），它用来接收输入并且发送输出到参与者，另一个服务对象被称为"警报服务"（Alarm Service），它提供访问警报库的访问权限并响应警报请求。

3. 确定消息通信序列

这个用例的通信图描绘了用户交互对象。"操作员交互"对象，向服务对象"警报服务"发出一个请求。"警报服务"响应所需要的信息（见图9-2）。消息序列对应于用例中描述的参与者和系统之间的交互序列，如下所述：

> **A1**："监控操作员"请求一个警报处理服务——比如，查看警报或者订阅某一个特殊类型的警报消息。这个请求被发送到"操作员交互"。
>
> **A1.1**："操作员交互"发送警报请求给"警报服务"。
>
> **A1.2**："警报服务"执行请求——例如，阅读现有警报的列表或者添加用户交互对象的名字到订阅列表中——然后发送响应返回给"操作员交互"对象。
>
> **A1.3**："操作员交互"显示响应——例如，警报信息——给操作员。

9.5.2 下单请求示例

第二个无状态动态交互建模的例子来自在线购物面向服务系统中。这个例子也遵循了9.4节中描述的动态建模的四个步骤。

1. 开发用例模型

在"下单请求"（Make Order Request）用例中，一个客户参与者输入订单请求的信息，系统会得到账户信息并且请求信用卡授权。如果信用卡授权通过，系统会创建一个新的发货单并且显示订单。用例图在图9-4中描述，用例的描述如下所示：

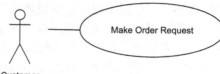

图9-4 用例"下单请求"的用例图

> **用例名**：下单请求
>
> **概述**：客户输入订单请求来从在线商店系统中买东西。客户的信用卡被检查合法性以及是否有足够的额度来支付所请求的商品的价格。
>
> **参与者**：客户
>
> **前置条件**：客户选择了一个或多个商品。
>
> **主序列**：
>
> 1. **客户**提供了订单请求和客户账户号来支付订单。
> 2. 系统获得**客户的账户信息**，包括客户的信用卡详细信息。
> 3. 系统检查客户的**信用卡**内的额度是否足以购买所选商品，如果检查通过，将会创建一个信用卡购买授权号。
> 4. 系统创建一个**发货单**，包括了订单的详细信息、客户号以及信用卡授权号。
> 5. 系统确认接受这个购买并且向客户显示订单的信息。
> 6. 系统向客户发送**电子邮件**确认信。
>
> **可替换序列**：
>
> **第二步**：如果客户没有账户，系统会提示客户提供信息来创建一个新的账户。客户可以输入他的信息或者取消该订单。

142

第三步：如果对客户信用卡的授权失败（例如非法状态的信用卡或者是客户信用卡账户的额度不足），系统会提示客户输入一个不同的信用卡号。客户可以输入一个不同的信用卡号或者是取消这个订单。

后置条件：系统为客户创建一个发货单。

2. 确定实现用例所需的对象

如前所述，实现用例所需的对象可以通过仔细阅读用例来确定，以粗体显示。当给定客户参与者后，需要一个用户交互对象"客户交互"。服务对象需要四个服务来实现这个用例："客户账户服务"，"信用卡服务"，"发货单服务"和"电子邮件服务"。同时还需要一个协调者对象"客户协调者"，来协调"客户交互"和其他四个服务对象。

3. 确定消息通信序列

下一个要考虑的是这些对象之间的交互序列，如图 9-5 所示。这些对象之间的交互序列需要反映参与者和系统之间的交互序列，就像用例中描述的那样。用例描述（第一步）表示了客户请求创建一个订单。要实现这一用例步骤，"客户交互"发出一个订单请求给"客户协调者"（通信图中的消息 M1 和 M2）。在第二步的用例中，系统获得了账户的信息。要实现这个用例步骤，"客户协调者"需要从"客户账户服务"那里请求账户信息（通信图中的消息 M3 和 M4）。在用例的第三步，系统检查客户的信用卡。要实现这个用例步骤，"客户协调者"需要从"信用卡服务"那里请求信用卡授权信息（通信图的消息 M5）。在用例的主序列里，信用卡授权请求被批准，就像通信图中消息 M6 展示的那样。在用例的第四步，系统创建了一个发货单。要实现用例的这个步骤，"客户协调者"需要在"发货单服务"中储存订单（通信图上的消息 M7 和 M8）。接下来在用例中，系统确认给用户的订单（消息 M9 和 M10），并且通过电子邮件服务发送一封确认邮件（并发消息 M9a）。

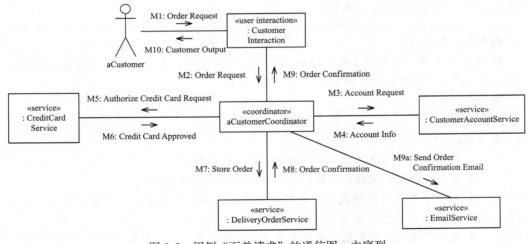

图 9-5 用例"下单请求"的通信图：主序列

143

"下单请求"用例的通信图在图 9-5 中描述。消息描述如下：

M1：客户向"客户交互"发送了订单请求。
M2："客户交互"向"客户协调者"发送订单请求。

> **M3，M4**："客户协调者"向"客户账户服务"发送账户请求并且接收账户信息，包括客户信用卡的详细信息。
>
> **M5**："客户协调者"向"信用卡服务"发送了客户的信用卡信息。
>
> **M6**："信用卡服务"向"客户协调者"发送了一个信用卡批准。
>
> **M7，M8**："客户协调者"向"发货单服务"发送了订单请求。
>
> **M9，M9a**："客户协调者"向"客户交互"发送了订单确认信息并且通过"电子邮件服务"向客户发送了订单确认邮件。
>
> **M10**："客户交互"向客户输出订单确认。

对于相同场景的顺序图，也就是"下单请求"用例的主序列在图 9-6 中描绘，展示了页面中从上到下的主序列。

4. 确定可替换序列

对于这个用例的可替换场景是：客户没有账户，这种情况下将会创建一个新账户；或者是信用卡授权没有得到批准，这种情况下客户可以选择另一张信用卡来支付。我们对这两种可替换场景进行分析。

新账户的可替换场景在图 9-7 中描绘。这种场景是从主场景第 M4A 步骤中分支出来的。对于第 M3 步的账户请求的可替换回复是 M4A[无账户]：账户不存在。M4A 是一个有条件的消息，只有当对于 [无账户] 的这种可替换情况判断为真的时候才会触发这个消息。对于这个可替换场景的消息序列是通过 M4A.8 来展示的，如下所述：

> **M4A**："客户账户服务"向"客户协调者"回复了消息，显示这个客户没有账户。
>
> **M4A.1，M4A.2**："客户协调者"通过"客户交互"向客户发送了一个要求创建新账户的请求。
>
> **M4A.3，M4A.4**：客户向"客户交互"输入账户信息，并向"客户协调者"传递了消息。
>
> **M4A.5**："客户协调者"向"客户账户服务"请求创建一个新的账户。
>
> **M4A.6，M4A.7，M4A.8**："客户账户服务"确认新账户，然后通过"客户协调者"和"客户交互"回复给客户。

信用卡被拒绝的可替换场景在图 9-8 中描绘。这种场景是从主场景中的第 M6A 步骤中分支出来的。对于第 M5 步中的信用卡授权请求的可替换回复是 M6A[拒绝]：信用卡被拒绝。M6A 是一个有条件的消息，只有在布尔型（Boolean）条件 [拒绝] 为真时才会被发送。该可替换场景的消息序列从 M6A 到 M6A.2，如下所述：

> **M6A**："信用卡服务"向"客户协调者"发送信息，告知其拒绝了信用卡授权。
>
> **M6A.1**："客户协调者"通知"客户交互"，信用卡被拒绝。
>
> **M6A.2**："客户交互"通知客户，信用卡被拒绝，并提示其重新输入一张不同的信用卡号。

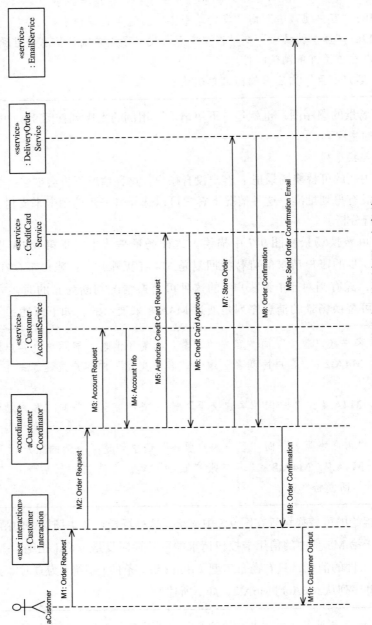

图 9-6 用例 "下单请求" 的顺序图: 主序列

图 9-6 的顺序图和图 9-5、图 9-7 及图 9-8 的通信图都描绘的是"下单请求"用例的单独场景（主场景或可替换场景）。我们有可能把几个场景合并到一个通用的交互图。图 9-9 就是在图 9-5（主序列）、图 9-7 和图 9-8（可替换序列）三个场景的基础上描绘的一张更加通用的通信图。注意对于不同场景所使用的可替换消息序列编号。账户请求消息 M3 的可替换序列由 M4[账户已存在] 和 M4A[无账户] 这两个可替换序列给出。信用卡授权请求消息 M5 的可替换序列由 M6[批准] 和 M6A[拒绝] 这两个可替换序列给出。

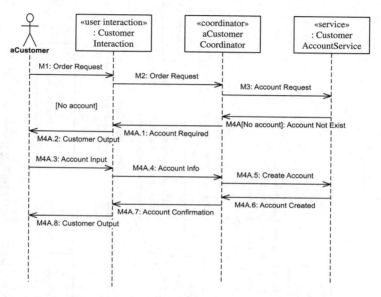

图 9-7　用例"下单请求"的顺序图：创建新账户的可替换序列

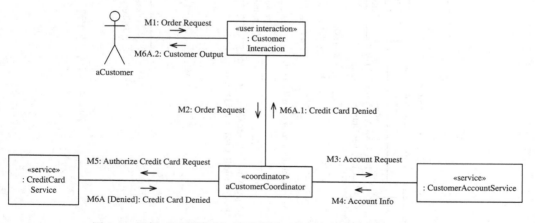

图 9-8　用例"下单请求"的通信图：信用卡被拒绝的可替换序列

"下单请求"用例的三个相同的场景在图 9-10 的通用顺序图上描述。该顺序图描绘了在创建账户的过程中和请求信用卡授权时的两个可替换序列。第一个 Alt 段描绘了两个可替换序列 [账户已存在] 和 [无账户]。第二个 Alt 段描绘了两个可替换序列 [批准] 和 [拒绝]。在每一个用例中，用短划线在可替换序列之间分隔。在顺序图上，消息序列编号是可选的，但是，和通信图上对应的部分则要显式地描绘出来。

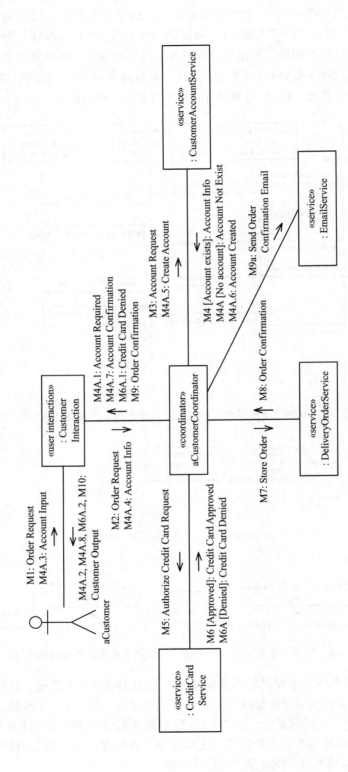

图 9-9 用例 "下单请求" 的通用通信图：主序列和可替换序列

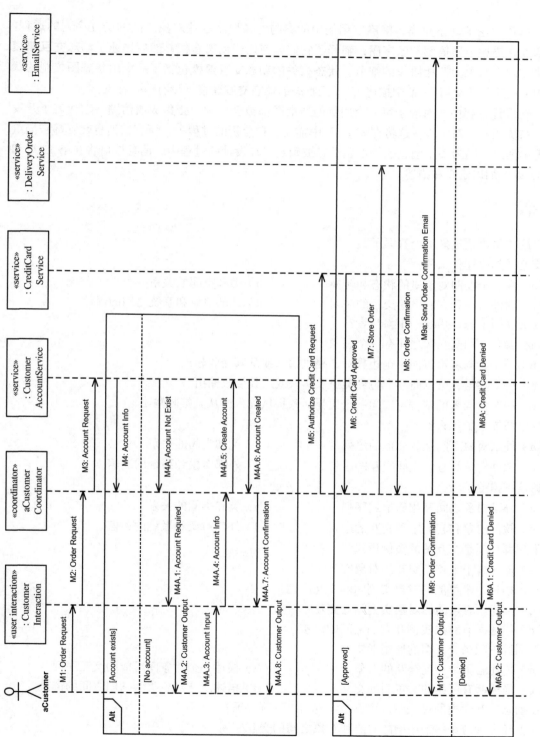

图 9-10 用例 "下单请求" 的通用顺序图：主序列和可替换序列

9.6　总结

本章讨论了动态建模，即确定用例中的参与对象以及这些对象之间的交互序列的过程。本章首先描述了**通信图**和**顺序图**，解释了它们如何用于动态建模，然后描述了**动态交互建模**方法在确定对象间互相协作的细节。**状态相关的动态交互建模**包括了一个由状态图控制的状态相关的通信（在第 11 章中描述），而**无状态的动态交互建模**则没有这一特点。

在设计过程中，对应于每一个用例的通信图都被合成为一张集成通信图，它代表了开发软件系统架构的第一步，这将在第 13 章中描述。在分析的过程中，所有的消息交互都被描绘成简单消息，因为关于消息的特性还没有被确定。在设计的过程中，消息接口将在第 12 章和第 13 章中加以定义和描述。

练习

选择题（每道题选择一个答案）

1. 交互图是描述什么的？
   （a）在一个控制对象里的状态和转换　　　（b）类和类间的关系
   （c）软件对象和它们之间交互的序列　　　（d）外部对象和系统之间的通信

2. 在交互图上怎样描绘一个参与者？
   （a）参与者和交互图之间有一个关联
   （b）一个参与者可以向一个边界对象提供输入或从其接收输出
   （c）一个参与者可以向一个边界类提供输入或从其接收输出
   （d）一个参与者的实例可以向一个边界对象提供输入或从其接收输出

3. 顺序图描绘了什么？
   （a）外部对象之间互相通信的序列　　　（b）类和类间的关系
   （c）软件对象和它们之间交互的序列　　　（d）外部对象和系统的通信

4. 通信图描绘了什么？
   （a）外部对象之间互相通信的序列　　　（b）类和类间的关系
   （c）软件对象和它们之间交互的序列　　　（d）外部对象和系统的通信

5. 下列哪一项是交互图的实例形式？
   （a）描述若干个相互交互的对象实例
   （b）描述一个可能的对象实例间的交互序列
   （c）描述所有可能的对象实例间的交互
   （d）描述所有对象实例和它们之间的链接

6. 下列哪一项是交互图的通用形式？
   （a）描述若干个相互交互的对象　　　（b）描述一个对象间可能的交互序列
   （c）描述所有可能的对象间的交互　　　（d）描述所有对象类和它们之间的链接

7. 在动态交互建模的过程中，用例被实现为以下哪一项？
   （a）确定参与每一个用例的对象和对象之间的交互序列
   （b）确定外部对象和它们向每一个用例提供输入和从其接收输出的序列
   （c）确定用例间交互的序列

（d）确定一个用例是如何通过内部状态和状态间的转换来描述的

8. 下列哪一个交互可能在交互图中发生？

（a）外部用户向用户接口对象发送一个消息

（b）外部用户向实体对象发送一个消息

（c）外部用户向输入／输出对象发送一个消息

（d）外部用户向打印机对象发送一个消息

9. 下列哪一个交互是不会在交互图中发生的？

（a）用户交互对象向实体对象发送一个消息

（b）输入对象向状态相关的控制对象发送一个消息

（c）输入对象向打印机对象发送一个消息

（d）用户交互对象向代理对象发送一个消息

10. 哪类对象是第一个从外部对象接收输入的对象？

（a）用户交互对象 （b）代理对象

（c）实体对象 （d）边界对象

有限状态机

有限状态机用来对系统或对象的控制和顺序视图进行建模。很多系统（例如实时系统）与状态高度相关。也就是说，它们的行为不仅取决于输入，也取决于系统之前所发生的事件。定义有限状态机的表示法有状态转转换图、状态图和状态转换表。在与状态高度相关的系统中，这些表示法非常有助于提供一种视角来帮助理解系统的复杂性。

在 UML 表示法中，状态转换图也被称为状态机图。UML 状态机图基于 Harel 的状态图表示法（Harel 1988；Harel and Politi 1998）。在本书中，术语**状态图**和状态机图可交替使用。我们将传统的不分层的状态转换图称为*扁平化状态图*（flat statechart），同时使用术语*层次化状态图*（hierarchical statechart）表示层次化状态分解的概念。状态图表示法的概述在第 2 章已给出（2.6 节）。

本章首先阐述扁平化状态图的特性，然后描述层次化状态图。为了展现层次化状态图带来的好处，本章从扁平化状态图的最简单形式出发，展示其进行了怎样的改进后达到层次化状态图的完整的建模能力。来源于两个案例研究的多个示例贯穿本章，这两个案例分别是自动柜员机有限状态机和微波炉有限状态机。

10.1 节描述有限状态机中的事件和状态。10.2 节介绍状态图的示例。10.3 节描述事件和警戒条件。10.4 节描述状态图的动作。10.5 节描述层次化状态图。10.6 节为开发状态图提供指导。10.7 节描述从用例开发状态图的过程。

10.1 有限状态机和状态转换

有限状态机（也称为状态机）是包含有限个状态的概念化机器。状态机在某一时刻只能有一个状态。**状态转换**是由输入事件引起的状态的改变。为了对一个输入事件进行响应，有限状态机会转换到一个不同的状态。另外一种情况是，该事件可能没有作用，有限状态机仍然维持在同一个状态。下一个状态依赖于当前状态和输入事件。有时，状态转换会导致输出动作。

尽管一个完整的系统可以通过有限状态机来建模，然而在面向对象的分析和设计中，一个有限状态机被封装在一个对象内部。换句话说，这个对象是与状态相关的，并总是处于有限状态机中的某一状态。对象的有限状态机通过状态图来描绘。在面向对象的模型中，一个系统的状态相关的视图通过一个或多个状态机定义，每一个有限状态机被封装在它自己的对象里。在给出状态图的示例前，本节首先描述事件和状态的基本概念。

10.1.1 事件

事件是在某一个时间点发生的事情，事件也被称为离散事件、离散信号或激励。一个事件具有原子性（不可中断）且在概念上无持续。"卡片已经插入"（Card Inserted）、"Pin 码已输入"（Pin Entered）、"门已开"（Door Opened）等都是事件。

事件会相互依赖。例如，在一个给定的事件序列中，事件"卡片已插入"总是在事件

"Pin 码已输入"之前发生。在这种情况下，第一个事件（"卡片已插入"）会使状态转换为"等待 PIN 码"（Waiting for PIN）的状态，而下一个事件（"Pin 码已输入"）会将该状态转换为其他状态。这两个事件的先后顺序通过连接它们的状态显示出来，如图 10-1 所示。

152

一个事件可以源自外部，例如"卡片已插入"（是用户将卡片插入到读卡器的结果），也可以通过系统内部生成，例如"有效 PIN 码"（Valid PIN）。

10.1.2 状态

状态表示一种可识别的、存在于一段时间间隔内的情况。与在某一时间点发生的事件不同，一个有限状态机在一段时间内总处于一个给定的状态。有限状态机中事件的到达经常导致状态机从一个状态转换为另一个状态。另外一种情况是，事件有可能不产生任何效果，此时有限状态机仍然处于相同的状态。理论上来说，状态转换不需要时间。而实际上，和状态内部持续的时间相比，状态转换发生的时间可以忽略。

有些状态表示状态机正在等待外部的事件。例如，状态"等待 PIN 码"是指状态机正在等待客户输入 PIN 码，如图 10-1 所示。其他状态表示状态机正在等待系统其他部分的响应。例如，状态"验证 PIN 码"（Validating PIN）表示系统正在检查客户 PIN 码的状态。下一个事件将指示该验证是否成功。

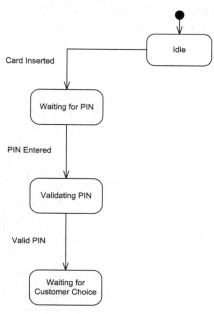

图 10-1　状态图主顺序示例

状态机的初始状态是指状态机被激活时进入的状态。例如，ATM 状态图的初始状态是"空闲"（Idle）状态，如图 10-1 所示，在 UML 中是由源自于黑色小圆圈的弧线来识别的。

10.2 状态图示例

扁平化状态图的使用是通过两个示例来说明的，这两个示例是 ATM 状态图和微波炉状态图。

10.2.1 ATM 状态图示例

图 10-1 展示了一个自动柜员机的部分状态图。ATM 状态图的初始状态是"空闲"（Idle）。考虑如下场景：客户将卡片插入 ATM 机，输入 PIN 码，然后选择现金取款。当事件"卡片已插入"（Card Inserted）到达时，ATM 状态机从"空闲"（Idle）状态转换为"等待 PIN 码"（Waiting for PIN）状态，在该状态下 ATM 等待客户输入 PIN 码。当事件"PIN 码已输入"（PIN Entered）发生时，ATM 转换为"验证 PIN 码"（Validating PIN）状态。在该状态下，"银行系统"验证客户输入的 PIN 码是否和该卡片存储的 PIN 码匹配，并验证该卡是否已经挂失或被盗。假如该卡及其 PIN 码验证成功（事件："有效 PIN 码"，Valid PIN），ATM 会转换为"等待客户选择"（Waiting for Customer Choice）的状态。

根据不同的事件，一个状态可能会转换为多个状态。考虑从验证 PIN 码状态转换至其他状态的情况。图 10-2 展示了从"验证 PIN 码"状态转换至的三种可能的状态。如果两个 PIN 码匹配成功，则 ATM 从"有效 PIN 码"（Valid PIN）状态换为"等待客户选择"（Waiting for

153

Customer Choice）状态。如果两个 PIN 码不匹配，则 ATM 触发"无效 PIN 码"（Invalid PIN）事件，并重新进入"等待 PIN 码"（Waiting for PIN）状态，同时提示客户输入不同的 PIN 码。如果客户三次输入的 PIN 码都无效，那么 ATM 会触发"第三次无效 PIN 码"（Third Invalid PIN）的事件并进入"没收卡片"（Confiscating）状态，这将导致卡片被吞。如果卡片在验证时已经挂失或被盗，或卡片已过期，则 ATM 也会转换到该状态。

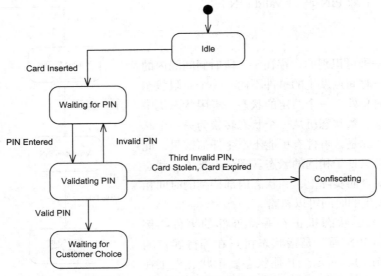

图 10-2　状态图中可替换事件示例

　　在某些情况下，同一个事件可能发生在不同的状态下并具有相同的作用，如图 10-3 所示的示例。客户可能决定在"等待 PIN 码"（Waiting for PIN）、"验证 PIN 码"（Validating PIN）或"等待客户选择"（Waiting for Customer Choice）这三个状态的任意一个中选择"取消"（Cancel），这将导致状态图进入"退卡"（Ejecting）状态，该状态表示退出 ATM 卡，交易也随之中止。

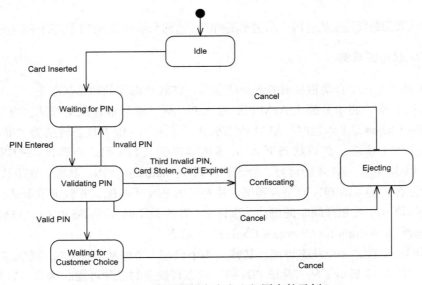

图 10-3　在不同状态中发生相同事件示例

同一个事件也可能发生在不同的状态下并具有不同的作用。例如，如果在"空闲"（Idle）状态时发生了"PIN 码已输入"（PIN Entered）的事件，那么该事件就会被忽略。

接下来考虑如图 10-4 所示的场景：PIN 码验证成功后，客户选择从 ATM 中取款。当处于"等待客户选择"（Waiting for Customer Choice）状态时，客户做出选择，例如选择取款。状态图接下来接收事件"选择取款"（Withdrawal Selected），进入"处理取款"（Processing Withdrawal）的状态。如果取款通过，状态图进入"出钞"（Dispensing）状态，此时钞票被吐出。当发生"现金已取出"（Cash Dispensed）的事件时，ATM 转换为"打印"（Printing）状态并打印凭条。当凭条打印完成后，ATM 进入"退卡"（Ejecting）状态。事件"卡片已退出"（Card Ejected）发生后，卡片被退出，ATM 进入"终止"（Terminating）状态。

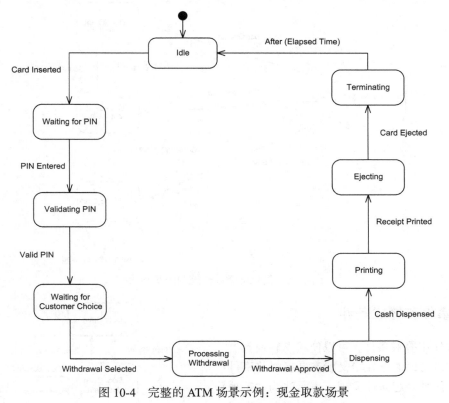

图 10-4　完整的 ATM 场景示例：现金取款场景

从"终止"（Terminating）状态开始，计时器事件促使状态转回"空闲"（Idle）状态。计时器事件描述为"已过时间"（After（Elapsed Time）），而"已过时间"是处于"终止"状态的时间（从进入该状态到因为计时器事件而退出该状态的时间）。

10.2.2　微波炉状态图示例

图 10-5 展示了一个简化的"微波炉控制"状态图，它是状态图的第二个示例，该状态图显示了做饭的不同状态。初始状态是"门关闭"（Door Shut）。考虑从用户打开门开始的场景，结果是状态图转换为"门打开"（Door Open）的状态。用户接下来将食物放到炉子里，使状态图转换为"门打开并放有食物"（Door Open with Item）的状态。当用户关上门时，状态转换为"门关闭并放有食物"（Door Shut with Item）。当用户输入烹饪时间，状态转换为"准备

烹饪"（Ready to Cook）。接下来用户按下开始按钮，状态图转换为"正在烹饪"（Cooking）。当到达设定时间时，状态图离开"正在烹饪"（Cooking）状态，重新进入"门关闭并放有食物"（Door Shut with Item）状态。如果在烹饪时门被打开，状态图将进入"门打开并放有食物"（Door Open with Item）状态。

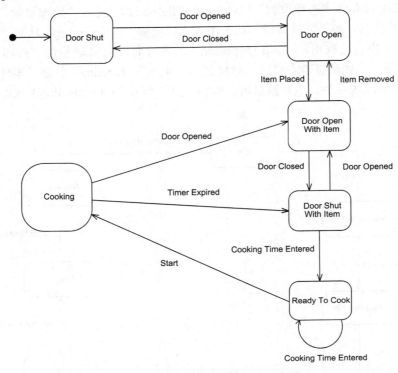

图 10-5　简化的微波炉控制的状态图

10.3　事件和警戒条件

通过使用警戒条件，可以使状态转换具有条件性。这可以通过在定义状态转换时将事件和警戒条件结合起来而实现。表示法为"事件[条件]"（Event [Condition]）。条件是某一段时间内值为 True 或 False 的布尔表达式。假如方括号内警戒条件的值为真，并且事件发生，就会导致状态发生转换。另外，条件是可选的。

某些情况下，一个事件不会立即导致状态转换，但需要记住它产生的影响，因为它会影响随后的状态转换。若事件已经发生，则可以将该情况保存为一个条件，在之后进行检验。

图 10-6 中的警戒条件示例是微波炉状态图中的"剩余时间为 0"（Zero Time）和"剩余时间不为 0"（Time Remaining）。"门打开并

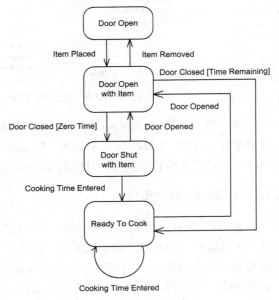

图 10-6　事件和条件示例

放有食物"（Door Open with Item）状态有两个转换事件："门被关闭 [剩余时间为 0]"（Door Closed [Zero Time]）和"门被关闭 [剩余时间不为 0]"（Door Closed [Time Remaining]）。因此，该状态转换取决于用户之前是否输入了加热时间（或之前的计时器是否已到时）。如果条件"剩余时间为 0"为真，则状态图转换为"门关闭并放有食物"（Door Shut with Item）状态，等待用户输入时间。如果条件"剩余时间不为 0"为真，则状态图转换为"准备烹饪"（Ready to Cook）状态。

157

10.4 动作

动作是与状态转换相关的可选的输出。动作执行了计算，作为状态转换的结果。事件导致状态的转换，而动作是状态转换所产生的效果。动作在状态转换时被触发。它执行，随后自行中止。动作在状态转换时立即执行，因此理论上说一个动作的持续时间为零。实际上，与状态持续的时间相比，动作持续的时间很短。

如 10.4.1 节所述，动作在状态转换上描绘。当与状态关联而不是与进入或退出状态的转换关联时，特定动作能被更加准确地描绘，它们是进入动作和退出动作。如 10.4.2 节所述，当进入状态时，进入动作被触发；当离开该状态时，退出动作被触发，如 10.4.3 节所述。

10.4.1 状态转换中的动作

转换动作是指当从某一状态转换为另一状态时产生的动作，该动作也可能发生在状态转换至自身状态时。为了描述状态图中的动作，将状态转换表示为："事件 / 动作"（Event/Action）或"事件 [条件]/ 动作"（Event [Condition]/Action）。

考虑 ATM 状态图中的动作：当事件"卡片已插入"发生时，ATM 从状态"空闲"转换为状态"等待 PIN 码"（图 10-2）。发生在该状态转换中的动作是"获取 PIN 码"（Get PIN）。作为状态机的输出，该动作提示客户输入 PIN 码。图 10-7 展示了 ATM 的部分状态图（原始图请参看图 10-1），并且增加了动作。在"等待 PIN 码"状态中，ATM 等待客户输入 PIN 码。当事件"PIN 码已输入"到来时，ATM 转换为"验证 PIN 码"状态，并且动作"验证 PIN 码"（Validate PIN）被执行。该状态转换标记为"PIN 码 已 输 入 / 验 证 PIN 码"（PIN entered / Validate PIN）。在状态"验证 PIN 码"中，系统检验客户输入的 PIN 码和卡片中存储的 PIN 码是否匹配，并检验 ATM 的卡片是否已挂失或被盗。如果卡片和 PIN 码验证成功（发生了"有效 PIN 码"事件），ATM 转换为"等待客户选择"的状态。

多个动作可以和同一个状态转换关联，这是因为动作都是并发执行的，这些动作之间不能有任何的相互依赖关系。例如，不能同时发生两个并发的事件，如"计算余额"（Compute Change）和"显示

158

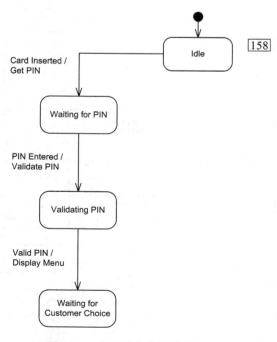

图 10-7 主序列中动作示例

余额"（Display Change）。因为这两个动作之间有先后顺序的依赖关系，在余额计算之前不能显示出来。为了避开这个问题，可以引入中间状态"计算余额"（Computing Change）。动作"计算余额"在进入该状态时执行，动作"显示余额"在退出该状态时执行。

状态图中可以存在多个可替换的动作，如图 10-8 所示。很多动作都可能是验证 PIN 码的结果。如果 PIN 码有效，则状态机转换为"等待客户选择"的状态，动作是显示选择菜单。如果 PIN 码无效，则状态机回到"等待 PIN 码"的状态，动作是提示"无效的 PIN 码"。如果 PIN 码第三次输入无效、卡片被盗或卡片过期，则状态机转换为"没收卡片"的状态，动作是吞卡。另外一种情况是，同一事件可以导致不同状态下的状态转换，并且在每种状态下都具有相同的动作。例如图 10-9 中，在三种状态"等待 PIN 码"、"验证 PIN 码"和"等待客户选择"中的任一状态下，客户可能决定选择"取消"，这样会导致系统退出卡片并进入"退卡"状态。

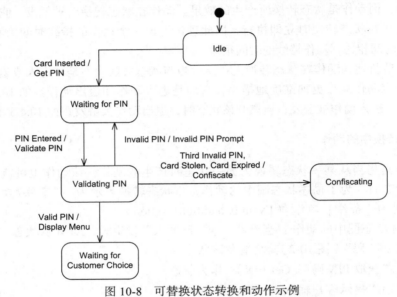

图 10-8　可替换状态转换和动作示例

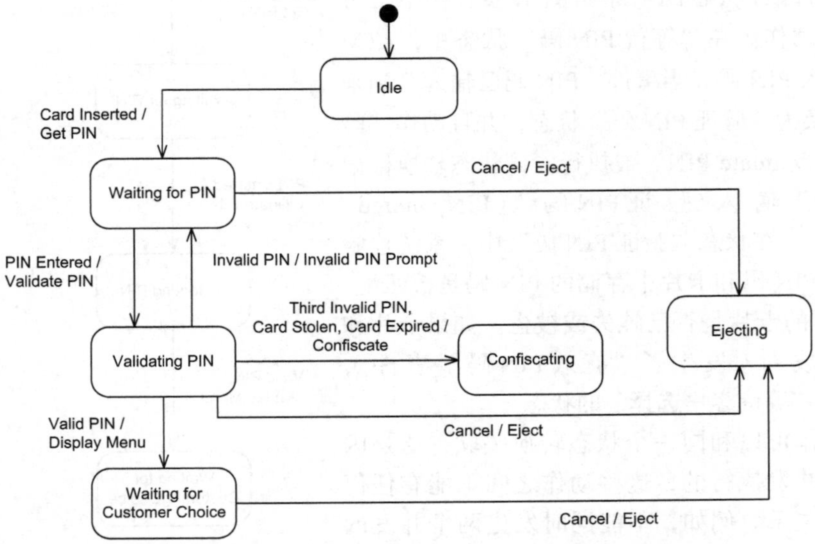

图 10-9　不同状态转换中相同的事件和动作示例

10.4.2　进入动作

进入动作是指在开始进入该状态时触发的即时动作。进入动作通过保留字"进入"（entry）来表示，在状态框里表示为"进入/动作"（entry/Action）。尽管状态转换动作（动作显式地表示在状态转换上）总是被使用到，但是进入动作只会在某些情况下被使用到。使用进入动作的场合如下：

- 有多个状态转换进入该状态。
- 在每次状态转换进入该状态时都需要执行同一动作。
- 某一动作在进入该状态时执行，而在前一状态退出时不执行。

在上述情况下，动作只能显示在状态框内，而不是显示在进入该状态的每个状态转换中。另外，如果动作只是在某些状态转换时执行，而在其他状态转换时不执行，这样就不要使用进入动作。同时，转换动作应该使用在相关联的状态转换中。

图 10-10 给出了进入动作的示例。在图 10-10a 中，动作显示在状态转换上。当微波炉处于"准备烹饪"状态时，如果开始按钮被按下（触发事件"开始"），状态图转换为"正在烹饪"状态。此时有两个动作："开始烹饪"（Start Cooking）和"计时器开始计时"（Start Timer）。另一方面，当处于"门关闭并放有食物"状态时，如果用户按下"+"按钮（烹饪食物一分钟），状态图也会转换到"正在烹饪"状态。然而，该情况下对应的动作是"开始烹饪"和"增加的时间开始计时"（Start Minute）。因此，在两种状态都转换到"正在烹饪"状态时，有一个动作（"开始烹饪"）是相同的，但是第二个动作却不同。一种可替换方案是将"开始烹饪"作为进入动作，如图 10-10b 所示。当进入"正在烹饪"状态时，进入动作"开始烹饪"开始执行，因为该动作是在每次转换为该状态时执行。然而，动作"计时器开始计时"显示为从状态"准备烹饪"转换为状态"正在烹饪"时的动作。这是因为动作"计时器开始计时"只有在特定的转换为"正在烹饪"状态时执行，而在其他的状态转换时不执行。因此，当从状态"门关闭并放有食物"转换为状态"正在烹饪"时，转换动作是"增加的时间开始计时"。图 10-10a 和图 10-10b 在语义上是等价的，但是图 10-10b 更简洁。

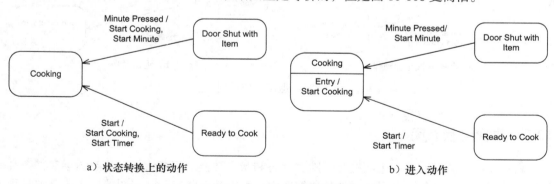

a）状态转换上的动作　　　　　　　　　　b）进入动作

图 10-10　进入动作示例

10.4.3　退出动作

退出动作是指在离开该状态时触发的即时动作。退出动作通过保留字"退出"（exit）来表示，在状态框里表示为"退出/动作"（exit/Action）。尽管状态转换动作（动作显式地表示在状态转换上）总是被使用到，但是退出动作只会在某些情况下被使用到。使用退出动作的场合如下：

- 有多个状态转换来退出该状态。
- 在每次状态转换退出该状态时都需要执行同一动作。
- 某一动作在退出该状态时执行，而在下一状态进入时不执行。

在上述情况下，动作只能显示在状态框内，而不是显示在退出该状态的每个状态转换中。另外，如果动作只是在某些状态转换中执行，而在其他状态转换时不执行，这样就不要使用退出动作。同时，转换动作应该使用在相关联的状态转换中。

图 10-11 给出了**退出动作**的示例。在图 10-11a 中，动作显示在退出"正在烹饪"状态的状态转换上。考虑动作"停止烹饪"（Stop Cooking），如果计时器超时，微波炉将从状态"正在烹饪"转换为状态"门关闭并放有食物"，并且动作"停止烹饪"被执行（图 10-11a）。如果门被打开，微波炉将会从状态"正在烹饪"转换为状态"门打开并放有食物"。在该状态转换中，两个动作被执行："停止烹饪"和"计时器停止计时"（Stop Timer）。因此，在离开"正在烹饪"状态（图 10-11a）的两种状态转换中，动作"停止烹饪"都被执行。然而，当门被打开，状态转换为"门打开并放有食物"，此时有另外一个动作"计时器停止计时"。图 10-11b 展示了另外一个可替换的设计，其中包括退出动作"停止烹饪"。这意味着当有离开状态"正在烹饪"的状态转换时，退出动作"停止烹饪"就会执行。另外，在转换为"门打开并放有食物"状态时，转换动作"计时器停止计时"也会执行。如图 10-11b 所示，与将动作显示在状态转换中相比，将动作"停止烹饪"作为退出动作会更简洁。而在图 10-11a 中，动作"停止烹饪"必须显式地展示在每个离开状态"正在烹饪"的状态转换中。图 10-11a 和图 10-11b 在语义上是等价的，但是图 10-11b 更简洁。

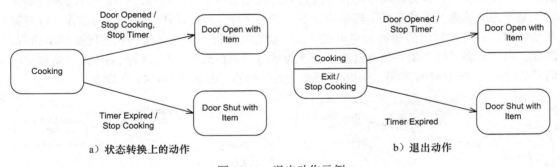

a）状态转换上的动作   b）退出动作

图 10-11　退出动作示例

10.5　层次化状态图

扁平化状态图潜在的一个问题是，随着状态和状态转换的不断增长，状态图会变得杂乱并难以阅读。为了简化状态图并增加其建模能力，引入复合状态和状态图的层次化分解是很重要的方法。复合状态也被称为超级状态。通过这种方法，状态图中某个层次的复合状态可被分解为低层次状态图中的两个或多个子状态。

层次化状态图的提出是为了探索状态转换图的基本概念和可视化优势，同时通过层次化的结构来克服过度复杂和混乱的状态图存在的劣势。需要注意的是，每一个层次化状态图都可以映射为一个扁平化状态图，所以针对每个层次化状态图，都存在一个语义上等价的扁平化状态图。

10.5.1　层次化状态分解

通过对状态的层次化分解，状态图可以得到显著的简化，此时，复合状态被分解为两个或多个相互关联并有先后顺序的子状态。这种分解称为"顺序化状态分解"。对状态分解的表示依赖于分解的复杂度，可以将复合状态和子状态显示在同一个图中，也可以显示在单独的图中。

层次化状态分解的一个实例如图 10-12a 所示，复合状态"处理客户输入"（Processing Customer Input）包含三个子状态："等待 PIN 码"、"验证 PIN 码"和"等待客户选择"。（在层次化状态图中，复合状态用外圆角方框表示，复合状态的名称显示在方框的左上角，子状态用内圆角方框表示。）当系统处于复合状态"处理客户输入"时，它处于"等待 PIN 码"、"验证 PIN 码"和"等待客户选择"中的某一个子状态。因为子状态是顺序执行的，所以该类型的层次化状态分解导致了"顺序化状态图"的产生。

10.5.2　复合状态

复合状态在状态图中有两种表示方式。第一种方式是，一个复合状态可以和其内部子状态一起显示出来，例如图 10-12a 中的复合状态"处理客户输入"。另外一种方式是，复合状态可以表示为一个黑盒，不透露其内部子状态，如图 10-12b 所示。需要指出的是，当复合状态被分解为多个子状态时，必须要保留进入和离开该复合状态的状态转换。因此，如图 10-12a 和图 10-12b 所示，复合状态"处理客户输入"有一个进入该状态的状态转换和两个退出该状态的状态转换。

每个进入复合状态"处理客户输入"的状态转换实际上是进入更低层次状态图中的某一个子状态。每个复合状态的状态转换实例实际上必须源自更低层次状态图中的某一个子状态。因此，输入事件"卡片被插入"会使状态转换为复合状态"处理客户输入"中的子状态"等待 PIN 码"，如图 10-12a 所示。从复合状态"处理客户输入"转换为状态"没收卡片"，此状态转换实际上源自子状态"验证 PIN 码"，如图 10-12a 所示。下节将介绍进入"退卡"状态的"取消"转换的情况。

10.5.3　状态转换的聚合

层次化状态图表示法也允许如下转换：状态图中离开每个子状态的状态转换可以聚合成离开复合状态的状态转换。巧妙地使用该特征，可显著减少状态图中状态转换的数量。

考虑状态转换的聚合在以下示例中的作用。在图 10-9 所示的扁平化状态图中，客户可能会在三种状态"等待 PIN 码"、"验证 PIN 码"和"等待客户选择"中的任一状态下按下 ATM 机上的"取消"按钮。在任一情况下，"取消"事件将会使 ATM 转换为"退卡"状态。"取消"将会使 ATM 离开这三种中的任一状态，继而进入"退卡"状态。

通过层次化状态图对其进行表示会更简洁。当处于复合状态"处理客户输入"的三种子状态中的任一状态时，输入事件"取消"都会使状态转换为"退卡"。因为事件"取消"会在"处理客户输入"三个子状态中的任一状态出现，"取消"转换则可表示为离开每一个子状态。然而，通过状态转换"取消"来表示离开复合状态"处理客户输入"会更简洁，如图 10-12a 所示。离开这些子状态的转换没有在此显示（即使转换实体源自子状态）。在这种状态转换中，同一事件会导致多个状态转换为另外的状态，这种状态转换在扁平化状态图和状态转换图中会产生过多的弧线。

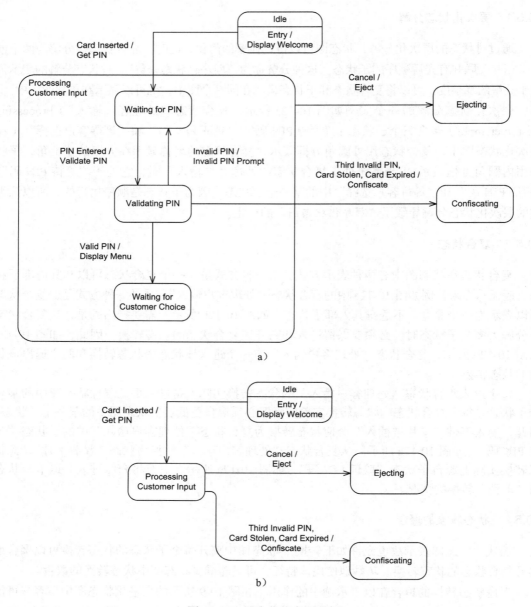

图 10-12 层次化状态图示例

与之相反，由于事件"第三次验证无效"只会发生在状态"验证 PIN 码"中（图 10-12a），所以它显示为只离开该子状态而不是整个复合状态。

10.5.4 正交状态图

另外一种层次化分解是正交状态分解，它用来从不同的视角对同一对象状态进行建模。在这个方法中，状态图中高层次的状态可分解为两个（或更多）正交状态图。两个正交状态图通过一条虚线隔开。当高层次的状态图处于复合状态时，它同时也处于第一个较低层次的正交状态图中的某一子状态，也处于第二个较低层次的正交状态图中的某一子状态。

尽管正交状态图可以用来在包含状态图的对象中表示并发的活动，但最好使用这种分解方法来显示同一对象的不同部分（这些部分不是并发的）。设计只有一个控制线程的对象会更简单，强烈推荐使用该方式。当确实需要使用并发时，则使用分离的对象并且为每个对象定义各自的状态图。

164
~
165

可以通过 ATM 的例子来说明如何通过正交状态图来表示条件。如图 10-13 所示，ATM 机中"ATM 控制"（ATM Control）的状态图被分解为两个正交的状态图，一个用于"ATM 主流程"（ATM Sequencing），另外一个用于"关闭请求条件"（Closedown Request Condition）。这两个状态图是高层次的状态图，通过虚线分割开来。"ATM 主流程"状态图实际上是 ATM 的主要状态图，用来显示当处理客户请求时所经历的各种状态。

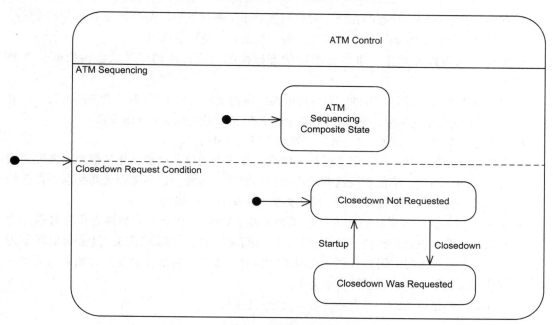

图 10-13　ATM 中的正交状态图示例

需要注意的是，在任何时刻，复合状态"ATM 控制"处于"ATM 主流程"状态图中的某一子状态，同时也处于"关闭请求条件"状态图中的某一子状态。"关闭请求条件"是一个简单的状态图，有两个状态，标明关闭是否被请求，"关闭未被请求"（Closedown Not Requested）是初始化状态。事件"关闭"（Closedown）会使状态转换为"关闭被请求"（Closedown Was Requested），事件"开启"（Startup）会使状态回到"关闭未被请求"。"ATM 控制"的状态图是"ATM 主流程"状态图和"关闭请求条件"状态图的结合。当 ATM 处于状态"正在终止"（Terminating）时接收到事件"已过时间"（after（Elapsed Time）），"关闭请求条件"状态图中的状态"关闭被请求"和"关闭未被请求"将成为"ATM 主流程"状态图中被检查的条件。注意，状态"关闭"实际上是"ATM 主流程"状态图中的一个状态。

10.6　开发状态图的指导原则

以下所列举的指导原则可用于开发扁平化状态图或层次化状态图，除非另有明确说明：

- 当系统中正在发生某些事情时，状态名称必须反映可识别的情况或一段时间间隔。因此，状态名经常是形容词（例如：Idle）、形容词短语（例如：ATM Idle）、动名词（例如：Dispensing）或动名词短语（例如：Waiting for PIN）。同时，状态名不应该反映事件或动作，例如 ATM Dispenses 或 Dispense Cash。

- 在给定的状态图上，每一个状态要有唯一的名称。两个状态有相同的名称将会产生歧义。理论上来说，在不同的复合状态之间，各自的子状态可以有相同的名称。然而这种情况会导致难以理解，因此最好避免该情况。

- 必须要能从各个状态退出。由于状态图可能表示系统或对象的持续运行，因此一个状态图不必都有终止状态。

- 在顺序状态图中，状态图在任一时刻只能处于一种状态中。两个状态不能同时被激活（例如："等待 PIN 码"和"出钞"）。各个状态必须按顺序执行。

- 不要混淆事件和动作。事件是产生状态转换的原因，而动作是状态转换的作用和效果。

- 事件发生在某一时刻。事件的名称表明某些事情刚刚发生（例如："卡被插入"，"门被关闭"）或动作的结果，例如："有效 PIN 码"或"第三次无效 PIN 码"。

- 动作是一个命令。例如："出钞"、"开始烹饪"、"退卡"。

- 动作是瞬间执行的。同一状态转换可能会关联多个动作。这些动作从概念上来说是同时执行的，因此，不能假设这些动作执行的顺序。因此，这些动作之间必须不存在相互依赖的关系。如果存在依赖，则需要引入中间状态来解决。

- 条件是布尔值。如果状态转换被标识为**事件 [条件]**，那么只有事件发生并且条件为真时才会发生该状态转换。条件在某一段时间间隔中值为真。"门关闭 [剩余时间不为0]"表示只有当门关闭并且剩余有限的时间时，该状态转换才会发生。如果门关闭但剩余时间为零，则该状态转换不会发生。

- 动作和条件是可选的。只有必要时才会使用它们。

10.7　从用例开发状态图

要从用例来开发状态图，首先需要用例中的一个特定的场景，即用例中的一条特定路径。理想情况下，这个场景应该是贯穿整个用例的主序列，涉及参与者和系统之间交互的最常用序列。现在考虑给定的场景下外部事件的顺序。通常，一个外部环境中的输入事件会引起状态转换到一个新的状态，该状态转换的名称和状态中发生的事情相对应。如果一个动作和该状态转换相关联，则从一个状态转换为另外一个状态时触发该动作。动作由用例中描述的系统对输入事件的响应来决定。

最初，扁平化状态图被开发出来，该状态图包括主场景中给出的事件顺序。状态图中的状态应该全部是外部可见的状态，即参与者可以看到每个状态。实际上，这些状态表示参与者直接或间接进行的操作的结果。在下一节中给出的详细示例将说明这一点。

要完成状态图，需要确定该状态图中所有可能输入的外部事件。通过考虑用例中所有可替换路径的描述来完成这个部分。某些可替换路径描述了系统对参与者的可替换输入做出的反应。确定初始状态图中每个状态中的事件的作用。很多情况下，一个事件在给定的状态下不会发生或没有产生影响。然而在其他状态中，一个事件的到来将导致状态转换为一个现有状态，或转换为某些新状态，这些新状态需要加入到状态图中。需要考虑从每个可替换状态转换中产生的动作。这些动作应该已经被包含在用例的描述中，并且这些动作表示系统对多种可替换输入事件做出的反应。

在某些应用中，一个状态图会参与多个用例。在这种情况下，每个用例将对应一个部分的状态图。可以将这些部分的状态图集成起来从而形成一个完整的状态图。言下之意，在（至少某些）用例和其对应的状态图执行时将有优先级。若要集成两个部分的状态图，则需要找到一个或多个公有状态。一个公有状态可能是一个状态图的最后状态，并且是下一个状态图的开始状态。然而，也存在其他情况。集成的方法是通过公有状态集成部分的状态图，从而将第二个状态图的公有状态叠加到第一个状态图相同的状态上。上述方法可按需重复使用，这依赖于有多少个部分状态图需要集成。 |168|

有了完整的扁平化状态图，下一步就是要开发层次化状态图。实际上有两种方法来开发层次化状态图。第一种方法是通过自顶向下的方法来确定主要的高层次状态，有时被称作"操作模式"。例如，在飞机控制状态图中，模式可能包括起飞、飞行中和着陆。每种模式包含一些状态，其中一些也可能是复合状态。这种方法经常使用在复杂的实时系统中，而这些实时系统经常都是与状态高度相关的。第二种方法是首先开发扁平化状态图，接着确定可以被聚合成复合状态的状态，如 10.8.4 节所述。

10.8 从用例开发状态图示例

为了阐明如何从用例开发出状态图，考虑"银行系统"案例中的 ATM 控制状态图。

10.8.1 为每个用例开发状态图

第 21 章给出了"银行系统"中的用例。在这个例子中，我们考虑用例"验证 PIN 码"和"取钱"。这两个用例描述了参与者（ATM 的客户）与系统之间交互的先后顺序，其中"验证 PIN码"在"取钱"之前。图 10-14 和 10-15展示了每一个用例的状态图。图 10-14展示了用例"验证 PIN 码"主序列的状态图，在该用例场景中，PIN 码是有效的，如 10.4.1 节所述。该状态图从状态"空闲"开始，结束于状态"等待客户选择"。

图 10-15 展示了与用例"取款"主场景对应的状态图。这个状态图从状态"等待客户选择"开始。在主场景中，

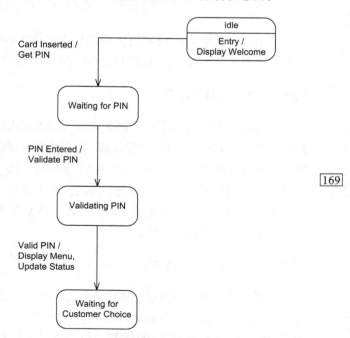

图 10-14 "ATM 控制"的状态图："验证 PIN 码"用例

取款被选择（导致状态转换为"处理取款"），取款被批准（导致状态转换为"出钞"），出钞（导致状态转换为"打印"），凭条被打

印（导致状态转换为"退卡"），卡片被退出，状态转换为"终止"，经过一段固定长度的时间后，最终返回"空闲"状态。

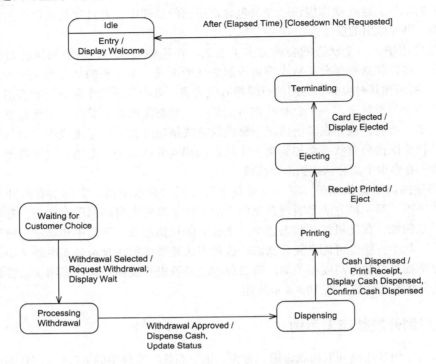

图 10-15 "ATM 控制"的状态图："取款"用例

在上述例子中，ATM 状态图中的状态都是外部可见的，即参与者能看见所有的状态。实际上，状态显示了参与者直接或间接进行的操作顺序。

10.8.2 考虑可替换序列

当完成最初的状态图后，接下来要对其进行细化。要完成状态图，需要考虑用例中可替换部分描述的对每个可替换序列的影响。图 10-9 展示了验证 PIN 码的状态图，该状态图中对主序列增加了可替换的序列，如 10.4.1 节所述。图 10-16 展示了取款的状态图，该状态图中也对主序列增加了可替换的序列。因此，除了出钞场景中的主序列，又增加了两个额外的场景：取款交易被拒绝（直接从"取款"状态转换为"退卡"状态）和 ATM 余额不足（从"出钞"状态转换为"关闭"状态）。

10.8.3 开发集成的状态图

在考虑完可替换序列后，集成的状态图需要将基于用例的状态图整合起来。因此，图 10-9 所示的状态图（具有可替换序列的"验证 PIN 码"用例）和图 10-16（具有可替换序列的"取款"用例）将和其他用例的状态图结合起来。这个状态图通过将每个用例合成起来从而展现具有可替换序列的主序列。

图 10-17 展示了集成的状态图，该状态图集成了验证 PIN 码状态图和取款状态图，同时

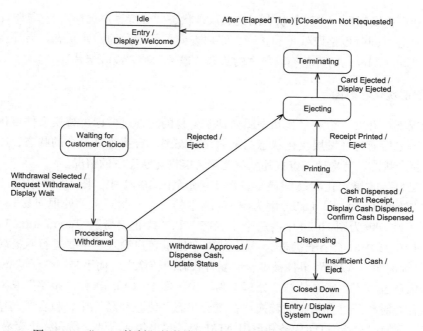

图 10-16 "ATM 控制"的状态图：具有可替换序列的"取款"用例

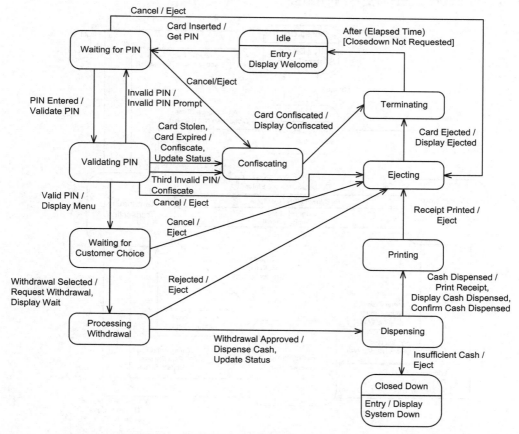

图 10-17 "ATM 控制"的状态图：具有可替换序列的集成了"验证 PIN 码"和"取款"用例的状态图

具有主序列和可替换序列。主要的状态图集成点是状态"等待客户选择",它是验证 PIN 码状态图的结束状态,同时也是取款(和转账、账户查询)状态图的初始状态。另外,其他的状态图集成点是验证 PIN 码的可替换场景中的状态"退卡"和"没收卡片"。

10.8.4 开发层次化状态图

初始情况下,开发一个扁平化状态图通常是容易的。通过考虑可替换事件可优化扁平化状态图,在这之后通过开发层次化状态图来简化状态图。查找可以聚合的状态,因为它们能组合成一个复合状态。特别地,查找那些状态聚合能简化状态图的情况。

"ATM 控制"的层次化状态图显示在图 10-18 至图 10-21 中。图 10-18 中的三个状态是复合状态:"处理客户输入"(被分解为图 10-19 中的三个子状态),"处理交易"(Processing Transaction)(被分解为图 10-20 中的三个子状态)和"终止交易"(Terminating Transaction)(被分解为图 10-21 中的五个子状态)。复合状态"处理客户输入"主要进行状态转换的聚合(图 10-18)。特别地,"取消"事件被聚合到复合状态的转换中,而不是三个子状态的转换中。状态转换的聚合也应用在复合状态"处理交易"中(图 10-19),事件"拒绝"从对离开子状态的转换聚合为对离开复合状态的转换。在复合状态"终止交易"中,包含了与结束交易相关的子状态,例如:出钞、打印凭条和退出 ATM 卡。它也包括取消交易和终止交易的子状态。第 21.6 节将对该状态图进行更详细的描述。

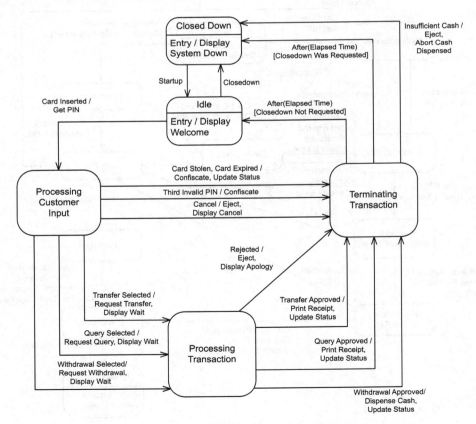

图 10-18 "ATM 控制"的高层次状态图

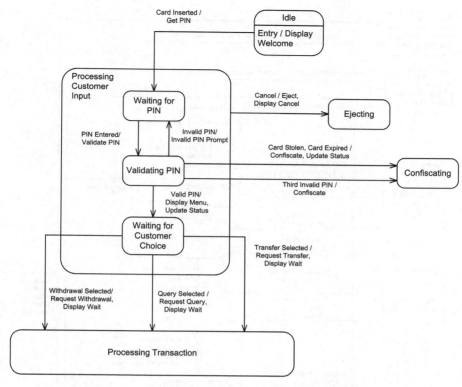

图 10-19 "ATM 控制"的状态图:"处理客户输入"的复合状态

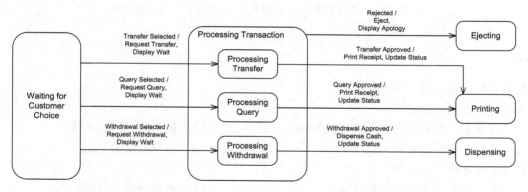

图 10-20 "ATM 控制"的状态图:"处理交易"的复合状态

10.9 总结

本章阐述了扁平化状态图和层次化状态图的特点,并给出了开发状态图的指导原则,随后详细描述了从用例开发状态图的过程。一个状态图可能支持多个用例,每个用例组成状态图的子集。这种情况也可通过如下方法解决:将状态图和对象交互模型结合起来,其中状态相关的控制对象执行状态图,这将在第 11 章中被阐述。状态图的示例同样来自于"银行系统"。

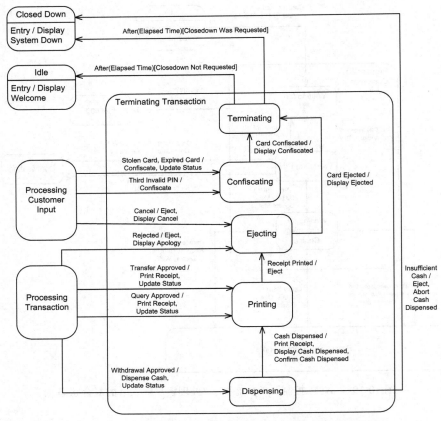

图 10-21　"ATM 控制"的状态图："终止交易"的复合状态

练习

选择题（每道题选择一个答案）

1. 什么是状态机中的状态？
　（a）存在于一段时间间隔内的可识别的情境　　　（b）值为真或假的条件
　（c）来自外部环境的输入　　　　　　　　　　　（d）来自系统的输出

2. 什么是状态机中的事件？
（a）导致状态发生改变的离散信号　　　　　　　（b）来自外部环境的输入
（c）值为真或假的输入　　　　　　　　　　　　（d）状态转换的结果

3. 什么是状态机中的动作？
　（a）在某一时间点发生的事情　　　　（b）状态转换的原因
　（c）两个连续事件之间的间隔　　　　（d）作为状态转换的结果执行的运算

4. 什么是状态机中的进入动作？
　（a）当进入状态时执行的动作
　（b）当离开状态时执行的动作
　（c）当进入状态时开始执行并在离开状态时完成执行的动作
　（d）作为状态转换的结果执行的动作

5. 什么是状态机中的退出动作?

（a）当进入状态时执行的动作

（b）当离开状态时执行的动作

（c）当进入状态时开始执行并在离开状态时完成执行的动作

（d）作为状态转换的结果执行的动作

6. 什么是状态机中的条件?

（a）一个条件性的动作 （b）一个条件性的状态

（c）一个条件性的状态转换 （d）一个条件性的事件

7. 进入复合状态的状态转换和下面哪项表述等价?

（a）进入唯一子状态的状态转换 （b）进入每一个子状态的状态转换

（c）不进入任一子状态的状态转换 （d）进入任一子状态的状态转换

8. 离开复合状态的状态转换和下面哪项表述等价?

（a）离开唯一子状态的状态转换 （b）离开每一个子状态的状态转换

（c）不离开任一子状态的状态转换 （d）离开任一子状态的状态转换

9. 复合状态如何和子状态关联起来?

（a）复合状态分解为子状态 （b）复合状态组合成子状态

（c）复合状态转换为子状态 （d）子状态转换为复合状态

10. 如果在一个给定的状态转换上显示了两个动作,下面哪一项是正确的?

（a）两个动作相互依赖

（b）两个动作相互独立

（c）一个动作提供输入给另一个动作

（d）当第一个动作执行完毕后第二个动作才开始执行

173
~
175

176

Software Modeling & Design: UML, Use Cases, Patterns, & Software Architectures

状态相关的动态交互建模

状态相关的动态交互建模能够处理对象间的交互是与状态相关的情况。状态相关的交互至少涉及一个与状态相关的控制对象，通过执行一个状态图（见第 10 章的描述），提供了全局的控制，并建立起它与其他对象间的交互序列。

第 9 章描述了基本的动态交互建模，它是无状态，因此不涉及任何状态相关的交互。在对象的构造过程中，会确定一组参与某个用例实现的对象。如果至少有一个对象是与状态相关的控制对象，那么这个交互就被定义为状态相关的，并且应当使用本章中所描述的**状态相关的动态交互建模**这个术语。状态相关的动态交互建模是一种在至少涉及一个状态相关控制对象的动态交互中用来确定对象间如何进行交互的策略。在更复杂的交互中，有可能存在多个状态相关的控制对象。每个状态相关的控制对象都可以通过状态图的方式来定义。

11.1 节描述状态相关的动态交互建模中的步骤。11.2 节描述如何在交互图（通信图和顺序图）和状态图上对交互场景进行建模。11.3 节则给出了一个基于"银行系统"的状态相关的动态交互建模的具体示例。

11.1 状态相关的动态交互建模中的步骤

在状态相关的动态交互建模中，建模者的目标是确定以下对象之间的交互：

- 执行状态机的与状态相关的控制对象。
- 对象，通常是软件边界对象，它们向控制对象发送事件。这些事件会导致控制对象的内部状态机的状态转换。
- 提供动作和活动的对象，这些对象被控制对象由于状态转换而触发。
- 其他参与实现用例的对象。

这些对象间的交互使用通信图或顺序图描绘。

下面展示了状态相关的动态交互建模策略中的主要步骤。交互的序列需要反映用例中所描述的交互的主序列。

1）**确定边界对象**。考虑那些接收输入的对象，输入由外部环境中的外部对象发送。

2）**确定状态相关的控制对象**。至少有一个执行状态图的控制对象。也可能需要其他对象。

3）**确定其他的软件对象**。这些对象是与控制对象或边界对象交互的软件对象。

4）**确定主序列场景中的对象交互**。把这一步和第 5 步一起执行，因为需要详细指定状态相关的控制对象和它执行的状态图之间的交互。

5）**确定状态图的执行**。

6）**考虑可替换序列场景**。针对由用例的可替换序列描述的场景，执行状态相关的动态分析。

11.2 使用交互图和状态图对交互场景建模

本节主要描述交互图（主要是通信和顺序图）如何与状态图共同用来对状态相关的交

互场景进行建模（上述第 4 步和第 5 步）。

　　一个交互图上的消息包含一个事件以及伴随该事件的数据。在一个具有执行状态图的状态相关控制对象的场景中，考虑消息和事件间的关系。在一个通信图中，当一个消息到达控制对象的时候，该消息的事件部分会导致状态图中的状态转换。状态图中的动作是状态转换的结果，也对应着通信图中描绘的输出消息。通常来说，一个交互图（通信图或顺序图）中的消息指的是状态图中的一个事件。然而，为了简明起见，在描述状态相关的动态场景时，通常只使用事件这个术语。

　　源对象向状态相关的控制对象发送事件。输入事件的到达导致了状态图上的状态转换。状态转换产生一个或多个输出事件。状态相关的控制对象将每个输出事件发送给一个目标对象。输出事件在状态图中以动作表示，它可以是一个状态转换动作、一个进入动作，或者是一个退出动作。

　　要确保通信图和状态图相互一致，对应的通信图中的消息和状态图中的事件必须被赋予相同的名称。此外，对于一个给定的状态相关场景，有必要在这两张图中使用相同的消息编号序列。使用相同的序列可以确保这两张图精确地展示了场景，并且可以对场景的一致性进行审查。后续小节将通过实例描述这些问题。

|178|

11.3　状态相关的动态交互建模示例：银行系统

　　本节使用"银行系统"中的一个用例"验证 PIN 码"（Validate PIN）作为状态相关的动态交互建模的一个示例。参与该用例实现的对象使用对象结构组织准则（见第 8 章）来确定。在本节中，我们首先考虑主序列，随后再考虑可替换序列。

11.3.1　确定主序列

　　用例"验证 PIN 码"（Validate PIN）的主序列描述了以下场景：客户将 ATM 卡插入读卡器，系统提示客户输入密码，然后系统会检查客户输入的密码与系统保存的与该 ATM 卡号对应的密码是否一致。在主序列中，密码是有效的。

　　考虑实现这个用例所需要的对象。我们首先确定需要对象"卡片读取接口"（Card Reader Interface）用以读取 ATM 卡。从 ATM 卡中读取的信息需要暂时存储起来，因此需要定义一个实体对象来储存"ATM 卡"的信息。"客户交互"（Customer Interaction）对象通过键盘 / 屏幕显示的方式和客户进行交互，在这个示例中，该对象会提示用户输入密码。发送给"银行服务"（Banking Service）子系统的用来验证密码的信息被储存在一个"ATM 交易"（ATM Transaction）中。为了验证密码，交易信息需要包含密码和 ATM 卡号。为了控制动作发生的序列，需要定义一个控制对象"ATM 控制"（ATM Control）。由于控制对象的动作取决于之前发生的事件，因此控制对象应该是状态相关的，控制对象也因此需要执行一个状态图。

　　当客户将 ATM 卡插入到读卡器时，该用例开始执行。消息序列从 1 开始编号，正如在"验证 PIN 码"用例中所描述的那样，1 号消息是由客户这个参与者启动的第一个外部事件。接下来在序列中的编号代表着系统对象向参与者做出反应，编号分别是 1.1，1.2，1.3，结束于 1.4，编号为 1.4 的消息是展示给参与者的系统响应。来自于参与者的下一个输入是被编号为 2 的外部事件，以此类推。一个有效的 ATM 卡和 PIN 码匹配的场景由图 11-1 所示的通信图表示，同时也由图 11-2 所示的顺序图表示。

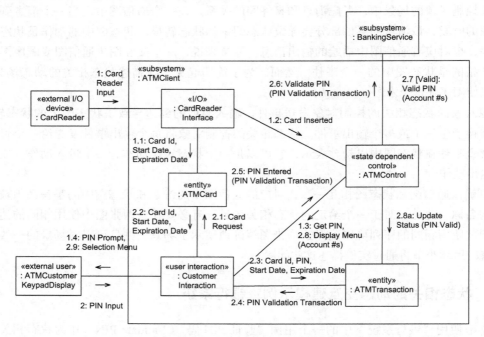

PIN Validation Transaction = {transactionId, transactionType, cardId, PIN, startDate, expirationDate}

图 11-1 "验证 PIN 码"（Validate PIN）用例的通信图："有效 PIN 码"的场景

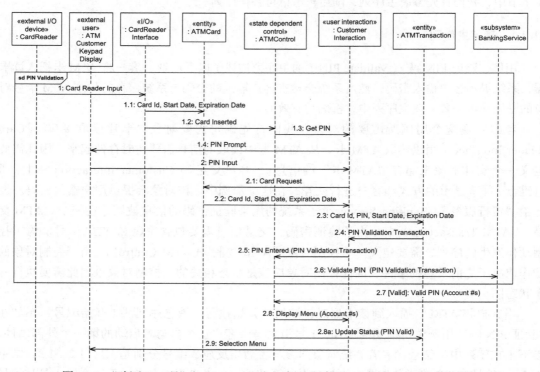

图 11-2 "验证 PIN 码"（Validate PIN）用例的顺序图："有效 PIN 码"的场景

对象交互图上的消息序列忠实地反映了用例主序列中的用例描述。从 1 到 1.4 的消息序列自"卡片读取接口"阅读卡片开始（消息 1），其后是存储的卡片数据（消息 1.1），将卡片插入的事件发送给"ATM 控制"对象（消息 1.2），该消息导致状态的改变，并由控制对象向"客户交互"对象发送"获取 PIN 码"（Get PIN）的动作（消息 1.3），最后"客户交互"对象在屏幕上提示客户输入 PIN 码（1.4）。从 2 到 2.9 的消息序列自用户向"客户交互"对象输入 PIN 码开始（消息 2），其后是检索卡片数据（消息 2.1，消息 2.2），准备 PIN 码验证交易（消息 2.3，消息 2.4），然后将交易发送给"ATM 控制"对象（消息 2.5），并从那里再发送至"银行服务"（消息 2.6）。从 1 直至 2.6 的消息序列被分组为图 11-2 的顺序图（如图中标记为 sd PIN Validation 的盒子所示）中的一个"PIN 码验证"（PIN Validation）片段，这个片段将在后续章节被引用。在这个场景中，"银行服务"向"ATM 控制"对象发送一个有效 PIN 码的响应（消息 2.7），该消息最终使得"客户交互"对象将选择菜单在屏幕

上显示给客户（消息 2.8 和消息 2.9）。

一条到达"ATM 控制"对象的消息会触发"ATM 控制"的状态图上的一次状态转换（图 11-3）。例如，"卡片读取接口"向"ATM 控制"发送了一条"卡片已插入"（Card Inserted）的消息（图 11-1 和图 11-2 上的消息 1.2）。作为这个事件（事件 1.2 对应图 11-1 和图 11-2 中的消息 1.2，数字 1.2 强调了消息和事件之间的对应关系）的结果，"ATM 控制"状态图从"空闲"（Idle）状态（初始状态）转换到"等待输入 PIN 码"（Waiting for PIN）状态。与该转换相关的输出事件是"获取 PIN 码"（事件 1.3）。这个输出事件与消息 1.3 对应，该消息名为"获取 PIN 码"，是由"ATM 控制"对象发送给"客户交互"对象的。

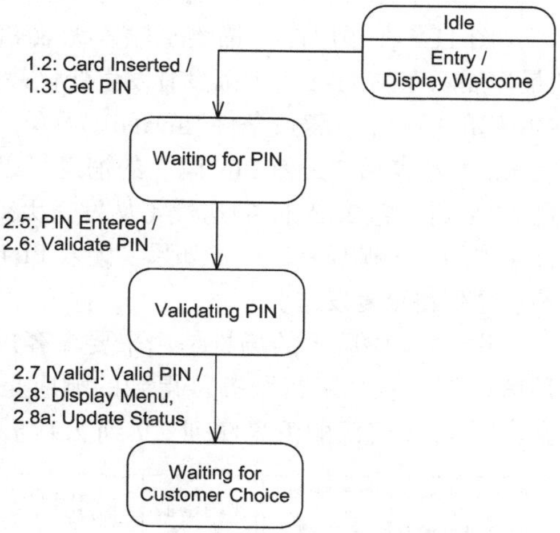

图 11-1 中的消息 2.8 和消息 2.8a 展示了一个

图 11-3 "验证 PIN 码"（Validate PIN）的状态图："有效 PIN 码"的场景

并发的序列。"ATM 控制"在相同的状态转换中发送了这两条消息，因此这两条消息序列有可能并发地执行，其中一条发送给"客户交互"，另一条发送给"ATM 交易"。

用来描绘通信图（见图 11-1）和顺序图（见图 11-2）上消息的消息序列将在 21.5 节的"银行系统"案例研究中被详细描述。

11.3.2 确定可替换序列

下一步要考虑"验证 PIN 码"（Validate PIN）用例的可替换序列。在前一小节中描述的主序列假设 ATM 卡片和 PIN 码都是有效的。接下来，请考虑"验证 PIN 码"用例的不同的可替换用例，这些序列处理无效的卡片以及错误的密码等特殊情况。通过用例的可替换部分（第 21 章给出其完整描述），能够确定这些可替换的序列。

看一下发送至"银行服务"的"验证 PIN 码"消息（消息 2.6）。从"银行服务"可能得到多种不同的响应。在有可能出现可替换序列的消息排序编号中，每个可替换序列都要附加一个不同的大写字母来表示。因此，与消息 2.7（"有效 PIN 码"）对应的可替换消息是 2.7A，2.7B 和 2.7C。每一个可替换场景都能用一个单独的交互图来描绘。在后续小节中我们考虑主场景以及一组可替换场景。

11.3.3 主序列：有效 PIN 码

输入有效的卡片和 PIN 码。该场景对应于主序列，并被赋予了条件 [Valid]：

2.7 [Valid]：有效 PIN 码

在这种情况下，"银行服务"发送"有效 PIN 码"（Valid PIN）的消息。主场景在交互图（见图 11-1 和图 11-2）和状态图（见图 11-3）中描绘。

11.3.4 可替换序列：无效 PIN 码

输入一个无效的 PIN 码。这个可替换序列被赋予了条件 [Invalid]：

2.7A* [Invalid]：无效 PIN 码

在这种情况下，"银行服务"发送"无效 PIN 码"（Invalid PIN）的消息。

图 11-4 在顺序图上描绘了输入无效 PIN 码的可替换场景。消息序列中的消息 1 至消息 2.6（最先展示在图 11-2 上）都没有发生变化并且都被包含在图 11-4 的 PIN 码验证的片段中。在无效 PIN 码的场景中，警戒条件 [Invalid] 为真，这意味着消息 2.7A："无效 PIN 码"将被"银行服务"发送。* 号表示"无效 PIN 码"的消息可以被发送多次（在这个场景中，它被发送两次）。从消息 2.7A 到消息 2.7A.11 的迭代（从发送无效 PIN 码的消息到再次发送无效 PIN 码消息）位于图 11-4 中的一个循环片段中。如果"无效 PIN 码"的消息被第二次发送，那么从 2.7A 到 2.7A.11 的消息序列将重复发送。

182　　　　图 11-4 中展示的场景是用来要求客户第二次或第三次尝试输入正确的 PIN 码数字。在这种情况下，从"银行服务"得到的响应是"PIN 码有效"（PIN Valid），且警戒条件 [Valid] 为真。图 11-4 底部的消息序列 2.7 到 2.9 与图 11-2 的相关部分一致。

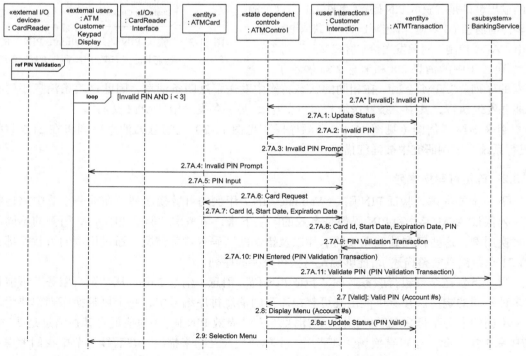

图 11-4　"验证 PIN 码"（Validate PIN）用例的顺序图："无效 PIN 码"的场景

11.3.5　可替换序列：第三次无效 PIN 码

输入了三次无效的密码，该可替换序列也被赋予了条件 [Invalid]。然而，"ATM 客户端"（ATM Client）在 ATM 交易的实体对象中保存了已输入错误密码的次数，并在运行时确定该次数是否达到了三次。以下消息即表示了输入三次无效 PIN 码的场景。

2.7 B [Third Invalid]: 第三次无效 PIN 码

在这个场景中，"银行服务"向"ATM 控制"发送了三次"无效 PIN 码"。

第三次无效 PIN 码的场景开始于顺序图（图 11-5）中的 PIN 码验证片段以及随后的两次循环片段，每一个循环片段均开始于由"银行服务"发送的"无效 PIN 码"消息（消息 2.7A）。随后"ATM 控制"向"ATM 交易"发送了"更新状态"（Update Status）消息（消息 2.7A.1），得到一个表示 PIN 码状态的"无效 PIN 码"（Invalid PIN）响应（消息 2.7A.2），这个过程将重复两次。之后跳出循环并由"银行服务"发送第三个 2.7A："无效 PIN 码"的消息。此次对"更新状态"（2.7A.1）消息的响应是 2.7B[Third Invalid]："第三次无效 PIN 码"，这是由于第三次无效这一警戒条件为真，在这种情况下卡片就会被没收（消息序列 2.7B 至 2.7B.2）。 〔183〕

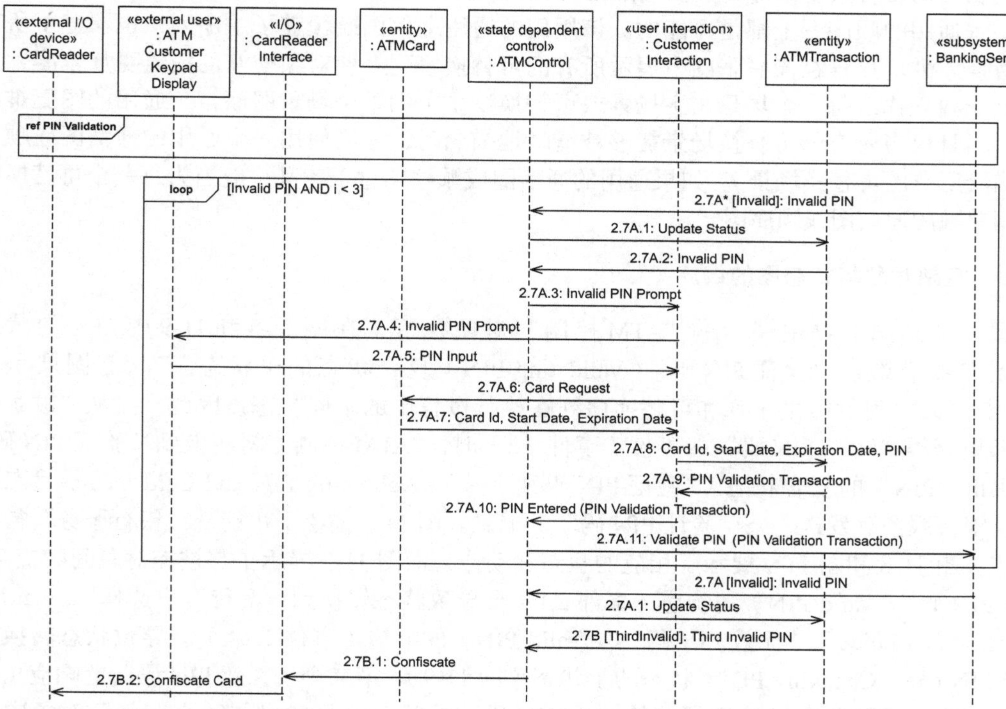

图 11-5　"验证 PIN 码"（Validate PIN）用例的顺序图："第三次无效 PIN 码"的场景

11.3.6　可替换序列：被盗的或过期的卡片

卡片被盗取或者卡片已过期。

2.7C [Stolen OR expired]: 卡片被盗（Card stolen），卡片过期（Card expired）

无论卡片是被盗取还是过期，消息序列都是一样的，最终将没收这张卡片。

该可替换序列在图 11-6 的顺序图中被描绘。该图描绘了 ATM 卡片过期或者已被挂失时的消息序列（消息序列 2.7C 至 2.7C.2）。这两个场景的处理方法是一样的："银行服务"将卡 〔184〕

被盗取或卡片过期的消息（2.7C）发送给"ATM控制"，"ATM控制"随后发送一个"没收卡片"（Confiscate）消息（2.7C.1）给"卡片读取接口"，最后没收该张ATM卡片。

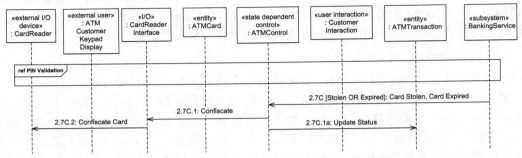

图 11-6 "验证 PIN 码"（Validate PIN）用例的顺序图：被盗的或过期的卡片场景

11.3.7 所有场景通用的交互图

把所有的可替换场景都展示在一张通用的交互图，无论是在一张通用的通信图（图 11-7）还是一张通用的顺序图上都是可能的。该用例的通用通信图既覆盖了主序列，也覆盖了所有的可替换序列。尽管在同一张图上展示所有的可替换序列会使对象交互的描绘更加紧凑，但是相比于独立描绘每一个场景（主场景或可替换场景）的单个场景图而言，通用的图更难以阅读。当且仅当所有的可替换场景能够被清晰地描绘时，才应使用一个通用的通信图或顺序图（描绘所有的可替换场景）。如果通用的通信图或顺序图过于凌乱，应当为每一个可替换场景使用单独的通信图或顺序图。

11.3.8 控制对象和状态图的编序

图 11-1 到图 11-7 中展示的"ATM 控制"对象执行了在图 11-8 和 11-9 中描绘的状态图（图 11-9 描绘了"验证 PIN 码"（Validating PIN）复合状态的子状态）。状态图展示了"验证 PIN 码"用例中主序列和可替换序列在执行过程中的不同状态。因此，当从"顾客交互"那里获得"输入 PIN 码"的事件（事件 2.5）时，"ATM 控制"将转换到"验证 PIN 码"（Validating PIN）的复合状态（"验证 PIN 码和卡片"（Validating PIN and Card）的子状态），并向"银行服务"发送一条"验证 PIN 码"的消息。图 11-7 描绘了可能从"银行服务"得到的响应。图 11-8 和图 11-9 展示了相应的状态和动作，而图 11-7 展示了与被控对象间的交互。"有效 PIN 码"（Valid PIN）的响应（事件 2.7）会导致状态转换到"等待客户选择"（Waiting for Customer Choice）。"无效 PIN 码"（Invalid PIN）的响应（事件 2.7A）会导致状态转换到"检查 PIN 码"（Checking PIN）状态的子状态（图 11-9）。第二个"无效 PIN 码"的响应（事件 2.7A.1）会导致状态转换回"等待输入 PIN 码"的状态并且触发"客户交互"对象中的"无效 PIN 码提示"（Invalid PIN Prompt）动作（事件 2.7A.3）。第三个无效 PIN 码（2.7B）的响应会导致状态转换到"没收卡片"（Confiscating）的状态并触发"卡片读取接口"对象中的"没收卡片"（Confiscate）动作（事件 2.7B.1）。同样地，对于一个"被盗卡片"的响应（事件 2.7C）也会进行相同的处理。最后，如果客户决定"取消"（Cancel）（事件 2A.1）而不是重新输入 PIN 码，状态图会转换到"退出"（Ejecting）状态，并触发"卡片读取接口"对象中的"退出"（Eject）动作（事件 2A.2）。由于在"ATM 控制"处于任何子状态（"等待 PIN 码"状态、"验证 PIN 码"状态，或"等待客户选择"状态）时客户都可以选择"取消"，因此该状态的转换被展示在图 11-8 的"处理客户输入"（Processing Customer Input）的复合状态外。

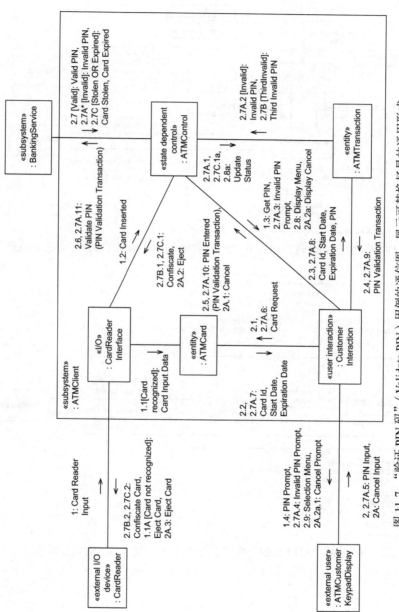

图 11-7 "验证 PIN 码"（Validate PIN）用例的通信图：展示可替换场景的通用形式

状态图也启动了并发的动作序列，它们在相同的状态转换时被触发。因此，在一个特定转换时发生的所有动作都是以一种不受限的、不强制顺序的方式被执行。例如，由"验证 PIN 码"这一状态转换（见图 11-8）导致的动作 2.8"显示菜单"（Display Menu）和动作 2.8a"更新状态"（Update Status）是并发执行的，如图 11-7 所示。

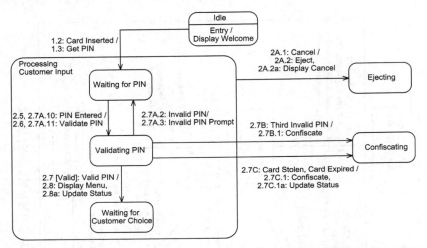

图 11-8 "验证 PIN 码"用例中"ATM 控制"的状态图，展示了可替换场景

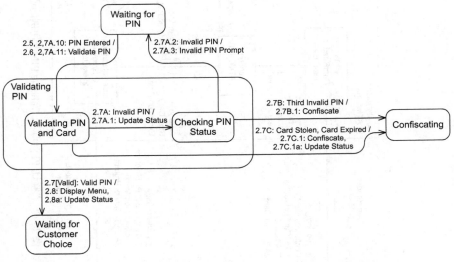

图 11-9 "ATM 控制"中"验证 PIN 码"复合状态的状态图

11.4 总结

本章描述了状态相关的交互建模，其中的对象交互是状态相关的。一个状态相关的交互涉及了至少一个状态相关的控制对象，该控制对象执行一个提供全局控制与交互编序的状态图（见第 10 章）。本章建立在第 9 章描述的无状态动态交互建模之上，无状态的动态交互建模不涉及任何状态相关的交互。

练习

选择题（每道题选择一个答案）

1. 状态相关的交互涉及什么？
   （a）一个控制对象
   （b）一个状态相关的实体对象
   （c）一个状态相关的控制对象
   （d）一个状态相关的用户接口对象

2. 以下哪种对象会执行状态机？
   （a）任何的软件对象
   （b）一个实体对象
   （c）一个状态相关的控制对象
   （d）一个状态图

3. 向状态相关的控制对象发送的一条输入消息对应于以下哪一项？
   （a）内部状态机上的一个事件
   （b）内部状态机上的一个动作
   （c）内部状态机上的一个条件
   （d）内部状态机上的一个状态

4. 从状态相关的控制对象发送的一条输出消息对应于以下哪一项？
   （a）内部状态机上的一个事件
   （b）内部状态机上的一个动作
   （c）内部状态机上的一个条件
   （d）内部状态机上的一个状态

5. 交互图应为以下哪一项开发？
   （a）仅用例的主序列
   （b）用例的主序列和每一个可替换序列
   （c）用例的主序列和一个具有代表性的可替换序列
   （d）用例的所有可替换序列

6. 下列哪一项可能发生在一个交互图上？
   （a）一个状态相关的控制对象向一个实体对象发送一条消息
   （b）一个状态相关的控制对象向一个协调者对象发送一条消息
   （c）一个状态相关的控制对象向一个打印机对象发送一条消息
   （d）以上所有

7. 如果多个用例使用同一个状态机，这种情况应当怎样在交互图上建模？
   （a）为每一个用例开发一个状态相关的控制对象
   （b）开发一个状态相关的控制对象，该对象包含来源于每一个用例的状态
   （c）开发一个层次化的状态图
   （d）开发一个协调者对象

8. 两个状态相关的控制对象间是怎样互相通信的？
   （a）通过相互发送消息

（b）通过转换到相同的状态上

（c）通过一个实体对象

（d）通过一个代理对象

9. 一个对象可以向一个状态相关的控制对象发送两个可替换消息 a 或 b。状态机如何处理这种情况？

（a）对每一个进入的消息定义一个具有不同转换的状态

（b）对每一个可替换消息定义一个状态

（c）定义一个组合状态来处理可替换消息

188

（d）对每一个可替换消息定义一个子状态

10. 在一个客户端对象执行一个状态机并且与服务进行通信的系统中，下列哪项陈述是正确的？

（a）客户端拥有一个状态相关的控制对象，但是服务没有

（b）服务拥有一个状态相关的控制对象，但是客户端没有

189
∼
190

（c）客户端和服务都拥有状态相关的控制对象

（d）客户端和服务都没有状态相关的控制对象

Software Modeling & Design: UML, Use Cases, Patterns, & Software Architectures

软件体系结构设计

软件体系结构概览

软件体系结构按照子系统及其接口的形式将系统的总体结构与单个子系统的内部细节相分离。软件体系结构由相对独立的子系统构成。本章将对软件体系结构（也被称为一种高层设计）进行概要性的介绍。其中，关于软件体系结构以及体系结构的多视图的概念已经在第1章中介绍过。关于设计模式、构件以及接口的概念则在第4章中介绍过。

在本章中，12.1节介绍了软件体系结构以及基于构件的软件体系结构的概念。接着，12.2节描述了如何通过软件体系结构的多视图来更好地进行设计和理解体系结构。12.3节中介绍作为软件体系结构开发的基础的软件体系结构模式的概念。12.4节则描述了如何描述这些模式。12.5节介绍软件构件和接口的概念。最后，12.6节提供一个软件体系结构设计的总体概览，涵盖了从第14章到第20章的内容。

12.1 软件体系结构以及基于构件的软件体系结构

Bass，Clements，and Kazman（2003）所给出的软件体系结构的定义如下：

"一个程序或者计算系统的软件体系结构是包含了该系统的软件元素、这些元素的外部可见的属性以及这些元素之间关系的结构或一组系统结构。"

因此，软件体系结构主要是从结构方面考虑的。然而，为了充分理解一个软件体系结构，有必要从多个不同角度考虑软件体系结构，包括静态方面和动态方面，如12.2节所描述。同时，还有必要从功能性（体系结构所提供的功能）和非功能性（所提供的功能的质量）两个方面进行考虑。体系结构的软件质量属性会在第20章中进行介绍。

12.1.1 基于构件的软件体系结构

软件体系结构的结构方面可以通过得到广泛接受的基于构件的软件体系结构的思想来考虑。一个基于构件的软件体系结构由多个构件组成，其中每个构件相互独立且封装了某些信息。一个构件可以是一个由其他对象组成的复合对象，也可以是一个简单对象。构件通过接口与其他构件进行通信。所有与其他构件进行通信所需要的信息都包含在接口之中，并且接口与实现相分离。因此，构件可以被认为是一个黑盒，因为它的实现对于其他构件而言是不可见的。构件之间使用预先定义好的通信模式以不同的方式进行通信。

顺序式设计是指程序中的构件是一个个的类，而构件的实例是对象（也就是类的实例）；这些构件是没有控制线程的被动类。一个构件是相对独立的，因此可以单独进行编译并存储在构件库中，然后被实例化并链接到一个应用中。在顺序式设计中，唯一的通信模式是调用/返回，将在12.3.2节中进行介绍。

在并发或者分布式设计中，构件是主动的（并发的），并且能够被部署到一个分布式环境中的不同结点上。在这类设计中，并发构件之间可以通过几种不同的通信模式来进行通信（见12.3节），例如同步模式、异步模式、代理模式或群组通信模式，并且通常都会使用一种底层的中间件框架以允许构件之间进行通信。

12.1.2　体系结构构造型

在 UML 2 中，一个建模元素可以使用多个构造型进行描述。在分析建模时，构造型可以用于表示一个建模元素（类或对象）的角色特性。在设计建模时，其他构造型可以用于表示一个建模元素的体系结构特性。这一能力非常有用，而 COMET 方法也充分利用了这一点。特别地，可以用一种构造型来描述建模元素所扮演的角色，如是否是边界类或是实体类。而另一种构造型可以用来在设计建模时表示体系结构的结构元素，如子系统（第 12 章）、构件（第 17 章）、服务（第 16 章）或者并发任务（第 18 章）。必须注意，对于一个给定的类，它的角色构造型和体系结构的结构构造型是正交的，即是相互独立的。

12.2　软件体系结构的多视图

软件体系结构设计可以从不同视角（称为体系结构视图）进行描述。软件体系结构的结构视图可以用类图来描述，如 12.2.1 节所述。软件体系结构的动态视图可以用通信图来描述，如 12.2.2 节所述。软件体系结构的部署视图可以用部署图来描述，如 12.2.3 节所述。还有一种体系结构视图，即基于构件的软件体系结构视图，将在第 17 章中进行介绍。 |194|

12.2.1　软件体系结构的结构视图

软件体系结构的结构视图是一种静态视图，不会随着时间而发生改变。在视图的最高层，相应的子系统使用类图来进行描述。其中，一个子系统类图通过复合类或聚合类描述子系统之间的静态结构关系以及它们之间关联关系的重数。

作为软件体系结构结构视图的一个例子，可以考虑一个包含多个客户端和一个服务器的客户端 / 服务器软件体系结构的设计。这种体系结构的一个例子是"银行系统"，其中有多个"ATM 客户端"（ATM Client）子系统的实例以及一个"银行服务"（Banking Service）子系统的实例。图 12-1 展示了该体系结构的静态视图，其中客户端和服务子系统都描述在一个类图上。图 12-1 描绘了银行系统中"银行服务"和"ATM 客户端"之间的静态关系，其中包括"ATM 客户端"与"银行服务"之间"请求服务"的关联关系的名称和方向以及该关联关系的重数，即服务和客户端之间的一对多关联。此外，客户端和服务子系统（在图 12-1 中用聚合类描绘）都使用了两个构造型来描述，其中第一个表示角色构造型（客户端或者服务），而第二个则表示体系结构的结构构造型（在本例中都是子系统）。

12.2.2　软件体系结构的动态视图

软件体系结构的动态视图是一种行为视图，可以用通信图来表示。一个子系统通信图描述了子系统（用聚合对象或者复合对象描述）以及子系统之间的消息通信。这些子系统可以被部署到不同的结点上，因此被描述成并发的构件，因为它们可以并行执行并在一个网络上进行相互通信。

图 12-2 中的子系统通信图描述了"银行系统"客户端 / 服务器软件体系结构的动态视图。图中描述了"银行系统"的两个子系统：拥有多个实例的"ATM 客户端"子系统和只有单个实例的"银行服务"子系统。每一个"ATM 客户端"都会向"银行服务"发送交易请求并接收应答。"ATM 客户端"和"银行服务"都被描述为并发的构件，因为二者相互并行执行，虽然有时候它们之间需要进行通信。因此，当一个客户端正准备向服务器发送

一个请求时，"银行服务"可能正在为另一个客户端提供服务。当服务正在处理某个客户端的请求时，该客户端通常会等待服务的答复。这种类型的通信（即包含回复的同步消息通信）将在 12.3.4 节中详细介绍。在 UML 通信图（如图 12-2）中，同步消息（ATM 交易，ATMTransaction）用黑色箭头表示，而回复信息（银行回复，bankResponse）用虚线箭头表示。另一种同步通信的表示法将在 12.3.4 节中描述并且在图 12-11 中展示。

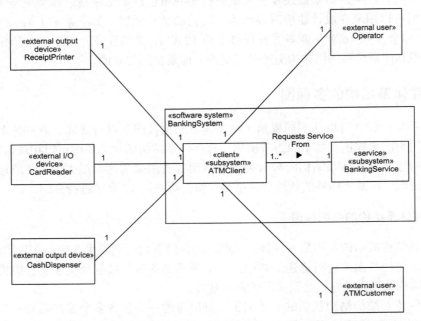

图 12-1 客户端 / 服务器软件体系结构的结构视图："银行系统"的高层类图

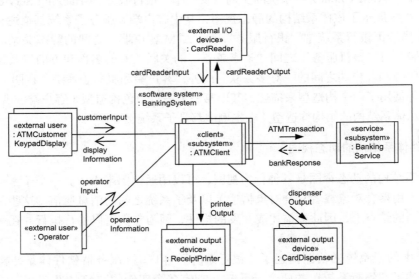

图 12-2 客户端 / 服务器软件体系结构的动态视图："银行系统"的高层通信图

子系统通信图是一种泛化的通信图，因为它描述了对象之间所有可能的交互（见 9.1.5 节）。由于其描述了所有可能的交互场景，因此没有使用消息顺序编号。此外，由于泛化的通信图描述了泛化的实例（这意味着它们描述了潜在的实例而不是真实的实例），因此这里使用了不在对象名称下使用下划线的 UML 2 惯例。

除了泛化之外，子系统通信图也是并发的，因为它描述的是并发执行的对象（见 2.8 节中的 UML 表示法描述）。因此，图 12-2 描述了两个在位置上分布的并发子系统，即"ATM 客户端"和"银行服务"。

12.2.3 软件体系结构的部署视图

软件体系结构的部署视图描述了软件体系结构的物理配置，特别是体系结构中的子系统是如何在一个分布的配置中分配到不同的结点上。一个部署图可以描述具有固定数量的结点的特定部署。此外，部署图也可以描述部署的总体结构，例如指明一个子系统可以拥有多个实例且每个实例都可以部署到一个单独的结点上，但是并没有描述实例的确切数量。图 12-3 描述了"银行系统"客户端/服务器软件体系结构的部署视图，在该部署中，每一个 ATM 客户端实例都被分配到它自己的物理结点上，而集中式的银行服务则被分配到一个单独的结点上。此外，所有的结点都是通过广域网进行连接的。

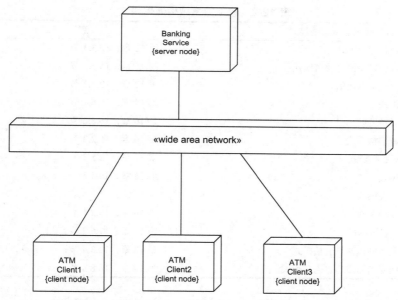

图 12-3　客户端/服务器软件体系结构的部署视图："银行系统"的部署图　　　197

12.3　软件体系结构模式

第 4 章介绍了软件模式的概念以及不同的模式，包括软件体系结构模式和软件设计模式。软件**体系结构模式**为应用的总体软件体系结构或者高层设计提供了一种骨架或者模板。Shaw and Garlan（1996）将其称为体系结构风格或体系结构模式，即在不同的软件应用中重复出现的体系结构（见 Bass，Clements，and Kazman 2003）。这其中包括了被广泛使用的客户端/服务器体系结构和分层体系结构。

软件体系结构模式可以被分成两大类：表示体系结构静态结构的体系结构结构模式和表示体系结构的构件间的分布式动态通信的体系结构通信模式。本章介绍软件体系结构模式的概念以及一种体系结构结构模式，即抽象分层模式（12.3.1 节），此外还介绍了三种体系结构通信模式，分别是调用 / 返回模式（12.3.2 节）、异步消息通信模式（12.3.3 节）以及带回复的同步消息通信模式（12.3.4 节），其他模式将会在之后的章节中进行介绍。表 12-1、12-2 和 12-3 介绍了各种模式的章节位置。

表 12-1　软件体系结构结构模式

软件体系结构结构模式	章　节
集中式控制模式	第 18 章，18.3.1 节
分布式控制模式	第 18 章，18.3.2 节
层次化控制模式	第 18 章，18.3.3 节
抽象分层模式	第 12 章，12.3.1 节
多客户端 / 多服务模式	第 15 章，15.2.2 节
多客户端 / 单服务模式	第 15 章，15.2.1 节
多层次客户端 / 服务模式	第 15 章，15.2.3 节

表 12-2　软件体系结构通信模式

软件体系结构通信模式	章　节
异步消息通信模式	第 12 章，12.3.3 节
带回调的异步消息通信模式	第 15 章，15.3.2 节
双向异步消息通信	第 12 章，12.3.3 节
广播模式	第 17 章，17.6.1 节
代理者转发模式	第 16 章，16.2.2 节
代理者句柄模式	第 16 章，16.2.3 节
调用 / 返回模式	第 12 章，12.3.2 节
协商模式	第 16 章，16.5 节
服务发现模式	第 16 章，16.2.4 节
服务注册模式	第 16 章，16.2.1 节
订阅 / 通知模式	第 17 章，17.6.2 节
带回复的同步消息通信模式	第 12 章，12.3.4 节；第 15 章，15.3.1 节
不带回复的同步消息通信模式	第 18 章，18.8.3 节

表 12-3　软件体系结构事务模式

软件体系结构事务模式	章　节
复合事务模式	第 16 章，16.4.2 节
长事务模式	第 16 章，16.4.3 节
两阶段提交协议模式	第 16 章，16.4.1 节

12.3.1　抽象分层体系结构模式

抽象分层模式（也被称为层次结构或抽象层次模式）是一种被广泛应用于许多不同的软件领域的体系结构模式（BuSchmann et al. 1996）。操作系统、数据库管理系统以及网络通信软件都是经常使用层次结构的软件系统的例子。

就像 Parnas（1979）在他关于软件设计易于扩展和收缩的那篇开创性论文中所指出的那样（参见 Hoffman and Weiss 2001），如果软件是按照层次的形式设计的，那么该软件可以通过添加使用较低层次上所提供的服务的上层来进行扩张或者通过移除上层来进行收缩。

在一个严格的层次中，每一层只能调用紧邻的下一层所提供的服务（例如第 3 层只能调用第 2 层所提供的服务）。在一个灵活的层次中，每一层不仅能够调用紧邻的下一层的服务，而且还能调用其更下层的服务（例如第 3 层可以调用由第 1 层所提供的服务）。

作为互联网上使用最广泛的协议，TCP/IP 协议就使用了抽象分层的体系结构模式（Comer 2008）。该协议中的每一层都负责处理网络通信中的某些特定任务，同时以操作集合的形式为该层之上的其他层提供接口。发送结点中的每一层在接收结点上都有一层与之相对应。TCP/IP 协议共包含以下五个概念层（如图 12-4 所示）。

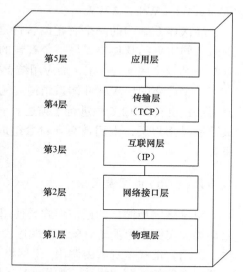

图 12-4　抽象分层体系结构模式：互联网（TCP/IP）参考模型示例

第 1 层：物理层。对应基础的网络硬件，包括电气和机械接口以及物理传输媒介。

第 2 层：网络接口层。明确了数据是如何组织成帧以及帧是如何在网络上进行传输的。

第 3 层：互联网层。也被称作互联网协议（IP）层。这一层明确了在互联网上发送的数据包的格式，以及通过一个或多个路由器将数据包从一个源头转发到一个目的地的机制（见图 12-5）。图 12-5 中的路由器结点是一个连接局域网和广域网的网关。

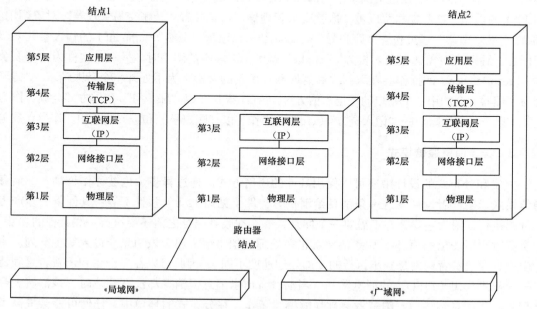

图 12-5　抽象分层体系结构模式：通过 TCP/IP 的互联网通信

第 4 层：传输层（TCP）。这一层将包按照它们发送时的原始顺序重组成消息。传输控制协议也称为 TCP，使用 IP 网络协议来传达信息。它提供了一个从一个结点上的应用到另一个远程结点上的应用之间的虚拟连接，因此提供了一种所谓的端到端协议（见图 12-5）。

　　　第 5 层：应用层。支持各种不同的网络应用，如文件传输（FTP）、电子邮件以及万维网（World Wide Web，WWW）。

198
～
200

　　　层次体系结构的一个有趣的特性是可以直接将一个较高的层替换为使用较低层上所提供的相同服务的其他层。另一个有趣的特性在图 12-5 中进行了展示。路由器结点只使用了 TCP/IP 协议中底下的三层，而应用结点把五层都使用了。

　　　一个严格的层次软件体系结构的例子是本书中 "在线购物系统" 的示例，在第 22 章有介绍并且也在图 12-6 中进行了描述。该层次中最底层的是服务层，提供上层所需要的服务。最顶层是用户层，由用户交互对象组成。中间层是一个协调层，协调用户的请求至相应的服务。

12.3.2　调用 / 返回模式

　　　对象之间最简单的通信形式是使用**调用 / 返回**模式。一个顺序设计由被动类组成，这些被动类被实例化为被动对象。在顺序设计中，对象之间唯一的通信形式是操作（也被称为方法）调用，也就是所谓的调用 / 返回模式。在这个模式中，一个调用对象的调用操作去调用被调用对象的被调用操作，如图 12-7a 所示。当操作被调用的时候，控制从调用操作传递到被调用操作。当控制发生传递时，所有输入参数都从调用操作传递到被调用操作。被调用操作执行完毕后会将控制以及所有输出参数返回给调用操作。如图 12-7a 的 UML 通信图所示，调用 / 返回模式使用 UML 表示法来表示同步通信（黑色箭头）。

　　　作为一个调用 / 返回模式的例子，考虑包含关于支票账户和储蓄账户类的实例的顺序设计的例子（见图 12-7b）。在这个例子中，每一个对象都提供 "记入贷方"（credit）和 "记入借方"（debit）的操作，这些操作可以被 "取款交易管理器" 对象或者 "转账交易管理器" 对象调用。"取款交易管理器" 通过包含 "账户号"（account#）和取款 "金额"（amount）的输入参数来调用任意一种账户对象的 "记入贷方"（credit）操作。该操作被调用时，另一个被称为 "读取余额"（readBalance）的操作会在取款之后返回账户所剩的余额。为了处理一个转账请求，"转账交易管理器" 会调用一个账户的 "记入借方"（debit）操作（以 "账户号" 和借方 "金额" 作为参数）以及另一个账户的 "记入贷方"（credit）操作（以 "账户号" 和贷方 "金额" 作为参数）。

12.3.3　异步消息通信模式

　　　并发和分布式的设计中还可以使用其他的通信方式。通过**异步**（也被称作松耦合）**消息通信**模式，生产者构件发送一条消息给消费者构件（见图 12-8）并且不等待其回复。生产者会继续执行，因为它要么并不需要一个回复，要么在收到回复之前还要执行一些其他的功能。消费者收到所发出的消息；如果消费者正在处理其他事情，那么该消息会进入等待队列。由于生产者和消费者构件是异步执行的（即处理速度不同），因此可以在生产者和消费者之间建立一个先进先出（FIFO）的消息队列。当消费者请求消息但消息却没有到达时，该消费者会被挂起。当消息到达后，消费者会被唤醒继续工作。在分布式的环境中，任何可能会提高灵活性的地方都可能使用异步消息通信模式。该方法也可以用在发送者不需要接收者进行回复的情况下。

201

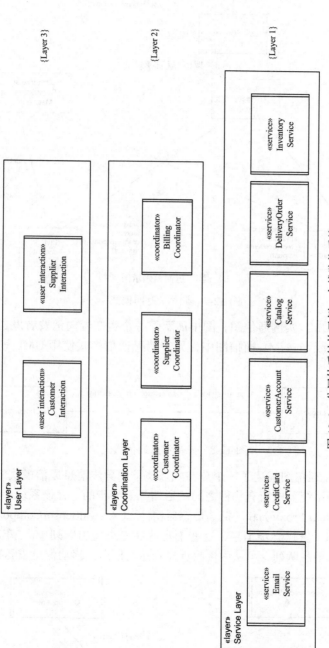

图 12-6 分层体系结构示例：在线购物系统

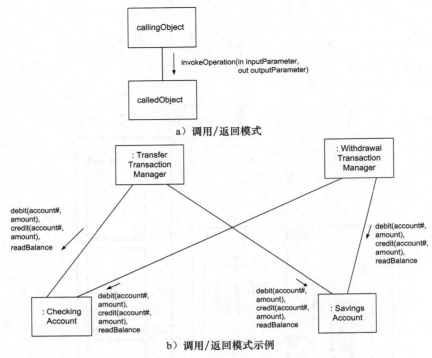

a）调用/返回模式

b）调用/返回模式示例

图 12-7   调用 / 返回模式

图 12-8 是一个 UML 实例通信图，图中展示了一个生产者向消费者发送异步消息的特定场景。在如图 12-8 所示的 UML 通信图中，异步消息通信模式使用 UML 表示法来表示异步消息（棍状箭头）。

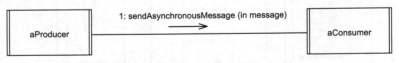

图 12-8   异步消息通信模式

202
~
203

图 12-9 中的泛化通信图描述了一个分布式环境下的异步消息通信模式的例子。图中所描述的"自动引导车辆系统"中所有构件之间的通信都是异步的。在该系统中，"系统监督代理器"（SupervisorySystem Proxy）和"抵达传感器构件"（ArrivalSensorComponent）都向车载控制器（VehicleControl）发送异步消息，这些消息放在先进先出队列中。"车辆控制"（Vehicle Control）有一个输入消息队列，可从中接收首先到达的信息：移动信息或者抵达信息。

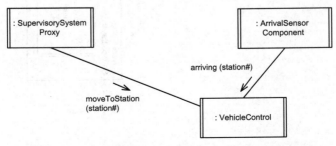

图 12-9   异步消息通信模式示例：自动引导车辆系统

两个构件之间也可以使用点对点的异步消息通信。这类通信被称为**双向异步通信**，如图 12-10 所示。关于双向异步通信的例子在 16 章和 18 章中给出。

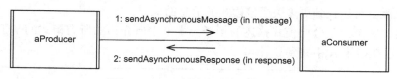

图 12-10　双向异步消息通信模式

12.3.4　带回复的同步消息通信模式

在**带回复的同步**（也被称为紧耦合）**消息通信**模式中，客户端构件向服务构件发送一条消息并且等待服务构件的回复（见图 12-11）。当所发送的消息到达服务构件时，服务构件会接收该消息并进行处理，然后生成一个回复并将回复发送回客户端。之后客户端和服务构件都继续做各自的事情。当没有收到任何消息时，服务构件会挂起。虽然完全可以只有一个客户端和一个服务，但同步消息通信一般都会包含多个客户端和一个服务。由于这种模式是基于客户端 / 服务器体系结构的，因此第 15 章会对其进行更详细的介绍。

图 12-11 是一个描述了特定场景的 UML 实例通信图。在该场景中，一个生产者向一个消费者发送了一条同步消息并且从消费者那里接收回复。在像图 12-11 这样的 UML 通信图中，同步消息通信模式使用 UML 表示法来表示带回复的同步消息通信（黑色箭头），向外发出的请求是输入参数 message，而回复就是输出参数 response。

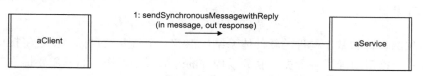

图 12-11　带回复的同步信息通信模式

204

12.4　描述软件体系结构模式

无论何种类型的模式，使用一种标准的方式来描述和记录模式都是非常有用的，可以使模式更容易被提及和引用、与其他模式进行比较以及进行重用。每个模式需要描述的三个重要方面（Buschmann et al. 1996）是上下文、问题和解决方案。上下文是指产生问题的环境，问题是指在上下文中会重复出现的问题，而解决方案则是指一种对于问题的可行性方案。描述模式的模板通常还需要描述模式的优缺点以及一些相关的模式。一个标准的模式描述模板大约是这样的：

- **模式名**。
- **别名**。该模式已知的其他名称。
- **上下文**。产生该问题的环境。
- **问题**。问题的简要描述。
- **解决方案的总结**。解决方案的简要描述。
- **解决方案的优点**。
- **解决方案的缺点**。

- **适用性**。何时可以使用该模式。
- **相关的模式**。
- **参考文献**。可以找到更多关于该模式的信息的地方。

下面给出了一个关于分层模式描述的例子。本书中所介绍的所有模式的基于该标准模板的完整描述可以在附录 A 中找到。

模式名	抽象分层
别名	层次化分层、抽象层次
上下文	软件体系结构设计
问题	需要设计一个易于扩展和收缩的软件体系结构
解决方案的总结	较低层次的构件向较高层次的构件提供服务。每一层的构件只能使用较低层次上的构件所提供的服务
解决方案的优点	提高了软件设计的可扩展性和可收缩性
解决方案的缺点	当要跨越很多层的时候可能导致效率低下
适用性	操作系统、通信协议、软件产品线
相关的模式	内核可以是抽象分层体系结构中的最底层 该模式的变体包括灵活的抽象分层
参考文献	第 12 章 12.3.1 节；Hoffman and Weiss 2001；Parnas 1979

205

12.5 接口设计

面向对象的设计和基于构件的软件体系结构都有一个重要的目标，就是将接口从实现中分离出来。一个**接口**明确了一个类、服务或构件的外部可见操作，而不需要提供其内部关于该操作的结构（实现）。接口可以认为是类的外部视图的设计者和类的内部实现的实现者之间的一种约定，同时也是需要（使用）该接口的类（如调用该接口所提供的操作）和提供该接口的类之间的一种约定。

根据信息隐藏的思想（见 4.2 节），类的属性是私有的，而类所提供的公共操作构成了接口。在使用类图表示法的静态模型中，接口（类操作）在表示类的方框的第三个部分中描述。在图 12-12 所展示的例子中，在表示类的方框的第二个部分描述了"账户"（Account）类的两个私有属性（"减号"在 UML 图中表示私有），在表示类的方框的第三个部分描述了一个包含五个公共操作的接口（"加号"在 UML 图中表示公有）。

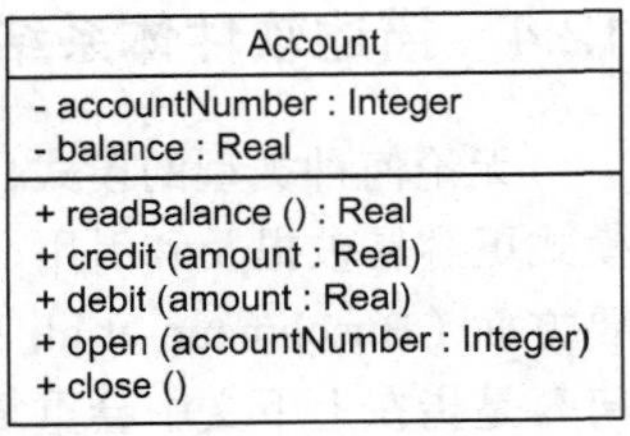

Account
- accountNumber : Integer - balance : Real
+ readBalance () : Real + credit (amount : Real) + debit (amount : Real) + open (accountNumber : Integer) + close ()

图 12-12　带有公共接口和私
有属性的类示例

由于同一个接口可以以不同的方式实现，因此将接口设计独立于实现接口的构件进行描述是很有用的。此外，接口可以在除类之外的其他上下文中被实现。因此，子系统、分布式构件以及被动类中的接口都可以使用相同的接口符号来描述。

接口的名字可以和实现它的类或构件的名字不同。一般情况下，接口的名字以字母"I"开头。在 UML 中，一个接口可以独立于实现它的构件进行建模。接口可以用两种方式来进行描述：简单描述和扩展描述。在简单描述中，接口被表示成一个小圆圈，在圆圈的边上标注接口的名字。那些提供该接口的类或构件被连接到这个小圆圈上，如图 12-13a 所示。在扩展描述中，接口被表示成一个带有静态建模符号的矩形，如图 12-13b 所示，矩形的第一个部分中标注构造型《接口》（《interface》）和接口的名字。接口的操作在矩形的第三个部分中进行描述。矩形的第二个部分是空白的（注意在其他教材中，接口有时候被表示成两个部分，中间的空白部分被忽略掉）。

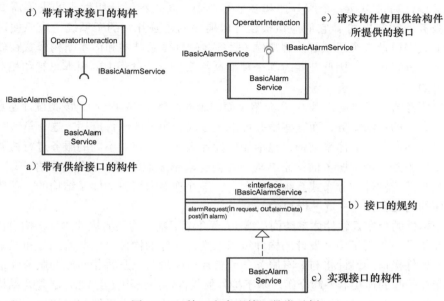

图 12-13　接口和实现接口的类示例

一个接口的例子是 IBasicAlarmService。该接口提供了两个操作，其一是读取警报数据，其二是发布新的警报，如下所示：

接口：IBasicAlarmService
所提供的操作：
- alarmRequest（**in** request，**out** alarmData）
- post（**in** alarm）

实现该接口的构件叫做 BasicAlarmService，它提供了对于该接口的实现。在 UML 中，实现关系如图 12-13c 那样表示（带有一个三角形箭头的虚线），这表示构件 BasicAlarmService 实现了接口 IBasicAlarmService。一个请求接口会被表示成一个带有接口名字的小的半圆形的符号，而请求该接口的类或者构件会被连接到这个半圆上，如图 12-13d 所示。为了表示一个带有请求接口的构件使用了一个带有供给接口的构件，那个带有请求接口的半圆（有时候也称为插槽）要画在带有供给接口的那个圈（有时候也称为球）的周围，如图 12-13e 所示。

12.6　设计软件体系结构

在软件设计建模过程中，设计决策的确定与软件体系结构的特性密切相关。接下来的章节将介绍针对不同类型的软件体系结构的设计：

- **面向对象的软件体系结构**：第 14 章介绍了面向对象的设计，其中使用了信息隐藏、类和接口的概念。这种设计方法产生的是顺序性的面向对象的软件体系结构设计，这种软件可以被实现为只有一个控制线程的顺序性程序。这一章介绍了面向对象的软件体系结构设计，并在考虑其他一些重要的软件体系结构设计思想之前，清楚地说明了面向对象的概念是如何被应用于其中的。

- **客户端/服务器软件体系结构**：第 15 章介绍了客户端/服务器软件体系结构的设计，这类设计通常包含一个服务器和多个客户端。对这种设计所做出的决策需要同时考虑服务器和客户端：它们应该被设计成顺序的还是并发的子系统，应该使用什么样的模式来设计各个子系统。客户端/服务器软件体系结构和体系结构模式在软件系统中是十分普遍的，因此花些时间来理解这些系统设计过程中的根本思想和相关问题是值得的。

- **面向服务的体系结构**：第 16 章介绍了面向服务的体系结构设计，该类设计通常包含多个分布式的自治服务，而这些服务可以组合成分布式的软件应用。这一章节介绍了如何设计面向服务的体系结构，包括如何设计服务、如何对不同的服务进行协调以及如何复用服务。面向服务的体系结构正在被越来越多地使用，它包含了客户端/服务器系统和基于构件的分布式系统的概念。关于处理面向服务的体系结构的一些体系结构方面的问题会在这一章进行阐述。

- **基于构件的分布式软件体系结构**：第 17 章介绍了基于构件的软件体系结构设计。这一章介绍了一些用于构件设计的构件组织准则，这样的构件可以部署到分布式平台上执行。构件接口的设计将与具有服务和请求接口的端口以及将相匹配的服务和请求端口连接在一起的连接器一起介绍。基于构件的软件体系结构使用 UML 2 复合结构图表示法来描述。分布式应用经常是基于构件的，在这些应用中系统的确切形态依赖于所使用的构件技术。然而，这类系统的开发中仍然存在一些重要的体系结构思想，这些将在这一章中介绍。

- **并发及实时的软件体系结构**：第 18 章介绍了实时软件体系结构的设计，这些体系结构是并发的，通常需要处理多个输入事件流。这类系统通常是状态相关的，使用集中式控制或者分散式控制。对于这种系统，需要开发一个并发的软件体系结构，其中系统被组织为并发的任务，并发任务之间的接口和互联关系也需要定义。嵌入式的实时软件系统在软件应用中是一个相当重要的领域。许多用来描述其他软件体系结构的思想（如信息隐藏和并发）也可以被应用在实时设计中。这一章还介绍了实时软件体系结构设计中的其他一些重要问题。

208

- **软件产品线体系结构**：第 19 章介绍了软件产品线体系结构的设计，这些体系结构是用于构建软件产品族的，需要同时捕捉产品族中的共性和可变性。在开发软件产品线体系结构时，由于可变性管理所导致的复杂性的增加，开发单个软件体系结构的问题变得更加突出。软件产品线的概念可以应用于所有之前描述的体系结构中，因为其阐述了在软件家族中的共性和可变性的观点。软件产品线体系结构也是对演化系统进行显式建模的一种自然的选择，因为演化中的每一个版本都可以认为是软件家族中的一个成员。

第 20 章介绍了软件体系结构的质量属性，这些质量属性阐述了软件的非功能性需求，并且对于软件产品的质量有着深远的影响。很多质量属性都可以在软件体系结构开发时进行考虑和评估。软件质量属性包括可维护性、可修改性、可测试性、可追踪性、可伸缩性、可复用性、性能、可用性及安全性。

12.7　总结

本章对软件体系结构进行了概览，介绍了软件体系结构的多视图，特别是静态、动态和部署视图。本章的介绍有助于在设计总体的软件体系结构时考虑应用软件体系结构模式，包括体系结构的结构模式和体系结构的通信模式。体系结构的结构模式用于设计软件体系结构的总体结构，它阐述了系统是如何由子系统构成的。例如抽象分层模式就是一种体系结构的结构模式，这在此前的章节中进行了较为详细的描述。软件体系结构的通信模式考虑子系统之间相互通信的方式。此前的章节中对于三种体系结构的通信模式，即调用 / 返回模式、异步消息通信模式以及带同步消息通信模式进行了较为详细的介绍。每一个子系统的设计都通过某种方式使得它所提供的操作以及所使用的操作可以由接口明确定义。分布式子系统之间的通信可以是同步的也可以是异步的。

在软件设计建模的过程中，设计决策的确定与软件体系结构的特性密切相关。第 13 章介绍了从分析到设计的转换以及如何将系统组织为一系列子系统。第 14 章介绍了使用信息隐藏、类以及接口概念的面向对象的设计。第 15 章介绍了客户端 / 服务器体系结构的设计，这类体系结构通常包含一个服务器和多个客户端。第 16 章介绍了面向服务的体系结构设计，这类体系结构通常包含多个分布式的自治服务，这些服务可以组合成分布式的软件应用。第 17 章介绍了基于构件的软件体系结构设计，包括构件接口的设计以及包含服务和请求接口的构件端口、将相互匹配的端口连接在一起的连接器的设计。第 18 章介绍了实时软件体系结构的设计，这类体系结构是并发的体系结构，通常需要处理多个输入事件流。第 19 章介绍了软件产品线体系结构的设计，这是一种面向软件产品族的软件体系结构，需要同时捕捉产品族中的共性和可变性。

第 20 章介绍了软件体系结构的软件质量属性以及它们是如何被用来评估软件体系结构的质量的。第 21 至 24 章提供了一系列关于如何应用 COMET/UML 来建模和设计不同软件体系结构的案例研究。

209

练习

选择题（每道题选择一个答案）

1. 软件体系结构描述了什么？
   - （a）在一幢建筑中的软件
   - （b）客户端 / 服务器系统的结构
   - （c）软件系统的总体结构
   - （d）软件类以及它们之间的关系

2. 关于构件下面哪一句话是错误的？
   - （a）一个由其他对象组成的复合对象
   - （b）一个操作
   - （c）一个简单对象
   - （d）提供一个接口

3. 软件体系结构的结构视图是什么？
   - （a）体现为模块层次的视图
   - （b）体现为构件和连接器的视图
   - （c）体现为结点和互联关系的物理配置视图
   - （d）体现为对象和消息的视图

4. 软件体系结构的动态视图是什么？
   - （a）体现为模块层次的视图
   - （b）体现为构件和连接器的视图
   - （c）体现为结点和互联关系的物理配置视图
   - （d）体现为对象和消息的视图

5. 软件体系结构的部署视图是什么？

   （a）体现为模块层次的视图　　　　　　（b）体现为构件和连接器的视图

   （c）体现为结点和互联关系的物理配置视图　（d）体现为对象和消息的视图

6. 什么是软件体系结构模式？

   （a）一个系统中主要子系统的结构　　　　（b）软件体系结构中的构件和连接器

   （c）一组互相协作的对象　　　　　　　　（d）在不同系统中重复出现的体系结构

7. 在抽象分层模式中会发生什么？

   （a）每一层都只能使用相邻的下一层的服务

   （b）每一层都只能使用相邻的上一层的服务

   （c）每一层都只能使用相邻的上一层和下一层的服务

   （d）每一层相对于其他层而言都是独立的

8. 在调用／返回模式中会发生什么？

210   （a）调用对象中的一个调用操作向被调用对象中的一个操作（又称方法）发送了一条消息

   （b）调用对象中的一个调用操作调用了一个被调用对象中的操作（又称为方法）

   （c）调用对象等待被调用对象的应答

   （d）调用对象不等待被调用对象的应答

9. 一个生产者向一个消费者发送了一条消息。下面所列的哪种情况是异步消息通信？

   （a）生产者等待消费者的应答　　　　　　（b）生产者不等待消费者的应答

   （c）生产者进入休眠　　　　　　　　　　（d）生产者等待超时

10. 一个生产者向一个消费者发送了一条消息。下面所列的哪种情况是带回复的同步信息通信？

   （a）生产者等待消费者的应答　　　　　　（b）生产者不等待消费者的应答

211   （c）生产者进入休眠　　　　　　　　　　（d）生产者等待超时

软件子系统体系结构设计

在分析建模时，问题是通过分解以及逐个考虑各个用例的方式来分析的。在设计建模时，解决方案是通过设计一个定义了软件系统的结构和行为属性的软件体系结构来构造的。为了成功地管理大型软件系统开发所固有的复杂性，我们需要一种能够将系统分解为子系统以及开发系统的总体软件体系结构的方法。完成分解后，每个子系统都可以按照后续章节中所介绍的方式独立进行各自的设计。

13.1 节介绍了软件体系结构设计中的问题。设计软件体系结构需要从分析模型开始。此外，在设计软件体系结构时，还需要做出一些决策：

- 如何将基于用例的交互模型整合到一个初始的软件体系结构中，这将在 13.2 节中介绍。
- 如何使用关注点分离和子系统组织标准来确定系统所包含的子系统，这将在 13.3 节和 13.4 节中分别介绍。
- 如何确定子系统间消息通信的确切类型，这将在 13.5 节中介绍。

13.1 软件体系结构设计中的问题

进行问题域分析以及将系统划分为子系统的过程中，重点都在于如何通过功能分解使得每个子系统都明确地负责处理系统的一个部分（详见 13.3 节）。设计目标是让每个子系统都能负责执行一个与其他子系统功能相对独立的主要功能。一个子系统还可以被进一步分解成更小的子系统，其中每个子系统完成一部分功能子集。这样，当定义好子系统之间的接口之后，就可以独立进行各个子系统的设计了。

一些子系统由于地理位置上的分布以及服务器职责的区分可以相对容易地确定下来。地理分布最常见的一种形式是客户端和服务，一般会被分配到不同的子系统中：一个客户端子系统和一个服务子系统。因此，图 13-1 中"银行系统"的软件体系结构由一个位于每台 ATM 机上的"ATM 客户端"子系统和一个"银行服务"子系统组成。这是一个地理位置分布的子系统组织的例子，其中系统的地理位置分布是在问题描述中给出的。在这种情况下，子系统的组织可以在设计过程的早期完成。

212

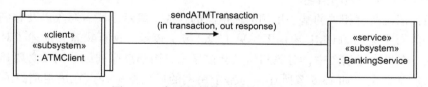

图 13-1　高层软件体系结构：银行系统

在其他一些应用中，如何将系统分解为子系统就没那么显而易见了。子系统分解的目标之一是让功能相关、高度耦合的对象处于同一子系统中，因此用例是一个好的起点。参与同一个用例的对象可以看作归属同一子系统的候选者。因此，子系统分解一般是在通过动态建模（见第 9 章）确定每个用例的组成对象之间的交互之后进行的。需要注意的是，正如本章所描述的那样，子系统分解可以在设计阶段的早期进行。

子系统提供了一个比对象粒度更大的信息隐藏解决方案。子系统分解可以从系统的用例开始。实现同一个用例的对象需要相互通信（如基于用例的交互图所描述的），因此具有更高的耦合度，而且与其他用例中对象的耦合度较低（或者无耦合）。然而，一个对象可能会参与多个用例之中，但只能属于一个子系统。因此，一个参与多个用例的对象需要考虑如何分配到一个子系统中，通常这个子系统与该对象的耦合度最高。在某些情况下，一个子系统可能会同时包含来自多个用例的对象，这种情况最有可能发生在多个功能上相关的用例共享一些共同对象的时候。然而，有些时候也存在参与同一个用例的多个对象需要被分配到不同子系统之中的情况（例如由于它们位于不同的地理位置上）。这些问题将在 13.3 节中作进一步讨论。

13.2 集成通信图

为了实现从分析到设计的过渡并确定子系统，有必要在已经进行的分析基础上合成一个初始的软件设计。这可以通过集成作为动态模型一部分的基于用例的交互图来进行。虽然对象间的动态交互也可以通过顺序图或通信图来描述，但这里的集成使用了通信图，因为通信图能够形象地描述对象之间的相互连接以及所传递的消息。

213

在分析模型中，应当至少为每个用例开发一个通信图。**集成通信图**是所有开发用来支持用例的通信图的合成，它实际上是对相关通信图的合并。接下来将介绍集成通信图是如何开发的。

不同用例之间通常存在执行的优先顺序。通信图合成的顺序应该与用例执行的顺序一致。从可视化的角度看，集成是以下面的方式完成的。从第一个用例的通信图开始，将第二个用例的通信图叠加到第一个上面形成一个集成的图。接着，将第三个图叠加到集成的前两个的图上，以此类推。每次叠加时，从每个后面的图中向集成的图中添加新的对象和消息交互。随着叠加的对象和消息交互越来越多，图也变得越来越大。那些出现在多个通信图中的对象和消息交互只会显示一次。

需要注意的是，集成通信图必须显示由单个基于用例的通信图中派生得到的所有消息通信。通信图通常通过一个用例显示主要的交互序列，但并不显示所有可能的序列。在集成通信图中，有必要显示各个用例中执行主序列之外的其他备选序列所产生的消息通信。第 11 章中给出了一个在"银行系统"中支持"验证 PIN 码"用例中的主序列和几个备选序列的交互图的例子。所有这些附加的消息都应当出现在集成通信图上，从而使集成通信图成为对象间所有消息通信的一个完整的描述。

集成通信图是所有相关的基于用例的通信图的合成，显示了所有对象以及它们之间的交互。集成通信图用泛化的 UML 通信图（见 12.2.2 节）表示，这意味着它描述了对象间所有可能的交互。在集成通信图中，对象和消息会被显示，而消息序列编号则没必要显示，因为这样做只会增加混乱。如 13.5 节所述，与基于用例的通信图一样，在决定消息通信的类型（同步或异步）之前，集成通信图上的消息会被描述成简单消息。

图 13-2 给出了一个"银行系统"的"ATM 客户端"子系统的集成通信图的例子。这个例子由实现了"银行系统"7 个用例的通信图集成得到，包括每个用例的主序列和其他备选序列。集成通信图是一个泛化图，因此对象的名字没有加下划线。

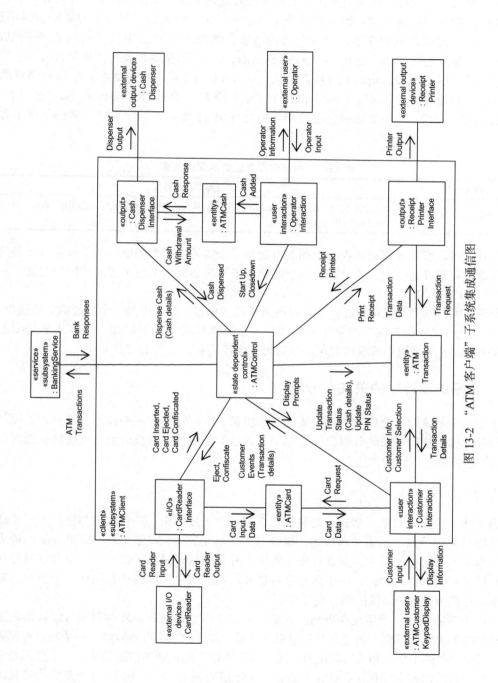

图 13-2 "ATM 客户端" 子系统集成通信图

由于集成通信图在大型系统中将会变得非常复杂，因此有必要减少图中的信息量。一个减少图中信息量的方法是对消息进行聚合，即如果一个对象向另一个对象发送了多条消息，那么使用一个聚合消息而不是在图上显示所有这些消息。聚合消息是一种能够有效减少集成通信图中的混乱的方法。聚合消息并不表示从一个对象发送到另一个对象的实际消息，而是一对相同的对象之间在不同时刻发送的消息。例如，图 13-2 中从"ATM 控制"（ATM Control）对象发送到"客户交互"（Customer Interaction）对象的消息可以被聚合为一个称为"显示提示"（Display Prompts）的聚合消息，如表 13-1 所示。图 13-2 中其他聚合消息的例子还包括"ATM 交易"（ATM Transactions）、"银行应答"（Bank Responses）和"客户事件"（Customer Events）。这个集成通信图的例子将会在第 21 章的"银行系统"案例分析中详细描述。

表 13-1 由简单消息组成的聚合消息

聚合消息	由简单消息组成
Display Prompts	Get PIN, Invalid PIN Prompt, Display Menu, Display Cancel, Display Menu, Display Confiscate, Display Eject

此外，将所有对象都显示在一个图上可能是不现实的。这个问题的一个解决方案是为每个子系统开发集成通信图，并且开发一个高层的子系统通信图来显示子系统间的交互，正如接下来所描述的那样。

子系统间的动态交互可以在一个**子系统通信图**上描述，这个图是一个高层的集成通信图，如图 13-1 中的"银行系统"的例子所示。每一个子系统的结构可以在一个集成通信图上描述，该图显示了子系统中所有的对象以及其相互连接关系，如图 13-2 所示。

13.3 子系统设计中的关注点分离

在设计子系统时需要做出一些重要的组织决策。下列这些解决关注点分离问题的设计考虑应当包含在系统的子系统分解设计过程中，其目的是使得子系统的独立性更好从而可以让不同的子系统关注不同的关注点。

13.3.1 复合对象

属于同一个复合对象一部分的对象应该在同一个子系统中，并且应该与那些不属于该复合对象的对象相分离。如第 7 章所述，聚合与组合都是整体/部分关系，而组合是一种更强的聚合形式。在组合关系中，复合对象（整体）和它的组成对象（部分）一起被创建、一起生存然后又一起消亡。因此，一个由复合对象和其组成对象构成的子系统比一个由聚合对象和其组成对象构成的子系统的耦合度更高。

与单个对象相比，子系统在更高的抽象层次上支持信息隐藏。软件对象可以被用来建模问题域中的现实世界对象，而复合对象建模问题域中复合的现实世界对象。一个复合对象通常由多个经协调共同工作的相关对象组成，这种安排类似于制造业的装配结构。一个应用经常需要一个复合对象的多个实例（因此也包含其每个组成对象的多个实例）。一个复合类和其组成类之间的关系最适合在静态模型中描述，因为类图可以描述每个组成类和复合类之间关联关系的重数。

一个复合类的例子是"自动取款机"（ATM）类（图 13-3）。ATM 是一个由 ATM 读卡器、吐钞器、凭条打印机和 ATM 客户键盘 / 显示器组成的复合类。在银行系统中有多个 ATM 复合类的实例，其中每一个都代表一台自动取款机。

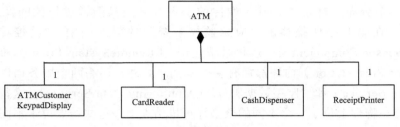

图 13-3　复合类示例：ATM

可以将聚合子系统作为一种包含复合子系统（构件）的高层子系统。一个**聚合子系统**包括一组根据功能相似性聚集在一起的对象，这些对象可以跨越地理位置的边界。这些聚合对象被聚集在一起是因为它们在功能上的相似性或者在同一个用例中存在交互关系。与复合子系统相比，聚合子系统可以被方便地作为更高层次上的抽象，尤其是在一个包含很多构件的高度分布式的应用中。在一个跨越多个组织的软件体系结构中，将每个组织描述为一个聚合子系统是很有用的。分层体系结构也可以按照将每层设计为一个聚合子系统的方式来组织。每一层自身也可以包括多个地理上分布的**复合子系统**（被设计为构件或服务）。"应急监控系统"案例研究是一个将每一层（用户、监控、服务）设计成一个聚合子系统的软件体系结构的例子，如图 13-4 所示以及如第 23 章所述。每一层包括一个或更多的复合子系统（构件或服务）。因此，监控层有两个构件："监控传感器构件"（MonitoringSensor Component）和"远程系统代理"（RemoteSystem Proxy）；服务层有两个服务："警报服务"（Alarm Service）和"监控数据服务"（Monitoring Data Service）。

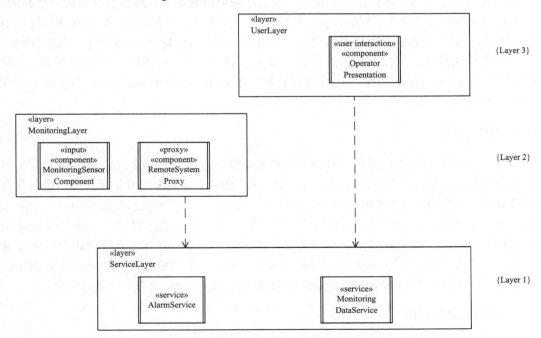

图 13-4　具有聚合和复合子系统的分层体系结构：应急监控系统

13.3.2 地理位置

如果两个对象有可能会分布在不同的地理位置上,那么它们应该位于不同的子系统中。在一个分布式环境中,基于构件的子系统之间只能通过彼此间发送消息的方式进行通信。在图 13-5 所描述的"应急监控系统"的部署图中,"监控传感器构件"(MonitoringSensor Component)、"远程系统代理"(RemoteSystem Proxy)和"操作员展现"(Operator Presentation)构件都拥有多个实例。此外,还有两个服务构件,即"警报服务"(Alarm Service)和"监控数据服务"(Monitoring Data Service)。这些构件的每个实例都有可能在物理上位于一个不同的微型计算机结点上,这些结点位于不同的地理位置并通过广域网连接。

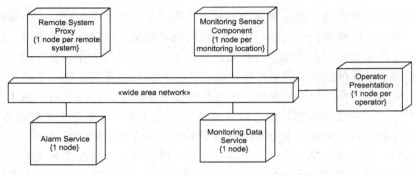

图 13-5 地理分布示例:应急监控系统

13.3.3 客户端和服务

客户端和服务应该在不同的子系统中。这条准则可以被看作地理位置规则的一个特例,因为客户端和服务通常位于不同的位置。例如,图 13-1 中的"银行系统"拥有很多相同类型的"ATM 客户端"子系统,这些子系统位于分布在全国各地的物理 ATM 机上。"银行服务"位于一个集中的位置,例如在纽约市。图 13-4 所示的"应急监控系统"中有两个服务,即"警报服务"(Alarm Service)和"监控数据服务"(Monitoring Data Service),分别位于与它们的客户端不同的子系统中。

13.3.4 用户交互

作为一个更大的分布式配置一部分,用户经常使用他们自己的个人电脑,因此最灵活的选择是让用户交互对象位于独立的子系统中。因为用户交互对象通常是客户端,这条准则可以被看作是客户端 / 服务准则的一个特殊情况。此外,一个用户交互对象可能是一个由几个简单用户交互对象组成的复合图形用户交互对象。图 13-6 中的"操作员展现"(Operator Presentation)构件是一个复合图形用户交互对象的例子,其中包括三个简单的图形交互对象,即一个"操作员交互"(Operator Interaction)对象、一个"警报窗口"(Alarm Window)和一个"事件监控窗口"(Event Monitoring Window)。第 17 章对此有更详细的介绍。

13.3.5 外部对象的接口

一个子系统处理用例模型中的一部分参与者以及上下文图中的一部分外部现实世界对

象。一个外部现实世界对象应该只与一个子系统之间存在接口。图 13-7 描述了"ATM 客户端"子系统的一个例子，其中，"ATM 客户端"与多个外部现实世界类之间存在接口，包括"读卡器"、"吐钞器"和"凭条打印机"，而这些外部对象只与系统中的 ATM 客户端子系统之间有接口。

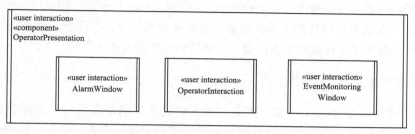

图 13-6　用户交互子系统示例

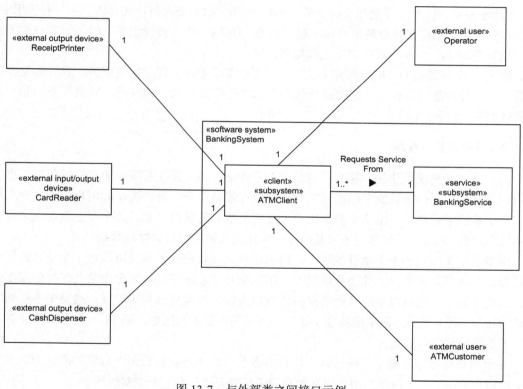

图 13-7　与外部类之间接口示例

13.3.6　控制范围

一个控制对象及其所直接控制的所有实体和输入 / 输出（I/O）对象都应该位于同一个子系统之中，而不是分散在多个子系统之中。一个例子就是图 13-2 中"ATM 客户端"子系统中的"ATM 控制"（ATM Control）对象，该对象提供了 ATM 客户端子系统中所有对象的总体控制，包括几个内部输入 / 输出对象（例如"读卡器接口"和"吐钞器接口"）、用户交互对象（例如"客户交互"对象）和实体对象（例如"ATM 交易"对象）。

13.4 子系统组织准则

上述各节描述的设计考虑可以被规范定义为子系统组织准则,其目的是确保子系统设计的有效性。本节中子系统组织准则将通过示例来进行描述。一个子系统可以满足不止一个的组织准则。子系统通常使用构造型(stereotype)«subsystem»来描述。构造型«component»用于描述某些由分布式基于构件的子系统组成的软件体系结构中的子系统,而构造型«service»则用于描述在由服务子系统组成的面向服务的体系结构中的服务子系统。

13.4.1 客户端子系统

一个客户端子系统是一个或多个服务的请求者。客户端存在多种不同的类型,有些可能全部依赖于某个服务,而另外一些可能只是部分依赖于某个服务。前者仅仅与一个服务通信,而后者可能与多个服务进行通信。客户端子系统包括用户交互子系统、控制子系统和输入/输出子系统,这些将分别在 13.4.2 节、13.4.4 节和 13.4.6 节进行详细介绍。在一些应用中,一个客户端子系统将多种角色组合在一起。例如,图 13-1 中"银行服务"的一个客户端子系统"ATM 客户端"同时具有用户交互和控制特性。

图 13-4 中所描述的"应急监控系统"有两个服务子系统,即"警报服务"和"监控数据服务"。"监控传感器构件"、"远程系统代理"和"操作员展现"构件是"警报服务"和"监控数据服务"的客户端。

13.4.2 用户交互子系统

用户交互子系统提供用户接口,并且充当一个客户端/服务系统中的客户端角色,提供用户访问服务。同一个系统中的用户交互子系统可能有多个,每种类型的用户一个。一个用户交互子系统通常是一个由几个简单用户交互对象组成的复合对象,其中可能包括一个或多个本地存储和/或缓存的实体对象以及总体用户输入和输出序列的控制对象。

随着图形工作站和个人电脑的增长,提供用户交互角色的子系统可以在一个单独的结点上运行,并且与其他结点上的子系统交互。用户交互子系统可以对完全由结点支持的简单请求提供快速响应,而对需要与其他结点协作处理的请求的响应则相对较慢。这类子系统通常需要与特定的用户输入/输出设备建立接口,例如图形显示和键盘。图 13-1 中的"ATM 客户端"子系统满足这一准则。

一个用户交互客户端子系统可以支持包括命令行界面或者包含多个对象的图形用户界面的简单用户接口。一个简单的用户交互客户端子系统可以只有一个控制线程。

一个更复杂的用户交互子系统通常包括多个窗口和多个控制线程。例如,一个 Windows 客户端由多个独立运行的窗口组成,每个窗口都有一个拥有自己独立的控制线程的并发对象来提供支持。这些并发对象可能会访问一些共享数据。

图 13-8 展示了一个基本"应急监控系统"中的用户交互子系统的例子。"基本操作员展现"(Basic Operator Presentation)是一个拥有多个实例的用户交互子系统。每个实例都会向"警报服务"和"监控数据服务"子系统发送请求。"基本操作员展现"子系统拥有一个内部用户交互对象来显示"警报窗口"中的告警,而另一个内部用户交互对象来显示"事件监控窗口"中的监控状态。

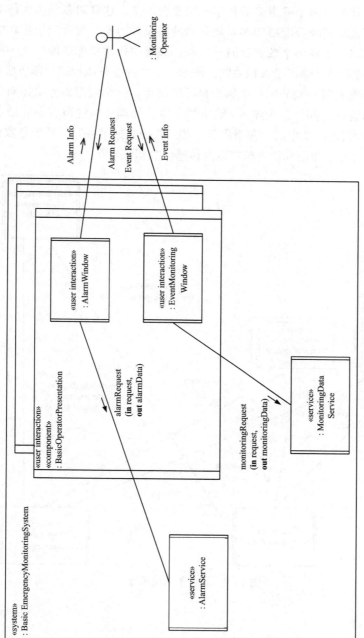

图 13-8 包含多个窗口的用户交互子系统示例

13.4.3 服务子系统

服务子系统为客户端子系统提供服务。服务子系统并不会发起任何请求，但是会对来自客户端子系统的请求进行响应。服务子系统是任何一个提供服务的子系统，服务于客户端请求。服务子系统通常是由两个或更多对象组成的复合对象。这些对象包括实体对象、服务客户端请求并决定应该将请求分配给哪些对象处理的协调者对象、封装应用逻辑的业务逻辑对象。一个服务经常与一个或多个数据存储相关联，或者提供数据库访问。另一种情形是，服务可能与一个或多个输入 / 输出设备相关联，例如一个文件服务或行式打印机服务。

一个服务子系统通常会被分配一个属于自己的结点。一个数据服务支持对一个集中式数据库或文件存储的远程访问。一个输入 / 输出服务负责处理针对驻留在同一结点上的物理资源的请求。图 13-8 和图 13-9 中的"警报服务"和"监控数据服务"子系统是数据服务子系统的例子，其中分别存储了当前和历史告警以及传感器数据。

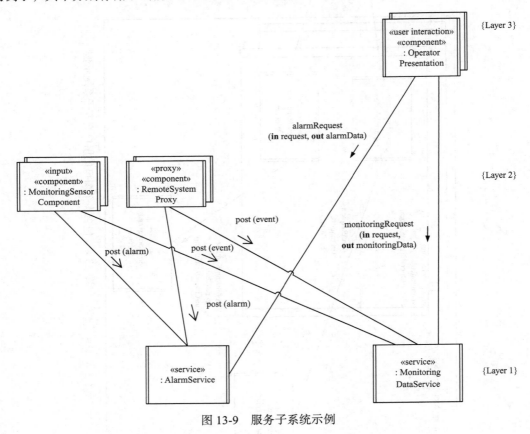

图 13-9　服务子系统示例

222
~
223

13.4.4 控制子系统

一个控制子系统控制系统中的一个给定部分。控制子系统接收来自外部环境的输入，产生面向外部环境的输出，其中通常没有任何人工干预。一个控制子系统通常是状态相关的，在这种情况下该子系统包含至少一个状态相关的控制对象。在有些情况下，一些输入数据可能要通过其他子系统收集然后被该子系统使用。另一种情况是，该子系统可能会提供数据给其他子系统使用。

一个控制子系统可以从另一个给予其总体方向的子系统那里接收一些高层命令，然后持续地或者以按需的方式向其他结点提供低层控制或发送状态信息。

图 13-1 中的"ATM 客户端"子系统是一个控制子系统的例子，该子系统将控制和用户交互两种角色结合起来。"ATM 客户端"有多个实例，每个 ATM 机一个，其中每个实例都独立于其他实例，并且只和"银行服务"子系统进行通信。"ATM 客户端"的控制角色是对一系列相关的交互进行顺序控制，包括与 ATM 客户的交互、与"银行服务"子系统的通信，以及对提取现金、打印凭条和读取与弹出（或没收）ATM 卡的输入 / 输出设备的控制。这一控制角色在 ATM 机的状态图中进行了明确的描述，其中状态图的动作触发了控制对象的动作。

另一个例子是图 13-10 中"自动引导车辆系统"（Automated Guided Vehicle）的一个控制子系统。在该子系统中，控制是由一个状态相关的内部控制对象"车辆控制"提供的（图中未显示），此对象从"监管系统"接收行驶命令，控制发动机构件（用来启动和停止沿轨道的行驶）和操作臂构件（用来装载和卸载部件），这些会在第 24 章进行详细描述。"自动引导车辆系统"向"监管系统"发送车辆确认，向"显示系统"发送车辆状态。

224

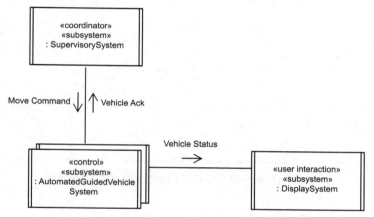

图 13-10　工厂自动化系统中的控制和协调者子系统示例

13.4.5　协调者子系统

协调者子系统协调其他子系统的执行，例如控制子系统或服务子系统。接下来会介绍这两类协调者子系统。

在拥有多个控制子系统的软件体系结构中，有时通过一个协调者子系统对这些控制子系统进行协调是必要的。如果多个控制子系统是完全相互独立的，如图 13-1 中的 ATM 客户端，那么协调是不需要的。在其他情况下，控制子系统可以协调多个控制子系统之间的活动。如果协调相对简单，那么这种分布式协调通常是可能的。如果协调活动相对复杂，那么使用层次化的控制系统以及一个监管这些控制子系统的独立的协调者子系统是比较好的选择。例如，协调者子系统可以决定一个控制子系统接下来应该完成哪一个项工作。"工厂自动化系统"中包含一个协调者子系统向控制子系统分配工作项的例子。在这个系统中，"监管系统"（图 13-10）是一个向各个"自动引导车辆系统"分配工作的协调器，这些工作包括移动到一个工作站、装载一个部件并将其运送到另一个工作站。

　　另一种协调者子系统决定多个服务子系统的执行序列（也称作工作流），这些会在第16章进行详细介绍。在线购物系统中的"客户协调者"是一个面向服务体系结构中的协调者的例子。"客户协调者"从"客户交互"构件那里接收购物请求，然后与"目录服务"、"客户账户服务"、"信用卡服务"和"电子邮件服务"等服务子系统交互，如图13-11所示。

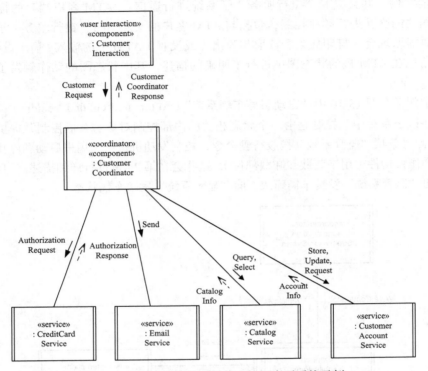

图 13-11　面向服务体系结构中协调者子系统示例

13.4.6　输入 / 输出子系统

　　一个输入、输出或输入 / 输出子系统是一个代表其他子系统执行输入和 / 或输出操作的子系统，这种子系统可以设计为相对比较自治的子系统。例如，"智能"设备可以具有更强的本地自治能力，可以由硬件以及作为设备接口并负责设备控制的软件组成。一个输入 / 输出子系统通常由一个或更多的设备接口对象组成，并且还可能包括提供本地化控制的控制对象和存储本地数据的实体对象。

　　输入子系统的一个例子是图 13-9 所描述的应急监控系统中的"监控传感器构件"，该构件从外部传感器那里接收输入，它是两个服务的客户端：向"警报服务"发布警报、向"监控数据服务"发布事件。

13.5　子系统间消息通信的决策

　　在从分析模型到设计模型的过渡中，最重要的决策之一就是与子系统之间需要哪种类型的消息通信相关。另一个相关的决策是更精确地确定每条消息的名称和参数（即接口规约）。分析模型中没有确定消息通信的类型。此外，分析模型强调的是在对象间传递的消息，而不是精确的消息名称和参数。在设计建模过程，当子系统结构被确定后（如 13.4 节所示），需要确定消息通信的准确语义，例如消息通信是同步还是异步的（见第 4 章和第 12 章）。

　　两个子系统间的消息通信可以是单向或是双向的。图 13-12a 描述了一个生产者和消费者间单向消息通信的分析模型的例子以及一个客户端和服务间双向消息通信的例子。分析模型中所有的消息使用的都是同一种表示法（棍状箭头），因为此时消息通信的具体类型还未确定。这一问题将在设计时确定，因此设计者现在需要确定这些例子中需要哪种类型的消息通信（消息通信的 UML 表示法概述见 2.8 节）。

　　图 13-12b 展示了两个设计决策的结果。首先，图 13-12a 中的四个分析模型对象在图 13-12b 中被设计成并发子系统。其次，关于子系统间消息通信的类型被确定。图 13-12b 描述了在生产者和消费者之间使用异步消息通信的决策以及在客户端和服务之间使用同步消息通信的决策。此外，每条消息确切的名称和参数也被确定下来。该异步消息（在 UML 2 中，棍状箭头表示异步消息）的名称是 "send Asynchronous Message" 并具有名为 "message" 的消息内容。同步消息（在 UML 2 中，黑色箭头表示同步消息）的名称是 "send Synchronous Message With Reply"，并具有名为 "message" 的输入内容和名为 "response" 的服务响应。

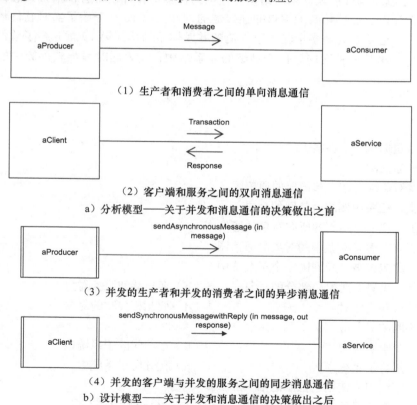

（1）生产者和消费者之间的单向消息通信

（2）客户端和服务之间的双向消息通信

a）分析模型——关于并发和消息通信的决策做出之前

（3）并发的生产者和并发的消费者之间的异步消息通信

（4）并发的客户端与并发的服务之间的同步消息通信

b）设计模型——关于并发和消息通信的决策做出之后

图 13-12　从分析向设计过渡：关于并发和消息通信的决策

　　上述关于异步和同步通信的决策可以被规范化描述为体系结构通信模式（如第 12 章所述）。因此，生产者和消费者间的单向消息应用了异步消息通信模式，而客户端和服务间的消息和响应应用了带回复的同步消息通信模式。

13.6 总结

本章介绍了软件体系结构设计。其中介绍了软件体系结构的总体设计，包括从分析建模过渡到设计建模的过程中需要做出的决策。子系统依据它们在软件体系结构中所扮演的角色进行了分类。这种体系结构的一些例子将会在第21章到第24章中的案例研究中介绍。

在设计总体软件体系结构时，应用软件体系结构模式是很有帮助的，包括体系结构结构模式和体系结构通信模式。体系结构的结构模式应用于软件体系结构的总体结构设计，解决了如何将系统分解为子系统的问题。体系结构的通信模式针对的是子系统之间相互通信的方式。在此过程中，每个子系统的接口都用其所提供和使用的操作进行了明确的定义。分布式子系统间的通信可以是同步或是异步的。

在软件设计建模过程中，设计决策的做出与软件体系结构的一些特性相关。第14章介绍了使用信息隐藏、类和继承这些思想的面向对象设计。第15章介绍了客户端/服务软件体系结构的设计，这类设计的典型结构包括一个服务和多个客户端。第16章介绍了面向服务体系结构的设计，这种设计通常由多个可以组成分布式软件应用的分布式自治服务组成。第17章介绍了基于构件的软件体系结构，包括构件接口设计、带有供给接口和请求接口的构件端口的设计以及连接相匹配端口的连接器的设计。第18章介绍了实时软件体系结构的设计，这是一种通常要处理多个输入事件流的并发体系结构。第19章介绍了软件产品线体系结构的设计，这是一种面向软件产品组的体系结构，需要同时捕捉软件族中的共性和可变性。

练习

选择题（每道题选择一个答案）

1. 什么是集成通信图？
   （a）通过将对象结合在一起形成的通信图
   （b）所有支持相关用例的通信图的合成
   （c）描述了实现一个用例的所有对象的通信图
   （d）集成了来自静态模型中的对象的通信图

2. 下列哪些对象应该被分配到同一个子系统中？
   （a）属于同一个复合对象—部分的对象　　（b）客户端和服务对象
   （c）用户接口和实体对象　　（d）彼此相关联的对象

3. 地理位置不同的对象应该：
   （a）在同一个子系统中　　（b）在不同的子系统中
   （c）在一个复合子系统中　　（d）在分层子系统中

4. 如果在子系统组织中使用了控制范围，那么：
   （a）一个用户接口对象与所更新的实体对象位于同一个子系统中
   （a）一个状态相关的控制对象与所控制的对象位于同一个子系统中
   （c）一个状态相关的控制对象与所控制的对象位于不同的子系统中
   （d）一个用户接口对象与所更新的实体对象位于不同的子系统中

5. 一个外部对象与系统的接口应该如何设计？

（a）它应该与一个子系统建立接口　　　（b）它应该与多个子系统建立接口

（c）它应该与每个子系统建立接口　　　（d）它应该不与任何子系统建立接口

6. 一个用户接口子系统是一种：

（a）控制子系统　　　　　　　　　　　（b）服务子系统

（c）客户端子系统　　　　　　　　　　（d）输入 / 输出子系统

7. 下列哪些对象不太可能位于同一个子系统中？

（a）用户接口对象和实体对象　　　　　（b）状态相关的控制对象和协调者对象

（c）业务逻辑对象和实体对象　　　　　（d）输入 / 输出对象和状态相关的控制对象

8. 下列哪个子系统不太可能是一个客户端子系统？

（a）控制子系统　　　　　　　　　　　（b）用户交互子系统

（c）服务子系统　　　　　　　　　　　（d）输入 / 输出子系统

9. 什么时候需要一个协调者子系统？

（a）当子系统需要协调多个内部对象时

（b）当子系统需要协调多个输入 / 输出设备时

（c）当子系统从多个客户端子系统接收消息时

（d）当子系统需要协调其他子系统的执行时

10. 什么时候需要一个控制子系统？

（a）当子系统需要控制多个内部对象时

（b）当子系统需要控制多个输入 / 输出设备时

（c）当子系统需要控制多个客户端子系统时

（d）当子系统需要控制其他子系统的执行时

Software Modeling & Design: UML, Use Cases, Patterns, & Software Architectures

设计面向对象的软件体系结构

面向对象的思想是软件设计的基础。面向对象设计是指使用信息隐藏、类和继承的思想设计的软件系统。对象是对类的实例化并通过操作（也称为方法）进行访问。

类使用**信息隐藏**的思想进行设计以封装不同类型的信息，例如数据结构或状态机的实现细节。这些类最初是在分析建模过程中的对象和类组织阶段中确定的，如第 8 章所述。本章将介绍类接口和每个类提供的操作的设计，还将介绍软件设计中**继承**的使用。第 4 章中介绍了信息隐藏、类和继承和概念。正如第 4 章所述，操作这个术语的含义同时包括一个对象所执行的一个功能的规约和实现。

14.1 节概述设计顺序性面向对象体系结构所使用的概念、体系结构和模式。14.2 节介绍在设计信息隐藏类时的一些重要问题。14.3 节介绍类接口和操作的设计，以及如何在动态模型基础上确定接口和操作。接下来的各节介绍了不同种类的信息隐藏类的设计：14.4 介绍封装数据结构的数据抽象类的设计；14.5 节介绍封装有限状态机的状态机类的设计；14.6 节介绍隐藏用户界面细节的图形用户交互类的设计；14.7 节介绍封装业务规则的业务逻辑类的设计计。14.8 节介绍面向对象设计中的继承，包括类继承、抽象类和子类的设计。14.9 节描述类接口规约的设计，包括类操作的规约。14.10 节介绍信息隐藏类的详细设计。14.11 节介绍多态和动态绑定。14.12 节介绍用 Java 实现的类的例子。

14.1　面向对象的软件体系结构的概念、体系结构和模式

信息隐藏是一个基本的设计思想，实现信息隐藏的类封装了一些对系统其他部分隐藏的信息，例如数据结构。类的设计者需要确定哪些信息应该隐藏在类中，哪些信息应该放在类的接口中。另一个重要的思想是接口与实现相分离，这样接口就成为接口的提供者和接口的使用者之间的一种契约。更多关于信息隐藏思想的细节可以在第 4 章找到。

本章介绍顺序性面向对象软件体系结构的设计，这种设计通常被实现为拥有一个控制线程的顺序性程序。面向对象的思想同样也在分布式和基于构件的软件体系结构、并发实时软件体系结构、面向服务的体系结构和软件产品线体系结构中得到了应用和扩展，这些将在后面的章节中介绍。对于对象间的通信，调用 / 返回模式是顺序性体系结构中唯一的通信模式，如第 12 章所述。

14.2　设计信息隐藏类

在设计建模阶段，信息隐藏类可以使用构造型（stereotype）进行分类。根据分析模型（第 8 章）确定的类（即那些来自于问题域的类）被分为实体类、边界类、控制类和应用逻辑类。其中有些类更可能会被设计为主动（并发）类，这将在后续章节中进行介绍，而本章将主要关注那些更可能被设计成被动的类。

- **实体类**。在分析模型中确定的封装数据的类。在类图中可以用构造型《实体》（entity）

来描述实体类。实体对象（即实体类的实例）通常是用来存储信息的持久性对象。对于基于数据库的应用程序，所封装的数据很有可能需要存储在数据库中。此时，实体类会提供一个数据库访问接口而不是封装数据。因此，在类设计中，实体类被进一步分为封装数据结构的**数据抽象类**和**包装器类**。包装器类隐藏了访问现有系统或遗留系统的接口细节，可能是访问存储在文件管理系统或数据库管理系统中的数据。**数据库包装器类**隐藏了访问存储在数据库（通常是关系数据库）中的数据的方式。包装器类也可以隐藏如何访问遗留系统接口的细节。包装器类将在第 15 章介绍。

- **边界类**。与外部环境通信并建立接口。边界类（例如设备的输入 / 输出类和代理类）经常是主动（并发）类，因此将在第 18 章中介绍。本章介绍的一个被动的边界类是**图形用户交互类**，这种类为用户提供访问接口并为他们呈现信息。

- **控制类**。为一组对象提供总体协调。控制类经常是主动（并发）类，因此将在第 18 章中介绍。本章介绍的一种被动控制类是封装了有限状态机的**状态机类**。协调者类和计时器类一般被认为是主动类（任务），因此并不在本章介绍。

- **应用逻辑类**。封装特定应用的逻辑和算法，可以分为**业务逻辑类**、**服务类**和**算法类**。业务逻辑类在本章中介绍。服务类在第 16 章面向服务的体系结构中介绍。算法类经常是主动的，将在第 18 章进行介绍。

231

14.3　设计类接口和操作

如第 13 章所述，类接口由每个类提供的操作组成。每个操作有输入参数、输出参数和（如果是一个函数的话）一个返回值。类的操作可以根据静态模型或动态模型确定。虽然静态模型可以用于显示每个类的操作，但是基于动态模型确定类的操作通常会更容易，尤其是通信图或顺序图。这是因为动态模型能够显示对象间的消息交互，因此能够反映消息的对象中被调用的操作。被动对象间传递的消息由一个对象中调用另一个对象提供的操作的操作组成。一些类设计的例子将会在本章中给出。

14.3.1　基于交互模型设计类操作

本节介绍了如何使用对象交互模型来帮助确定每个类的操作。顺序图或通信图都可以用于此目的。因此，一个类的操作可以通过考虑一个从类的实例化对象如何与其他对象交互来确定。特别地，当两个对象交互时，一个对象为另一个对象提供一个操作。本节介绍了类操作的设计，从交互图开始，然后在类图上展示操作设计。

如果两个对象交互，那么需要知道是其中哪一个对象调用了另一个对象的操作。这种信息通常无法根据一个静态模型中的类图来确定，因为静态模型只显示了类间的静态关系。另一方面，动态交互模型描述了一个对象向另一个对象发送消息的方向。如果将对象映射到一个顺序程序中，发送消息的对象调用接收消息的对象的操作。此时，消息被映射为一个操作调用。消息的名字映射为操作的名称，消息的参数映射为操作的参数。

对象的操作可以直接根据其所在的交互图来确定。分析模型中所强调的是捕捉对象间传递的信息，而不是操作的准确语法。因此，通信图上的消息可能是个名词（反映所传递的数据），也可能是个动词（反映所要执行的操作）。

232

在设计模型中，需要定义类的操作。如果消息显示为一个名词，那么此时需要定义接收信息的对象的操作。如果消息显示为一个动词，那么该动词表示操作的名称。在设计模型中，操作的名称反映类提供的服务这一点是十分重要的。

此外还需要考虑操作是否包含输入和/或输出参数。在分析模型中，通信图中的消息通常被描述为从发送对象向接收对象发送的简单消息。在某些情况下，一个简单消息表示对前一个消息的应答。所有调用操作的消息在设计模型通信图中都被描述为同步消息。分析模型中所描述的实际表示应答的简单消息（即操作所返回的数据）被映射为操作的返回参数。

除了将变量作为操作的参数进行传递外，也可以将对象作为参数传递。对象一旦被创建后，就可以作为调用其他对象的操作的参数。一个例子是"银行系统"中的"ATM 交易"实体类。一旦一个交易（例如"PIN 码验证交易"）被创建后，该对象便可以作为"ATM 交易"的参数从"ATM 客户端"传递到"银行服务"。

14.3.2 基于交互模型设计类操作示例

作为一个基于对象交互模型设计类操作的例子，考虑"ATM 卡"（ATM Card）类（如14.4 节所述的数据抽象类），其中封装了从 ATM 卡中读取的信息。通过检查图 14-1a 中的分析模型通信图可以发现"读卡器接口"（Card Reader Interface）对象发送了三个数据项：将存储在"ATM 卡"实体对象中的"卡 ID"（Card Id）、"起始日期"（Start Date）和"失效日期"（Expiration Date）（此前从 ATM 卡中读取出来的）。此后，"客户交互"（Customer Interaction）对象向"ATM 卡"发送了一个"卡请求"（Card Request）消息，返回相同的三个数据项。在设计过程中需要确定精确的类接口设计。因为这三个数据项被写入 ATM 卡，所以设计模型（见图 14-1b）中设计了一个名为 write 的"ATM 卡"数据抽象对象的操作，该操作拥有三个输入参数（"卡 ID"、"开始日期"、"失效日期"）。"客户交互"对象发送的"卡请求"消息被设计成一个"ATM 卡"对象提供的 read 操作。ATM 卡返回的三个数据项被设计为 read 操作返回的输出参数（"卡 ID"、"开始日期"、"失效日期"）。操作调用使用 UML 同步消息表示法来描述。

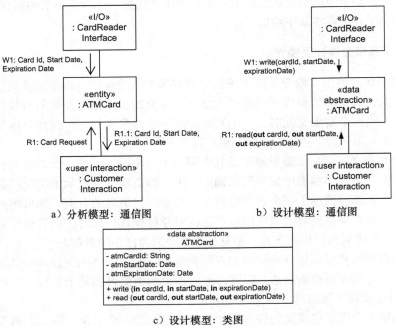

a）分析模型：通信图　　　　　　b）设计模型：通信图

c）设计模型：类图

图 14-1　数据抽象类示例

根据通信图确定对象的操作后，操作将与提供操作的类一起在静态模型中进行描述。因此，将基于通信图确定类操作以及在类图上进行描述这二者相结合进行处理是有帮助的。这个方法的使用贯穿本章。

因此，图 14-1c 描述了"ATM 卡"数据抽象类。在"ATM 卡"类中封装了相关属性。这些属性被描述为私有属性，因此对外部其他类是不可见的。这些属性通过 write 操作存储，通过 read 操作访问。类接口通过公共的 read 和 write 操作以及每个操作的参数来定义。

14.3.3 基于静态模型设计类操作

通过静态模型中的类图确定类操作是可能的，尤其是对实体类。标准的操作包括 create（创建）、read（读取）、update（更新）和 delete（删除）。然而，通常可以通过定义类所提供的服务来按照特定的数据抽象类的特定需要对操作进行裁剪。这将在后面几节中通过一些类操作设计的例子进行解释。

14.4 数据抽象类

分析模型中每个封装了数据的实体类被设计为一个**数据抽象类**。一个实体类保存了一些数据，并且提供了访问数据和读写数据的操作。数据抽象类用于封装数据结构，因此隐藏了数据结构的内部实现细节。操作被设计为访问过程或访问函数，其内部所定义的关于如何操纵数据结构的细节也是隐藏的。

通过数据抽象类封装的属性信息应该可以从问题域的静态模型（在第 7 章中讨论）中获取。数据抽象类的操作可以通过考虑使用数据抽象对象间接访问数据结构的客户端对象的需要来确定。这可以通过分析其他对象访问数据抽象对象的方式来确定，正如通信图中所描述的那样。这一点将通过下一节中的例子来说明。

数据抽象类示例

作为数据抽象类的一个例子，考虑图 14-2a 中的分析模型通信图，该图由需要访问"ATM 现金"（ATM Cash）数据抽象对象的两个对象组成。"ATM 现金"对象的属性在静态模型中给出。"ATM 现金"对象保存了由 ATM 吐钞器维护的现金总量，包括 20 美元、10 美元和 5 美元的现钞。因此，该对象内部包含分别记录 5 美元、10 美元和 20 美元现钞数量的内部变量。为此，"ATM 现金"类被设计为封装 4 个内部变量，即 cashAvailable、fives、tens、twenties。这些变量的初始值都被设置为 0。 | 235 |

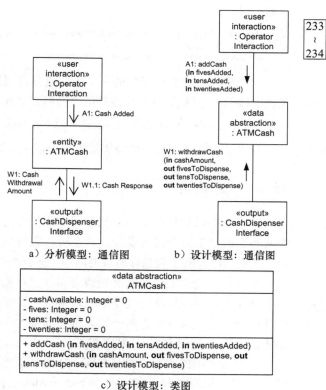

a）分析模型：通信图 b）设计模型：通信图

c）设计模型：类图

图 14-2 数据抽象类示例

除了知道哪些消息将会发送给"ATM现金"对象，我们还需要知道消息发送的先后顺序。因此，在分析模型中，当"ATM现金"对象从"吐钞器接口"对象收到一个"现金提取金额"的消息时，它需要计算为了满足该请求各种不同面额的现钞需要提取多少。在分析模型中，"ATM现金"对象在一个响应消息Cash Response中发送这个信息。

"ATM现金"对象从"操作员交互"（operator interaction）对象接收另一种消息。现实世界中的ATM操作员向ATM吐钞器中填充每种面额的美元现钞。这个信息需要保存在"ATM现金"对象中。向取款机加入现金后，操作员向"操作员交互"对象确认此消息。接着，"操作员交互"对象向"ATM现金"对象发送一条"增加现金"（Cash Added）的消息，如图14-2a所示。

根据之前的讨论，"ATM现金"类的操作现在可以被确定下来了，如图14-2b中的设计模型通信图所描述的那样。该对象需要两个操作："增加现金"（addCash）和"提取现金"（withdrawCash）。"提取现金"操作有1个输入参数cashAmount（现金总量）和表示各种面额的现钞数量的3个输出参数fivesToDispense（提取的5美元现钞数量）、tensToDispense（提取的10美元现钞数量）和twentiesToDispense（提取的20美元现钞数量）。与之相对应，增加现金操作有表示各种面额的现钞数量的3个输入参数fivesAdded（加入的5美元现钞数量）、tensAdded（加入的10美元现钞数量）和twentiesAdded（加入的20美元现钞数量）。ATM现金类的接口（如图14-2c所示）由"增加现金"和"提取现金"这两个公共操作以及操作的参数组成，描述如下：

> withdrawCash (**in** cashAmount, **out** fivesToDispense, **out** tensToDispense, **out** twentiesToDispense)
> addCash (**in** fivesAdded, **in** tensAdded, **in** twentiesAdded)

这个类的对象需要保持的一个不变量是可提取的现金总量等于5美元现钞的总金额、10美元现钞的总金额和20美元现钞的总金额三者相加之和，表示如下：

cashAvailable = 5 * fives + 10 * tens + 20 * twenties

没有充足的现金是一个需要被检测的错误，这样的错误状况通常被作为异常处理。

14.5 状态机类

一个**状态机类**封装了一个状态图中所包含的信息。在类设计的过程中，需要对分析模型中所确定的状态机类进行设计。状态机对象所执行的状态图被封装在一个状态转换表中。因此，状态机类隐藏了状态转换表的内容，并且维护对象的当前状态。

状态机类提供了访问状态转换表和改变对象状态的操作。具体而言，一般会设计一个或多个操作来处理导致状态改变的输入事件。设计状态机类操作的一种方法是为每个输入事件设计一个操作，这意味着每个状态机类都是为一个特定的状态图设计的。然而，一个更好的办法是设计一个可以复用的状态机类。

一个可复用的状态机类与之前一样隐藏了状态转换图的内容，但是会提供两个非特定应用的可复用的操作processEvent和currentState。processEvent操作是当有新的事件要处理的时候被调用，并且将传入的新事件作为一个输入参数。currentState操作是可选的，它返回ATM控制的状态。该操作仅当状态机类的客户端需要知道状态机对象的当前状态时才需要。这两个操作的定义如下：

[236]

processEvent (**in** event, **out** action)
currentState (): State

当被调用来处理一个新事件时，processEvent 操作查找状态转换表来确定这个事件的影响，考虑状态机的当前状态和必须满足的所有条件。通过状态转换表确定新状态是什么（如果发生状态转移的话）以及需要执行什么动作。接下来，processEvent 操作改变对象的状态，并且返回需要执行的动作作为输出参数。

这样的状态机类是一种可复用的类，因为它可以用来封装任何状态转换图。表中的内容是依赖于特定应用的，并且在状态机类被实例化和 / 或初始化时定义。状态机当前状态的初始值（被设定为 ATM 初始状态）也是在初始化时定义。

"银行系统"中一个状态机类的例子是 ATM State Machine 状态机类，如图 14-3 所示。这个类封装了 ATM 状态转换表（从 ATM 状态图中映射得到，如第 10 章和第 21 章所述），并且提供了 processEvent 和 currentState 操作。

«state machine»
ATMStateMachine
+ processEvent (**in** event, **out** action)
+ currentState () : State

图 14-3　状态机控制类示例

14.6　图形用户交互类

一个图形用户交互（GUI）类向其他类隐藏了与用户界面相关的细节。在一个特定的应用中，用户界面可能是一个简单的命令行界面或者一个复杂的图形用户交互界面。命令行界面通常可以由一个用户交互类处理。然而，图形用户界面的设计通常需要设计多个 GUI 类。底层的 GUI 类，例如窗口、菜单、按钮和对话框等通常都保存在用户界面构件库中。更高层次上的复合用户交互类（被动类或主动类，如第 18 章所述）通常被设计为包含这些较低层次的 GUI 类的复合类。

在分析模型中，重点应该放在识别复合用户交互类并捕捉需要用户输入的信息以及需要向用户显示的信息。各个 GUI 屏幕画面也可以被设计成分析模型的一部分。在针对基于 GUI 的应用的设计模型中，每一个 GUI 屏幕画面所需要的 GUI 类都需要被设计。

银行应用中用户交互类的例子是在设计 GUI 中使用的类。这些 GUI 类是针对与客户交互的每一个窗口所设计的（图 14-4）：主"菜单窗口"（Menu Window）、"PIN 窗口"（PIN Window）、"取款窗口"（Withdraw Window）、"转账窗口"（Transfer Window）、"查询窗口"（Query Window）和"提示窗口"（Prompt Window）类。一个 GUI 类拥有窗口显示的操作，并且通过窗口与客户交互。每个类都有一个清空操作以使得屏幕被清空（clear），并且至少拥有一个与所提供的输出功能相关的操作（针对"PIN 窗口"类的 displayPINWindow、针对"取款窗口"类的 displayWithdrawalWindow、针对"转账窗口"类的 displayTransferWindow、针对"查询窗口"类的 displayQueryWindow，以及针对主菜单的 displayMenu 操作）。对于每个显示窗口，其中的显示操作都会向用户输出提示信息，然后接收用户的输入，并将此输入信息作为该显示操作的输出参数返回。例如，图 14-4 描述了"菜单窗口"GUI 类，该类提供了操作 displayMenu（**out** selection）。displayMenu 操作被调用后会为客户输出一个带有菜单选项的提示：取款、查询或转账。客户选择一个选项（例如取款），displayMenu 操作将该选项作为输出参数 selection 的内容返回。在"取款窗口"类中，displayWithdrawalWindow（**out** accountNumber, **out** amount）操作提示用户输入账户号码和取款金额。用户输入这些数据后，账户号码和取款金额将作为该操作的输出参数返回。

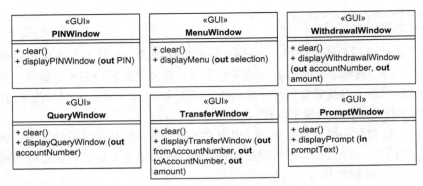

图 14-4 图形用户交互（GUI）类示例

除此之外，还有一个向客户显示提示和信息消息的小窗口的操作，该窗口不需要任何客户输入。该显示操作的输入参数是需要显示的提示信息或消息。图 14-4 描述了提示窗口（Prompt Window）类，该类拥有一个清空提示窗口的操作和 displayPrompt（**in** promptText）操作。

14.7 业务逻辑类

业务逻辑类定义了处理客户端请求的决策以及特定业务的应用逻辑，其目的是将可能会相互独立变化的业务规则封装到不同的业务逻辑类中。通常一个业务逻辑对象会在其执行过程中访问多个不同的实体对象。

业务逻辑类的一个例子是"取款交易管理器"（Withdrawal Transaction Manager）类（见图 14-5），该类封装了处理 ATM 取款请求的规则。该类拥有"初始化"（initialize）、"取款"（withdraw）、"确认"（confirm）和"终止"（abort）操作。"初始化操作"在初始化阶段被调用；"取款"操作在从客户账户取款的时候被调用；"确认"操作在确认取款交易成功完成时调用；"终止"操作在交易未成功完成时调用（例如，如果现金没有从 ATM 机中取出）。这些操作是通过仔细分析"银行服务"分析模型通信图（如图 14-5a）和标识消息内容的消息序列描述（参考第 19 章）确定的。在此基础上，如图 14-5b 所示的设计模型通信图和图 14-5c 所示的类图也可以被确定下来。

14.8 设计中的继承

继承可以用在设计两个相似却并非完全相同的类（换句话说，这些类共享很多但不是所有的特性）的时候。在体系结构设计中，设计类时应当考虑继承，以使得代码共享和代码的适应性可以在详细设计和编码中得到充分利用。继承也可以用于以维护或复用为目的的设计调整的时候。按照这种方式使用，最大的好处来自于将继承作为一个增量的修改机制。

14.8.1 类继承

类层次（也被称为泛化 / 特化层次和继承层次）可以按照自顶向下、自底向上或二者相结合的方式来设计。使用自顶向下的方法时，一个类被设计为捕捉一组类的总体特性。将这种类特化为多个不同的子类是对这些子类之间的差异性进行区分。如果使用自底向上的方法，那么初始的设计可以包含具有一些共同特性（操作和 / 或属性）以及一些不同特性的一组类。在这种情况下，可以将共同的特性泛化为一个超类，而这些共同的属性和 / 或操作将被不同的子类共同继承。

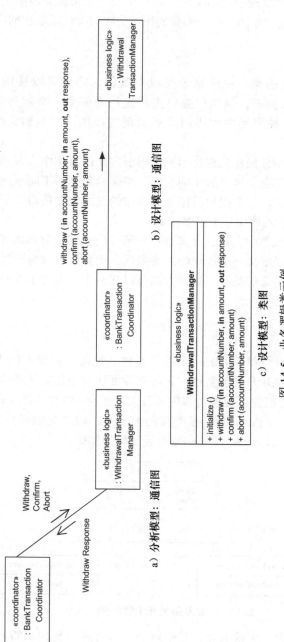

a）分析模型：通信图

b）设计模型：通信图

c）设计模型：类图

图 14-5　业务逻辑类示例

需要注意的是，在使用了继承机制的设计中，父类的内部对于子类是可见的。由于这个原因，通过子类进行设计和复用被看作是白盒复用。因此，继承打破了封装（即信息隐藏）的概念。子类的实现与父类的实现是绑定的，这样可能会导致具有深度继承层次的波纹效应问题。因此，一个在继承结构中较高层次上的类中的一个错误会被继承结构中所有较低层次上的子类所继承。由于这个原因，一个明智的作法是限制类继承层次的深度。

14.8.2 抽象类

抽象类是没有实例的类。由于抽象类没有实例，因此可以被用作创建子类的模板，而不是用作创建对象的模板。因此，抽象类只能用来作为一个超类并且为其子类定义公共接口。**抽象操作**是在抽象类中声明但没有实现的操作。一个抽象类必须至少包含一个抽象操作。

抽象类将其所有或部分操作实现推迟到子类所定义的操作中去考虑。考虑由抽象操作提供的接口，一个子类可以定义这个操作的实现。相同抽象类的不同子类可以为相同的抽象操作定义不同的实现。因此，一个抽象类以抽象操作的形式定义接口。子类定义了抽象操作的实现，并且可以通过增加其他操作来扩展接口。

一些操作可以在抽象类中实现，尤其是在其部分或全部子类都需要使用相同实现的情况下。此外，抽象类也可以定义一个操作的缺省实现。子类也可以选择通过为相同的操作提供不同的实现来重写父类定义的操作。这种方法可以在一个特定的子类必须处理需要该操作的不同实现的特殊情况时使用。

14.8.3 抽象类和子类示例

"银行系统"中抽象类和子类的一个例子是该系统所提供的不同类型的账户。"银行系统"中最初提供的是支票账户和储蓄账户，虽然后面还会增加其他类型的账户（例如货币市场账户）。设计的起点是在静态建模过程中所开发的泛化/特化类图（图14-6），如第7章所述，其中描述了"账户"（Account）超类和两个子类，即"支票账户"（Checking Account）和"储蓄账户"（Savings Account）。下一步是设计类的操作。

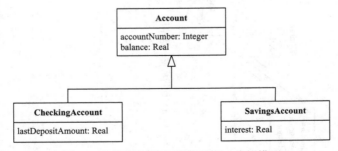

图 14-6　抽象超类和子类示例：分析模型

"账户"类被设计为一个抽象类，其中封装了所有账户类型都需要的两个泛化的属性："账户号"（accountNumber）和"余额"（balance）。由于需要能够开设和关闭账户、读取账户余额、记入贷方和记入借方，因此为"账户"类确定了以下这些泛化操作：

- open (accountNumber : Integer)
- close ( )

- readBalance ( ) : Real
- credit (amount : Real)
- debit (amount : Real)

"银行系统"最初只需要处理两种类型的账户：支票账户和储蓄账户。"账户"相关的类很适合使用继承机制，包括一个泛化的账户超类和两个的特化的子类（支票账户类和储蓄账户类）。在这个阶段，我们需要问以下这些问题：账户超类应该拥有哪些泛化的操作和属性？支票账户和储蓄账户子类应该拥有哪些特化的操作和属性？账户类应该是个抽象类吗，即哪些操作（如果有的话）应该是抽象的？

在能够回答这些问题之前，我们需要知道支票账户和储蓄账户在哪些方面相似，哪些方面不同。首先考虑属性。很明显支票账户和储蓄账户都需要"账户号"和"余额"属性，因此这两个属性可以成为泛化属性并使得它们可以被"支票账户"和"储蓄账户"子类继承。支票账户的一个需求是需要知道账户中最近一笔存款的金额，因此"支票账户"需要一个称为 lastDepositAmount 的特化属性。另一方面，在该银行中，储蓄账户会产生利息而支票账户则不会。我们需要知道一个储蓄账户的累积利息，因此 cumulativeInterest 作为"储蓄账户"子类的一个属性进行了声明。此外，银行允许每个储蓄账户每个月可以免费取款 3 次，因此 debitCount 也被作为"储蓄账户"子类的一个属性进行了声明。

此外，"储蓄账户"类中还声明了两个静态类属性，这些属性对于整个类只有一个唯一的值存在，这个值可以被该类所有的对象访问。这两个静态属性是 maxFreeDebits（免费取款的最大次数，初始化为 3）和 bankCharge（超出免费取款最大次数后每笔取款的"银行手续费"，初始化为 2.5 美元）。

"支票账户"和"储蓄账户"都需要与"账户"类相同的操作，即"开设账户"（open）、"关闭账户"（close）、"读取余额"（readBalance）、"存款"（credit）和"取款"（debit）。这些操作的接口被定义在"账户"超类中，因此两个子类将从"账户"类中继承同样的接口。"开设账户"和"关闭账户"操作在支票账户和储蓄账户中的执行方式相同，因此这些操作的实现可以在"账户"中定义并且被子类继承。"存款"和"取款"操作在支票账户和储蓄账户中的处理方式不同，因此这两个操作都被设计为具有超类中特化的操作接口的抽象操作，但是这两个操作的实现将被推迟到子类中定义。

对于"支票账户"子类而言，"取款"操作的实现需要从"余额"属性中扣减掉取款"金额"（amount）。"存款"操作的实现需要在"余额"属性上增加存款"金额"，然后将"最近一笔存款金额"（lastDepositAmount）属性的值设置为本次存款的"金额"。对于"储蓄账户"子类而言，"存款"操作的实现需要在"余额"属性上增加存款"金额"。"取款"操作的实现除了从储蓄账户的"余额"中扣减掉取款金额之外，还需要对"取款次数"加一并且为每笔超出"免费取款的最大次数"的取款扣除"银行手续费"。此外，"储蓄账户"类还需要一个操作 clearDebitCount 来清空取款次数，用来在每个月的月底重新将"取款次数"（debitCount）重置为 0。

初看之下，支票账户和储蓄账户的："读取"（read）账户操作似乎是完全一样的，然而仔细检查后发现并非如此。当我们读取支票账户时，希望得到账户余额和最近一笔存款金额。当我们读取储蓄账户时，希望得到账户余额和累计利息。解决方案是设置多个读取操作。其中，泛化的读取操作 readBalance 用于读取账户余额，该操作被"支票账户"和"储蓄账户"类继承。一个特化的读取操作 readCumulativeInterest（读取累计利息）被加入到"储蓄账户"

242

子类中 ; 另一个特化的读取操作 readLastDepositAmount (读取最近一笔存款金额) 被加入到
"支票账户"子类中。

　　"账户"相关类的泛化 / 特化层次的设计在图 14-7 中进行了描述并将在后面详细介绍。
该图使用了 UML 中用斜体描述抽象类名称的惯例。

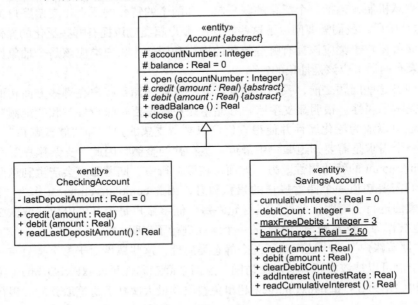

图 14-7　抽象超类和子类示例 : 设计模型

14.8.4　抽象超类和子类设计

1. 账户抽象超类的设计
- 属性 :
  - 定义了属性"账户号"(accountNumber) 和"余额"(balance)。这两个属性在"账户"超类中被声明为受保护(protected),因此它们对于子类是可见的。
- 操作 :
  - 定义"开设账户"(open)、"关闭账户"(close) 和"读取余额"(readBalance) 操作的规约和实现。
  - 定义抽象操作"存款"(credit) 和"取款"(debit) 的规约。
2. 支票账户子类的设计
- 属性 :
  - 继承了属性 accountNumber 和 balance。
  - 增加属性"最近一笔存款金额"(lastDepositAmount)。
- 操作 :
  - 继承了操作 open、close 和 readBalance 的规约和实现。
  - 继承了抽象操作 credit 的规约 ; 将该操作的实现定义为向账户"余额"中增加存款"金额"并将"最近一笔存款金额"设置为本次存款"金额"。
  - 继承了抽象操作 debit 的规约; 将该操作的实现定义为从账户"余额"中减去取款"金额"。

- 增加操作"读取最近一笔存款金额"（readLastDepositAmount()：Real）。
3. 储蓄账户子类的设计
- 属性
  - 继承了属性 accountNumber 和 balance。
  - 增加属性"累计利息"（cumulativeInterest）和"取款次数"（debitCount）。
  - 增加静态类属性"最大免费取款次数"（maxFreeDebits）和"银行手续费"（bankCharge）。静态属性在 UML 中用下划线表示，如图 13-9 所示。
- 操作：
  - 继承了操作 open、close 和 readBalance 的规约和实现。
  - 继承了抽象操作 debit 的规约；将该操作的实现定义为从账户"余额"中减去取款"金额"，将"取款次数"加一，并且如果此次取款已经超出了"最大免费取款次数"的话，还需要从账户"余额"中扣减一笔"银行手续费"。
  - 继承了抽象操作 credit 的规约；将该操作的实现定义为向账户"余额"中增加存款"金额"。
  - 增加下列操作：
    - ➢ addInterest (interestRate : Real)，每天增加利息。
    - ➢ readCumulativeInterest () : Real，返回储蓄账户的累计利息。
    - ➢ clearDebitCount ()，在每个月月底重新将取款次数重置为 0。

244

14.9 类接口规约

类接口规约定义了信息隐藏类的接口，包括一个类所提供的操作的规约，具体包括：
- 信息隐藏类所隐藏的信息：例如数据抽象类所封装的数据结构。
- 用来设计该类的类组织准则。
- 定义类时所作的假设：例如一个操作是否需要在另一个操作之前调用。
- 预期的变化。这是为了鼓励对于设计变化的考虑。
- 超类（如果有的话）
- 继承的操作（如果有的话）
- 该类所提供的操作。对于每个操作需要定义：
  - 所执行的功能
  - 前置条件（当该操作被调用时必须成立的条件）
  - 后置条件（当该操作完成时必须成立的条件）
  - 不变量（在任何时刻都必须成立的条件，包括操作执行前、执行时和执行后）
  - 输入参数
  - 输出参数
  - 所使用的其他类的操作

类接口规约示例

这里给出一个信息隐藏类的类接口规约的例子。这个支票账户类的例子在图 14-7 中进行了描述，并在 14.8 节中进行了介绍。

信息隐藏类：支票账户（CheckingAccount）

信息隐藏：封装支票账户的属性和它们的当前值

类组织准则：数据抽象类

假设：支票账户没有利息

预期的变化：支票账户可能会被允许赚取利息

超类："账户"

继承的操作："开设账户"（open）、"存款"（credit）、"取款"（debit）、"读取余额"（readBalance）、"关闭账户"（close）

提供的操作：

1. credit (**in** amount : Real)

> **功能：**在当前账户余额基础上增加本次存款金额，并且将其保存为最近一笔存款金额。
>
> **前置条件：**账户已创建。
>
> **后置条件：**支票账户已存入相应金额。
>
> **输入参数：**金额——将被增加到账户上的资金。
>
> **使用的操作：**无。

2. debit (**in** amount : Real)

> **功能：**从当前账户余额中扣减指定的金额。
>
> **前置条件：**账户已创建。
>
> **后置条件：**支票账户被取出相应金额。
>
> **输入参数：**金额——将从账户中扣减的资金。
>
> **输出参数：**无
>
> **使用的操作：**无

3. readLastDepositAmount (): Real

> **功能：**返回最近一次存入当前账户的金额。
>
> **前置条件：**账户存在。
>
> **不变量：**账户属性的值保持未变。
>
> **后置条件：**最近一次存入当前账户的金额被读取。
>
> **输入参数：**无
>
> **输出参数：**最近一次存入当前账户的金额
>
> **使用的操作：**无

14.10 信息隐藏类的详细设计

在信息隐藏类的详细设计过程中，需要确定每个操作的内部算法设计。操作内部可以用伪代码（也被称为结构化英语）来描述，其中蕴含的思想是算法设计是独立于编程语言的，但是可以很容易地映射到特定的实现语言上。伪代码使用结构化编程结构（例如 If-Then-Else、循环和 case 语句）表示决策语句，使用英语来描述顺序语句。接下来将会介绍一个使用伪代码描述的账户类中的算法设计的例子。

14.10.1 账户抽象超类的详细设计

- 属性：accountNumber、balance
- 操作：
  - open (**in** accountNumber : Integer)
    > **begin**；
    > > create new account;
    > > assign *accountNumber*;
    > > set *balance* to zero;
    > **end**.
  - close ()
    > **begin**；close the account; **end**.
  - readBalance () : Real
    > **begin**；return value of balance; **end**.
  - credit (**in** amount : Real)
    推迟到子类实现。
  - debit (**in** amount : Real)
    推迟到子类实现。

246

14.10.2 支票账户子类的详细设计

- 属性：
  - 继承：accountNumber、balance
  - 声明：lastDepositAmount
- 操作：
  - 继承规约和实现：open、close、readBalance
  - 继承规约并定义实现：
    > credit(**in** amount : Real);
    > > **begin**；
    > > > Add amount to balance;
    > > > Set lastDepositAmount equal to amount;
    > > **end**.
  - 继承规约并定义实现：
    > debit (**in** amount : Real);
    > > **begin**；
    > > > Deduct amount from balance;
    > > **end**.
  - 增加操作：
    > readLastDepositAmount () : Real
    > > **begin**；
    > > > return value of lastDepositAmount;
    > > **end**.

14.10.3　储蓄账户子类的详细设计

- 属性：
  - 继承：accountNumber、balance
  - 声明：cumulativeInterest、debitCount
  - 声明静态类属性：maxFreeDebits、bankCharge
- 操作：
  - 继承规约和实现：open、close、readBalance
  - 继承规约并重新定义实现：

    debit (**in** amount : Real);

    　　begin;

    　　　　Deduct amount from balance;

    　　　　Increment debitCount;

    　　　　if maxFreeDebits > debitCount

    　　　　　　then deduct bankCharge from balance;

    　　end.

  - 继承规约并重新定义实现：

    credit(**in** amount : Real);

    　　begin;　add amount to balance; **end**.

  - 声明的操作：

    addInterest (interestRate : Real)

    　　begin;

    　　　　Compute dailyInterest = balance * interestRate;

    　　　　Add dailyInterest to cumulativeInterest and to balance;

    　　end.

  - readCumulativeInterest () : Real

    　　begin;　return value of cumulativeInterest; **end**.

  - clearDebitCount (),

    　　begin;　Reset debitCount to zero; **end**.

14.11　多态和动态绑定

多态（polymorphism）在希腊语中的意思是"多种形态"。在面向对象设计中，多态用来表示不同的类可以拥有相同的操作名。每个类中操作的规约都是相同的，然而这些类可以以不同的方式实现这些同名的操作，这使得拥有相同接口的对象可以在运行时相互替换。

动态绑定与多态一起使用，其作用是在运行时将一个对象的请求与该对象的具体操作关联起来。如果使用编译时绑定机制（过程式语言中所使用的典型绑定形式），请求与操作之间的关联是在编译时完成的并且不能在运行时改变。动态绑定意味着请求与对象操作的绑定是在运行时完成的，并且可以由一种调用变为另一种。从请求者的角度来看，一个变量可以在不同时候引用不同类的对象，并且在这些不同的对象上调用相同名字的操作。

多态和动态绑定示例

现在考虑基于这些类的实例化对象，以及使用多态和动态绑定的一个例子：

```
begin
private anAccount: Account;
Prompt customer for account type and withdrawal amount
if customer responds checking
    then – assign customer's checking account to anAccount
        ...
        anAccount := customerCheckingAccount;
        ...
    elseif customer responds savings
        then – assign customer's savings account to anAccount
            ...
            anAccount := customerSavingsAccount;
            ...
    endif;
    ...
    – debit an Account, which is a checking or savings account
    anAccount.debit (amount);
    ...
end;
```

在这个例子中，如果账户的类型是支票账户，那么 anAccount 对象被赋值为"支票账户"对象。执行 anAccount.debit 会调用"支票账户"对象的 debit 操作。另一方面，如果账户的类型是储蓄账户，那么执行 anAccount.debit 会调用"储蓄账户"对象的 debit 操作。储蓄账户所执行的 debit 操作会比支票账户的 debit 操作做更多的事情，因为如果取款次数超过最大免费取款次数的话，储蓄账户的 debit 操作会收取额外的银行手续费。

需要注意的是"支票账户"类型或者"储蓄账户"类型的对象可以被赋值给"账户"类型的对象，但是反过来不行。这是因为每个"支票账户"子类的对象**都是一个**"账户"超类的对象，每个"储蓄账户"子类的对象**都是一个**"账户"超类的对象。然而，反过来是不成立的，因为并不是每个账户对象都是一个支票账户——它可能是个储蓄账户！

14.12 Java 中类的实现

本节介绍一个在 Java 中实现类的例子，其中的类操作实现为 Java 方法。考虑图 14-2 中描述的以及 14.4 节中介绍的 ATMCash 类。如下所示，在公共类名声明之后是私有变量的声明，包括可用现金金额以及 5 美元、10 美元和 20 美元现钞的数量，所有这些变量都被初始化为 0。接下来是公共方法的声明，包括"增加现金"和"提取现金"。

"增加现金"（addCash）方法拥有三个整型输入参数，即需要增加的 5 美元、10 美元和 20 美元现钞的数量。在该方法的实现中，所添加的每种面额的现钞数量被加到 ATM 机中现有的现钞数量中。接着，"可用现金"（cashAvailable）金额的值通过将各种面额现钞的金额相加来计算。

在"提取现金"（withdrawCash）方法中，期望提取的金额是第一个参数 cashAmount，第二个参数是所返回的表示分别提取 5 美元、10 美元和 20 美元现钞数量的整型数组。

```
public class ATMCash {
    private int cashAvailable = 0;
        int fives = 0;
        int tens = 0;
        int twenties = 0;
    public void addCash(int fivesAdded, int tensAdded, int twentiesAdded) {
        // increment the number of bills of each denomination
        fives = fives + fivesAdded;
        tens = tens + tensAdded;
        twenties = twenties + twentiesAdded;
        // set the total cash in the ATM
        cashAvailable = 5 * fives + 10 * tens + 20 * twenties;
    }
    public int withdrawCash(int cashAmount, int [] bills) {}
    // given the cash amount to withdraw, return the number of bills of
    each denomination
```

14.13　总结

本章介绍了使用信息隐藏、类和继承思想的面向对象软件体系结构的设计，介绍了信息隐藏类的设计，被动对象将通过对这种类的实例化来创建。这些类最初是在分析建模中的对象和类组织步骤中确定的，如第 8 章所述。本章还介绍了每个类中操作的设计、类接口的设计以及如何在软件设计中使用继承。关于类和继承的设计以及在软件构造中如何使用前置条件、后置条件和不变量的更多信息，一个非常好的参考是文献 Meyer（2000）。另一个有益的参考是从 UML 的角度描述这些主题的文献 Page-Jones（2000）。

[250] 使用本章介绍的面向对象设计思想可以得到一个顺序性的面向对象软件体系结构设计，这种设计可以被实现为一个仅拥有一个控制线程的顺序性程序。一个顺序性面向对象软件体系结构的设计实例是第 21 章中所介绍的"银行系统"案例研究中的"银行服务"子系统。

面向对象概念在更高级的软件体系结构的设计中同样可以得到应用和扩展，包括客户端/服务器软件体系结构（第 15 章）、面向服务的体系结构（第 16 章）、基于构件的软件体系结构（第 17 章）、并发实时软件体系结构（第 18 章）和软件产品线体系结构（第 19 章）。

练习

选择题（每道题选择一个答案）

1. 什么是信息隐藏对象？
   - （a）封装数据的主动对象
   - （b）封装数据的被动对象
   - （c）封装数据的类
   - （d）封装数据的任务

2. 什么是类接口？
   - （a）定义了类操作的内部细节
   - （b）定义了类的外部可见操作
   - （c）定义了类操作的参数
   - （d）定义了类操作的型构

3. 下面哪一项不是面向对象概念？
   - （a）信息隐藏
   - （b）类
   - （c）子类
   - （d）子程序

4. 下面哪一种类是实现接口的类？
   - （a）调用接口的类
   - （b）实现接口的类
   - （c）被接口所调用的类
   - （d）独立于接口的类

5. 下面哪一种类是实体类？

（a）信息隐藏类 　　　　　　　　（b）子类

（c）控制类 　　　　　　　　　　（d）数据抽象类

6. 状态机类封装了什么？

（a）状态转换表 　　　　　　　　（b）状态图

（c）机器当前状态 　　　　　　　（d）状态转换表和机器的当前状态

7. 下列哪一项不太可能是图形用户界面类？

（a）菜单 　　　　　　　　　　　（b）窗口

（c）按钮 　　　　　　　　　　　（d）个人识别码

8. 下列哪一项不太可能被封装在业务逻辑类中？

（a）业务规则

（b）对实体类操作的调用

（c）如果账户余额小于 10 美元则拒绝提取现金

（d）对话框

9. 下列哪一项是继承所不允许的？

（a）子类从超类继承属性 　　　　（b）子类从超类继承操作

（c）子类重新定义从超类继承的属性 　（d）子类重新定义从超类继承的操作

10. 下列哪种关于抽象类的说法是正确的？

（a）抽象类用来作为创建对象的模板 　（b）抽象类用来作为创建子类的模板

（c）抽象类用来作为创建类的模板 　　（d）抽象类用来作为创建超类的模板

11. 在面向对象设计中多态意味着：

（a）不同的类可以有相同的名字 　　（b）不同的类可以有相同的接口名 ⟨251⟩

（c）不同的类可以有相同的超类名 　（d）不同的类可以有相同的操作名

12. 有了多态和动态绑定，一个对象可以：

（a）调用相同对象的不同名称的操作 　（b）调用不同对象的不同名称的操作

（c）调用相同对象的相同名称的操作 　（d）调用不同对象的相同名称的操作 ⟨252⟩

Software Modeling & Design: UML , Use Cases , Patterns , & Software Architectures

设计客户端 / 服务器软件体系结构

本章将介绍客户端 / 服务器系统的软件体系结构设计。在这类系统中，**客户端**是服务的请求者，而**服务器**则是服务的提供者。典型的服务器包括文件服务器、数据库服务器以及行式打印机服务器。**客户端 / 服务器**体系结构是基于客户端 / 服务体系结构模式的，该模式最简单的形式是包含一个服务和多个客户端。这种模式有多个变体，这些都将在本章中进行介绍。此外，在设计客户端 / 服务器体系结构的时候，还需要考虑某些决策，例如服务器应该被设计为一个顺序的还是并发的子系统、设计客户端 / 服务器体系结构时要使用什么样的体系结构的结构模式以及对于客户端和服务之间的交互使用什么样的体系结构通信模式等。

本章对服务器和服务进行了区分。服务器是一个为多个客户端提供一个或多个服务的硬件 / 软件系统。服务在客户端 / 服务器系统中是指一个满足多个客户端需要的应用软件构件。由于服务是在服务器上执行的，因此有时候这两个术语会被混淆，并且有时候这两个术语是可以互换使用的。有时候一个服务器会支持单一的服务，但有时候也可能支持多个服务；另一方面，一个大的服务也有可能要跨越多个服务器结点。在客户端 / 服务器系统中，服务是在固定的服务器结点上执行的，并且客户端到服务器有着固定的连接。

15.1 节介绍客户端 / 服务器体系结构的概念、体系结构以及模式。15.2 节和 15.3 节介绍客户端 / 服务软件体系结构方面的模式，15.4 节对客户端 / 服务器系统的中间件技术进行概述。15.5 节介绍顺序服务子系统和并发服务子系统的设计。由于服务器经常是数据库密集型的，因此 15.6 节介绍包装器类，这将会引出关于数据库包装器类的讨论。接下来的 15.7 节介绍客户端 / 服务器系统的逻辑数据库设计。

15.1 客户端 / 服务器体系结构的概念、体系结构和模式

本章将会介绍客户端 / 服务器软件体系结构，其中包含多个客户端和一个或者多个服务。此外，本章还会介绍顺序性服务和并发服务的特性。第 16 章将介绍面向服务的软件体系结构，这种体系结构建立在松耦合服务的基础上，而客户端可以通过服务代理发现和连接服务。第 17 章介绍了一个更通用的基于构件的软件体系结构，其中所有的类都被设计为构件。

最简单的客户端 / 服务器体系结构包含一个服务以及多个客户端，更复杂的客户端 / 服务器系统可能包含多个服务。15.2 节介绍了各种不同的客户端 / 服务器体系结构的结构模式，包括多客户端 / 单服务模式和多客户端 / 多服务模式。15.3 节介绍了客户端 / 服务器体系结构的通信模式，包括带回复的同步消息通信和带回调的异步消息通信。

15.2 客户端 / 服务软件体系结构的结构模式

本节介绍各种不同的客户端 / 服务软件体系结构的结构模式，包括多客户端单服务、多客户端多服务和多层次客户端 / 服务器体系结构。

15.2.1 多客户端 / 单服务体系结构模式

多客户端 / 单服务体系结构模式包含多个请求同一个服务的客户端以及一个满足客户端

请求的服务。最简单、最常见的客户端 / 服务器体系结构有一个服务和多个客户端，因此多客户端 / 单服务体系结构模式也被称作客户端 / 服务器或者客户端 / 服务模式。多客户端 / 单服务体系结构的模式可以用如图 15-1 所示的部署图来描述，其中多个客户端通过一个局域网连接到一个在服务器结点上运行的服务。

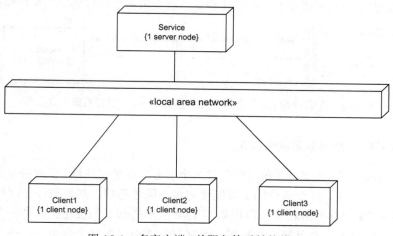

图 15-1　多客户端 / 单服务体系结构模式

该模式的一个例子是"银行系统"，如图 15-2 的类图所示。这个系统包含多个 ATM 机和一个银行服务，其中每一个 AMT 机都对应于一个"ATM 客户端子系统"，该子系统通过读取 ATM 卡以及在键盘 / 显示屏幕上提示交易的详细信息来处理银行客户的请求。对于一个允许执行的取款请求，ATM 会提供现金、打印收据，并吐出 ATM 卡。"银行服务"维护着关于银行客户账户和 ATM 卡的数据库，验证 ATM 交易事务，并根据客户账户的状态决定接受或者拒绝客户的请求。

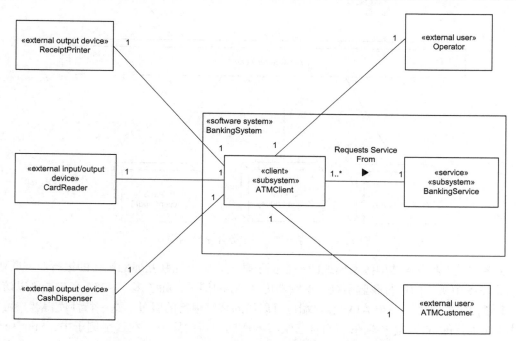

图 15-2　多客户端 / 单服务体系结构模式示例：银行系统

多客户端 / 单服务体系结构模式可以用如图 15-3 所示的通信图来描述。图 15-3 中描述
的是"银行系统",该系统还将在第 19 章中进行更详细的介绍。在这个例子中,客户端是
"ATM 客户端"构件,这些构件向"银行服务"发送同步消息。每一个客户端都与服务紧密
耦合在一起,因为客户端发送一条消息后就会等待服务的回复。服务在接收了消息之后会进
行处理,准备回复消息然后将应答发送回客户端。收到服务的应答之后,客户端会继续执行。

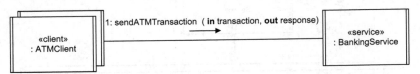

图 15-3   多客户端 / 单服务体系结构模式示例:"银行系统"通信图

15.2.2   多客户端 / 多服务体系结构模式

更加复杂的客户端 / 服务器系统可能包含多个服务。在**多客户端 / 多服务**模式中,除了请
求服务的多个客户端外,每个客户端也可能会与多个服务通信,同时服务之间可能也会互相
进行通信。多客户端 / 多服务模式可以用如图 15-4 所示的部署图描述,其中每个服务位于一
个独立的服务器结点上,并且都可以被同一个客户端调用。在这个模式中,一个客户端可以
以顺序性的方式与多个服务通信,也可以同时与多个服务并发地通信。

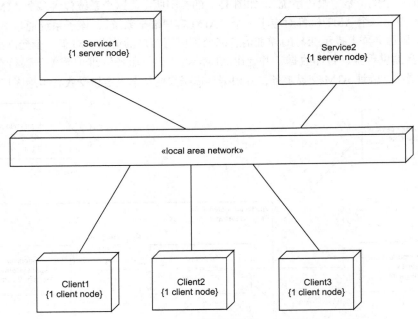

图 15-4   多客户端 / 多服务体系结构模式

多客户端 / 多服务结构体系模式的一个例子是包含多家互联互通的银行的银行业务联盟,
例如图 15-5 中所示的银行联盟系统。继续考虑 ATM 的例子,除了多个 ATM 客户端可以访问
同一个银行服务之外,一个 ATM 客户端也可以访问多家银行的服务。这一特性使得客户可以
通过其他银行的 ATM 客户端来访问自己银行卡所属银行的服务。在这个例子中,Sunrise 银
行 ATM 机的用户除了可以从该银行的账户中取款外,也可以从 Sunset 银行中取款,反之亦

然。图 15-5 描述了两个银行服务，即"Sunrise 银行服务"和"Sunset 银行服务"，同时也描述了两个银行的客户端实例，即"Sunrise ATM 客户端"和"Sunset ATM 客户端"。

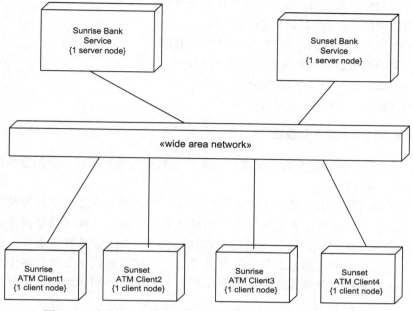

图 15-5　多客户端／多服务体系结构模式示例：银行联盟系统

15.2.3　多层客户端／服务体系结构模式

多层客户端／服务模式有一个同时扮演着客户端和服务角色的中间层。一个中间层对于它的服务层而言是一个客户端，而对于其客户端而言又能提供服务。在一个体系结构中拥有多个中间层也是有可能的。当被视为一个层次化的体系结构时，客户端相对于服务而言处于一个较高的层上，因为客户端依赖于服务并且要使用那些服务。

图 15-6　多层客户端／服务体系结构模式示例：一个三层的银行系统

257

图 15-6 中描述了一个"银行系统"的三层客户端／服务模式的例子。在这个例子中，"银行服务"层向"ATM 客户端"层提供服务，同时它自己又是"数据库服务"（Database Service）层的一个客户端。由于第三层是由一个 COTS（商用现货）数据库管理系统提供的，并不是应用软件的一部分，因此没有在图 15-3 的应用级别通信图中进行详细的描述。此外，"银行服务"和"数据库服务"可以在同一个服务器结点上运行。

15.3　客户端／服务器体系结构的通信模式

在客户端／服务器的通信中，客户端通常向服务发送请求并且从服务那里接收一个回复。

有些时候服务请求可能没有回复，例如当更新数据而非请求数据时。客户端和服务之间的通信状况影响着通信模式的选择。有多种软件体系结构的通信模式可供使用，具体如下。

- 带回复的同步消息通信，在 15.3.1 节中进行介绍。
- 异步消息通信，在第 12 章中进行了介绍。
- 带回调的异步消息通信，在 15.3.2 节中进行介绍。
- 不带回复的同步通信，在第 18 章中进行介绍。
- 代理者模式，在第 16 章中进行介绍。
- 群组通信模式，在第 17 章中进行介绍。

15.3.1 带回复的同步消息通信模式

对于客户端 / 服务器通信而言，最常见的软件体系结构通信模式是**带回复的同步消息通信**，也称作请求 / 响应模式。

带回复的同步消息通信（见图 15-7）可以包含一个向服务发送消息并等待回复的客户端，在这种情况下客户端和服务之间不需要消息队列。然而，这种模式通常会包含多个与单个服务进行交互的客户端，如下文所述。在典型的客户端 / 服务器情形下，每一个客户端向一个服务发送一条请求消息并等待服务的答复。在这个模式中，由于多个客户端向服务发送请求，因此会在服务端建立一个消息队列。客户端使用同步消息通信并且等待服务的答复。

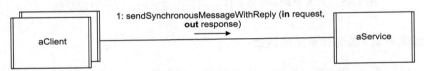

图 15-7　带回复的同步消息通信

客户端与服务之间是使用同步还是异步消息通信取决于相应的应用，并且不会对于服务的设计产生影响。实际上，对于同一个服务，有些客户端可以与其进行同步通信，而其他客户端可以与其进行异步通信。一个使用带回复的同步消息通信的多客户端 / 单服务消息通信的例子如图 15-8 所示。在这个例子中，"银行服务"响应来自多个客户端的服务请求，这些客户端包括用户客户端和 ATM 客户端。"银行服务"有一个消息队列，用来存放来自多个客户端的同步请求。每一个"ATM 客户端"构件向"银行服务"发送一个同步消息并且等待回复。服务以 FIFO（先来先服务）的原则处理每一条收到的交易消息，并且向客户端发送一个同步的回复消息。

如果客户端和服务器之间存在包含多条消息和回复的会话，那么它们之间会建立一个连接。消息会通过该连接来进行发送和接收。

15.3.2 带回调的异步消息通信模式

当客户端和服务之间的通信方式符合以下情形时可以使用**带回调的异步消息通信模式**：客户端向服务发送了一条请求后可以继续执行自己的工作而不需要等待服务的应答，但服务需要在稍后向客户端发送答复信息（见图 15-9）。回调是对于一个客户端早些时候发送的请求消息的一个异步应答。这个模式允许客户端异步执行，但仍然遵循客户端 / 服务的规范，即一个客户端在同一时间只会向服务发送一条请求消息并且收到服务的应答。

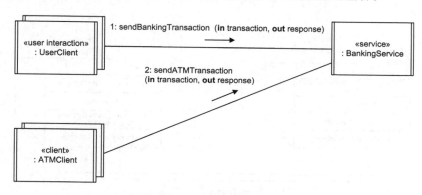

图 15-8 带回复的同步消息通信模式示例：银行应用

图 15-9 带回调的异步消息通信模式

259

使用回调模式时，客户端发送一个远程引用或者句柄，之后服务将使用这些引用或句柄向客户端发送回复。一个回调模式的变种是服务将回调处理转发给另外一个构件，从而将答复委派给这个构件。

15.4 客户端/服务器系统的中间件

中间件在软件中是处于各种操作系统之上的一层，其目的是提供一个统一的平台使得各种分布式的应用都能在其上运行，如客户端/服务器系统（Bacon 1997）。中间件的早期形式是远程过程调用（RPC），其他的一些中间件技术的例子（Szyperski 2003）包括：使用 RPC技术的分布式计算环境（DCE）、Java 远程方法调用（RMI）、构件对象模型（COM）、Jini 的Java 2 平台企业版（J2EE）以及通用对象请求代理体系结构（CORBA）。

在客户端/服务器配置中的一个中间件例子如图 15-10 所示，在客户端结点上的是使用图形用户界面（GUI）的客户端应用。此外，客户端结点上还有一个标准的操作系统（如Windows）以及一个网络通信软件（例如在 Internet 上使用最广泛的 TCP/IP）。中间件层位于操作系统和网络通信软件之上。在服务器结点上的是使用中间件服务的服务应用软件，其中中间件位于操作系统（如 UNIX、Linux 或者 Windows）和网络通信软件之上。文件管理系统或者数据库管理系统（通常是关系数据库）被用于持久化的信息存储。

15.4.1 客户端/服务器系统平台

客户端/服务器体系结构中的通信经常是同步通信，通常是由中间件技术（如远程过程调用（RPC）或者远程方法调用（RMI））来提供的。通过远程过程调用，位于服务器的地址空间之中的过程可以被远程过程调用。服务器接收客户端请求，调用合适的过程，并把结果返回给客户端。

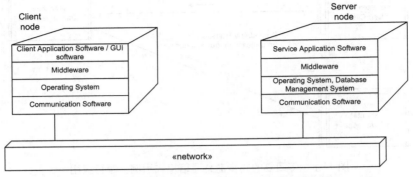

图 15-10　客户端和服务器结点上的中间件示例

15.4.2　Java 远程方法调用

Java 编程环境支持名为 Java 远程方法调用（RMI）的中间件技术，该技术允许分布式的 Java 对象之间进行通信。使用 RMI 的客户端对象向一个特定的服务对象发送消息，并且调用该对象的方法（过程或者函数），而不是像 RPC 那样向一个特定的过程发送消息。

客户端结点上的客户端对象对服务器结点上的服务对象进行远程方法调用。远程方法调用和本地方法调用相似，因此服务对象是在远程服务器结点上的这一差异对于客户端来说是隐藏的。

客户端代理为客户端对象提供与服务对象相同的接口，并且隐藏所有来自客户端的通信细节。在服务器方面，服务代理隐藏了所有来自服务对象的通信细节。服务代理调用服务对象的方法。如果服务对象不存在，那么服务代理会实例化服务对象。

客户端的本地方法调用是由客户端代理提供的。客户端代理将本地请求和参数封装进通信的消息里——这一过程通常被称作编组（marshalling），然后将消息发送给服务器结点。在服务器结点上，服务代理将消息解包——这一过程通常被称作解组（unmarshalling），然后调用合适的服务方法（这就代表着远程方法调用）并将参数传递过去。服务方法完成请求的处理后会将结果返回给服务代理。服务代理将结果封装进回复消息中，并且将消息发送给客户端代理。客户端代理从消息中提取出结果，并将其作为输出参数返回给客户端对象。

因此，客户端代理和服务代理所扮演的角色是使得远程方法调用对于客户端和服务而言就如同本地方法调用一样，如图 15-11 所示。图 15-11a 描述了一个对象向另一个对象所进行的本地方法调用。图 15-11b 中的通信图描述了对于同一个问题的分布式解决方案中的消息序列，其中一个客户端结点上的对象调用了服务器结点上的服务对象的远程方法。本地方法调用是对于客户端代理的调用（1），客户端代理将方法名和参数编组进消息里，然后将消息通过网络发送（2）。远程结点上的服务代理接收消息，解组消息，并调用服务对象的远程方法（3）。对于服务响应（4），服务代理对响应消息进行编组并通过网络发送（5）。客户端代理将响应消息解组并将其发送回客户端对象（6）。

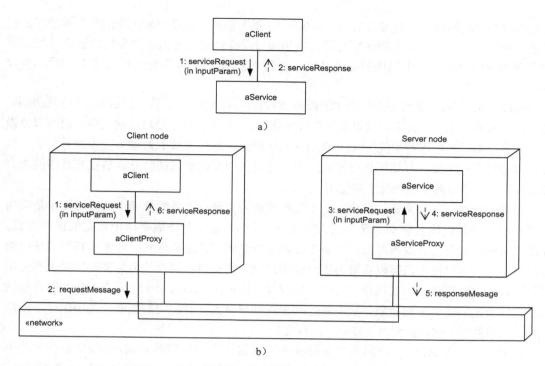

图 15-11　远程方法调用（RMI）

15.5　服务子系统的设计

一个服务子系统为多个客户端提供服务。如 15.2.3 节中所指出的，服务经常需要访问存储持久性数据的数据库。15.7 节介绍了关系数据库的设计，15.6 节介绍了提供面向对象的数据库访问接口的包装器类的设计。

一个简单的服务并不会发起任何服务请求，而只是对来自客户端的请求进行响应。有两种服务构件：顺序性的和并发的。

15.5.1　顺序性服务的设计

一个顺序性服务顺序地处理客户端的请求，这就意味着这种服务必须先完成上一个服务请求才能开始处理下一个请求。一个**顺序性服务**被设计为一个并发对象（控制线程）来响应来自客户端的服务访问请求。例如，一个简单的顺序性服务接收来自客户端的请求，这些请求要去更新或者读取一个被动数据抽象对象的数据。服务接收到来自客户端的消息后会调用由被动数据抽象对象提供的相应的操作，例如在一个银行业务应用中从一个账户对象存款或取款。

服务通常都会有一个消息队列来存放收到的服务请求。每一个由服务提供的操作都对应一种消息类型。服务协调者将来自客户端的消息解包，然后根据消息的类型调用相应的服务对象所提供的操作。消息的参数将作为操作的参数。服务对象处理客户端的请求并将相应的响应返回给服务协调者，之后协调者会准备一个服务响应消息并将其发送给客户端。

15.5.2　顺序性服务设计示例

这里给出的顺序性服务的例子是"银行系统"中的"银行服务"。由基于用例的通信图的集成构成的"银行服务"集成通信图（参见第 13 章）描述了服务中所包含的所有对象以及它们之间的交互。由于对象之间的所有通信都是通过操作调用的方法，对象接口被设计为显示同步操作调用以及每一个操作的输入和输出参数（使用在第 14 章介绍的指南），如图 15-12 所示。

在图 15-12 中，"银行服务"顺序地服务来自客户端的 ATM 交易，包括 PIN 码验证请求、账户取款请求、账户间转账请求以及账户查询请求。"银行服务"处理这些交易，调用服务操作，向客户端返回"银行响应"（bankResponse）消息，然后再接着处理下一个交易。每一个交易都会在下一个交易开始前执行完成。顺序性服务设计应该只在服务器结点有足够的能力充分应对交易请求频率的情况下被使用。

服务设计使用了抽象模式层次。由于服务数据是存储在关系数据库中的，因此体系结构中最底层的是数据库包装器对象（见 15.6 节），其中封装了对于数据库中数据的访问方式。在此之上的一层是业务逻辑对象，封装了处理客户端请求的业务规则。处于最高层的是协调者对象，这些对象使用门面模式来为客户端提供统一的接口。门面是由为客户端提供通用接口的协调者对象提供的。在执行过程中，协调者（提供门面的对象）将每个收到的客户端请求委托给合适的业务逻辑对象，接下来这些逻辑处理对象又与访问数据库（其中保存了账户和借记卡的数据）的数据库封装器对象进行交互。

因此，当一个 ATM 客户端向"银行服务"发送一个 PIN 码验证请求时，"银行交易协调者"（Bank Transaction Coordinator）收到这个请求后将其委托给"PIN 码验证交易管理器"（PIN Validation Transaction Manager）。这个业务逻辑对象会访问"借记卡"（Debit Card）和"卡账户"（Card Account）数据库包装器对象来执行验证，然后将验证结果返回给协调者并由其向客户端发送一个同步的响应。这个例子将会在第 21 章中所介绍的客户端 / 服务器银行系统设计中进行更为详细的描述。

15.5.3 并发服务设计

在并发服务设计中，服务功能由多个并发的对象共同完成。如果客户端对于服务的要求很高，以至于顺序性服务可能会成为系统中潜在的瓶颈，那么应当考虑让一个由多个并发对象组成的并发服务来提供服务。这种方法假设通过使用提供并发数据访问的对象可以提高系统的吞吐量，例如当数据存储在辅助存储中时。

并发服务设计的一个例子如图 15-13 所示。这个例子展示了"银行服务"的另一种设计方案，其中"银行交易协调者"和每一个交易管理器被设计为独立的并发对象。"银行交易协调者"将各个交易的处理委托给各个交易管理器，从而允许交易的并发处理。每个交易管理器还可以有多个实例一起执行。对于数据库包装器对象（未在图中显示）的访问同样需要同步。

在这个例子中，客户端和服务之间的通信使用的是带回调的异步消息通信模式（见 15.2.1 节）。这意味着客户端在收到服务的响应之前不需要等待并且可以做其他事情。在这种情况下，服务响应被处理为回调。使用回调的方法时，客户端在初始的请求中发送一个操作句柄。服务完成客户端的请求后使用该句柄来远程调用客户端操作（回调）。在图 15-13 所示的例子中，"银行交易协调者"将 ATM 客户端的回调句柄传递给相应的交易管理器。当服务完成时，交易管理器并发对象远程调用回调，这个回调被描述为相应的发送给 ATM 客户端的服务响应消息。

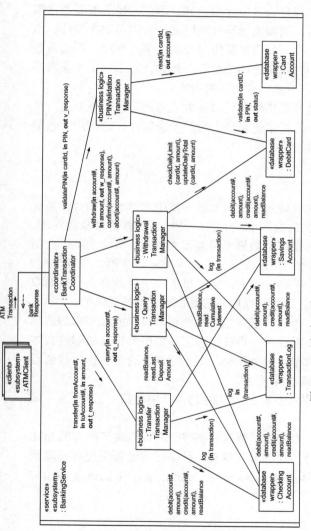

图 15-12 "银行服务"的面向对象软件系统结构示例

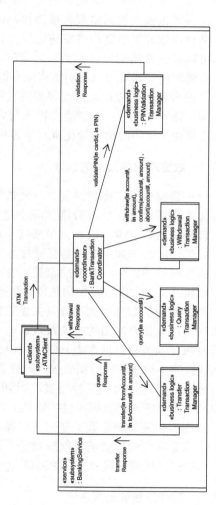

图 15-13 并发面向对象的软件系统结构示例：银行服务

15.6 包装器类的设计

虽然许多遗留的应用无法被轻易地整合到一个新的应用中，但是有一个可能的方法是开发包装器类。**包装器类**是一种处理客户端对于遗留应用请求的通信和管理的服务器类（Tanenbaum and Van Steen 2006）。

大多数的遗留应用最初是作为一个独立的应用开发的。有时候可以通过修改遗留代码的方式使得包装器类可以访问遗留应用。然而，这种方式往往是不切实际的，因为遗留代码的文档经常会缺失很多甚至完全丢失，而最初的开发人员也无法找到。因此，包装器类通常需要通过一种粗糙的机制实现与遗留代码的接口，例如完全通过顺序文件或索引顺序文件。包装器类会读取或者更新由遗留应用所维护的文件。如果遗留应用使用一个数据库，那么该数据库可以通过数据库包装器类来直接访问，同时隐藏访问的细节。例如，对于一个关系数据库，数据库包装器类可以使用结构化查询语言（SQL）来访问数据库。

开发者可以通过在遗留代码周围进行包装并提供访问接口的方式将遗留代码整合进一个客户端/服务器应用。包装器会将来自客户端的外部请求转化为对于遗留代码的调用。包装器也会将遗留代码的输出转化成对于客户端的响应。

15.6.1 数据库包装器类的设计

264
~
266

分析模型中的实体类封装了一些数据。在设计过程中需要进一步确定被封装的数据是否由实体类直接管理，或者数据实际上是存储在数据库中的。前一种情况由**数据抽象类**处理，其中封装了数据结构，如 14.4 节所述。后一种情况由**数据库包装器类**处理，其中隐藏了数据是如何被访问的（如果数据是存储在数据库中的），这种方式会在本节进行介绍。在客户端/服务器系统的设计中，数据抽象类更有可能位于客户端上，但也可能位于服务器上。然而数据库包装器类在大多数时候则是位于服务器端，因为数据库支持是在服务器端提供的。

当前使用的数据库大部分是关系数据库，所以数据库包装器类可以提供面向对象的数据库访问接口。如果使用的是关系数据库，那么需要进一步确定静态模型中所定义的哪些实体类需要映射到关系数据库中并将它们设计为数据库包装器类。有些时候，通过数据库包装器类从数据库中检索到的数据会被临时保存在数据抽象类中。

分析模型实体类的属性会被映射到数据库关系表上（将在 15.7 节中介绍）。访问这些属性的操作会被映射到数据库包装器类上。

数据库包装器类隐藏了如何访问保存在关系表中的数据的细节，所以隐藏了所有的 SQL 语句。数据库包装器类通常隐藏对于关系表的访问细节。然而，数据库包装器类也可能隐藏数据库视图，即两个或者多个关系的 SQL 表连接（Silberschatz，Korth，and Sudarshan 2010）。

15.6.2 数据库包装器类示例

图 15-14 给出了数据库包装器类的一个例子。在"银行系统"的例子中，所有的持久化数据都保存在数据库中。因此，银行服务器的每个实体类都会映射为一张数据库关系表和一个数据库包装器类。例如，考虑图 15-14a 中分析模型中的"借记卡"（Debit Card）实体类。由于借记卡数据保存在关系数据库中，因此从数据库的角度来说该实体类被映射为一张数据库关系表。实体类的属性被映射为关系属性。

此外还需要设计针对"借记卡"的数据库包装器类（图 15-14b），并提供以下操作："创建"（create）、"验证"（validate）、"检查每日取款上限"（checkDailyLimit）、"清空总额"

（clearTotal）、"更新"（update）、"读取"（read）以及"删除"（delete）。这些操作封装了访问"借记卡"关系表的 SQL 语句。注意，由于类属性可以被分别更新，因此各属性都有其自己独立的"更新"操作，例如每日取款上限和卡状态。调用某个更新操作便会执行相应的 SQL 语句。

«database wrapper» DebitCard
+ create (cardID)
+ validate (**in** cardID, **in** PIN, **out** status)
+ updatePIN (cardID, PIN)
+ checkDailyLimit (cardID, amount)
+ updateDailyTotal (cardID, amount)
+ updateExpirationDate (cardID, expirationDate)
+ updateCardStatus (cardID, status)
+ updateDailyLimit (cardID, newLimit)
+ clearTotal (cardID)
+ read (**in** cardID, **out** PIN, **out** expirationDate, **out** status, **out** limit, **out** total)
+ delete (cardID)

«entity» DebitCard
cardID : String
PIN : String
startDate : Date
expirationDate : Date
status : Integer
limit : Real
total : Real

a）分析模型 b）设计模型

图 15-14 数据库包装器类示例

15.7 从静态模型到关系数据库的设计

本节介绍如何将一个静态模型的实体类中所包含的数据映射到一个数据库中。当前所使用的大多数数据库都是关系数据库，因此我们的设计目标就是基于概念静态模型来设计关系数据库，具体而言是针对那些需要持久化的实体类。关于关系数据库设计的其他知识，例如数据库范式，请参阅一些标准的数据库教科书，例如 Silberschatz，Korth，and Sudarshan（2010）。

参考第 7 章中的实体类建模对理解本节很有帮助，那是关系数据库设计的起点。关系数据库的设计包括关系表与主键的设计、表示关联关系的外键设计、表示关联类的关联表设计、整体/部分关系（聚合）设计以及泛化/特化关系设计等。

15.7.1 关系数据库概念

关系数据库由一系列名称唯一的关系表组成。在最简单的情况下，每个实体类都会被设计为一张关系数据库表，表名与实体类的类名相对应。实体类的每个属性对应到相应表中的某一列，每个对象对应为表中的某一行。

例如，实体类"账户"（Account）被设计为同名的关系表（参见图 15-15）。其属性"账户号"（accountNumber）和"余额"（balance）对应为关系表中的两列。每个账户的一个实例对应于表中的一行，如表 15-1 所示，它表示了一张账户表以及三个独立账户。

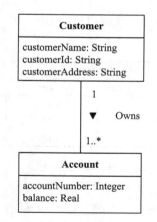

图 15-15 确定主键和辅键（一对多关联）

表 15-1 账户关系表

accountNumber	balance
1234	398.07
5678	439.72
1287	851.65

15.7.2 确定主键

关系数据库中的每张关系表都必须有一个主键。在最简单的情况下，主键是一个能够唯一确定表中某一行的属性。例如，账户号是账户表的主键，因为这个属性能够唯一确定一个账户。关系表可以用如下方式来表示：

Account（<u>accountNumber</u>，balance）

在这种表示法中，Account 是表的名字，accountNumber 和 balance 是表的属性。主键用下划线表示。在账户表中 <u>accountNumber</u> 就表示主键。

有些关系表中需要用多个属性来表示主键。例如，如果"账户"表既包含支票账户又包含储蓄账户（账户号可能重复），那么就需要另一个属性（账户类型）来作为主键的一部分，由此唯一确定一个账户。在这个例子中，主键就是由属性 <u>accountNumber</u> 和 <u>accountType</u> 共同组成的一个复合键。

Account（<u>accountNumber</u>，<u>accountType</u>，balance）

15.7.3 将关联映射到外键

关系数据库中的关联有多种不同的表示方法。最简单的方法是使用外键来表示一对一关联和一对多关联，其中关联关系用外键表示。外键是包含在一张表中的另一张表的主键，用以表示类之间的关联关系到表的映射。外键可以让我们从一张表导航到另一张表。

例如，为了描述"客户"和"账户"之间的关系（如图 15-15 中的类图所示），即"客户"拥有"账户"，可以将"客户"表的主键"客户号"（customerId）作为外键添加到"账户"表中，而"账户"表用带下划线的主键和斜体的外键表示如下：

Account（<u>accountNumber</u>，balance，*customerId*）

用这种方法，我们可以从"账户"表中的某一行（例如 *customerId* 外键为 26537 的那一行）导航到"客户"表中具有相同 <u>customerId</u> 主键的那一行，由此可以获得关于某个客户的更多消息，如表 15-2 所示。

表 15-2 关系表之间的导航

从账户表的 *customerId*（外键）导航			…到客户表中的 <u>customerId</u>（主键）		
accountNumber	balance	*customerId*	customerName	<u>customerId</u>	customerAddress
1234	398.07	24193	Smith	21849	New York
5678	439.72	26537	Patel	26537	Chicago
1287	851.65	21849	Chang	24193	Washington

1. 将一对一关联和零或一关联映射到外键

在表示类间一对一关联时，我们可以使用外键。任意一张关系表的主键可以设计为另一张关系表的外键。在表示类间的零或一关联时，外键必须设计在"可选"的关系表中，这样可以避免出现数据库设计者不愿看到的空引用。

例如，考虑"客户"拥有"借记卡"这种关系中的零或一关联关系（见图 15-16 中的静态模型）。在关系数据库设计中，<u>customerId</u> 被选作"客户"表的主键而 <u>cardId</u> 被选作"借记卡"表的主键。

Customer（customerName，<u>customerId</u>，customerAddress）

因为不是每一个客户都有借记卡（可选关系），因此将 *cardId* 作为"客户"表的外键可能会导致某些客户的卡号为空值。另一方面，每张借记卡必然为某个客户所有（一对一关系），因此将 *customerId* 作为"借记卡"表中的外键是最佳的选择，因为它永远不会产生空值。因此，*customerId* 被选作"借记卡"表的外键，并代表了**客户**和**借记卡**表之间的关联关系。

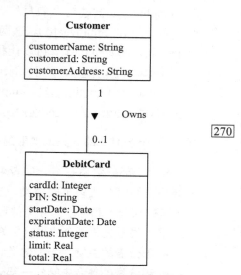

Debit Card（<u>cardId</u>, PIN, expirationDate, status, *customerId*）

（下划线表示主键，斜体表示外键）

2. 将一对多关联映射到外键

在设计具有一对多关联的数据库关系结构时，需要将外键放在处于"多"的一方的关系表中。考虑"客户"<u>拥有</u>"账户"关系的一对多关联，如图 15-15 所示。在关系数据库的设计中，处于"一"的一方的关系数据表（客户）的主键被设计为处于"多"的一方的关系数据表（账户）的外键。

图 15-16 确定主键和辅键（零或一关联）

在这个例子中，<u>customerId</u> 是"客户"表的主键。

Customer（customerName, <u>customerId</u>, customerAddress）

<u>accountNumber</u> 是"账户"表的主键，而 *customerId* 是"账户"表的外键。

Account（<u>accountNumber</u>, balance, *customerId*）

在这个例子中，由于每个账户都会有一个客户（一对一关系），所以外键 *customerId* 总能对应到一个客户。如果将"客户"表中的 accountNumber 设置为外键，那么鉴于一个客户可能会有多个账户（一对多关系），因此需要一个列表来保存外键。而在关系表中不允许存在属性列表，因为这样会导致层次结构，与关系数据库中表的扁平化（非层次化）设计原则相冲突。

15.7.4 将关联类映射到关联表

关联类表示两个或多个类之间的关联关系，通常用于表示多对多关联。关联类需要被映射为关联表。一个关联表表示两个或多个关系之间的关联。关联表的主键是一个复合键，由参与关联的关系表的主键组成。

例如，在图 15-17 的静态模型中，"小时数"（Hours）关联类表示"项目"（Project）类和"雇员"（Employee）类之间的关联。"小时数"类有一个属性，即"工作小时数"（hoursWorked），表示一个雇员在某个项目上工作的时间。

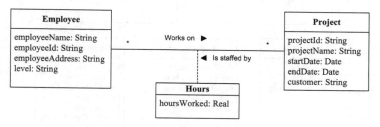

图 15-17 将关联类映射到关联表

每个实体类都会被映射为一张关系表，其中也包括 Hours 关联类，Hours 关联类被设计为一张被称为 Hours 的关联表。在关系数据库设计中，<u>projectId</u> 被选为"项目"表的主键，<u>employeeId</u> 被选为"雇员"表的主键，这两个主键构成了 Hours 关联表的一个复合主键（<u>projectId，employeeId</u>）。这两个属性都是外键：*projectId* 可以让我们从 Hours 表导航到 Project 表；而 *employeeId* 可以让我们从 Hours 表导航到 Employee 表。这些表的设计如下：

Project（<u>projectId</u>，projectName）

Employee（<u>employeeId</u>，employeeName，employeeAddress）

Hours（*<u>projectId</u>*，*<u>employeeId</u>*，hoursWorked）

15.7.5 将整体/部分关系映射到关系数据库

整体/部分关系是组合或者聚合关系，它包含了代表组合或聚合类的一个实体类以及代表部分类的两个或多个实体类。当把整体/部分关系映射为一个关系数据库时，聚合或复合类（整体部分）和每个部分类都要被设计为一张关系表。

整体关系表（复合或聚合关系）的主键是由部分关系表的以下某一项构成的：

- **部分表的主键**：当整体类和部分类之间存在一对一关联关系时。
- **部分表的复合主键的一部分**：当整体类和部分类之间存在一对多关联关系时。
- **部分表的外键**：当部分表并不需要用复合主键来唯一确定表中某一行，并且整体类和部分类之间存在一对多关联关系时。

例如，考虑一个静态模型（见图 15-18）中的聚合关系。该静态模型包括一个"学院"（College）聚合（整体）类以及"系"（Department）、"行政办公室"（Admin Office）和"研究中心"（Research Center）三个部分类。在关系数据库的设计中，聚合表的主键是"学院名称"（collegeName）。对于"行政办公室"部分表，它与"学院"表具有一对一关联关系，其主键也是"学院名称"。部分表"系"与"学院"表具有一对多关联关系。由于我们假设"部门名称"（departmentName）可以唯一地确定一个部门，因此"学院名称"不会作为复合主键的属性。但是，"学院名称"却是它的外键，因为这样可以从分表"系"导航到聚合表"学院"：

College（<u>collegeName</u>）

Admin Office（<u>collegeName</u>，location）

Department（<u>departmentName</u>，*collegeName*，location）

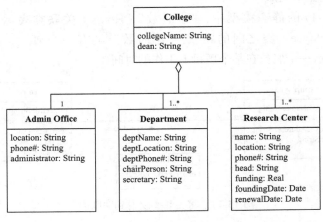

图 15-18　将整体/部分关系映射到关系表

15.7.6　将泛化/特化关系映射到关系数据库

有三种将泛化/特化关系映射到关系数据库的方法：
- 每个父类和子类都分别映射为一张关系表
- 只将子类映射为关系表
- 只将父类映射为关系表

1. 将父类和子类映射到关系表

父类和每个子类都映射为一张关系表。它们共享主键的属性，换言之，父类和子类产生的关系表拥有相同的主键。

该方法主要的优势在于简洁和可扩展，这是因为每个类都会映射为一张表。然而，最大的劣势在于父类/子类之间的导航比较慢，尤其是每次访问父类时都需要再访问子类（为了访问子类的某些属性），这样对数据库访问的次数会翻倍。 [273]

此外，这种设计方法需要在父类中显式地定义子类的区分属性，用于确定泛化关系中的抽象性质。尽管在静态模型中并没有显式地定义子类区分属性，但是在数据库中的父类表中需要使用它来确定应该导航到哪个子类表中。

考虑"账户"（Account）父类和"支票账户"（Checking Account）子类与"储蓄账户"（Savings Account）子类的例子（如图 15-19 中的静态模型所示）。在关系数据库设计中，"账户"父类的属性变成"账户"表的属性，其主键为 <u>accountNumber</u>。此外，子类区分属性 accountType 也被作为"账户"表的属性。父类表的主键也被加入到各子类表中作为它们的主键。因此，和"账户"表一样，"支票账户"表和"储蓄账户"表拥有相同的主键 <u>accountNumber</u>。注意，该方案假设账户号是唯一的。

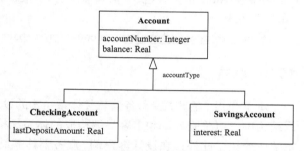

图 15-19　将泛化/特化关系映射到关系表

Account（<u>accountNumber</u>，accountType，balance）

Checking Account（<u>accountNumber</u>，lastDepositAmount）

Savings Account（<u>accountNumber</u>，interest）

2. 只将子类映射到关系表

第二种设计方法是只将子类映射为关系表。使用这种方法的话，每个子类都会对应一张表，但是没有对应于父类的表。父类的属性在每个子类表中重复出现。使用该方法最好的情况是子类属性比较多而父类属性比较少。此外，应用程序需要知道查询哪个子类表。

针对账户泛化/特化层次结构的例子，考虑只将子类映射为关系数据库的情况，如静态模型所示（图 15-19）。在关系数据库设计中，存在两张子类表，即"支票账户"（Checking Account）表和"储蓄账户"（Savings Account）表，没有父类表。父类的两个属性"账户号"和"余额"在每个子类表中重复出现，<u>accountNumber</u> 是每个子类表的主键。"支票账户"表 [274] 包含了两个继承而来的"账户"属性（<u>accountNumber</u>，balance）以及特定于支票账户的属性，即"最后一次取款金额"（lastDepositAmount）。"储蓄账户"表包含了两个继承而来的"账户"属性以及特定于储蓄账户的属性，即"利率"（interest）。

Checking Account（<u>accountNumber</u>，balance，lastDepositAmount）

SavingsAccount（<u>accountNumber</u>，balance，interest）

　　只将子类映射为关系数据库的方法经常被用来提高数据库的访问速度，因为该方法避免了前文所述的父类表与子类表之间的导航。

　　3. 只将父类映射到关系表

　　第三种设计方法是只将父类映射为关系数据表。在该方法中，只有一张父类表而不存在子类表，所有子类的属性都放到父类表中。在父类表中需要添加子类区分属性（accountType）。父类表中的每一行都会描述某个子类的属性，而与该子类无关的属性都设为空值。当父类的属性非常多而子类的属性以及子类数量很少时（例如两到三个）可以用这种方法。

　　针对"账户泛化/特化层次结构"的例子，考虑只将父类映射为关系表的情况，如静态模型所示（图15-19）。在关系数据库设计中只存在一张"账户"表而没有其他子类表。两个子类"支票账户"和"储蓄账户"的属性都集成到"账户"表中。"账户"表有一个主键 <u>accountNumber</u>，"余额"（balance）也作为该表的属性。此外，表中还包含一个子类区分属性 accountType，用来区分账户类型。"支票账户"子类的属性（即"最后一次取款金额"（lastDepositAmount））以及"储蓄账户"子类的属性（即"利率"（interest））都被集成到"账户"表中。

Account（<u>accountNumber</u>，accountType，balance，lastDepositAmount，interest）

15.8　总结

　　本章介绍了客户端/服务器软件体系结构的设计。在基于客户端/服务体系结构模式的体系结构中，由单服务器和多客户端构成的体系结构最为简单。该模式有多种变体，将在后续章节中介绍。此外，在设计客户端/服务器体系结构时需要考虑一些设计决策，例如某个服务需要被设计为顺序性的还是并发的子系统、客户端和服务器子系统之间需要使用何种通信模式等。第16章所介绍的面向服务的体系结构、第17章所介绍的基于构件的软件体系结构都包含了客户端/服务器体系结构。在第21章中会展示一个客户端/服务器软件体系结构的案例研究，即"银行系统"。本章还介绍了如何将静态模型映射到数据库包装器类和关系数据库中。文献 Rumbaugh et al.（1991，2005）和 Blaha and Premerlani（1998）中对从静态模型到关系数据库映射有更详细的介绍。此外，标准的数据库教科书中也给出了更多关于关系数据库设计的知识，如 Silberschatz，Korth，and Sudarshan（2010）的教材。

练习

选择题（每道题选择一个答案）

1. 什么是服务器？
   （a）一个服务于客户的软硬件系统
   （b）发送请求并等待响应的子系统
   （c）响应客户端请求的子系统
   （d）向多个客户端提供一个或多个服务的软硬件系统

2. 基本的客户端/单服务体系结构模式是指：

（a）多个客户端请求服务，多个服务完成客户端请求

（b）多个客户端请求服务，一个服务完成客户端请求

（c）一个客户端请求服务，一个服务完成客户端请求

（d）一个客户端请求服务，多个服务完成客户端请求

3. 一个多层客户端 / 服务器体系结构模式中，以下哪个关于中间层的描述是正确的？

（a）中间层是客户端层 （b）中间层是服务层

（c）中间层既是控制层也是服务层 （d）中间层既是客户端层也是服务层

4. 多客户端 / 多服务体系结构模式与多客户端 / 单服务体系结构模式的区别何在？

（a）一个服务可以接收来自多个客户端的请求

（b）一个客户端可以向多个服务发送请求

（c）一个客户端可以向其他客户端发送请求

（d）一个服务可响应来自多个客户端的请求

5. 一个顺序性服务是如何设计的？

（a）响应客户端请求的一个对象 （b）响应客户端请求的多个对象

（c）响应客户端请求的一个子系统 （d）响应客户端请求的多个子系统

6. 一个并发服务是如何设计的？

（a）响应客户端请求的一个对象 （b）响应客户端请求的多个对象

（c）响应客户端请求的一个子系统 （d）响应客户端请求的多个子系统

7. 什么是数据库包装器类？

（a）封装数据结构的类

（b）封装数据库的类

（c）封装如何访问数据库中的数据的细节的类

（d）封装一个关系表的类

8. 将一个实体类设计为一个关系表时，以下哪个不正确？

（a）关系表有多个主键 （b）关系表有多个外键

（c）关系表有一个主键 （d）关系表有一个复合主键

9. 将一个聚合层次结构映射到关系表时，以下哪个不正确？

（a）聚合表和部分表有不同的主键 （b）聚合表和部分表有相同的主键

（c）聚合表的主键是部分表的外键 （d）部分表的主键是聚合表的外键

10. 将一个泛化 / 特化关系映射到关系数据库时，以下哪个不正确？

（a）父类和每个子类都被设计为关系表 （b）只有子类被设计为关系表

（c）聚合类和部分类都被设计为关系表 （d）只有父类被设计为关系表

设计面向服务的体系结构

面向服务的体系结构（Service-Oriented Architecture，SOA）是一个由多个自治的服务组成的分布式软件体系结构。这些服务是分布式的，因此它们可以在不同的结点上运行并且由不同的服务提供者来提供。使用面向服务的体系结构的目标是开发由分布式服务组成的软件应用，使得各个服务能够在不同的平台上运行并且能够用不同的语言来实现。面向服务的体系结构使用标准的协议以支持服务之间的通信和信息交换。为了使应用能够发现服务并与服务进行通信，每一个服务都有一个服务描述。这些服务描述定义了服务的名字、服务的位置以及服务的数据交换要求（Erl 2006，2009）。

一个服务提供者所提供的服务可以被多个客户端所使用。通常，一个客户端会与由某个服务提供者提供的服务签约，例如因特网服务、电子邮件服务和网络电话（Voice over Internet Protocol，VoIP）服务。在客户端/服务器体系结构中，一个客户端与一个特定的、由一个固定的服务器配置提供的服务进行通信，与此不同的是，本章所描述的面向服务的体系结构建立在松耦合服务的概念基础上，这些服务在服务代理的协助下能够被客户端（也被称为服务消费者或服务请求者）发现和连接。

本章描述了如何设计面向服务的体系结构、如何设计服务以及如何复用服务。本章还简要地描述了面向服务的体系结构的支持技术。然而，由于技术的变化十分迅速而概念则更加持久，因此本章更加关注于设计面向服务的体系结构的概念、方法和模式。本章描述了支持面向服务的体系结构、服务设计和服务复用的软件体系结构模式。

16.1 节描述面向服务的体系结构的概念、体系结构和模式。16.2 节描述软件体系结构代理者模式。16.3 节描述面向服务的体系结构的支持技术，这部分是通过 Web 服务来实现的。16.4 节描述软件体系结构事务模式。16.5 节描述协商模式。16.6 节描述服务接口设计。16.7 节描述服务协调。16.8 节描述面向服务的体系结构设计。最后，16.9 节描述服务复用。

16.1 面向服务的体系结构的概念、体系结构和模式

面向服务的体系结构的一个重要目标是把服务设计为自治的、可复用的构件。服务意在自包含和松耦合，这就意味着服务之间的依赖尽量最小化。当需要访问多个服务并且对这些服务的访问需要进行排序的时候，可以使用协调服务而不是让一个服务直接依赖于另外一个服务。本章介绍了几种针对面向服务的应用的软件体系结构模式：代理者模式，包括服务注册、服务代理和服务发现（16.2 节）；事务模式，包括两阶段提交事务模式、复合事务模式和长事务模式（16.4 节）；协商模式（16.5 节）。

服务的设计原则

服务需要根据几个关键的原则来设计（Erl 2006，2009）。其中许多概念都是良好的软件工程和设计的原则，这些都已经结合到面向服务的体系结构的设计中。

- **松耦合**。服务之间应该相对独立。因此，一个服务所拥有的关于其他服务的信息能够最小化，并且在理想情况下应该不依赖于其他服务。

- **服务契约**。一个服务提供了一个契约，面向服务的体系结构应用可以依赖于这种服务契约。通常情况下，该契约以一组操作的形式在服务接口中进行定义。每个操作通常有输入和输出参数，但是也可以包含服务质量参数，例如响应时间和可用性。这个原则建立在一些面向对象设计思想基础上，包括接口与实现分离以及将接口作为服务提供者和服务使用者之间的契约。
- **自治**。每个服务都是自包含的，这使得服务能够在不需要其他服务的情况下独立运行。这一思想能够通过服务与服务间的协调机制相分离的方式来实现，这使得服务之间不需要直接通信。
- **抽象**。就像在面向对象设计中那样，服务的细节是被隐藏的。每个服务仅仅以所提供的操作的方式暴露服务接口以及每个操作所需要的输入和所返回的输出。
- **可复用性**。面向服务的体系结构的一个关键目标是设计可复用的服务。前述的服务设计目标意在促进复用。
- **可组合性**。服务被设计为能够组合成更大的复合服务。在一些情况下，一个复合服务也需要提供个体服务之间的协调。
- **无状态性**。在可能的情况下，服务几乎不保持任何关于特定客户端活动的信息。
- **可发现性**。服务通过一种外部描述使其可以被某种发现机制所发现。

279

16.2 软件体系结构代理者模式

在面向服务的体系结构中，对象代理者扮演着客户端和服务的中介者角色。代理者使得客户端不再需要知道某个服务在哪里提供以及如何获得这个服务。复杂的代理者提供了白页（命名服务）和黄页（交易服务），使得客户端可以方便地定位服务。

在**代理者**模式中（也被称为对象代理或者对象请求代理模式），**代理者**扮演着客户端和服务之间的中介角色。服务向代理者注册。客户端通过代理者定位服务。在代理者代理了客户端和服务之间的连接之后，客户端和服务之间的通信可以直接进行或者通过代理者进行。

代理者同时提供了位置透明和平台透明。**位置透明**是指如果服务移动到一个新的位置，那么客户端不会察觉到这个移动而只有代理者需要得到通知。**平台透明**是指每个服务能够在不同的硬件/软件平台上运行并且不需要维持其他服务运行的平台信息。

客户端通过基于代理的通信（而不是通过给定服务的位置）来向代理者查询所提供的服务。首先，服务要向一个代理者注册，就像 16.2.1 节中所介绍的服务注册模式所描述的那样。客户端知道所请求的服务而不是其位置，这种通信模式被称为**白页代理**，类似于电话目录中的白页。16.2.2 节中的代理者转发模式和 16.2.3 节中的代理者句柄模式描述了这类模式。在黄页代理中，特定的服务并不被事先知道而需要被发现，这将在 16.2.4 节中介绍。

16.2.1 服务注册模式

在**服务注册**模式中，服务需要向代理者注册服务信息，包括服务名称、服务描述和提供服务的位置。服务注册在服务第一次加入到代理交易所（类似于股票交易所）时被执行。在此之后，如果服务重新定位，它需要向代理者重新注册并提供它的新位置。服务注册模式如图 16-1 所示，其中描述了服务按照以下消息顺序向一个代理者注册或者重新定位后的重新注册：

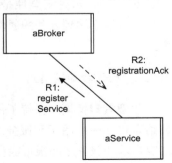

图 16-1 服务向代理者注册

> **R1**：服务向代理者发送一个"注册服务"（register Service）的请求。
>
> **R2**：代理者在服务库中注册服务，并且向服务发送一个"注册确认"（registration Ack）。

16.2.2　代理者转发模式

[280]　　代理者可以以多种方式处理客户端的请求。在**代理者转发**模式中，客户端发送一条标识它所请求的服务的消息，例如从一个指定的银行提取现金。代理者收到客户端的请求后，确定服务的位置（服务所位于的结点 ID），然后将消息转发给位于该位置上的服务。消息到达服务后，所请求的服务被调用。代理者收到服务响应并将其转发回给客户端。这个模式在图 16-2 中描述，它由以下的消息序列组成：

1）客户端（服务请求者）向代理者发送一个服务请求。

2）代理者查询服务的位置并且将请求转发给合适的服务。

3）服务执行请求并且将回复发送给代理者。

4）代理者将回复转发给客户。

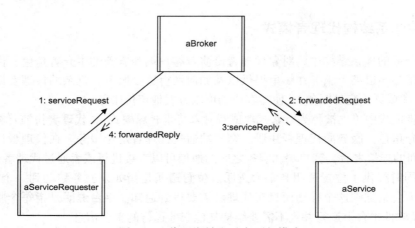

图 16-2　代理者转发（白页）模式

　　代理者转发模式提供了客户端和服务之间消息转发的中介。由于每条消息都能够被审查，因此这种模式潜在地提供了高度的安全性。然而，与基本的客户端/服务器模式相比（见 15.1 节），这种安全性是以性能为代价而获得的。这是因为消息的通信量加倍了，通过代理者从客户端到服务的通信需要四条消息，而客户端与服务之间的直接通信则只需要两条

[281]　消息。

16.2.3　代理者句柄模式

　　代理者句柄模式保持了位置透明的好处，同时增加了减少消息通信量的优势。代理者返回给客户端一个用于和服务之间直接通信的服务句柄，而不是转发每条客户端消息给服务。当客户端和服务之间很可能存在对话并且需要交换多条消息的时候，该模式特别有用。这个模式在图 16-3 中描述，它由以下的消息序列组成：

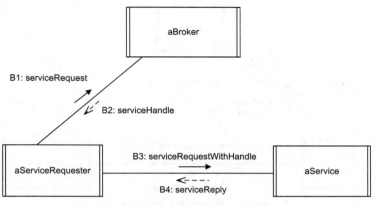

图 16-3　代理者句柄（白页）模式

> **B1**：客户端（服务请求者）向代理者发送一个服务请求。
> **B2**：代理者查询服务的位置并且向客户端返回一个服务句柄。
> **B3**：客户端使用服务句柄来请求合适的服务。
> **B4**：服务执行请求并且直接发送回复给客户端。

如果客户端和服务之间很可能存在对话并且交换多条消息，那么这个方法比代理者转发更加有效。这是因为代理者句柄中与代理者的交互只在开始对话的时候发生一次，而不是像代理者转发中那样每次都发生。大多数商业对象代理者都使用代理者句柄的设计。使用这种方法，在对话结束之后丢弃句柄是客户的责任。使用一个过时的句柄容易失败，这是因为服务可能在这期间移动了位置。如果一个服务确实移动了，它需要通知代理者使得代理者能够更新名字表。

16.2.4　服务发现模式

在此前介绍的代理者通信模式中，客户端知道请求的服务而不是位置，这些模式被称为白页代理。另一种代理模式是**黄页代理**，类似于电话目录中的黄页，在这种模式中客户端知道请求的服务类型而不是特定的服务。这个模式（如图 16-4 所示）也被认为是**服务发现**模式，因为它允许客户端发现新的服务。客户端发送一个查询请求给代理者，请求一个给定类型的所有服务。代理者回复一个满足客户端请求的所有服务的列表。客户端（可能是在咨询用户之后）选择一个特定的服务。代理者返回一个服务句柄，客户端使用该句柄与服务直接通信。这个模式交互先有一个黄页请求再有一个白页请求，其更详细的描述如下：

282

1）客户端（服务请求者）发送一个黄页请求给代理者，请求所有给定类型的服务的信息。

2）代理者查询这个信息，返回满足查询标准的所有服务的列表。

3）客户端选择一个服务，发送一个白页请求给代理者。

4）代理者查询服务的位置，返回一个服务句柄给客户端。

5）客户端使用服务句柄请求合适的服务。

6）服务执行请求，直接发送响应给客户端。

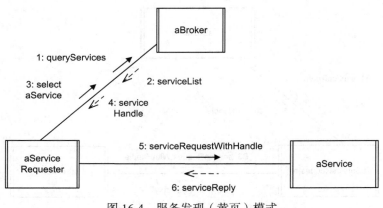

图 16-4　服务发现（黄页）模式

16.3　面向服务的体系结构的技术支持

尽管面向服务的体系结构在概念上是与平台无关的，但是当前的 Web 服务技术平台对它们的支持非常成功。一个 Web 服务是一个使用标准的因特网和基于 XML 的协议访问的服务。本节简要介绍基于 Web 服务实现的面向服务的体系结构的支持技术。

16.3.1　Web 服务协议

应用客户端和服务需要一个通信协议来进行构件间的通信。可扩展标记语言（Extensible Markup Language，XML）是一种允许不同的系统通过交换数据和文本进行互操作的技术。简单对象访问协议（Simple Object Access Protocol，SOAP）是一种由万维网联盟（W3C）设计的轻量级协议，该协议建立在 XML 和 HTTP 的基础上，支持分布式环境下的信息交换。SOAP 定义了一个发送 XML 编码数据的统一方法，由三部分组成：一个信封，定义了一个描述消息内容以及消息处理方式的框架；一组编码规则，描述了特定应用的数据类型实例；一个表示远程过程调用和响应的协定。

16.3.2　Web 服务

应用为客户端提供服务。一个应用服务的例子是使用万维网进行应用间通信的 **Web 服务**。从软件的角度来看，Web 服务是为万维网上的不同软件应用之间提供了标准通信手段的应用程序接口（API）。从业务应用的角度来看，Web 服务是一种企业通过在因特网上的直接服务的形式提供给其他公司或者程序使用的业务功能。一个 Web 服务由一个服务提供者提供，并且可以由其他服务组合而成并形成新的服务和应用。图 16-5 给出了一个 Web 客户调用一个 Web 服务的例子。

目前已有的一些构件技术支持基于构件技术和 Web 服务的软件应用构造，包括 .NET、J2EE、WebSphere 和 WebLogic。

16.3.3　注册服务

注册服务用于使得服务能够被其客户端所找到。服务通过一个注册服务进行注册，这一过程称为发布或者注册。大多数代理者（例如 CORBA 和 Web 服务代理者）提供了一个注册服务。对于 Web 服务，**服务库**被提供用于支持基于万维网的服务发布和定位。服务提供者将服务和服务描述注册到服务库中。寻找服务的客户端能够通过在服务库中查询找到合适的服务。Web 服务描述语言（Web Services Description Language，WSDL）是一种基于 XML 的语言，用于描述一个服务做什么、它在哪里和如何调用它。

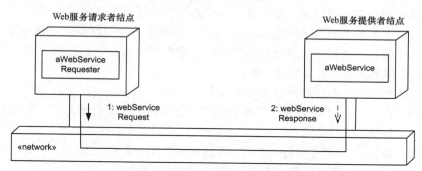

图 16-5　在一个万维网服务应用中的 Web 客户端和 Web 服务

16.3.4　代理和发现服务

在分布式环境中，**对象代理者**是客户端和服务之间交互的中介。一个代理技术的例子是 Web 服务代理者。关于 Web 服务的信息能够通过用于 Web 服务集成的统一描述、发现和集成（Universal Description，Discovery and Integration，UDDI）框架来定义。一个 UDDI 规约由几个相关的文档和一个 XML 模式组成，该 XML 模式定义了一种基于 SOAP 的用于 Web 服务注册和发现的协议。Web 服务代理者可以使用 UDDI 框架为客户端提供一种在 Web 上动态发现服务的机制。

图 16-6 展示了一个 Web 客户端向一个 Web 服务代理者发送 Web 服务发现请求的例子，它使用了代理者句柄模式（1）。代理者确定一个满足客户端需求的特定的 Web 服务作为响应（2）。Web 客户端发送一个请求给所发现服务的 Web 服务（3）。

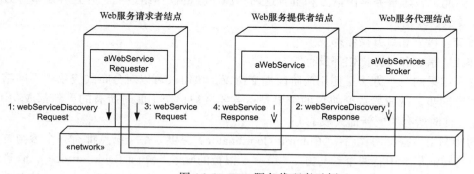

图 16-6　Web 服务代理者示例

16.4　软件体系结构事务模式

服务经常会封装数据或者为需要由客户端读取或更新的数据提供访问。许多服务所提供的更新操作都需要进行协调。本节描述了如何使用事务和事务模式来达到这个目的。

事务是客户端对由两个或者更多操作组成的服务的请求，这些操作属于同一个逻辑功能并且必须全部完成或者全部不做。事务在客户端生成并且发送给服务处理。对于原子（即不可分的）事务，服务需要能够启动事务、提交事务或者终止事务。事务通常用于要求原子性的分布式数据库的更新，例如从一个银行的账户转账到另一个银行的账户。这种方法可以对分布式数据库的更新进行协调，使得相关操作要么全部被执行（提交）要么全部被回滚（终止）。

一个事务必须全部完成或者完全不做。考虑银行间电子资金转账的例子。对于一个被认为完成的事务，它的所有操作必须被成功地执行。如果事务中的任何一个操作不能被执行，这个事务必须被终止。这就意味着已经完成的各个操作需要被撤销，使得一个被终止的事务的影响就像这个事务从来没有发生过一样。

事务有以下的特性，有时被称为 ACID 特性：

- **原子性（A）**。一个事务是一个不可分割的工作单元，要么全部完成（提交）要么全部终止（回滚）。
- **一致性（C）**。一个事务执行完之后，系统必须处于一致的状态。
- **隔离性（I）**。一个事务的行为必须不能被其他事务所影响。
- **持续性（D）**。一个事务完成之后，它的修改是持久性的。即使在发生系统故障的情况下，事务所做出的修改也能够持久存在。这种特性也被称为持久性。

16.4.1 两阶段提交协议模式

两阶段提交协议模式处理在分布式系统中管理原子性事务的问题。考虑两个银行事务的例子。

1）**提款事务**。一个提款事务能够在一个操作内被处理。此时，需要使用信号量来进行同步，以确保对于客户账户记录的访问是互斥的。事务处理器可以对这个客户账户记录加锁，对该记录进行更新，然后解锁。

2）**转账事务**。考虑一个两个账户之间的转账事务，例如从一个储蓄账户到一个支票账户并且这两个账户属于两个不同的银行（服务）。该转账事务必须记入储蓄账户的借方和支票账户的贷方。因此，转账事务是由借方和贷方这两个原子性的操作组成的，并且转账事务必须要么被提交要么被终止：

- **被提交**。借方和贷方操作都发生了。
- **被终止**。借方和贷方操作都没有发生。

实现这一结果的一个方法是使用两阶段提交协议，该协议可以对分布式应用中不同结点上的更新进行同步。两阶段提交协议的结果是事务要么被提交（此时所有的更新都成功了）要么被终止（此时所有的更新都失败了）。

事务的协调由"提交协调者"（Commit Coordinator）提供。每个结点都有一个参与方的服务。在银行转账事务中有两个参与方："第一个银行的服务"（first Bank Service），管理着转账的"转出账户"（from Account）；"第二个银行的服务"（second Bank Service），管理着转账的"转入账户"（to Account）。在两阶段提交协议的第一个阶段（图 16-7），"提交协调者"发送一个"准备提交"（prepare To Commit）的消息（1a、1b）给每个参与方服务。每个参与方服务锁住相关记录（1a.1、1b.1），执行借方或贷方更新（1a.2、1b.2），然后发送一条"准备好提交"（ready To Commit）的消息（1a.3、1b.3）给"提交协调者"。如果一个参与方服务无法执行更新，那么会发送一条"拒绝提交"（refuse To Commit）的消息。提交协调者等待来自所有参与方的响应。

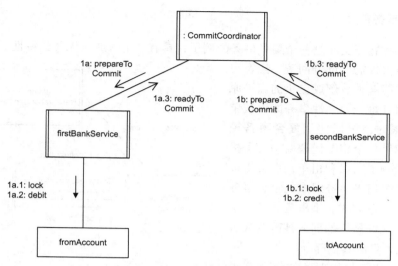

图 16-7　两阶段提交协议的第一个阶段示例：银行转账

当所有的参与方服务都做出了响应之后，"提交协调者"进入两阶段提交协议的第二个阶段（图 16-8）。如果所有的参与方都发送了"准备好提交"（ready To Commit）的消息，那么"提交协调者"发送"提交"（commit）消息（2a、2b）给所有参与方服务。每个参与方服务做出持久性的更新（2a.1、2b.1），解锁记录（2a.2、2b.2），并且发送"完成提交"（commit Completed）的消息（2a.3、2b.3）给"提交协调者"。"提交协调者"等待所有参与方"完成提交"的消息。

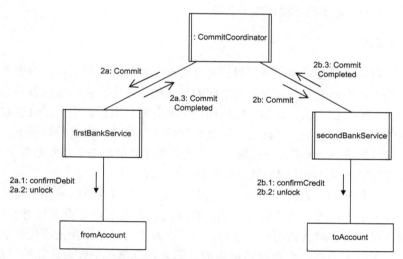

图 16-8　两阶段提交协议的第二个阶段示例：银行转账

如果一个参与方服务以"准备好提交"的消息响应"准备提交"的消息，那么表示其承诺要完成这个事务。即使参与方服务发生了延迟（例如，在发送"准备好提交"的消息后宕机了），它也必须完成这个事务。另一方面，如果任何一个参与方服务以"拒绝提交"的消息响应"准备提交"的消息，那么"提交协调者"会发送一个"终止"（abort）消息给所有参与者。于是所有参与者对更新进行回滚。

16.4.2 复合事务模式

此前的银行转账交易是一个扁平事务的例子，具有"全有或全无"的特性。相反，一个复合事务可能仅仅需要部分回滚。当客户端的事务需求能够被分解成更小的扁平原子性事务，而且每个原子性事务能够被单独执行和回滚时，可以使用**复合事务**模式。例如，如果一个旅游代理商预订了机票，接着又预订了宾馆和租车，那么将该预订看作由三个扁平事务组成的复合事务是更加灵活的处理方式。将事务看作一个复合事务可以允许预订的部分被改变或者取消而不影响预订的其他部分。

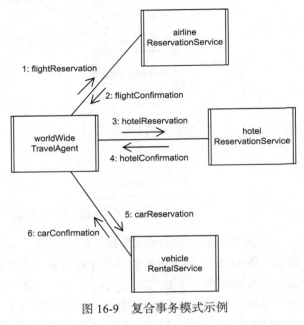

图 16-9 复合事务模式示例

图 16-9 通过旅游代理商的例子来说明复合事务模式。旅游代理商为一个客户进行旅程规划，由机票预订（1、2）、宾馆预订（3、4）和租车预订（5、6）组成。如果旅程的三个部分被看成是单独的扁平事务，那么每个事务可以独立处理。因此，宾馆预订可以独立于机票预订和租车预订而从一个宾馆调整到另一个宾馆。当然，在某些情况下，例如这个行程被延迟了或者取消了，所有的三个预订都不得不被调整。

16.4.3 长事务模式

长事务是一种有人参与其中、需要很长甚至可能无限长的时间来执行的事务，这是因为每个人的行为是不可预知的。在涉及与人之间的交互的事务中，在人考虑各种选项的同时长时间地锁住记录是不受欢迎的。例如，在使用扁平事务的机票预订中，记录会在事务期间被锁住。由于事务中有人的参与，因此记录可能会被锁住几分钟。在这种情况下，使用**长事务模式**会更好，它可以将一个长事务分成两个或者更多的单独的事务（通常是两个），使得人的决策发生在连续的事务对之间（例如第一个和第二个之间）。

在机票预订的例子中，首先通过一个"查询"（query）事务显示可用的座位，然后执行"预订"（reserve）事务。按照这种方法的话，在做出预订之前还要重新检查座位是否可用。因为多个代理商可能会同时查询同一个航班，所以在查询时显示可用的座位可能在预订时就不再可用了。如果航班只有一个座位是可用的，那么只有第一个代理商能够订到这个座位。需要注意的是即使航空公司允许座位超订，但是显然允许预订的座位数量仍然是有限的，因此这个问题依然存在。

这个方法可以通过旅游代理商的例子在图 16-10 中说明。旅游代理商首先查询航空公司的预订服务（1a、1b、1c）来确定可用的航班。三个预订服务都积极地回复了可用的座位（1a.1、1b.1、1c.1）。在考虑各种选项并咨询客户之后，旅游代理商向 Unified 航空公司的预订服务发出了"预订"请求（2）。由于没有在记录上加锁，该预订不再可用，因此预订服务回复了一个

"拒绝"（reject）的响应（response）（3）。于是旅游代理商按照第二个选项（即 Britannic 航空公司）预订了航班（4）。这次预订服务回复了一个预订被接受的"确认"（confirm）响应（5）。

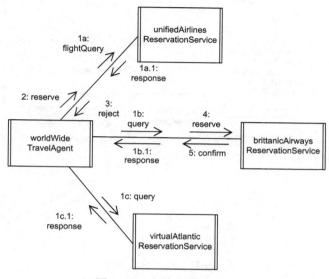

图 16-10　长事务模式示例

16.5　协商模式

在有些面向服务的体系结构中，服务之间的协调机制中包含软件主体（agent）之间的协商，从而使得它们能够共同做出决策。在**协商**模式（也被称为基于主体的协商或者多主体协商模式）中，一个客户主体代表用户向一个服务主体发起一个服务提议。服务主体尝试着满足客户的提议，这个过程可能涉及与其他服务的通信。确定了可用的选项后，服务主体向客户主体提出一个或者多个与客户主体的提议最接近的选项。在此基础上，客户主体可以选择向其中的一个选项发出请求、提出更多的选项或者拒绝。如果服务主体能够满足客户主体的请求，那么就接受请求；否则，服务主体拒绝请求。

以下通信服务为软件主体之间的互相协商提供了支持（Pitt et al. 1996）：

客户主体作为客户的代表，可以做以下事情：

- **提出一个服务**。客户主体向一个服务主体提出一个服务。这个提出的服务是可以协商的，意味着客户主体愿意考虑还价。
- **请求一个服务**。客户主体向一个服务主体请求一个服务。这个请求的服务是不可协商的，意味着客户主体不愿意考虑还价。
- **拒绝一个服务报价**。客户主体拒绝服务主体提出的报价。

服务主体代表着服务，可以做以下事情：

- **报价一个服务**。作为对客户提议的响应，一个服务主体提出一个还价。
- **拒绝一个客户请求 / 提议**。服务主体拒绝客户主体提出的或者请求的服务。
- **接受一个客户请求 / 提议**。服务主体接受客户主体提出的或者请求的服务。

协商模式示例

考虑以下这个涉及一个客户主体和一个软件旅游主体的例子，其中的场景与现实世界中游

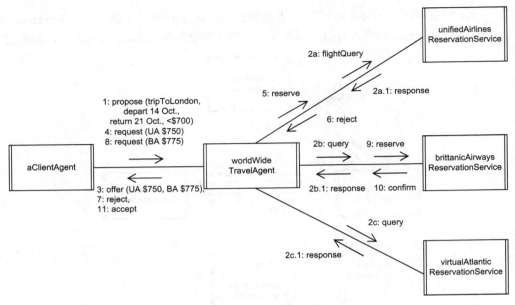

图 16-11　协商模式示例

客和旅游代理商的交互场景相似。这个例子使用了协商模式和长事务模式。在这个旅游代理商的例子中，客户主体通过对象代理者的黄页（图 16-4）发现了一个合适的服务旅游主体，这里假设选择了"环球旅游代理"（world Wide Travel Agent）。接下来客户主体代表一个用户开始了一次协商过程。该用户希望坐飞机从华盛顿到伦敦，出发日期为 10 月 14 日，返回日期为 10 月 21 日，价格为低于 700 美元。这个协商过程用一个通信图表示（见图 16-11），它的描述如下：

1）"客户主体"（Client Agent）使用"提议"（propose）服务来提出带有指定约束的到伦敦的旅程。

2）"环球旅游代理"确定了三个航空公司，即 Britannic 航空公司（BA）、Unified 航空公司（UA）和 Virtual Atlantic 航空公司（VA），提供从华盛顿到伦敦的航线。接着向三家航空公司的服务（即"UA 服务"（2a）、"BA 服务"（2b）和"VA 服务"（2c）），发送了一个"航班查询"（flight Query）来查询给定日期的航班，然后收到三家公司的服务所回复的航班时间和价格。

3）"环球旅游代理"发送一个符合所提出的价格要求的可用航班的"报价"（offer）消息给"客户主体"。如果可用的机票报价都高于客户的要求，"环球旅游代理"就选择所能找到的最便宜的航班。在这种情况下，它确定了满足提议的日期的两个最好报价是 UA 的 750 美元的航班和 BA 的 775 美元的航班。因为没有低于 700 美元的航班，"环球旅游代理"提出了最接近于提议报价的可用航班。因此，它发送 UA 的 750 美元的航班的报价消息给"客户主体"。

4）"客户主体"向用户显示选项。接下来，"客户主体"可能会"请求"（request）一个服务（例如，请求服务主体所给出的一个选项）。或者，如果用户不喜欢所提供的所有选项并且"提议"（propose）一个新的日期要求，那么"客户主体"将"拒绝"（reject）服务报价。在我们这个例子中，用户选择了 UA 的报价，"客户主体"向"环球旅游代理"发送了 UA 航班的"请求"消息。

5）"环球旅游代理"向 UA 服务发出"预订"（reserve）请求。

6）假设航班不再可用，UA 服务拒绝了预订请求。

7）由于航班不再可用，"环球旅游代理"以"拒绝"的消息回复了"客户主体"。

8）"客户主体"请求了下一个最佳报价，即 BA 的 775 美元的航班，然后发送"请求”BA 航班的消息给“环球旅游代理”。

　　9）“环球旅游代理”向 BA 服务发出了“预订”请求。

　　10）假设航班依然可用，BA 服务确认了该预订。

　　11）“环球旅游代理”向“客户主体”回复了一个接受消息。

　　在这个例子中，需要注意的是“环球旅游代理”在与“客户主体”通信时扮演着服务的角色，而在与航空公司服务通信时扮演着客户端的角色。

16.6　面向服务体系结构中的服务接口设计

　　应用 COMET 方法设计新的服务首先需要应用在第 8 章中介绍的对象结构组织准则。在动态交互建模过程中确定客户端对象和服务对象之间的交互。用于服务操作设计的方法类似于第 14 章中所介绍的类接口设计方法。发送到服务的消息形成了服务操作设计的基础。通过分析这些消息可以确定操作的名称以及输入和输出参数。

　　作为一个例子，考虑在第 22 章中所介绍的在线购物系统的面向服务的体系结构案例研究。图 16-12 展示了客户从供应商购买商品的例子。这个通信图描述了“处理配送订单”（Process Delivery Order）用例的实现，其中涉及两个服务，即“配送订单服务”（Delivery Order Service）和“库存服务”（Inventory Service）。

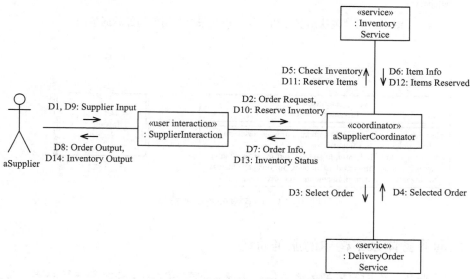

图 16-12　“处理配送订单”用例的通信图

　　每个服务的操作都是通过分析发送给服务的消息请求来确定的。在图 16-12 中关于“处理配送订单”的通信图所描述的对象交互中，有一条消息（D5）发送给“库存服务”来检查库存，从而确定送货订单中的物品是否可用。这个请求被设计为操作 checkInventory，它的输入参数为 itemId，它的输出参数为 inventoryStatus，相应的消息为 D6。第二条发送给“库存服务”的请求是保留库存（消息 D11）。这个请求被设计为操作 reserveInventory，它的输入参数为 itemId 和 amount。这个保留操作等同于准备提交库存，对应于两阶段提交协议中的第一个阶段。图 16-13 中的部分通信图描述了后续的用例“确认出货”（Confirm Shipment）和“给客户开账单”（Bill Customer）中的一些对象。其中有一条消息是提交库存

（消息 S9），该消息将引发库存更新以确认物品被移除、打包和出货。这个请求被设计为操作 commitInventory，它的输入参数是 itemId 和 amount，对应于两阶段提交协议中的第二个阶段。"库存服务"还需要额外的操作来终止库存（如果订单被取消和库存在出货之前被释放）并更新库存（补充库存）。图 16-14 描述了"库存服务"的接口（称为 IInventoryService），由操作 checkInventory，reserveInventory 和 commitInventory 以及操作 update 和 abortInventory 组成。图 16-14 中描述的"库存服务"还有一个称为 PInventoryService 的供给端口（见第 17 章），它提供了名为 IInventoryService 的供给接口。可以使用相似的分析过程来确定其他服务的操作。第 22 章中给出了完整的案例研究的描述。

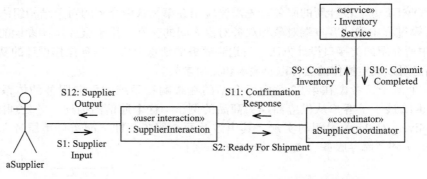

图 16-13 "确认出货"和"给客户开账单"用例的部分通信图

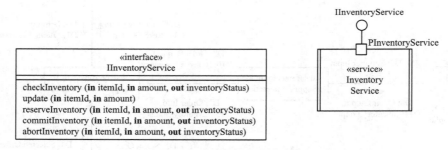

图 16-14 库存服务的服务接口

16.7 面向服务体系结构中的服务协调

涉及多个服务的面向服务的体系结构应用通常需要在这些服务之间进行协调。为了确保服务之间的松耦合，将协调的实现细节和各个服务的功能相分离会比较好。在涉及多个服务的复杂活动中，通常需要通过协调机制来控制对各个服务的访问顺序。面向服务的体系结构中提供了不同类型的协调机制，包括编制（orchestration）和编排（choreography）。**编制**由用于协调多个服务的采用集中式控制的工作流协调逻辑组成。在此基础上可以通过将已有的服务引入到新的服务应用中来实现服务的复用。**编排**提供了服务之间的分布式协调，可以用于不同业务组织之间的协调。因此，编排可以用于针对来自不同服务提供商、由不同业务组织提供的服务之间的协作。编制采用集中式控制，而编排采用分布式控制。

由于术语编制和编排经常互换使用，因此本章将使用更加通用的术语**协调**来描述面向服务的体系结构应用所需要的针对不同服务的顺序控制，而不管所采用的是集中式控制还是分布式控制。16.4 节中所描述的事务模式可以被用于服务协调。

我们的目标是让服务无状态，从而使它们的可复用性更好。有些时候，当服务必须要具有状态信息时（例如配送订单的状态），相关状态信息保存在配送订单记录和数据库中。当需要配送订单状态时，可以从配送订单记录中读取（或进行更新，如果需要的话）。无论是顺序执行还是并发执行，并且无论是否是状态相关的，多个服务调用的顺序都被封装在协调者内部。

图 16-12 和 16-13 给出了一个协调者对象的例子，其中"供应商协调者"（Supplier Coordinator）对象协调了"供应商交互"（Supplier Interaction）对象与"配送订单服务"和"库存服务"对象之间的交互。"供应商协调者"提供了总体控制和顺序化，这就是所谓的工作流。

|294|

"供应商协调者"通过供给接口 ISupplierCoordinator 接收来自"供应商交互"的供应商请求。"供应商协调者"是"库存服务"的一个客户端，因此它有一个请求接口 IInventoryService（图 16-14），它也是"配送订单服务"的一个客户。"供应商协调者"收到的来自于"供应商交互"的请求是：

1）请求需要处理的一个新的配送订单（图 16-12 中的消息 D2），映射为操作 requestOrder，

2）保留库存中的订单项（图 16-12 中的消息 D10），映射为操作 reserveInventory，

3）识别订单已经准备好出货（图 16-13 中的消息 S2），映射为操作 readyForShipment，

4）订单已经出货（图 16-13 中的消息 S14），映射为操作 confirmShipment。

接口 ISupplierCoordinator 由上述 4 个操作组成，即操作 requestOrder、reserveInventory、readyForShipment 和 confirmShipment，如图 16-15 所示。

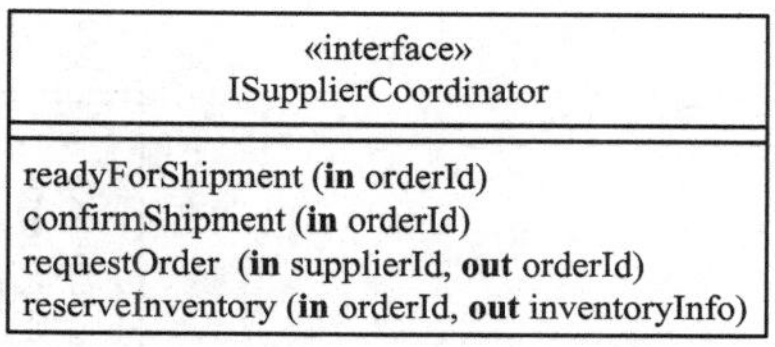

| «interface» |
ISupplierCoordinator
readyForShipment (in orderId)
confirmShipment (in orderId)
requestOrder (in supplierId, out orderId)
reserveInventory (in orderId, out inventoryInfo)

图 16-15　"供应商协调者"的协调者接口

16.8　设计面向服务的体系结构

如此前两节所介绍的确定服务和协调者的接口之后，就可以开发集成的通信图。对于面向服务的体系结构，这个图既是并发的又是分布式的。并发通信图展示了由服务参与的动态消息顺序以及服务与协调者构件和用户交互构件之间的交互。一个并发通信图是通过整合基于用例的通信图（就像在第 13 章中描述的）和定义构件与服务之间的消息通信接口来开发的。对于与服务的通信方式，同步通信是最常见的，这是因为服务需要一个请求 / 响应的通信。然而，也可以使用带回调的异步消息通信（第 15 章）。对于点对点的通信，例如两个协调者之间，可以使用异步通信。

图 16-16 给出了一个在线购物系统的并发通信图，它展示了每个用户交互构件（"客户交互"（Customer Interaction）和"供应商交互"（Supplier Interacion））、相应的协调者构件

|295|

（"客户协调者"（Customer Coordinator）、"供应商协调者"（Supplier Coordinator）和"账单协调者"（Billing Coordinator））以及六个服务之间的动态消息通信。在线购物的案例研究在第 22 章中介绍。大多数的服务与构件之间的通信是带回复的同步消息通信。由于每个请求都需要一个响应，因此这种通信模式在面向服务的体系结构中经常被使用。这种模式尤其适合用户交互构件和协调者（例如"客户交互"和"客户协调者"之间）以及协调者和服务（例如"客户协调者"和"目录服务"（catalog Service））之间。然而，协调者（例如"供应商协调者"和"账单协调者"）之间可以使用点对点的异步消息通信，使得协调者不必等待响应；如果需要一个响应，这个响应也是异步的。

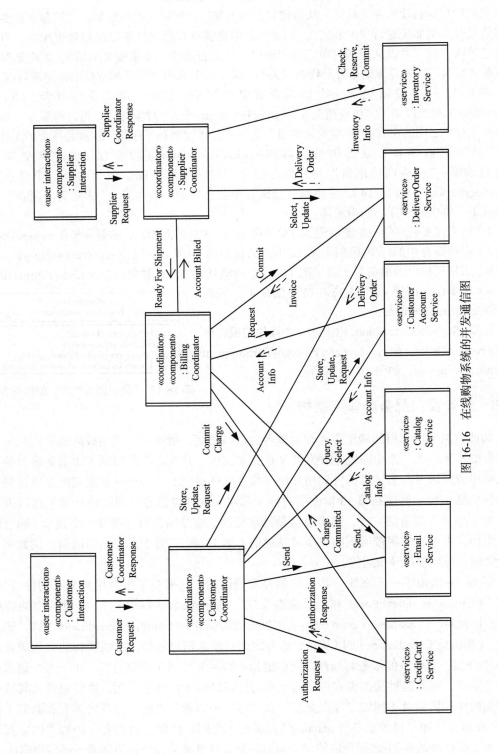

图 16-16 在线购物系统的并发通信图

16.9　服务复用

服务设计好之后就可以复用了。尽管一个服务可以调用另一个服务的操作，但是这将导致该服务依赖于其他服务，从而降低该服务的可复用性。为了鼓励服务的复用，我们建议服务一般应该只有供给接口而没有请求接口（除非使用了带回调的异步通信），这样会使得服务更加独立。图 16-17 中所有的服务都遵循了这个方针，即只有供给接口而没有请求接口。

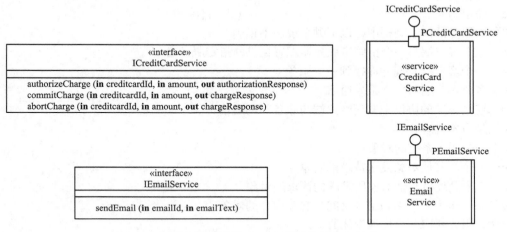

图 16-17　"信用卡服务"和"电子邮件服务"的接口

所有被描述的服务都可以用于不同的面向服务的应用中。每次使用服务开发面向服务的应用时都要创建新的协调者对象，充分利用所提供的服务，以此来控制和排序所期望的应用工作流。如果一个服务得到了复用，那么它的接口是已知的，而调用该服务的构件（服务的客户端或协调者）应当确保使用所定义的操作来正确地调用该服务，包括适当的输入和输出参数。此外，操作调用有时还需要遵循给定的约束，例如一个操作是否需要在另一个操作之前被调用。

在在线购物系统的例子中，"信用卡服务"和"电子邮件服务"是两个被复用的服务。"电子邮件服务"是两个服务中比较简单的一个服务，它只有一个发送邮件的操作，即 sendEmail（recipient，message）。而"信用卡服务"则需要按照预定义的顺序调用两个服务，即先进行交易授权（authorizeCharge），然后再执行交易扣款（commitCharge）。此外，还有第三个操作，即终止交易（abortCharge）。

16.10　总结

本章介绍了如何设计面向服务的体系结构，包括如何设计服务和如何复用服务。本章还简要地描述了面向服务的体系结构的支持技术，但更关注于设计面向服务的体系结构的相关概念、方法和模式，这是因为技术的变化十分迅速而概念则更加持久。服务也可以被设计为一个分布式的基于构件的软件体系结构的一部分，就像在下一章中描述的一样。第 22 章给出了设计一个基于面向服务的体系结构的在线购物系统的案例研究。

练习

选择题（每道题选择一个答案）

1. 什么是面向服务的体系结构（SOA）？

（a）一个由多个相关服务组成的分布式软件体系结构

（b）一个由多个自治服务组成的分布式软件体系结构

（c）一个分布式客户端/服务体系结构

（d）一个分布式软件体系结构

2. 以下哪一个特性不适用于服务？

（a）可复用的   （b）可发现的

（c）固定的   （d）自治的

3. 在面向服务的体系结构中，以下哪个说法不正确？

（a）一个客户端与一个由固定服务器配置提供的指定服务通信

（b）一个客户端发现并连接到一个服务上

（c）多个客户端与一个服务通信

（d）使用标准的协议来实现客户端与服务间的通信

4. 什么是对象代理者？

（a）一个闯入系统的对象

（b）一个向其他对象发送请求的对象

（c）一个处理由其他对象所发送的请求的对象

（d）一个作为客户端和服务之间的交互中介的对象

5. 为什么服务要向一个代理者注册？

（a）使得服务请求者可以发现它   （b）使得服务可以询问代理者

（c）使得注册表保持更新   （d）使得服务能够被重新定位

6. 什么时候使用代理者句柄模式取代代理者转发模式特别有用？

（a）如果客户端只与服务通信一次

（b）如果客户端需要与服务进行一次对话

（c）如果客户端知道所需要的服务的类型而不知道确切的服务

（d）如果客户端需要为代理者提供一个句柄

296
~
298

7. 当服务请求者满足什么条件时黄页代理是有用的？

（a）需要发现服务的位置

（b）知道所需要的服务的类型而不知道确切的服务

（c）知道所需要的确切服务而不知道服务的类型

（d）需要发现代理者

8. 什么是事务？

（a）由两个或多个操作组成   （b）由一个操作组成

（c）由两个或多个不可分割的操作组成   （d）由两个或多个可分割的操作组成

9. 什么是复合事务？

（a）复合事务是不可分的   （b）复合事务是原子性的

（c）复合事务被分解为原子性事务   （d）复合事务被分解为子原子性事务

10. 关于协商模式，以下哪一个说法不正确？

（a）客户主体可以发出一个服务提议

（b）服务主体可以提供一个服务方案报价作为对一个客户主体的服务提议的响应

（c）客户主体可以请求一个服务

299   （d）服务主体可以提供一个服务方案报价作为对一个客户主体的服务请求的响应

设计基于构件的软件体系结构

在基于构件的分布式软件设计中，我们为分布式应用设计基于构件的软件体系结构。我们将软件应用划分为构件，并定义构件之间交互的接口。为此，我们还提供了如何确定构件的指导原则。构件需要以一种可配置的方式进行设计，这样构件的实例就可以部署在分布于不同地理位置的多个结点上。

我们将首先按照第 12 章介绍的子系统组织准则来设计构件，然后，使用附加的构件配置准则来保证构件确实是可配置的——换言之，它们能够有效地部署在具有不同地理位置结点的分布式环境中。

17.1 节介绍基于构件的分布式软件体系结构的概念、体系结构和模式。17.2 节描述设计基于构件的分布式软件体系结构的步骤。17.3 节描述复合子系统和构件的概念和设计。17.4 节描述如何利用 UML 对构件建模并设计构件。17.5 节描述将分布式应用构建为可配置的分布式构件的构件组织准则。17.6 节描述群组通信（group communication）模式，包括"广播消息通信"模式和"订阅/通知消息通信"模式。最后，17.7 节描述应用部署。

17.1 基于构件的软件体系结构的概念、体系结构和模式

在第 12 章，我们用常规方式介绍了术语"构件"。本章描述了如何设计基于构件的分布式软件体系结构中的分布式构件，还描述了构件组织准则，可以用来设计在分布式配置（distributed configuration）的分布式平台上部署并执行的构件。本章还使用具有请求/供给接口的构件端口和用以连接兼容端口的连接器（connector）来描述构件接口的设计。我们使用复合结构图（composite structure diagram）的 UML 表示法来描述基于构件的软件体系结构。

之前提到的体系结构通信模式可以用于这种软件体系结构，包括同步、异步和代理者模式。另外，17.6 节描述的群组通信模式也可以使用。

基于构件的软件体系结构的一个重要目标是提供高度可配置的基于消息的并发设计。换言之，目的是使得同一个软件体系结构能够在不同的分布式配置上进行部署。这样，对一个软件应用进行配置时，可以使它的每个基于构件的子系统都各自部署到其独立的物理结点上，也可以使它所有的抑或是部分的构件一起部署到同一物理结点上。为了达到这种灵活性，我们需要按照如下方式来设计软件体系结构：应该在系统部署而非系统设计的时候决定哪个构件部署到哪个物理结点上。

在基于构件的开发方法中，每一个子系统都被设计成一个分布式的独立构件，从而有助于实现分布式的、高度可配置的和基于消息的设计目标。一个**分布式构件**（distributed component）是一个具有明确定义接口的并发对象，也是分布和部署的逻辑单元。一个良好设计的构件是能够在不同应用中复用的，而非只能在其原本所属的应用中使用。一个构件既可以是复合构件也可以是简单构件。**复合构件**（composite component）是由其他部分构件（part component）复合而成的。**简单构件**（simple component）内部没有部分构件。

服务可以集成到基于构件的分布式软件体系结构中。服务被设计为具有供给接口的构件，我们可以使用具有"服务发现"（Service Discovery）模式的构件来发现它，而后使用具有"代理者"模式的构件（如"代理者句柄"模式）与之通信，如第 16 章所述。

因为构件能够被分配到具有不同地理位置的结点上，所以必须限制构件间的所有通信为消息通信。由此，一个结点上的源构件会通过网络给另一个结点上的目的构件发送消息。

17.2 设计基于构件的分布式软件体系结构

一个**分布式应用**包含了多个可以配置运行在分布式物理结点上的分布式构件。为了成功管理大规模分布式应用所固有的复杂性，必须提供一个方法将应用构建为多个构件，使得每个构件能在自己的结点上运行。当实现了这样的应用构建设计并仔细定义构件之间的接口后，即可独立设计每个构件了。

为一个分布式应用进行基于构件的软件体系结构设计主要包含 3 个步骤：

1）**设计分布式软件体系结构**。将分布式应用构建为多个成分构件（constituent component），每个构件都能在分布式环境中的单个结点上运行。因为构件部署在不同的结点上，所以构件间的所有通信必须限制为消息通信。构件间的接口要进行定义。13.8 节中所述的子系统组织准则用于一开始确定构件。此外的构件组织准则用来保证设计的构件是能有效部署于物理结点的可配置构件，如 17.5 节所述。

2）**设计成分构件**。根据定义，由于简单构件只能运行在单个结点上，因此可以通过第 14 章所述的顺序性面向对象软件体系结构的设计方法来设计每个简单构件的内部。

3）**部署应用**。当分布式应用设计之后，其实例可以被定义和部署。在这个阶段，可以定义应用的构件实例、将它们互相连接，并把它们映射到包含分布式物理结点的硬件配置上。

17.3 复合子系统和构件

复合子系统是一个符合地理分布规则的构件。作为一个复合子系统的部分的对象一定位于同一位置，而在不同地理位置的对象一定不存在于同一复合子系统中。如第 13 章所述，不同复合子系统中的对象可以组成一个聚合子系统（aggregate subsystem）——例如，在分层的结构中，每一层都被设计为一个包含一个或者多个复合子系统的聚合子系统。

复合子系统是一个封装了它所有内部构件（对象）的构件。这个构件是逻辑上和物理上的容器，但是它没有增加更多的功能。因此，一个构件的功能完全由它所包含的部分构件（part component）提供。图 17-1 描述了一个包含内部构件的复合构件，其中"用户接口构件"操作员表示"（Operator Presentation）包含 3 个内部简单构件，即"操作员交互"（Operator Interaction）、"报警窗口"（Alarm Window）和"事件监控窗口"（Event Monitoring Window）。构件通常是并发的，所以可以用 UML 活动类表示法来描述构件。

构件接收的消息会传递到适当的内部目的地构件，从内部构件传出的消息也能传递到适当的外部目的地构件，而消息传递机制则依赖于实现。这是一种很多基于构件的系统（Bass, Clements, and Kazman 2003；Magee, Kramer, and Sloman 2006；Selic, Gullekson, and Ward 1994；Shaw and Garlan 1996；Szyperski 2003）都使用的整体 / 部分关系（Buschmann et al. 1996）。第 23 章描述了一个使用复合构件的软件体系结构的例子，叫做"应急监控系统"。

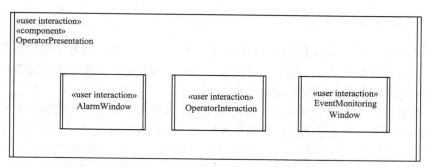

图 17-1　嵌套着简单构件的复合构件示例

17.4 使用 UML 建模构件

本节描述了构件接口的设计，这是一个在软件体系结构中非常重要的问题，之前在第 12 章最先介绍过。文中首先阐述如何明确定义接口，而后介绍供给和请求接口、端口（以及如何从供给和请求接口角度来定义它们）、用于连接构件的连接器，以及基于构件的软件体系结构的设计原则。

可以用 UML 的结构类（structured class）有效建模构件，并将构件画在复合结构图上。结构类提供了具有供给和请求接口的端口。结构类之间通过由连接器连接的端口来互相通信。本节描述了如何使用 UML 表示法来设计基于构件的软件体系结构。

17.4.1 构件接口设计

如第 12 章所述，一个**接口**定义了一个类或者构件的外部可见的操作，同时隐藏了该操作的内部结构（实现）。尽管有很多构件只设计有一个接口，但是一个构件也可能提供多个接口。如果不同构件出于不同的用途来使用同一构件，那么可以在该构件上为这些构件设计各自的接口。

"警报服务"（Alarm Service）是一个具有多接口构件的例子。下面的例子会使用"应急监控系统"的两个接口。每个接口包含一个或者多个操作，详情如下：

1）接口：IAlarmService

供给操作：

- alarmRequest（**in** request，**out** alarmData）
- alarmSubscribe（**in** request，**in** notificationHandle，**out** ack）

2）接口：IAlarmStatus

供给操作：post（**in** alarm）

3）接口：IAlarmNotification

供给操作：alarmNotify（**in** alarm）

可使用静态建模表示法来描述一个构件的接口（见第 12 章），如图 17-2 所示，使用了构造型《接口》（interface）来描述上例。

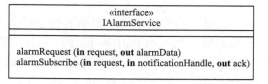

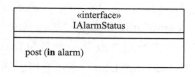

图 17-2　构件接口示例

17.4.2 供给和请求接口

要为一个软件应用提供基于构件的软件体系结构的完整定义，就有必要先定义构件所提供的接口以及构件所需的接口。**供给接口**定义了构件必须实现的操作。**请求接口**定义了在特定环境下其他构件需为本构件提供的操作。

一个构件通过一个或多个端口与其他构件交互，我们用供给和请求接口来定义每个构件端口。端口的供给接口定义了其他构件使用本构件时的要求。端口的请求接口定义了本构件使用其他构件时的要求。一个供给端口支持一个供给接口，一个请求端口支持一个请求接口。一个复杂端口同时支持一个供给接口和一个请求接口。一个构件可以有多个端口。特别地，如果一个构件和多个构件通信，那么它能够为各个与之通信的构件使用不同的端口。图 17-3 给出了一个构件，它具有包含供给和请求接口的端口。

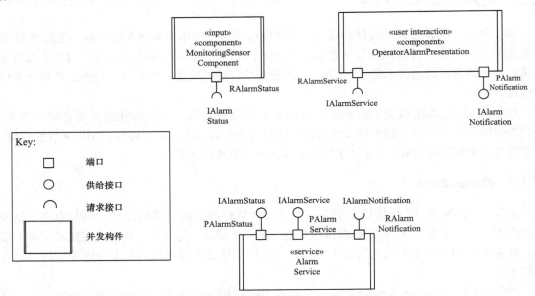

图 17-3 具有供给和请求接口的构件端口示例

通常，构件的请求端口的名称会以字母"R"开头，强调该构件有一个请求端口。构件的供给端口的名称会以字母"P"开头，强调该构件有一个供给端口。在图 17-3 中，"监控传感器构件"（Monitoring Sensor Component）有一个请求端口，叫做 RAlarmStatus，它支持图 17-2 中定义的 IAlarmStatus 请求接口。"操作员警报显示"（Operator Alarm Presentation）构件是一个客户端构件，它具有一个含请求接口的请求端口（IAlarmService）和含供给接口的供给端口（IAlarmNotification）。"警报服务"（Alarm Service）具有两个名为 PAlarmStatus 和 PAlarmService 的供给端口以及一个名为 RAlarmNotification 的请求端口。而端口 PAlarmStatus 提供了一个接口 IAlarmStatus，通过它可发送警报器的状态信息。端口 PAlarmService 则提供了一个用于让其他客户端请求警报服务的主接口（供给接口 IAlarmService）。"警报服务"通过 RAlarmNotification 端口发送警报通知。

17.4.3 连接器和交互构件

连接器将一个构件的请求端口和另一个构件的供给端口连接起来，被连接的两个端口必须相互兼容。这意味着当两个端口相连时，一个端口的请求接口必须与另一个端口的供给接口相适配；也就是说，一个构件的请求接口所需要的操作必须和另一个构件的供给接口所提供的操作一致。当一个连接器连接了两个复杂端口时（此时，每个端口都包含一个请求接口和一个供给接口），那么前一个端口的请求接口需要与后一个端口的供给接口相适配，而后一个端口的请求接口需要与前一个端口的供给接口相适配。

图 17-4 展示了三个构件（"监控传感器构件"，"操作员警报显示"和"警报服务"）是如何交互的。第一个连接器是单向的（如箭头方向所示），将"监控传感器构件"的 RAlarmStatus 请求端口连接到"警报服务"的 PAlarmStatus 供给端口上。图 17-3 表明这些端口都是适配的，因为它可以使 IAlarmStatus 请求接口与 IAlarmStatus 供给接口相连接。第二个连接器也是单向的，将"操作员警报显示"的请求端口 RAlarmService 连接到"警报服务"的供给端口 PAlarmService 上。检查图 17-3 中的端口后可知这些端口也是适配的，因为 IAlarmService 请求接口连接到了同名的供给接口上。第三个连接器还是单向的，将"警报服务"的请求端口 RAlarmNotification 连接到了"操作员警报显示"的供给端口 PAlarmNotification 上，通过该连接器警报通知可以经由 IAlarmNotification 接口发送出来。

304
~
305

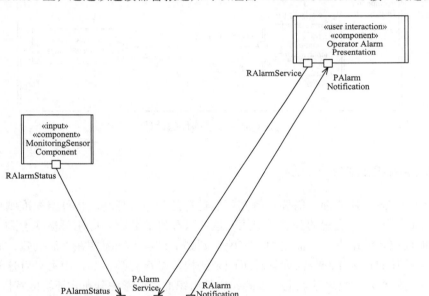

图 17-4　一个软件体系结构中构件、端口和连接器示例

17.4.4　设计复合构件

复合构件被分解为部分构件，并用 UML 结构类表示。没有内部构件的构件被认为是简单构件。复合构件内的部分构件称为实例，因为一个复合构件的某一部分可能会在该复合构件中出现多次。

图 17-5 给出了一个复合构件的例子，即"显示"（Display）构件，它包含了两个简单构件：名为"显示接口"（Display Interface）的并发构件和名为"显示提示"（Display Prompt）

的被动构件。"显示"复合构件的供给端口直接连接到内部构件"显示接口"的供给端口上。具有这种连接功能的连接器叫做**委托连接器**，意味着"显示"复合构件的外层委托端口将从"显示生产者"（Display Producer）收到的消息转发给"显示接口"的内层端口。这两个端口同名，都是 PDisplay，因为它们提供相同的接口。

只有分布式构件才能被部署在分布式配置的物理结点上。被动构件和直接调用被动构件操作的构件都不能单独部署，只有包含被动构件的复合构件才能够被部署。因此，在图 17-5 中，只有复合构件"显示"能够被部署。根据 COMET 原则，只有可部署的构件才用构件构造型标示。

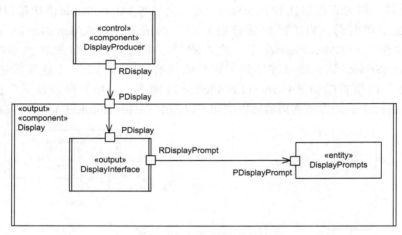

图 17-5 复合构件的设计

17.5 构件组织准则

在设计分布式应用之前，需要理解其可能运行的分布式环境。构件组织准则提供一些指导原则来帮助开发出可配置的分布式应用，这些可配置的分布式应用可被映射到分布式环境中的不同地理位置的结点上。而应用到底映射到哪个结点上则需要在之后确定，届时需要初始化并部署单独的目标系统。故而设计可配置的构件是很有必要的，因为只有这样才能有效地将其映射到分布式的物理结点上。因此，构件组织准则要考虑分布式环境的特性。

在分布式环境中，一个构件也可能和某个特定的物理位置相关或者被限定运行在某个硬件资源上。这种情况下，构件就只能执行在那个特定位置的结点或者某个硬件上。

17.5.1 与物理数据源的邻近性

在分布式环境中，数据源的物理位置之间可能相距甚远。我们的设计需要让构件靠近它的物理数据源以保证能快速获取数据，在构件对数据获取速率要求很高时这一点尤为重要。图 17-6 所示的"应急监控系统"的例子中，"远程系统代理"（Remote System Proxy）构件就设计得靠近其物理数据源。

17.5.2 局部自治性

一个分布式构件通常会提供与某些特定网址相关的服务，此时，不同的网址会提供相同的服务。每个构件实例都将部署在一个独立结点上，因此它具备了更多的局部自治性。如果某结点上构件的行为与其他结点相对独立，那么当其他结点失效时，它仍然可以工作。图 17-7 所示的局部自治构件的例子是"工厂自动化系统"中的"自动引导车辆系统"（Automated Guided Vehicle System）构件。

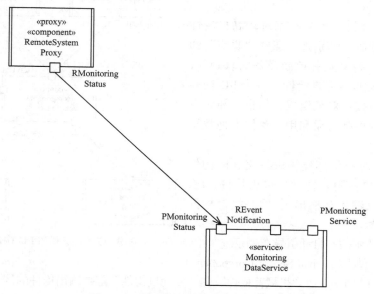

图 17-6 邻近物理数据源的构件示例

"自动引导车辆系统"的局部自治的示例在图 17-8 中有更详细的介绍。用于控制的控制构件是"车辆控制"（Vehicle Control），它从"系统监督代理"（Supervisory System Proxy）接收移动命令，并控制"发动机构件"（Motor Component）沿着轨迹启动或停下以及控制"机械臂构件"（Arm Component）加载或卸载部件。它同时也接收来自于"到达传感器构件"（Arrival Sensor Component）的消息，此时意味着有车辆到站了。

17.5.3 性能

如果一个结点内提供了对时间有高要求的功能，那么构件的性能也会更好并更有预测性。在一个给定的分布式应用里，一个实时构件可以在一个给定结点上运行对时间有高要求的服务，而在其他结点上运行对时间要求不高甚至没有时间要求的服务。图 17-7 中的"自动引导车辆系统"构件就满足这个标准。

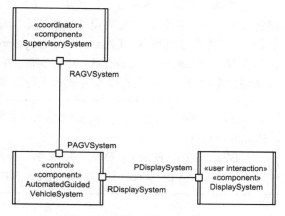

图 17-7 局部自治的构件示例

17.5.4 特定硬件

一个构件也许需要部署在特定的结点上，这可能是因为它要支持像向量处理器那样具有特定目的的硬件，也可能是因为它必须与连接在特定结点上的外围设备、传感器或执行器（actuator）交互。"监控传感器构件"（图17-4）的实例会与特定目的的传感器交互。"机械臂构件"和"发动机构件"（图17-8）都与特定目的的执行器交互。

17.5.5　I/O 构件

I/O 构件可以设计为具有相对较高自治性并靠近物理数据源。特别地，那些"聪明"的设备包含了与设备交互并控制设备的软硬件，并会被赋予更大的局部自治性。一个 I/O 构件通常由多个设备接口对象组成，但也可能包含用于局部控制的控制对象和用于存储本地数据的实体对象。

I/O 构件是对与外部环境进行交互的构件的统称；它们包括输入构件、输出构件、I/O 构件（同时提供输入和输出）、网络接口构件和系统界面构件。

在图17-8所示的"自动引导车辆系统"中，"到达传感器构件"（Arrival Sensor Component）

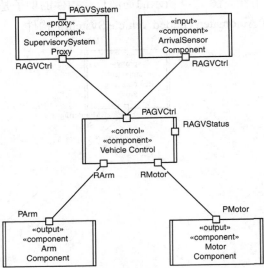

图 17-8　控制和 I/O 构件示例

是一个输入构件的例子，而"机械臂构件"和"发动机构件"都是输出构件的例子。

17.6　组消息通信模式

目前描述的消息通信模式涉及一个源构件和一个目的构件的情况。有些分布式应用中的通信需要具有群组通信的性质。这是一种一对多的消息通信机制，其中一个发送者将一条消息发送给多个接收者。分布式应用支持两类组消息通信（有时也称为组播通信）：广播通信和组播通信。

17.6.1　广播消息通信模式

在**广播**（或者广播通信）模式中，一个主动消息被发送给所有的接收者，例如通知它们即将关机。每个接收者都要决定是处理这个消息还是丢弃这个消息。图17-9给出了广播模式的例子。"警报处理服务"（Alarm Handling Service）发送 alarm Broadcast 消息给所有的"操作员交互"（Operator Interaction）构件实例。每个接收者必须决定自身是否采取对应行动或者忽略这个消息。下面对这个交互模式进行更加详细的描述：

B1："事件监控器"（Event Monitor）发送警报消息给"警报处理服务"（Alarm Handling Service）

B2a，B2b，B2c："警报处理服务"向所有的"操作员交互"（Operator Interaction）构件广播 alarm Broadcast 消息。每个接收者决定采取动作或者忽略这个消息。

17.6.2　订阅 / 通知消息通信模式

组播通信为群组通信提供了一种具有更大选择性的方式，其中同一消息会发送给一个组的所有成员。**订阅/通知**模式使用了组播通信的方式，订阅了某个组的构件会接收该组发送给组内成员的所有消息。一个构件能够订阅（请求加入）或者取消订阅（离开）一个组，也能同时成为多个组的成员。发送者（也被称作发布者）不需要知道每个组成员即可向一个组发送消息。然后，这个消息被发送给组里所有的成员。向组内所有的成员发送同一消息称为组播通信。向一个订阅者发送的一个消息被称为一个事件通知。在一个订阅列表上，一个成员可以接收多个事件通知消息。订阅/通知模式在因特网上非常流行。

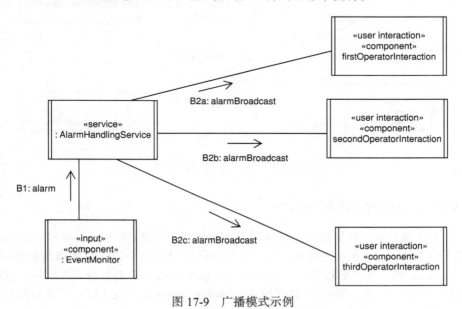

图 17-9　广播模式示例

图 17-10 展示了一个订阅/通知模式的例子。首先，三个"操作员交互"（Operator Interaction）构件的实例向"警报处理服务"（Alarm Handling Service）发送一个"订阅"消息，旨在请求得到某种类型的警报的通知。每次"警报处理服务"接收一个新的这种类型的"警报"，它将向订阅该广播的所有的"操作员交互"构件组播这个"警报通知"（alarm Notification）消息。交互模式的详细描述如下：

310
〜
311

> **S1，S2，S3**："操作员交互"构件订阅接收警报通知
>
> **N1**："事件监控器"向"警报处理服务"发送一个警报消息
>
> **N2a，N2b，N2c**："警报处理服务"检查请求通知这种类型警报的订阅者名单。然后向名单上的"操作员交互"构件组播这个"警报通知"消息。每一个接收者采取适当的行为来响应这个警报通知。

　　一个订阅/通知模式的变种是每个消息生产者只有唯一一个订阅者的情况。这适用于点对点的场景，此时，消息生产者不知道谁是消费者，并且最多有一个消费者。消费者能够订阅一个生产者，向它发送一个句柄，生产者随后使用这个句柄发送消息给消费者。这样有利于反转依赖关系，因为通过订阅的优势，消费者依赖于生产者而不是生产者依赖于消费者。

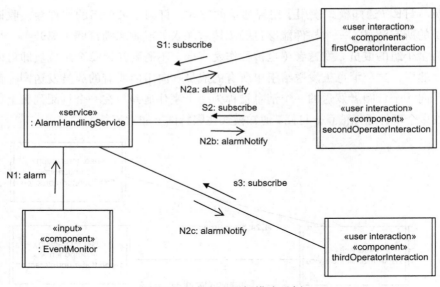

图 17-10 订阅 / 通知模式示例

17.6.3 使用订阅和通知的并发服务设计

图 17-11 展示了一个并发服务设计的例子,它包含一个支持订阅 / 通知模式的新闻档案
服务(见 17.6.2 节)。这个并发服务包含一个新闻档案以及多个像"新闻档案服务"(News
Archive Service)和"新闻更新服务"(News Update Service)等服务的服务实例,它为自己
的客户端提供了订阅 / 通知服务。"订阅服务"(Subscription Service)维护一个订阅新闻的客
户订阅单。当一个记者发布一个新闻事件时,"新闻更新服务"(News Update Service)更新
新闻档案并且告知"通知服务"(Notification Service)这一情况。"通知服务"查询"订阅单"
(Subscription List)来确认哪些客户已订阅过这种新闻,然后向他们通知该新闻事件。

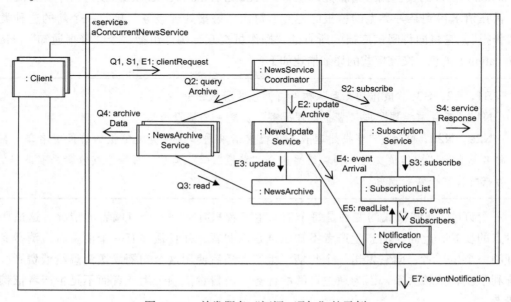

图 17-11 并发服务"订阅 / 通知"的示例

图 17-11 所示的并发通信图显示了三个不同的交互：一个简单的查询交互、一个新闻事件订阅交互和一个新闻事件通知交互。在查询交互中（不涉及订阅），一个客户向"新闻服务协调器"（News Service Coordinator）发出请求，进而"新闻服务协调器"又向"新闻档案服务"（News Archive Service）发送一个新闻档案查询请求。后者查询"新闻档案"（News Archive）并直接将消息响应发送给"客户"（Client）。由于多个服务可并发访问新闻档案和订阅单，所以此时需要在底层数据库或者访问数据的服务上提供数据同步访问的能力。

我们给予这三种事件序列不同的前缀来区分它们：

查询交互（Q 前缀）

Q1：一个客户发送一个查询给"新闻服务协调器"——比如，请求最近 24 小时的新闻事件。

Q2："新闻服务协调器"将查询转发给"新闻档案服务"的实例。

Q3："新闻档案服务"发送合适的档案数据——例如过去 24 小时的新闻事件——给客户。

事件订阅交互（S 前缀）

S1："新闻服务协调器"接收客户的订阅请求。

S2："新闻服务协调器"发送一个"订阅"（subscribe）消息给"订阅服务"（Subscription Service）。

S3："订阅服务"将这个客户添加到"订阅单"。

S4："订阅服务"向这个客户发送一个订阅"服务响应"（service Response）消息，来确认这个订阅。

事件通知交互（E 前缀）

E1：一个新闻记者客户发送一个新闻更新请求给"新闻服务协调器"。

E2："新闻服务协调器"将更新请求转发给"新闻更新服务"（News Update Service）。

E3，E4："新闻更新服务"更新"新闻档案"并且向"通知服务"（Notification Service）发送一个"事件到达"（event Arrival）消息。

E5，E6："通知服务"（Notification Service）查询"订阅单"，获得事件订阅者的名单（即订阅了这种类型事件的客户）。

E7："通知服务"向所有的订阅者组播这个"事件通知"（event Notification）消息。

17.7　应用部署

在设计并实现了分布式应用之后，就能够定义并部署它的实例了。一个分布式配置由多个分布于不同地理位置并通过网络连接的物理结点组成，在系统部署时，我们定义分布式应用的一个实例（或称之为目标应用），并将它映射为一个分布式配置。

17.7.1　应用部署事务

在部署应用时，应确定需要哪些构件实例。此外，也有必要确定构件实例之间的交互方

313

式以及如何将构件实例分配到物理结点上。特别需要完成以下活动：

- **确定构件实例**。对拥有多个实例的构件，有必要确定满足需要的构件实例。例如，在一个分布式"应急监控系统"中，必须确定在目标应用中需要的构件实例的数目。同时，也必须为每个传感器确定一个"监控传感器构件"（Monitoring Sensor Component）实例，为每个远程系统确定一个"远程系统代理"（Remote System Proxy）实例，还要为每个操作人员确定一个"操作员交互"（Operator Interaction）构件实例。每一个构件实例必须有一个唯一的名字以使得它能被唯一识别。对于被参数化的构件，需确定它的每个实例的参数，比如实例名称（如远程代理的 ID 或者操作员 ID）、传感器名称、传感器限制和警报名称。

- **连接构件实例**。应用的体系结构决定了构件之间如何通信。在这个阶段将连接构件实例。比如，在图 17-12 所示的分布式"应急监控系统"中，每一个"监控传感器构件"的实例都会与"警报服务"（Alarm Service）构件和"监控数据服务"（Monitoring Data Service）构件相连接。这是因为，当"警报服务"向"操作员展现"（Operator Presentation）构件发送一个警报通知消息时必须能识别它把消息发送给哪一个操作人员了。

- **映射构件实例为物理结点**。例如，两个构件能够各自部署在单独的物理结点上运行，或者它们也能够部署在同一个物理结点上运行。部署图可以表示目标应用的物理结点的分布配置情况。

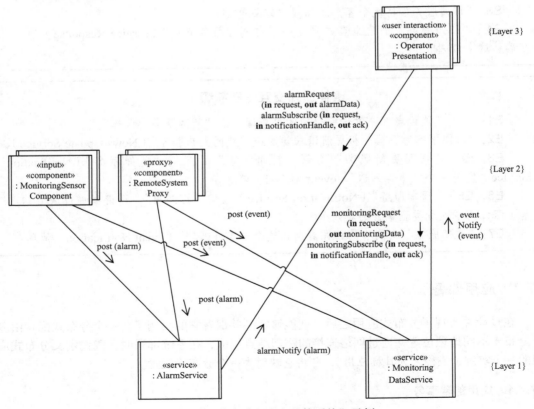

图 17-12　分布式"应急监控系统"示例

17.7.2 应用部署示例

我们将分布式"应急监控系统"来作为一个应用部署的例子。图 17-13 中的部署图表示了它的应用配置情况。为了获得局部自治性和足够的性能,每一个"监控传感器构件"(Monitoring Sensor Component)的实例(每一个传感器有一个实例)都被部署在单独的结点上。这样,一个传感器结点失效不会影响其他结点。每一个"远程系统代理"(Remote System Proxy)的实例(每一个远程系统有一个实例)都被部署在一个单独的结点上,旨在靠近物理数据源。损失一个远程系统结点意味着这个远程系统不再能够提供服务,但是其他结点不会受到影响。出于性能考虑,"警报服务"(Alarm Service)和"监控数据构件"(Monitoring Data Service)分别被部署在单独的结点上以便响应服务请求。最后,"操作员展现"(Operator Presentation)构件的每一个实例都被部署在单个的操作员结点上,旨在实现局部自治。

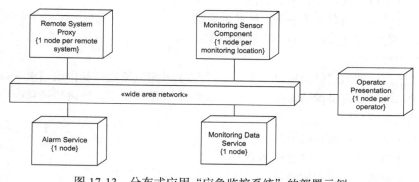

314 ~ 315

图 17-13 分布式应用"应急监控系统"的部署示例

17.8 总结

本章描述了基于构件的软件体系结构设计。针对那些能部署并运行在分布式配置的分布式平台上的构件,本章描述了设计这类构件的构件组织准则,进而讨论了如何设计构件接口、拥有请求接口和供给接口的构件端口及连接适配端口的连接器,并用 UML 2 表示法的复合结构图来表示基于构件的软件体系结构。此外,本章还讨论了设计构件过程中的考虑因素与利弊权衡。在第 23 章中给出了设计"应急监控系统"这一基于构件的软件体系结构的案例研究。如第 22 章中"在线购物系统"的案例研究所述,分布式构件也可以集成到面向服务的体系结构中。

练习

选择题(每道题选择一个答案)

1. 在基于构件的分布式软件体系结构中,下列有关构件部署的说法哪个最全面?

(a)构件实例能够部署在分布式地理环境中的不同结点上

(b)在设计前,构件实例能够部署在分布式地理环境中的不同结点上

(c)在实现前,构件实例能够部署在分布式地理环境中的不同结点上

(d)在设计和实现之后,构件实例能够部署在分布式地理环境中的不同结点上

2. 一个构件接口包含哪些部分？

（a）构件外部可见的操作　　　　　　　（b）构件提供的操作

（c）构件需要的操作　　　　　　　　　（d）构件支持的操作

3. 一个构件的供给接口包含什么？

（a）构件必须实现的操作　　　　　　　（b）构件内部的操作

（c）构件使用的操作　　　　　　　　　（d）构件的操作

4. 一个构件的请求接口包含什么？

（a）构件必须实现的操作　　　　　　　（b）构件内部的操作

（c）构件使用的操作　　　　　　　　　（d）构件可见的操作

5. 连接器连接什么？

（a）一个构件的供给端口到另一个构件的请求端口

（b）一个构件的供给端口到另一个构件的供给端口

（c）一个构件的请求端口到另一个构件的供给端口

（d）一个构件的请求端口到另一个构件的请求端口

6. 委托连接器连接什么？

（a）外层供给端口到内层供给端口　　　（b）外层供给端口到内层请求端口

（c）外层请求端口到内层供给端口　　　（d）外层供给端口到内层请求端口

7. 什么是广播消息通信？

（a）一个发送给若干接收者的消息

（b）一个发送给某个特定接收者的消息

（c）一个发送给所有接收者的消息

（d）一个发送给一个组的所有接收成员的消息

8. 订阅／通知模式的通信特点是什么？

（a）一个发送给若干接收者的消息

（b）一个发送给某个特定接收者的消息

（c）一个发送给所有接收者的消息

（d）一个发送给一个组的所有接收成员的消息

9. 在部署应用时：

（a）会执行应用　　　　　　　　　　　（b）会执行构件实例

（c）会把构件实例分配给硬件结点　　　（d）会实例化构件实例

10. 在基于构件的设计中，局部自治性的优势是什么？

（a）如果一个构件失控了，其他构件可以继续执行

（b）构件可以并发执行

（c）构件是分布式的

（d）构件使用消息进行通信

设计并发和实时软件体系结构

本章介绍并发和实时软件体系结构设计。实时软件体系结构是指必须同时处理多个输入事件流的并发式体系结构，它们通常都是状态相关的，并且具有集中的或非集中的控制方式。因此，在第 10 章阐述的有限状态机、在第 11 章阐述的状态相关的交互建模以及将在本章给出的控制模式对于实时软件体系结构的设计均至关重要。

18.1 节描述并发和实时软件体系结构设计相关的概念、体系结构和模式。18.2 节描述实时系统的相关特性。18.3 节给出实时软件体系结构的控制模式。18.4 节描述并发任务的组织准则。18.5 节描述 I/O 任务的组织准则。18.6 节给出内部任务的组织准则。18.7 节描述并发任务的体系结构的开发步骤。18.8 节说明如何使用任务通信和同步来设计任务接口。18.9 说明如何将任务接口和行为规约文档化。18.10 节描述在 Java 中使用线程实现并发任务。

18.1　并发和实时软件体系结构的概念、体系结构及模式

设计并发对象是设计实时软件体系结构中的一个重要活动，在本章中称并发对象为并发任务。在第 14 章曾经介绍过被动对象的设计，它不包含控制线程。在第 4 章引入了并发的概念。设计并发和实时软件体系结构包括设计本章所述的并发任务和设计第 14 章所述的用以实例化被动对象的信息隐藏类。实时软件体系结构也可以是分布式的，因而可以作为基于构件的软件体系结构的一个特例来考虑。在此背景下一个任务（task）就相当于一个在第 17 章介绍过的简单构件（simple component），这两个术语在本章等价，可以互换使用。

在设计并发软件时，我们旨在开发一个**并发软件体系结构**。在该体系结构中，我们把系统分解为一系列并发任务，并且定义了并发任务之间的交互和接口。为了帮助设计人员确定系统中的各个并发任务，我们给出一些并发任务组织准则来将系统中面向对象的分析模型转化为并发软件体系结构。这些准则是一系列包含并发和实时软件系统专家知识的启发式规则或指导原则。也可以把并发任务应用到软件体系结构模式中；因此，可以将并发任务应用到分层模式（第 12 章）和客户端/服务模式（第 15 章）中，由此，客户端与服务各自都可以设计成并发软件体系结构。此外，也可把并发任务应用在 18.3 节所述的各种控制模式中。

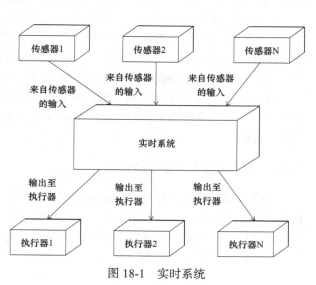

图 18-1　实时系统

18.2　实时系统的特点

实时系统（图 18-1）是具有时间约束的并发系统，广泛使用于工业、商业

以及军事应用中。术语实时系统通常是指包括了实时应用系统、实时操作系统和实时 I/O 子系统等的整个系统，拥有与各种传感器和执行器相交互的专用设备驱动程序。由于本章着重于应用的设计，因而使用术语实时应用而非实时系统。不过，本节将会在一个比较宽泛的实时系统上下文中讨论实时应用。

319

实时系统通常都很复杂，因为它必须处理多个相互独立的输入事件流并产生多个独立的输出。虽然这些事件必须符合系统需求中给出的时间性约束，但是它们何时到达经常难以预测。事件到达的顺序通常也难以预测，并且输入负载可能会随着时间发生不可预测的剧烈变化。

实时系统通常被分为硬实时系统和软实时系统两类。硬实时系统具有必须满足的关键性时限以防止灾难性的系统失效。在软实时系统中也具有不希望被违反的时限要求，但是偶尔的超出时限并不会造成灾难性的后果，因而是可以容忍的。

18.3 实时软件体系结构中的控制模式

很多实时系统都具有控制函数。为此，本节给出若干可以用于控制函数的不同控制模式，包括：集中式控制模式、分布式控制模式以及层次化控制模式。为了让模式能够应用于基于构件的软件体系结构和实时软件体系结构，这些模式中使用了构造型 «component»。

18.3.1 集中式控制体系结构模式

集中式控制体系结构中只包含单个控制构件。从概念上说控制构件要执行一个状态图以总控全局并管理整个系统的行为顺序。控制构件从与其交互的构件那里接收发生的事件，这些构件包括各种与外部环境交互的输入构件及用户接口构件，例如，由传感器可得知环境的变化。控制构件接收的输入事件通常会引起其状态图的状态迁移，从而引发一个或者多个状态相关的动作。控制构件通过这些动作控制系统中的其他构件，比如，可由此控制输出构件向外部环境的输出——例如，打开或者关闭执行器。实体对象也可用于存储其他对象所需的临时数据。

该控制模式的例子可以参考"巡航控制系统"（Gomaa 2000）和"微波炉控制系统"（Gomaa 2005）。图 18-2 给出了微波炉控制系统的集中式控制体系结构模式，其中并发构件用一个通用的通信图表示。"微波炉控制"（Microwave Control）构件是一个集中式控制构件，该构件执行其状态图以总控全局并管理微波炉的执行顺序。"微波炉控制"构件从三个输入构件接收消息——"门构件"（Door Component）、"重量构件"（Weight Component）和"键盘构件"（Keypad Component），而这三个构件接收来自外部环境的输入。"微波炉控制"构件的动作指令发送至两个输出构件："加热元件构件"（Heating Element，用于开关加热元件）和"微波炉显示"（Microwave Display，用于显示信息并提示用户微波炉的当前状态）构件。

18.3.2 分布式控制体系结构模式

分布式控制模式中包括多个控制构件。每个控制构件通过在概念上执行一个状态图以控制系统的特定部分。控制分布于各个控制构件之中，并不存在总控全局的单一构件。控制构件之间通过点对点的通信实现重要事件的通知，也通过与集中式控制模式中类似的方式与外部环境相交互（见 12.2.6 节）。

320

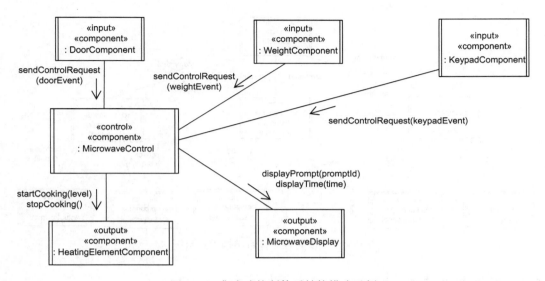

图 18-2　集中式控制体系结构模式示例

图 18-3 给出了一个分布式控制模式的例子，其中对系统的控制分布于多个控制器构件之上。每个分布式的控制器执行一个状态机，并且通过传感器构件接收来自外部环境的输入，同时通过向执行器构件输出命令来控制外部环境。各个分布式控制器之间通过消息承载事件进行通信。

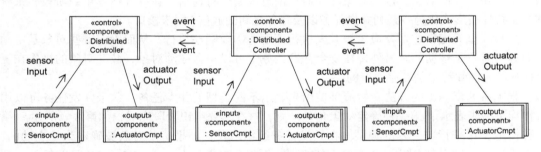

图 18-3　分布式控制体系结构模式示例

18.3.3　层次化控制体系结构模式

层次化控制模式（也称为多层控制模式）包含多个控制构件。每个控制构件通过在概念上执行一个状态机来控制系统的特定部分。此外，存在一个协调者构件通过协调所有控制构件完成整个系统的控制。协调者构件提供高层控制，包括直接与各个控制构件进行通信并且决定各个控制构件的下一步动作，同时协调者也从控制构件接收状态信息。

图 18-4 给出了一个层次化控制模式的示例，其中层次化控制器向各个分布式控制器发送高层指令。分布式控制器与传感器和执行器构件相交互从而实现低层控制，并在完成高层命令时向层次化控制器发回响应。各个分布式控制器也可以向层次化控制器发送进度报告。

321

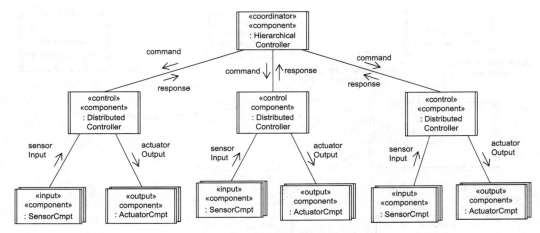

图 18-4　层次化控制体系结构模式示例

18.4　并发任务组织

并发任务是一个主动对象，也指一个进程或者线程。在本章中，术语并发任务用来表示一个具有单个控制线程的主动对象。在一些系统中并发任务可能被实现为具有单个线程的进程；也有一些系统将其实现为一个重量级进程中的单个线程（轻量级进程）（Gomaa 2000）。

通过考察系统的动态特征可以很好地理解该系统的并发结构。在分析模型中，系统表示为一组互相协作的对象，这些对象之间通过消息机制进行通信。在并发任务组织阶段，系统的并发特性被形式化为一系列并发任务以及任务之间的通信/同步接口。

分析模型确定哪些对象应该被并发执行而哪些需要顺序执行，从而确定哪些对象是主动的而哪些对象是被动的。另外，在复合并发任务中可以包含被动对象，被动对象的操作在复合任务的控制线程中是顺序执行的。

根据第 8 章提出的方法，构造型被用来表示不同类型的并发任务。每个并发任务可以用两种构造型来表示：第一种确定对象角色准则，这在对象组织阶段完成，如第 8 章所述；第二种构造型用来指定并发的类型。在并发任务组织阶段，如果一个对象被确定为是主动的，则需要进一步确定其并发类型以显示其特性。例如，如果一个主动 «I/O» 对象是并发的，则需要进一步确定其为下述并发特征构造型中的一个：事件驱动任务 «event driven»、周期性任务 «periodic»，或者按需触发任务 «demand»。构造型也用来描述与并发任务相交互的设备类型。因此，一个外部输入设备 «external input device» 会根据其特性被进一步分类为事件驱动的外部输入设备 «event-driven» 或者被动外部输入设备 «passive»。

18.5　I/O 任务组织准则

本节描述各种 I/O 任务组织准则。确定 I/O 任务特性的一个重要因素是确定与该任务相交互的 I/O 设备的特性。

18.5.1　事件驱动 I/O 任务

当系统中存在由事件驱动（也称为中断驱动）的 I/O 设备并需要与之交互时，就需要事件驱动 I/O 任务。由事件驱动的设备的中断会触发事件驱动 I/O 任务（在（Gomaa 2000）中也称为异步 I/O 任务）。在任务组织阶段，分析模型中每个与事件驱动的 I/O 设备相交互的 I/O 设备对象被设计为一个事件驱动 I/O 任务。

事件驱动 I/O 任务的执行速度受制于它正在交互的 I/O 设备，因此输入任务可能会被一直挂起并等待输入。然而，当被某个中断触发后，输入任务通常必须在几毫秒之内就对随后的中断进行响应以避免输入数据的丢失。数据被读入之后输入任务会处理这些数据并将其传递给后续处理步骤，比如，交给其他任务继续处理，这就使得输入任务可以随即转而对之后到来的中断做出迅速的响应。

另一种事件驱动 I/O 任务是事件驱动代理任务，此类任务与外部系统而非 I/O 设备相交互。事件驱动代理任务通常使用消息与外部系统相交互。

图 18-5a 的通信图给出的分析模型是一个事件驱动 I/O 任务的例子，其中的 "门传感器接口"（Door Sensor Interface）输入对象表示一个外部输入设备，该设备从真实世界中的门接收门输入，然后将接收的输入数据转换为内部格式并向 "微波炉控制"（Microwave Control）对象发送门请求。在任务组织阶段，门作为设计模型中的一个事件驱动输入设备显示在并发通信图（图 18-5b）中，该设备具有构造型 «event driven» 和 «external input device»，当门被打开或者关闭时产生相应中断。同时，在设计模型中 "门传感器接口"（Door Sensor Interface）对象被设计成具有相同名称的事件驱动输入任务，以构造型 «event driven» 和 «input» 显示在并发通信图中。当该任务被 "门中断"（Door Interrupt）触发时会读取 "门输入"（Door Input），将转换为内部格式的输入作为 "门请求"（Door Request）消息发送给 "微波炉控制" 任务。在设计模型中中断表示为一个异步事件。

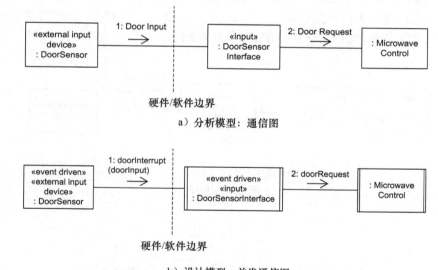

a）分析模型：通信图

b）设计模型：并发通信图

图 18-5　事件驱动 I/O 任务示例

注：上图中表示软硬件边界的虚线仅用于示意目的，并非 UML 表示法的一部分。

18.5.2　周期性 I/O 任务

与处理事件驱动 I/O 设备的事件驱动 I/O 任务不同，周期性 I/O 任务要定期轮询一个被动 I/O 设备。这种情况下，任务的触发是周期性的而触发后执行的功能则与 I/O 相关。周期性 I/

O 任务会被外部计时器发送的计时器事件触发，触发后执行 I/O 动作，随后等待下一个计时器事件的到来。该种任务的周期是两次相继任务触发时间的时间差。

不同于事件驱动 I/O 设备在 I/O 可用时便会产生中断，周期性 I/O 任务通常用于简单 I/O 设备。因而，周期性 I/O 任务经常用于需要周期性采样的被动传感器设备。周期性 I/O 任务的概念被用在很多基于传感器的工业系统中，这些系统中经常存在大量的数字或模拟的传感器元件，其中周期性 I/O 任务会被定期触发，然后扫描这些传感器并读取它们的值。

例如，考虑一个由**周期性 I/O 任务**处理的被动数字输入设备——引擎传感器。系统中的 I/O 任务会被计时器事件触发然后读取设备状态信息。如果数字传感器的值在上次采样后被改变了，则任务状态也会相应改变。在模拟传感器情形下——例如一个温度传感器——该传感器的当前状态值会被周期性地读取。

考虑图 18-6a 中的"温度传感器接口"（Temperature Sensor Interface）对象作为一个周期性 I/O 任务的例子。在分析模型中，该对象以 «input» 构造型表示在通信图中，并且从一个表示为构造型 «external input device» 的"温度传感器"（Temperature Sensor）中接收温度输入。由于"温度传感器"是一个被动设备，因此在并发通信图中表示为构造型 «passive» 和 «external input device»（见图 18-6b）。由于被动设备不产生中断，因而不能使用事件驱动输入任务而是应该使用一个周期性输入任务来处理，即图中所示的"温度传感器接口"（Temperature Sensor Interface）任务，该任务会被一个外部计时器周期性地触发并对温度传感器的值采样。因此，在并发通信图中，"温度传感器接口"对象被设计为"温度传感器接口" «periodic» 和 «input» 任务。为了周期性地触发"温度传感器接口"任务，需要添加一个 «external timer» 对象，即"数字时钟"（Digital Clock），如图 18-6b 所示。被触发后"温度传感器接口"任务会对温度传感器采样，使用当前温度值更新"温度数据"（Temperature Data）实体对象，然后等待下一个计时器事件。在设计模型中计时器事件被表示为一个异步事件。

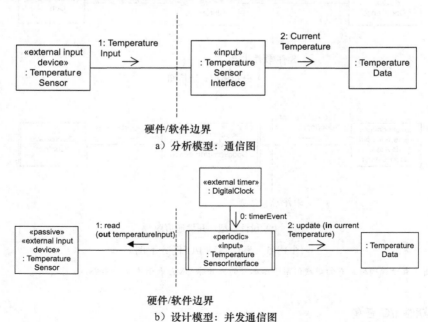

a）分析模型：通信图

b）设计模型：并发通信图

图 18-6 周期性 I/O 任务示例

注：上图中表示软硬件边界的虚线仅用于示意目的，并非 UML 表示法的一部分。

18.5.3 按需驱动 I/O 任务

按需驱动 I/O 任务（在 Gomaa［2000］中称被动 I/O 任务）用于处理被动 I/O 设备，此类设备不需要轮询因而无需周期性 I/O 任务。尤其是当计算与 I/O 要同时进行的时候，就需要考虑使用按需驱动 I/O 任务。一个按需驱动 I/O 任务用于在下述情况下与被动 I/O 设备交互：

- 对于输入，需要同时进行接收被动设备的输入与接收和消费数据的计算性任务。这通过使用按需驱动输入任务实现。在被请求时，按需驱动任务才会从输入设备读取数据。
- 对于输出，需要同时进行对设备的输出与产生数据的计算性任务。这通过使用按需输出任务实现。在收到输出请求时，按需驱动输出任务通常用消息传递的方式向设备输出数据。

相对于处理输入设备，按需驱动 I/O 任务更常用于处理输出设备，这是因为输出本身与产生输出的计算在更多情况下可以同时进行，如下文的例子所述。通常，如果针对被动输入设备的 I/O 和计算同时进行，会使用周期性输入任务。

考虑一个按需驱动的输出任务，该任务从生产者任务接收消息。按需驱动任务用构造型 «demand» 表示。同时进行的计算与输出则通过以下方式实现：消费者任务将包含在消息中的数据向被动输出设备（即显示器）输出数据；同时生产者任务准备下一个消息。这一例子在图 18-7 中给出。其中"传感器数据显示接口"（Sensor Statistics Display Interface）是一个按需驱动输出任务，该任务从"传感器数据算法"（Sensor Statistics Algorithm）任务接收消息并且显示数据，同时，"传感器数据算法"任务会计算接下来要显示的一系列数据。由此，同时进行了计算与输出。"传感器数据显示接口"任务在并发通信图中用构造型 «demand»«output» 任务表示。

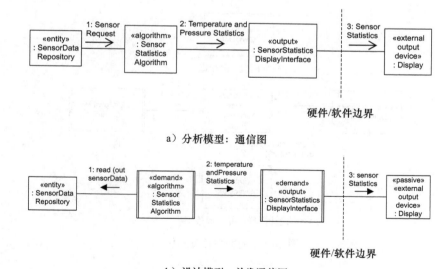

a）分析模型：通信图

b）设计模型：并发通信图

图 18-7 按需驱动输出任务示例

注：上图中表示软硬件边界的虚线仅用于示意目的，并非 UML 表示法的一部分。

18.6　内部任务组织准则

I/O 任务组织准则用于确定 I/O 任务，而内部任务组织准则用于确定内部（即非 I/O）任务。

18.6.1　周期性任务

很多实时和并发系统具有需要周期性执行的活动——例如，需要计算汽车当前里程或当前车速。这些周期性活动通常用周期性任务来处理。周期性 I/O 活动被构造成周期性 I/O 任务，而周期性内部活动则被构造成**周期性任务**。内部周期性任务包括周期性算法任务。

一个需要被周期性地（即定期地、等时间间隔地）执行的活动需要被构造为独立的周期性任务。该任务会被计时器事件触发并执行周期性活动，随后等待下一个计时器事件。任务的执行周期即是两个相继事件触发之间的时间间隔。

考虑将图 18-8a 中的"微波炉计时器"（Microwave Timer）对象作为一个例子。"微波炉计时器"对象每隔一秒会被触发一次，触发后该对象请求"烤炉数据"（Oven Data）对象来将烹饪时间减少一秒，随后返回剩余的烹饪时间。如果烹饪结束，"微波炉计时器"对象就会发送一个"到时"（Timer Expired）消息给"微波炉控制"（Microwave Control）对象。"微波炉计时器"对象被设计为一个周期性任务（图 18-8b），当该任务被周期性触发时，即请求"烤炉数据"对象减少烹饪时间。"微波炉计时器"任务在并发通信图中表示为构造型 «periodic» 任务，"烤炉数据"对象是一个被动对象，计时器事件则表示为异步事件。

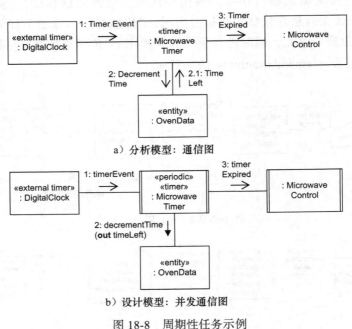

图 18-8　周期性任务示例

18.6.2　按需驱动任务

许多实时和并发系统中具有需要按需执行的活动，这些活动通常用按需驱动任务来处理。事件驱动 I/O 任务会被到达的外部中断所触发，而按需驱动的内部任务（也称为非周期性任务）则被到达的外部消息或事件所触发。

一个被按需触发（即当接收到来自于不同任务的内部消息或事件时触发）的对象被构造成一个独立的**按需驱动任务**。当所请求任务的消息或事件按需触发了该种任务后，这种任务便会开始处理所需请求，随后等待下一个消息或者事件。内部按需驱动任务包括按需驱动算法和任务。按需驱动任务用构造型 «demand» 表示。

图 18-9 给出了一个按需驱动任务的例子。在分析模型中，来自于"油泵控制"（Pump Control）对象的"泵油命令"（Pump Command）消息按需触发了"加油算法"（Gas Flow Algorithm）对象，随后系统执行该算法，即读取当前加油量以及价格，并计算总的加油量和总价格，而后将这些信息发送至"油泵显示接口"（Pump Display Interface）对象（图 18-9a）。在设计模型中，把"加油算法"对象以相同名称构造为按需驱动算法任务，当"泵油命令"消息到达时触发它。"加油算法"任务在并发通信图中用构造型 «demand»«algorithm» 表示（图 18-9b）。其中"油泵控制"和"油泵显示接口"对象也被构造为任务，而"油量"（Gas Flow）及"油价"（Gas Price）实体对象是被动对象。

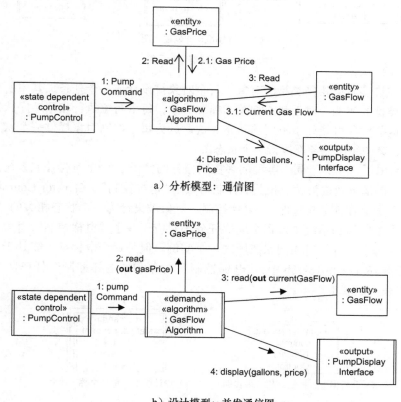

a）分析模型：通信图

b）设计模型：并发通信图

图 18-9　按需驱动任务示例

18.6.3　控制任务

在分析模型中，状态相关的控制对象会执行一个状态图。对于具有约束形式的状态图，并发不允许在控制对象中出现，其状态图的执行是严格地顺序执行的。同时，一个同样严格顺序执行的任务可以完成控制活动。执行顺序状态图（通常实现为一个状态迁移表）的任务表示为一个状态相关的控制任务。控制任务通常是按需驱动任务，需要由其他任务发送的消息所触发。状态相关的控制任务用构造型 «state-dependent control» 来表示。

图 18-10 给出了控制任务的例子。其中状态相关的控制对象"微波炉控制"（Microwave Control）（图 18-10a）执行"微波炉控制"状态图，由于状态图的执行是严格顺序的，该对象被构造为"微波炉控制"任务。在并发通信图中该任务被表示为构造型 «demand»«state-dependent control»。

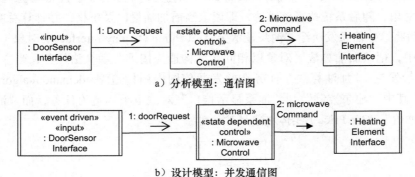

a）分析模型：通信图

b）设计模型：并发通信图

图 18-10　控制任务示例

有可能存在许多具有相同类型的对象。每个对象被设计成一个任务，其中所有的任务都是同一个任务类型的实例。对于状态相关的控制对象，每个对象执行相同顺序状态图的一个实例，然而，这些对象可能处于不同的状态。这通过为每个控制对象提供一个状态相关的控制任务来实现，其中每个任务都执行一个状态图。

328
~
329

图 18-11 给出了一个关于同一类型的多控制任务的例子：一个电梯控制系统。我们将现实世界的电梯控制部分建模为状态相关的控制对象："电梯控制"（Elevator Control），并且定义一个顺序状态图。在任务构造时，"电梯控制"对象被设计为一个状态相关的"电梯控制"任务。在具有多个电梯的系统中，每个电梯任务都对应于一个"电梯控制"对象。这些任务是相同的，并且每个任务执行相同状态图的一个实例。但是每个电梯都可能处于状态图中的不同状态。在图 18-11a 和 18-11b 中，"电梯控制"对象和"电梯控制"任务的多个实例用 UML 的多实例表示法表示。

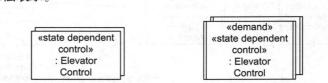

a）分析模型：控制对象（多实例）　　b）设计模型：每个电梯一个任务

图 18-11　同类型多控制任务示例

除了状态相关的控制对象，分析模型中的协调者对象设计为协调者任务（Coordinator Task）。在此情况下协调者任务的作用是控制其他任务，虽然它本身不是状态相关的。

18.6.4　用户交互任务

用户通常会执行一系列顺序动作。由于用户与系统的交互式顺序活动，因而可以用**用户**

交互任务处理。这一任务的处理速度经常受制于与用户交互的速度。顾名思义，**用户交互对象**在分析模型中会被设计成用户交互任务。用户交互任务通常是事件驱动的，因为来自外部用户的输入会触发它们。

一个用户交互任务通常与多个标准 I/O 设备相连接，例如键盘、显示器和鼠标，这些外设由操作系统控制。由于操作系统为这些设备提供了标准接口，因而无需开发专用的 I/O 任务去处理它们。

在很多多用户操作系统中，一个非常典型的设计概念是让每个用户执行一个任务（one task per user）。例如，UNIX 系统中就是让每个用户执行一个任务（进程）。另外，如果用户需要并发执行多个活动，则为每个顺序活动配置一个用户交互任务。因此在 UNIX 操作系统中，用户可以创建后台任务。由此，同一用户的所有用户交互任务都并发执行。

每个顺序活动执行一个任务（one task per sequential activity）的概念也用于具有多窗口的现代工作站系统中。每个窗口执行单个顺序活动，因而每个窗口均对应于一个任务。在 Windows 操作系统中，用户可以在一个窗口中运行 Word 同时在另一个窗口中运行 PowerPoint。其中每个窗口对应于一个用户交互任务，并且每个任务都可以创建其他任务（例如：在文档编辑的同时进行打印操作）。

图 18-12 给出了一个用户交互任务的例子。"操作员交互"（Operator Interaction）对象接受操作人员的命令，而后读取"传感器数据存储库"（Sensor Data Repository）实体对象并将数据显示给操作人员（图 18-12a）。用于此例中的所有操作员交互都是顺序的，故把"操作员交互"对象构造成用户交互任务（图 18-12b）。在并发通信图中显示这一任务，它具有构造型 «event driven»、«user interaction» 任务。用户输入会触发该任务。

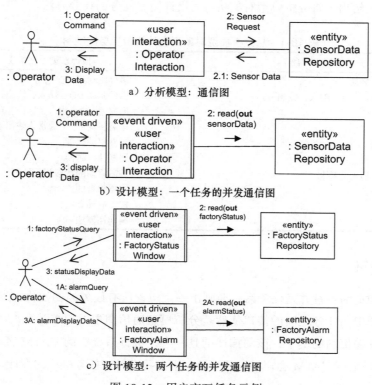

a）分析模型：通信图

b）设计模型：一个任务的并发通信图

c）设计模型：两个任务的并发通信图

图 18-12　用户交互任务示例

在多窗口工作站环境中，一个工厂操作人员可以在一个窗口中看到工厂状态（由一个用户交互任务支持）并且在另外一个窗口中确认警报信息（由另一个不同的用户交互任务支持）。图 18-12c 给出了这一例子，其中包括两个用户交互任务，即"工厂状态窗口"（Factory Status Window）和"工厂警报窗口"（Factory Alarm Window），这两个任务并发活动。"工厂状态窗口"任务与被动的"工厂状态存储库"（Factory Status Repository）数据对象交互，同时"工厂警报窗口"任务与被动的"工厂警报存储库"（Factory Alarm Repository）数据对象交互。

18.7　开发并发任务体系结构

可以按以下顺序把任务组织准则应用在分析模型中。在每种情况下，必须首先确定分析模型对象在设计模型中要被设计为主动对象（即任务）还是被动对象。同一类型可以有多个不同的任务。

1）**I/O 任务**。始于与外部世界交互的设备 I/O 对象。确定该对象是被构造成为事件驱动I/O 任务还是周期性 I/O 任务，或者被构造成按需驱动 I/O 任务。

2）**控制任务**。分析每一个状态相关的控制对象和协调者对象。将其构造为状态相关的控制或协调者任务（通常为按需驱动）。

3）**周期性任务**。分析内部周期性活动并将其构造为周期性任务。

4）**其他内部任务**。对于每个由内部事件触发的内部任务，构造其为按需驱动任务。

表 18-1 简要给出了将分析模型对象映射为设计模型任务的指导方法。

表 18-1　从分析模型对象到设计模型任务的映射

分析模型（对象）	设计模型（任务）
用户交互	事件驱动用户交互
输入 / 输出（输入，输出，I/O）	事件驱动 I/O（输入，输出，I/O）
	周期性 I/O（输入，输出，I/O）
	按需驱动 I/O（通常为输出）
代理	事件驱动代理
计时器	周期性计时器
状态相关的控制	按需驱动的状态相关控制
协调者	按需驱动的协调者
算法	按需驱动算法
	周期性算法

初始化并发通信图

在将系统构造为各种并发任务后，要画出一个包含所有任务的初始化并发通信图。在初始化并发通信图中，任务之间的接口依然是分析模型通信图中的简单消息。图 18-13 给出了一个初始化并发通信图的例子，该图描述的是一个"银行系统"的"ATM 客户端"子系统。第 21 章将详细讨论该"ATM 客户端"的设计。下面我们讨论任务接口的设计。

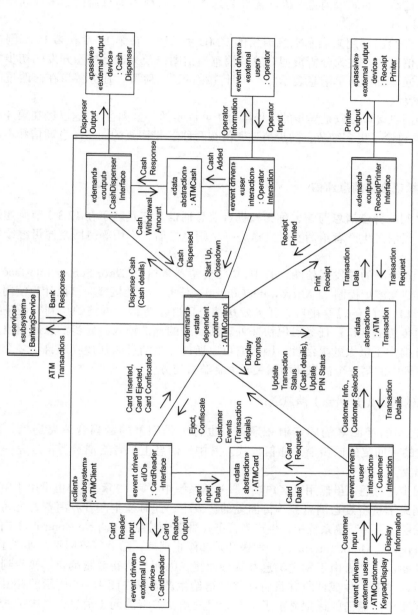

图 18-13　任务体系结构："ATM 客户端"子系统的初始化并发通信图示例

18.8 任务通信和同步

在将系统构造为并发任务后，下一步需要设计任务接口。在此阶段，任务之间的接口依然是分析模型通信图中的简单消息。因而需要将这些接口映射为消息通信、事件同步或是对信息隐藏对象的访问。

332 ~ 333

在第 2 章曾经给出了用来表示消息通信的 UML 表示法。在第 12 章和第 15 章阐述了并发构件的消息通信模式。在为分析模型开发的消息通信图以及为设计模型开发的初步并发通信图中，所有的通信都用简单消息表示。在设计建模的这一阶段，任务接口在修改过的并发通信图中定义和表示。

任务之间的消息接口可以是异步的（松耦合）或同步的（紧耦合），这已经在第 4 章给出介绍并在第 12 章讨论了更多细节。同步消息通信有两种：带回复的同步消息通信和不带回复的同步消息通信。

18.8.1 异步（松耦合）消息通信

并发任务之间的**异步消息通信**也称为**松耦合消息通信**，它是基于在 12.3.3 节阐述过的异步通信模式的。当消息生产者给消费者发送完一个消息之后，不用等待回复便可继续发送下一个消息。

考虑图 18-14 给出的并发通信图，其中，"门传感器接口"（Door Sensor Interface）任务发送一个消息给"微波炉控制"（Microwave Control）任务，此处接口应该设计为使用异步消息通信的消息接口。"门传感器接口"任务发送消息后并不等待"微波炉控制"任务接收消息，这使得"门传感器接口"任务可以快速处理新到来的外部输入。异步消息通信也为"微波炉控制"任务提供了极大的灵活性，因为它可以通过一个消息队列接收来自于多个源的消息，然后处理队列中的第一个消息而不用关心消息源自何方。

18.8.2 带回复的同步（紧耦合）消息通信

并发任务之间的**带回复的同步消息通信**，也称为**带回复的紧耦合消息通信**，是基于12.3.4 节介绍过的带回复的同步消息通信模式。其中，消息生产者给消费者发送完一个消息后会等待它的回复。

334

带回复的同步消息通信虽然用于客户端/服务器系统中（第 15 章），但也可用于单个消息生产者向单个消息消费者发送消息并等待回复的场景中，此时在生产者和消费者之间没有消息队列。例如在自动引导车辆系统中，生产者任务（即车辆控制（Vehicle Control））向消费者任务（即发动机接口（Motor Interface））发送开始和停止消息，随后等待回复，如图 18-15 中的并发通信图所示。生产者由于发送消息并等待回复，因而与消费者紧耦合。接收到消息以后，消费者会处理消息，生成回复并且将回复发送给生产者。在图 18-15 所示的并发通信图中，带回复的同步消息通信的标记显示了生产者发送给消费者的同步消息，其中虚线表示对生产者的响应，响应消息从消费者返回给生产者。

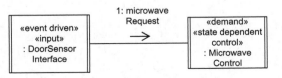

图 18-14 异步消息通信示例

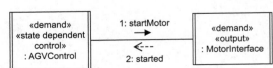

图 18-15 带回复的同步消息通信示例

18.8.3　不带回复的同步（紧耦合）消息通信

并发任务之间的**不带回复的同步消息通信**也称为**不带回复的紧耦合消息通信**，是基于不带回复的同步消息通信模式。消息生产者向消息消费者发送消息，并等待消息被消费者接收。当消息到达时，消费者接收消息并释放生产者，随后生产者和消费者一起继续执行消息收发过程。如果没有消息到来，消费者会挂起。

图 18-16 给出了一个不带回复的同步消息通信的例子。其中"传感器数据显示接口"（Sensor Statistics Display Interface）是一个按需输出任务，此任务从"传感器数据算法"（Sensor Statistics Algorithm）任务接收消息并显示，如并发通信图中所示（图 18-16）。在显示传感器数据结果的

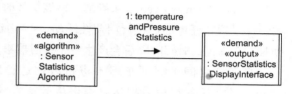

图 18-16　不带回复的同步消息通信示例

同时，"传感器数据算法"任务会计算下一个要显示的一系列数据值，因此输出和计算是同时进行的。

生产者任务（即"传感器数据算法"任务）向消费者任务（即"传感器数据显示接口"）发送温度和压力信息，后者会将信息显示出来。在此例中，之所以使用不带回复的同步消息通信，是因为如果"传感器数据显示接口"不能继续显示数据，那么就没有必要让"传感器数据算法"计算温度和压力。所以，这两个任务之间的接口被设计为不带回复的同步消息通信接口，如图 18-16 的并发通信图所示。"传感器数据算法"计算数据、发送消息，然后在继续执行计算之前要等待"传感器数据显示接口"接收消息。"传感器数据算法"会一直等待直到"传感器数据显示接口"完成上一个消息的显示。一旦"传感器数据显示接口"接收了新到来的消息，"传感器数据算法"就会从等待中被释放，并计算下一些数据；而此时"传感器数据显示接口"正在显示上一些数据。这意味着，数据的计算（一个计算相关的活动）可以与数据的显示（一个 I/O 相关的活动）过程同时进行，这就避免了为显示数据而建立一个不必要的消息队列。因此两个任务之间的同步接口就像作用在生产者任务之上的一个制动机制一样。

335

18.8.4　事件同步

共有三种事件同步类型：外部事件、计时器事件和内部事件。外部事件是来自于外部对象的事件，通常是来自于外部 I/O 设备的中断。内部事件指源任务和目标任务之间的内部同步。计时器事件则指一个任务的周期性触发。在 UML 中使用异步消息表示法来表示一个事件信号。

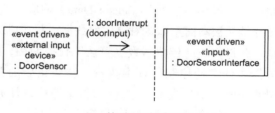

Hardware / software boundary

图 18-17　外部事件示例

注：上图中表示软硬件边界的虚线仅用于示意目的，并非 UML 表示法的一部分。

图 18-17 给出了一个例子，其中的外部事件通常是来自于输入设备的硬件中断。当"门传感器"（Door Sensor）任务《event driven》《external input device》得到 doorInput 输入时会产生一个中断，此中断触发

"门传感器接口"（Door Sensor Interface）任务 «event driven»«input»，该任务随后读取门输入信号 doorInput。这一交互过程可以表示为：来自于设备的一个事件信号输入，跟随一个来自于任务的读取操作。但是，更为简洁的方法是将此交互过程表示为一个由设备发送的异步事件信号，并把输入数据作为参数，如图 18-17 中的并发通信图所示。

图 18-18 给出了一个计时器事件的例子。数字时钟作为一个外部计时器设备，产生一个计时器事件（Timer Event）来唤醒"微波炉计时器"（Microwave Timer）«periodic» 任务。"微波炉计时器"任务随后执行周期性活动——在此例中，减少一秒的烹饪时间并检查烹饪是否到时。在固定的时间间隔后会产生一个计时器事件。

当任务之间需要同步但不进行数据通信时需用到内部事件同步。源任务发出事件信号，目标任务在信号到达之前保持等待并挂起。如果已经接收了事件信号，那么目标任务不会挂起。事件信号在 UML 中表示为不包含任何数据的异步消息。图 18-19 给出了一个例子，其中的拾取 – 放置机器人任务发出事件信号 partReady，此信号唤醒钻孔机器人，钻孔机器人完成钻孔操作然后发出拾取 – 放置机器人正在等待接收的事件信号 partCompleted。

图 18-18 计时器事件示例

图 18-19 内部事件示例

18.8.5 信息隐藏对象上的任务交互

任务之间也可以通过被动信息隐藏对象交换信息。之前在第 14 章曾经讨论过对信息隐藏对象的访问。图 18-20 给出了一个访问被动信息隐藏对象任务的例子，其中"传感器数据算法"（Sensor Statistic Algorithm）任务从"传感器数据存储"（Sensor Statistic Repository）实体对象读取数据，而"传感器接口"（Sensor Interface）任务则更新此实体对象。在初始化并发通信图中，"传感器数据算法"任务向实体对象发送一个简单的"读"（Read）消息，并且接收一个"传感器数据"（Sensor Data）响应，这在图中表示为简单消息（图 18-20a）。由于该任务是从被动信息隐藏对象读取数据，其接口对应于一个操作调用。实体对象提供了 read 操作，此操作被"传感器数据算法"任务调用，响应 sensorData 则是该调用的输出参数。read 操作在任务的控制线程中执行。在修正后的并发通信图中（图 18-20b），对 read 操作的调用使用同步消息表示法描述。"传感器接口任务"调用"传感器数据存储"实体对象提供的 write 操作，其中 sensorData 作为输入参数。

这里需要注意的是同步消息表示法在两个并发任务之间的用法不同于在任务和被动对象之间的用法。在 UML 中虽然二者看起来十分相似，即使用一个实心箭头来表示，但其语义不尽相同。两个并发任务之间的同步消息表示法表示一个生产者任务正在等待一个消费者任务的响应或等待其接收生产者的消息，如图 18-15 和 18-16 所示。任务与被动对象之间的同步消息表示法则表示一个操作调用，如图 18-20 所示。

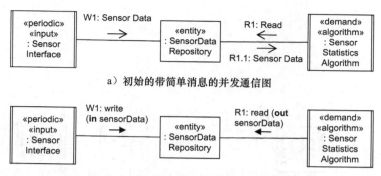

a) 初始的带简单消息的并发通信图

b) 修正后的由任务调用被动对象操作的并发通信图

图 18-20 任务调用被动对象操作的示例

18.8.6 修正的并发通信图

在确定了任务接口之后，需要对初始的并发通信图进行修正以表示不同类型的任务接口。图 18-21 给出了一个修正后的并发通信图的例子，它是"银行系统"中的"ATM 客户端"子系统。在该例子中已更新了图 18-13 中的初始化并发通信图以显示所有任务接口。第 21 章将给出"ATM 客户端"的设计细节。

18.9 任务接口和任务行为规约

任务接口规约（task interface specification，TIS）描述并发任务的接口，它是类接口规约的扩展，但还包含了专门针对任务的其他信息，包括：任务结构、时序特征、相对优先级，以及错误检测。**任务行为规约**（task behavior specification，TBS）描述任务事件的顺序逻辑。任务接口定义了任务之间的交互方式。任务结构描述了如何使用任务组织准则构造任务。任务时序特征则表示任务触发频率以及估计的执行时间，该信息主要用于实时调度的目的，因而本书不再过多讨论。

我们将 TIS 与**任务体系结构**一起介绍来描述每个任务的特征。TBS 稍后在软件设计细节部分介绍，主要用于描述**任务事件顺序逻辑**，即任务如何对接收到的输入事件做出响应。

任务（主动类）与被动类之间的差别是主动类中只包含一个操作（在 Java 语言中可以实现为一个 run 方法）。因此 TIS 只包含一个操作，而不是像一般被动类那样有多个操作。TIS 定义如下，其中前五个定义项与类接口规约一致： 〔338〕

- 名称
- 隐藏的信息
- 组织准则：在类组织准则中，仅仅角色（例如输入角色 input）准则被使用；而在并发任务中，需要增加并发准则（例如事件驱动）
- 假设
- 预期的变化
- 任务接口：任务接口的定义中应该包含以下信息：
  - 消息输入与输出。对于每个消息接口（输入与输出）应该具有以下描述：
    - ➢ 接口类型：异步，带回复的同步，不带回复的同步
    - ➢ 每个接口支持的消息类型：消息名称和消息参数

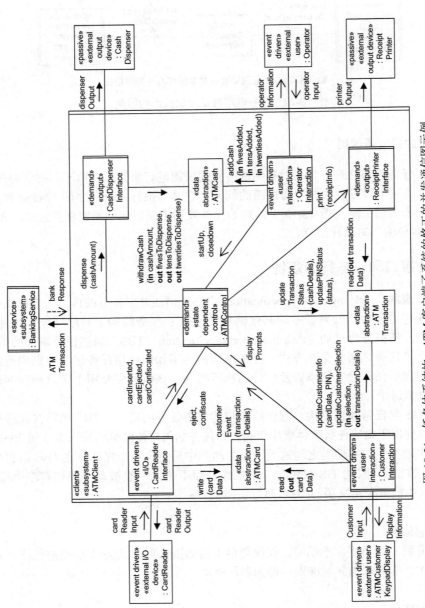

图 18-21　任务体系结构: ATM 客户端子系统的修正的并发通信图示例

- 事件信号（输入与输出），事件名称，事件类型：外部、内部、计时器。
  - **外部输入或者输出**。定义来自外部环境的输入和到外部环境的输出。
  - **引用的被动对象**。
- **被此任务检测到的错误**。

本节描述了在任务执行过程中可以检测到的可能错误。

TBS 描述了任务的**事件顺序逻辑**，即任务如何对接收到的消息或事件输入做出响应，尤其是作为每个输入的输出结果是如何被生成的。事件的顺序逻辑在设计软件细节时定义。第 21 章针对"银行系统"给出任务事件顺序逻辑的例子。

18.9.1 针对银行服务任务的 TIS 示例

"银行服务"任务（第 21 章及图 18-21）的 TIS 描述如下：

名称："银行服务"（BankingService）

隐藏的信息："银行服务"处理 ATM 交易的细节

组织准则：角色准则：服务（service）；并发准则：按需驱动

假设：交易需要顺序处理

预期的变化：可能增加新的交易；可能从顺序服务变更为并发服务处理

任务接口：

　　任务输入：

　　　　带回复的同步消息通信：

　　消息：

- validatePIN
  - 输入参数：cardId，PIN
  - 回复：PINValidationResponse
- withdraw
  - 输入参数：cardId，account#，amount
  - 回复：withdrawalResponse
- query
  - 输入参数：cardId，account#
  - 回复：queryResponse
- transfer
  - 输入参数：cardId，fromAccount#，toAccount#，amount
  - 回复：transferResponse

　　任务输出：

　　　　之前描述过的消息回复

　　检测到的错误：未识别的消息

18.9.2 针对读卡器接口任务 TIS 的示例

以下给出读卡器接口任务（第 21 章及图 18-21）的接口规约：

名称：CardReaderInterface

隐藏的信息：处理读卡器输入和输出的细节

339 ~ 340

组织准则：角色准则：输入 / 输出；并发准则：事件驱动

假设：一次只能处理一个 ATM 卡的输入和输出

预期的变化：可能需要从 ATM 卡中读取附加的信息

任务接口：

    任务输入：

    事件输入：一个用于声明卡已被插入的读卡器外部中断

    外部输入：cardReadInput

    不带回复的同步消息通信：

- eject
- confiscate

    任务输出：

    外部输出：cardReaderOutput

    异步消息通信：

- cardInserted
- cardEjected
- cardConfiscated

    访问的被动对象：ATMCard

    检测到的错误：未识别的卡，读卡器故障

18.10 Java 中并发任务的实现

作为任务实现的例子，考虑 Java 中使用线程实现任务。在 Java 中设计线程类的最简单方法是继承 Java Thread 类，其中包含一个称为 run 的方法。继承得到的新线程类必须实现 run 方法，在调用时 run 方法会在独立的控制线程中执行。在以下例子中，ATM 控制类被设计成一个线程，线程体包含在 run 方法中。通常任务体是一个循环，其中任务会等待外部事件（来自于外部设备或者计时器）或等待来自于生产者任务的消息。

```
public class ATMControl extends Thread{}
public void run (){
while (true)
//task body
}
```

18.11 总结

在任务构造阶段，我们把系统构造成并发任务并且定义任务接口。为了确定并发任务，使用任务组织准则将面向对象的分析模型映射成并发任务体系结构系统。同时，也定义了任务通信和同步接口。每个任务都使用任务组织准则确定。一个针对"自动引导车辆系统"的实时软件体系结构设计实例将在第 24 章给出。另外，一个针对"银行系统"中"ATM 客户端"子系统的并发软件设计实例在第 21 章给出。

更多关于实时和嵌入式系统 UML 建模的信息可以参考 MARTE，它介绍了实时和嵌入式系统的 UML 建模与分析（Espinoza et al 2009）。更多关于实时软件体系结构设计的信息可以参考 Gomaa（2000）。如果要使并发任务的设计更加高效（即需要更少资源），可以通过应用任务集群准则（例如顺序、时序或控制集群）将一组相关任务组合成一个集群任务（Gomaa 2000）。

练习

选择题（每道题选择一个答案）

1. 主动对象和被动对象之间的区别是什么？

（a）主动对象控制被动对象

（b）主动对象没有控制线程；被动对象具有控制线程

（c）主动对象在分布式系统中执行；被动对象则在集中式系统中执行

（d）主动对象具有控制线程；而被动对象不具有控制线程

2. 什么是事件驱动输入任务？

（a）每几秒钟执行一次的任务

（b）控制其他任务的任务

（c）从产生中断的外部设备接收输入的任务

（d）用于检查是否存在来自外部设备新的输入的任务

3. 什么是周期性任务？

（a）对每个接收到的消息做出响应的任务　　（b）被计时器事件触发的任务

（c）被外部事件触发的任务　　（d）被输入事件触发的任务

4. 什么是按需驱动的任务？

（a）对每个接收到的消息做出响应的任务

（b）被来自于其他任务的内部消息或事件触发的任务

（c）被外部事件触发的任务

（d）被输入事件触发的任务

5. 什么是控制任务？

（a）控制其他任务的任务　　（b）执行状态表的任务

（c）按需执行的任务　　（d）控制 I/O 设备的任务

6. 什么是用户交互任务？

（a）与 I/O 设备交互的任务　　（b）与用户交互的任务

（c）与用户顺序交互的任务　　（d）与用户并发交互的任务

7. 对于集中式控制体系结构模式来说下面哪个表述是对的？

（a）控制被分配在多个控制构件之中　　（b）控制整个系统并提供执行顺序

（c）通过协调多个控制构件提供整体控制　　（d）对多个 I/O 对象提供整体控制

8. 对于分布式控制体系结构模式来说下面哪个表述是正确的？

（a）控制功能分别处于多个控制构件中　　（b）对来自客户端子系统的多个请求做出响应

（c）通过协调多个控制构件提供整体控制　　（d）对多个 I/O 对象提供分布式控制

9. 对于层次化控制体系结构模式来说以下哪个表述是正确的？

（a）控制功能分别处于多个控制构件中　　（b）对多个客户端子系统提供整体控制

（c）通过协调多个控制构件提供整体控制　　（d）对多个 I/O 对象提供分布式控制

10. 以下哪个不属于事件同步之列？

（a）外部事件　　（b）内部事件

（c）计时器事件　　（d）用户事件

设计软件产品线体系结构

一个软件产品线（software product line，SPL）包含一组软件系统，这些系统之间有着部分相同的功能和部分可变的功能 (Clements and Northop 2002; Parnas 1979; Weiss and Lai 1999)。软件产品线工程涉及这一组软件系统的需求、体系结构和构件实现，从中可以派生并配置出各种软件产品（即这组软件系统的成员）。由于可变性管理所增加的复杂性，软件产品线开发中单个软件系统的开发问题也增多了。

与单个软件系统一样，我们也可以通过考虑产品线的需求模型、静态模型和动态模型等多个视图来更好地理解一个软件产品线。开发人员可以使用像 UML 那样的图形建模语言来开发、理解这些视图并在它们之间建立通信。SPL 的众多视图中最为重要的一个就是特征建模视图。特征模型对于管理产品线可变性以及派生产品线成员十分关键，因为它从共性和可变性的角度描述了产品线需求并定义了产品线中的依赖关系。此外，最好能建立一个能促进软件演化的开发方法，由此可以使用特征驱动的演化方式来处理软件开发及其后续的维护工作。

本章概述了使用基于 UML 的产品线软件工程（Product Line UML-based Software，PLUS）方法来设计 SPL 体系结构。PLUS 在 COMET 方法的基础之上对每种建模视图增加了可变性维度。关于 SPL 的详细设计，作者在另一著作 (Gomaa 2005a) 中做了详尽的介绍。19.1 节描述 SPL 工程中演化软件过程模型。19.2 节描述 SPL 的用例建模和特征建模。19.3 节描述 SPL 的静态和动态建模。19.4 节描述状态图中如何处理可变性。19.5 节描述设计模型中可变性的管理。

19.1 演化软件产品线工程

SPL 工程的软件过程模型是一个高度迭代的软件过程，它没有传统的软件开发和软件维护之间的明确界限。此外，由于 SPL 中新的软件系统是从原有系统中衍生而来，所以该过程具有 SPL 的特点并包含了两个主要过程（图 19-1）：

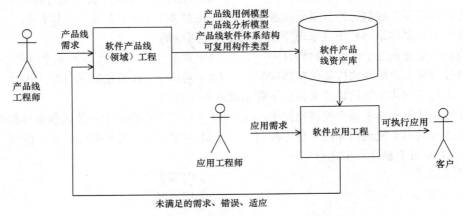

图 19-1 软件产品线的演化软件过程模型

1）SPL 工程（也称作领域工程）。开发产品线多视图模型来处理 SPL 中的多个视图。开发产品线多视图模型、产品线体系结构以及可复用构件（在 Clements and Northop[2002] 中称作核心资产）并将它们保存在产品线资产库中。

2）软件应用工程。一个软件应用的多视图模型是从 SPL 多视图模型中派生出的一个独立的产品线成员。用户从产品线中挑选所需特征。如果给定一些特征，那么就能对产品线的模型和体系结构做出调整和裁剪，从而得到一个应用体系结构。该体系结构确定了用来派生及配置出可执行应用的那部分可复用构件。

19.2 软件产品线的需求建模

对于单个系统来说，用例建模是软件功能性需求的主要描述手段。而对于 SPL 来说，特征建模则是需求建模的另一个重要部分。特征建模的优势在于可以从共性功能、可选功能和可替换功能的角度来区分产品线中不同的成员。

19.2.1 软件产品线的用例建模

一个系统的功能性需求是通过用例和参与者来定义的（见第 6 章）。对于单个系统来说，所有的用例都是必需的。在一个 SPL 中，只有部分用例（也称为核心用例）才是所有产品线成员所必需的。而一些用例是可选的，因为只有部分产品线成员需要它们；另一些用例是可替换的（即不同产品线成员需要使用某一用例的不同版本）。在 UML 中，用例会用构造型 «kernel»、«optional» 或者 «alternative» 来标记（Gomaa 2005a）。此外，可以使用可变点来使用例具有可变性，可变点指明了用例中可引入的可变性的地方（Gomaa 2005a；Jacobson, Griss, and Jonsson 1997；Webber and Gomaa 2004）。

图 19-2 给出了一个银行 SPL 的核心和可选的产品线用例。这个 SPL 的核心用例包含了允许客户验证 PIN 码、取款、查询账户和账户间转账等（如第 6 章和第 21 章所述）。可选用例则用来"打印结算单"（Print Statement）和"存款"（Deposit Funds），而其他的可选用例与 ATM 操作人员维护相关，用于"启动"（Startup）、"关闭"（Shutdown）和给 ATM"添加现金"（Add Cash）（尽管图 19-2 中没有显示，但是这些用例在第 21 章的用例案例研究中会介绍）。

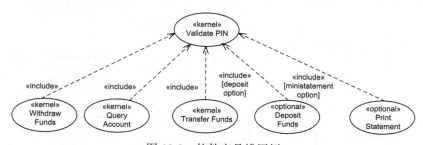

图 19-2 软件产品线用例

核心用例和可选用例中都有可变点。例子中的一个可变点是显示的提示语言。因为"银行系统"的产品将会部署在不同的国家，所以每个银行都要选择合适的提示语言。默认语言是英语，可选语言有法语、西班牙语和德语。在"验证 PIN 码"（Validate PIN）用例中存在一个可变点的例子，其中可变点存在于所有向客户显示信息的地方。这种可变点具有强制选择性（mandatory alternative），意味着在诸多选项中必须做出一个选择。

> "验证 PIN 码" 用例中的**可变点**:
> **名称**: 显示语言。
> **功能类型**: 强制选择性。
> **步骤号**: 3、8。
> **功能描述**: 显示消息的语言存在多个选择。默认为英语,互斥可选的有法语、西班牙语和德语。

19.2.2 特征建模

特征建模是一种重要的产品线工程的建模视图 (Kang et al.1990), 因为它描述了 SPL 的可变性。通过分析特征可将其分类为共性特征 (为所有产品线成员所需)、可选特征 (只为部分产品线成员所需)、可替换特征 (需在多个选项中做出一个选择) 和先决特征 (依赖于其他特征)。特征建模的关键是捕获像可选特征和可替换特征那样的可变性, 因为正是由于可变性, 产品线成员彼此之间才得以有所区别。

特征广泛使用于产品线工程, 却不常用在 UML 中。为了有效建模产品线, 很有必要将特征建模概念引入 UML。我们利用元类的概念使 PLUS 方法中的 UML 包含特征。在此过程中, 可使用 UML 静态建模表示法来建模特征, 并用构造型 «common feature»、«optional feature» 和 «alternative feature» 来对特征加以区分 (Gomaa 2005a)。特征之间的依赖用名为依赖 (require) 的关联关系表示, 例如 "问候" (Greeting) 特征依赖于 "语言" (Language) 特征。此外, 可以用元类及构造型 (如 «zero-or-one-of feature group» 或 «exactly-one-of feature group») (Gomaa 2005a) 来建模特征组。在用户为产品线成员选择某个特征 (例如相互独立的特征) 时, 特征组对用户的挑选方式加以了约束。我们将一个特征组建模为若干特征的一个聚合, 这是因为一个特征是一个特征组的一部分。

图 19-3 给出了银行 SPL 的特征模型。共性特征是 "银行系统核心" (Banking System Kernel), 它提供了 ATM 的核心功能, 对应于图 19-2 中的四个核心用例。"存款" (Deposit)

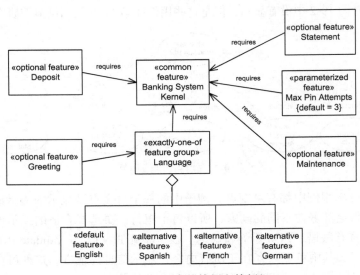

图 19-3 UML 中的特征和特征组

特征对应于图 19-2 中可选的 "存款"（Deposit Funds）用例，它是一个依赖于核心特征的可选特征。类似地，"结算单"（Statement）也是一个可选特征，对应于可选的 "打印结算单"（Print Statement）用例。"语言"（Language）是一个具有 "选一" 约束（exactly-one-of）的特征组，对应于用例模型中的 "语言"（Language）可变点。这个特征组包含默认特征 "英语"（English）和可替换特征 "西班牙语"（Spanish）、"法语"（French）或者 "德语"（German）。还有一个针对 "最大 PIN 码尝试次数"（Max PIN Attempts）的参数化特征，它设置了在一台 ATM 机上的最大错误 PIN 码输入次数，默认值为 3。另一个可选特征是 "问候" 特征，它依赖于 "语言" 特征，对应于 "问候" 可变点。ATM 可以对客户输出一个用适当语言显示的可选的问候消息。

[347]

在单个系统中，用例用来确定系统的功能性需求；它们在产品线中也有相同作用。Griss（Griss, Favaro, and d'Alessandro 1998）指出了用例分析的目的是充分理解功能性需求，而特征分析的目的是为了复用。用例和特征互相补充，因此，可选和可替换用例分别映射到可选和可替换特征，相对地，用例的可变点也会映射到特征上 (Gomaa 2005a)。

用例和特征的关系可以用特征 / 用例关系表来描述，如表 19-1 所示。对于每一个特征，都有相关的用例来描述。对于从可变点派生出的特征，表中也列出了可变点的名称。"银行系统核心" 特征与 "验证 PIN 码"（Validate PIN）、"查询账户"（Query Account）、"转账"（Transfer Funds）以及 "取款"（Withdraw Funds）核心用例相关。"存款"（Deposit）和 "结算单" 可选特征分别对应于 "存款"（Deposit Funds）和 "打印结算单" 可选用例。"维护"（Maintenance）特征对应于 ATM 操作人员维护用例的 "启动"（Startup）、"关闭"（Shutdown）和 "添加现金"（Add Cash）。可选的 "问候" 特征和参数化的 "最大 PIN 码尝试次数" 特征对应于验证 PIN 码用例的可变点。"英语"、"法语"、"德语" 和 "西班牙语" 等可替换语言特征与 "银行系统" SPL 的所有用例中的 "语言" 可变点关联。这个可变点影响 ATM 机的所有提示信息。

表 19-1 特征 / 用例关系表

特征名称	特征类型	用例名称	用例 / 可变点	可变点名称
银行系统核心	共性	验证 PIN 码	核心	
		查询账户	核心	
		转账	核心	
		取款	核心	
存款	可选	存款	可选	
结算单	可选	打印结算单	可选	
维护	可选	启动	可选	
		关闭	可选	
		添加现金	可选	
英语	默认	所有用例	可变点	显示语言
西班牙语	可替换	所有用例	可变点	显示语言
法语	可替换	所有用例	可变点	显示语言
德语	可替换	所有用例	可变点	显示语言
问候	可选	验证 PIN 码	可变点	问候
最大 PIN 码尝试次数	参数化	验证 PIN 码	可变点	PIN 码尝试

[348]

19.3　软件产品线的分析建模

对于单个系统，分析建模包含静态和动态建模。然而在本章，这两种建模方法都需要涉及建模 SPL 的可变性。

19.3.1　软件产品线的静态建模

在单个系统中，类根据它扮演的角色进行分类。根据应用类在应用中所扮演的角色，我们使用构造型来对其进行分类（见第 8 章），如 «entity class»、«control class» 或者 «boundary class»。在建模 SPL 过程中，根据类复用特性，我们也可使用构造型 «kernel»、«optional» 和 «variant» 来对其分类。在 UML 中，一个建模元素可以有多个构造型。因此，可以用一个构造型来表示复用特性，同时用另一个构造型来表示建模元素扮演的角色 (Gomaa 2005a)。一个类在应用中扮演的角色和复用特性是正交的。

图 19-4 给出了核心、可选和变体实体类的例子。"ATM 卡"（ATM Card）和"ATM 现金"（ATM Cash）是核心实体类，因为每个 SPL 成员都需要它们。"ATM 问候"（ATM Greeting）实体类是可选类，因为它对应于可选的"问候"（Greeting）特征。对于"语言"（Language）特征组，有一个名为"显示器提示"（Display Prompt）的抽象核心父类，它拥有可变的子类，每个子类包含了对应于每种语言特征的特定语言提示。每一个类都用两个构造型描述：描述类实体的角色构造型和描述核心、可选或者变体等可变类型的复用构造型。

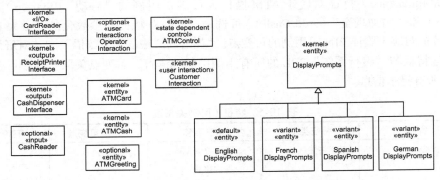

图 19-4　产品线类中的角色和复用构造型

19.3.2　软件产品线的动态交互建模

SPL 的动态建模使用一个称为**演化动态分析**的迭代性策略，它帮助设计人员确定每个特征在软件体系结构上的动态影响，这会使设计人员添加新的构件并调整已有构件。**核心系统**是产品线中规模最为精简的成员。在某些产品线中，核心系统仅包含核心对象；而其他产品线中，除了核心对象外还会包括一些默认对象。核心系统是通过考虑每个产品线成员都需要的核心用例而开发出来的。对于每一个核心用例，可以使用通信图来描述实现用例所需要的对象（使用第 9 章和第 11 章的方法）。通过整合基于核心用例的通信图可以确定核心系统（使用第 13 章的方法）的所有对象和它们之间的消息通信。下一步便是确定实例化对象所需的类。

软件产品线演化方法由核心系统开始，而后考虑可选和 / 或可替换特征的影响 (Gomaa 2005a)。此过程会在产品线体系结构中添加可选或变体对象。通过考虑可变的（可选的和可替换的）用例以及所有核心或可变的用例中的可变点可完成这个分析。针对每一个可选或可替换用例，可以画一个包含新的可选或变体对象的交互图。被可变场景影响的核心或可选对象就是变体对象，所以，在此过程中要对这些对象做一些调整。

图 19-5 给出了一个例子，该例演示了银行 SPL 的 ATM 客户端的动态演化分析。图 19-5a 描述了实现"验证 PIN 码"用例的两个软件对象（"ATM 控制"（ATM Control）和"客户交互"（Customer Interaction））。考虑到"问候"（Greeting）和"语言"（Language）特征对于"验证 PIN 码"（Validate PIN）的基于用例的通信图的影响（图 19-5b），我们增加了可选的"ATM 问候"（ATM Greeting）实体对象以及某个合适的"显示器提示"（Display Prompt）变体实体对象（如"法语显示器提示"（French Display Prompt））。"客户交互"（Customer Interaction）对象能访问这两个对象。"ATM 控制"对象向"客户交互"对象发送提示内容请求。"客户交互"对象从"显示器提示"对象获取提示内容之后，便向客户显示该内容。对于提示问候，"客户交互"对象会从"ATM 问候"对象获取问候内容，并在 ATM 空闲时将其显示在显示器上。

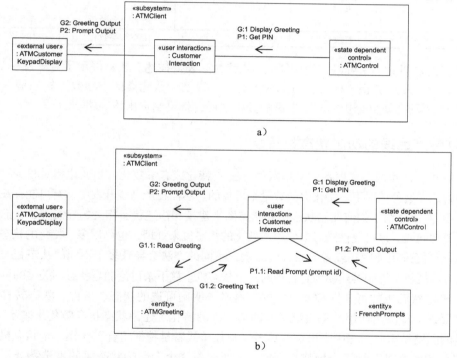

图 19-5 "验证 PIN 码"通信图中的"问候"和"语言"特征的动态演化分析

表 19-2 银行 SPL 的特征 / 类依赖关系表

特征名称	特征类型	类名称	类复用类型	类参数
银行系统核心	共性	读卡器接口	核心	
		ATM 卡	核心	
		ATM 控制	核心，参数化	
		客户交互	核心，参数化	
		显示器提示	核心抽象	
		ATM 交易	核心抽象	
		ATM 现金	核心	

（续）

特征名称	特征类型	类名称	类复用类型	类参数
		凭条打印机接口	核心	
		吐钞器接口	核心	
存款	可选	ATM 控制	核心，参数化	存款条件
		读卡器接口	可选	
		存款交易	可选	
结算单	可选	ATM 控制	核心，参数化	结算单条件
		结算单事务	可选	
维护	可选	ATM 控制	核心，参数化	维护条件
		操作员交互	可选	
英语	默认	英语显示器提示	默认	
西班牙语	可替换	西班牙语显示器提示	变体	
法语	可替换	法语显示器提示	变体	
德语	可替换	德语显示器提示	变体	
问候	可选	ATM 问候	可选	
		客户交互	核心，参数化	问候条件
最大 PIN 码尝试次数	参数化	ATM 事务	核心，参数化	PIN 码尝试

特征和类之间的关系可以使用特征/类依赖关系表格描述。表格展示了对于每一个特征，实现它的类、类复用类型（核心、可选或者可变）以及参数化类的类参数（如果是一个参数化类的话）。用动态演化分析完成动态影响分析之后，就可制定出该表格。

19.4 软件产品线的动态状态机建模

在设计可变的类时，主要考虑采用两种方法：特化或者参数化。当变化相对较少时特化方法是有效的，在这种情况下，特化类的数量是可控的。然而在产品线开发中，有可能存在大量的可变性。第 10 章介绍了如何使用状态机和状态图来建模和描述状态相关的控制类，我们考虑一下它的可变性问题。该可变性既可以使用参数化的状态机来处理，也可用多个特化的状态机来处理。产品线可能采用集中式或者分布式的方法，不同的方法会导致多个不同的状态相关的控制类，我们可以把每个控制类建模为它自身的一个状态机。接下来讨论的是状态相关类的可变性。

为了确定状态机的可变性和演化方式，有必要明确可选的状态、事件、状态转移以及动作，并且要进一步决定使用状态机继承（即前文中的特化）还是状态机参数化来表示可变性。使用继承的问题是需要为每一个可选或可替换特征（或者是特征组合）建模一个状态机，这很容易使继承的状态机数量组合爆炸。例如，如果只有 3 个会影响状态机的可选特征，那么将会有 8 种可能的特征组合，相应有 8 个变体状态机。如果有 10 个可选特征，那么将会有超过 1000 个变体状态机。然而，使用参数化状态机可以轻松地对 10 个可选特征建模，因为只需将它们建模为一个参数化状态机并让它包含 10 个依赖于特征的状态转移、状态或者动作即可。

参数化状态机包含了依赖于特征的状态、事件以及转移，通常设计这样一个状态机会更为有效。对一个事件加上一个布尔值特征条件来控制它能否进入一个状态，由此可以表示可选的状态转移。也可以通过一个布尔值特征条件来控制可选的动作，如果在挑选某 SPL 成员的特征时选中相关特征，那么其相关的布尔值为真，反之则为假。

下面给出依赖于特征的状态转移和动作的一个例子，这个例子来自于"微波炉产品线"。图 19-6 描述了微波炉状态图中的三个状态（"烹饪"（Cooking）、"准备烹饪"（Ready to Cook）和"闭门存物"（Door Shut with Item））（这个例子的核心状态图与第 10 章的第 10.2.2 节中所描述的相同）。"分钟加热"（Minute Plus）是一个把食物烹饪一分钟的可选特征。在状态图中，"按下分钟加热"（Minute Pressed）是一个从"闭门存物"状态到"烹饪"状态的状态转移，它依赖于特征。该状态转移由图 19-6 的 minuteplus 特征条件所控制，如果选择了这样一个可选特征，那么它的布尔值为真。在图 19-6 中还有些依赖于特征的动作，如"亮灯"（Switch On）（"烹饪"

状态的进入动作）和"灭灯"（Switch Off）（"烹饪"状态的转移动作），只有当"灯"（light）特征控制的条件为真时，这些动作才会生效。同样地，只要当"蜂鸣"（beep）控制的特征条件为真时，"蜂鸣"动作才会生效。这样，如果用户在定制产品线成员时挑选了某可选特征，那么它的特征条件就为真（意味着相应的转移或动作生效）；反之则假（意味着相应的转移或动作失效）。

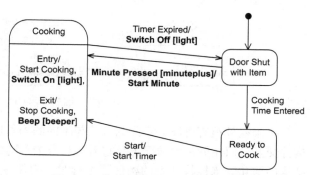

图 19-6　依赖于特征的状态转移和动作

同样，如果引入可替换的状态或转移的状态机，也可以很精确地建模特征交互的影响情况。通常来说，设计参数化状态图比设计特化状态图更易于管理。

19.5　软件产品线的设计建模

在设计建模中，可变性是通过开发变体和参数化构件来处理的。某些软件体系结构模式由于本身支持可变性和演化，所以特别适用于 SPL。

19.5.1　建模基于构件的软件体系结构

一个软件构件的接口规约独立于它的实现，但不同于类，需要明确地设计出构件的请求接口与其供给接口。这一点在以体系结构为中心的演化中非常重要，因为我们很有必要了解一个构件的变化会如何影响与之交互的其他构件。

基于构件的软件体系结构的建模能力对产品线工程非常有价值，这便于开发核心、可选和变体构件、构建插拔兼容（plug-compatible）的构件以及实现构件接口的继承。设计构件有多种方式。如果可能的话，最好能够设计**插拔兼容**的构件，这样，一个构件的请求端口可以和其他交互构件的供给接口相兼容。考虑图 19-7 中的情况，其中一个生产者构件需要与不同的产品线成员中的各个可替换消费者构件相连接。如果可能的话，最佳方案是将所有的消费者构件设计成具有相同供给接口的构件，这样生产者构件无需改变请求接口即可连接所有的消费者构件。在图 19-7 中，"客户交互"（Customer Interaction）构件要与"显示器提示"（Display Prompt）构件的任一变体构件连接，如"英语显示器提示"（English Display Prompt）和"法语显示器提示"（French Display Prompt）（各自对应于图 19-3 中的默认英语特征和可替换的法语特征）。图 19-7 所示的构件接口指明了三种操作：初始化构件、读取给定提示 Id 的提示内容以及添加新的提示。每个实现该接口的默认或变体构件（如"英语显示器提示"或"法语显示器提示"），都从抽象"显示器提示"（Display Prompt）构件中继承了构件接口并各自实现了不同语言版本的功能。

352

353

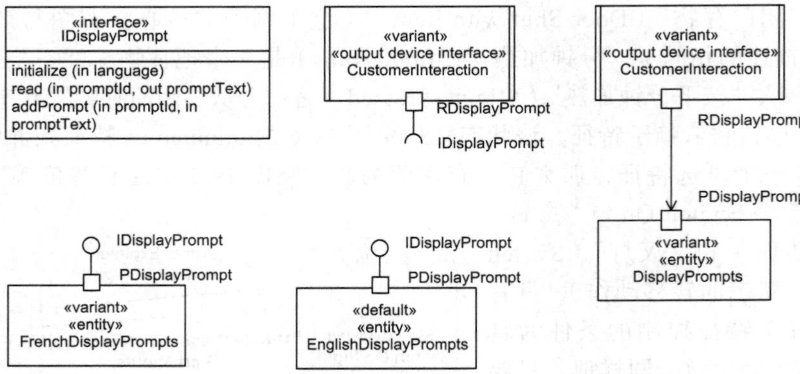

图 19-7 插拔兼容的变体构件设计

一个构件很有可能以不同的方式与不同的构件连接，比如，在某种情况下它需要与一个构件交互，而在另一种情况下，它需要与两个不同的构件交互。这种灵活性有助于软件体系结构的演化。当插拔兼容的构件不可行时，**构件接口继承**则是另一个可用的构件设计方法。考虑这样一种情况，在一个构件体系结构中，需要改动两个构件之间的接口以提供新的功能。此时，提供接口的构件和请求接口的构件都要修改——前者要实现新的功能而后者则需请求这一功能。上述方法可对基于构件的软件体系结构的开发方法进行补充。

19.5.2 软件体系结构模式

软件体系结构模式（见第 12 章）为软件总体体系结构或者应用的高层设计提供了框架或者模板。这些模式包括了广泛使用的体系结构，如客户端/服务器和层次结构。基于这些软件体系结构模式来设计软件产品线的体系结构不但有助于本身体系结构的设计，也有益于体系结构的演化。

我们可以基于那些易于理解的软件总体体系结构设计出大部分软件系统和产品线，例如，可基于被广泛使用的客户端/服务器软件体系结构。基本的客户端/服务器体系结构模式（见第 15 章）有一个服务和多个客户端，然而，该模式也有着多个变种，如多客户端/多服务体系结构模式和代理者模式（见第 16 章）。此外，在客户端/服务模式下，随着客户端发现并调用新的服务，服务端会增加那些服务并进行演化。而一些客户端发现服务提供者所提供的服务之后，也会加入这一体系结构。

分层体系结构模式（见第 12 章）也很值得考虑，因为这种体系结构模式拥有对 SPL 来说很重要的特点。一个分层体系结构模式可以让软件易于扩展和交互，这是因为在体系结构中，很容易添加和移除依赖于下层体系结构构件服务的上层构件。

除了上述软件体系结构模式外，一些体系结构通信模式也支持演化。在 SPL 中，很希望能在构件间解耦。代理者模式、发现模式以及订阅/通知模式都具有解耦特性。以代理者模式为例（见第 16 章），服务端在代理者中注册服务，由此，客户端可以发现新的服务；这样，产品线可以方便地添加新的客户端和服务。并且，一个新版本的服务可方便地替换原有版本，并在代理者注册自己。而后，通过代理者与该服务通信的客户端便可自动使用新版本的服务。订阅/通知模式（见第 17 章）也能将消息的原有发送者与消息接收者解耦。

19.6 总结

本章介绍了如何设计 SPL 的体系结构，描述了如何对用例建模、静态建模、动态交互建模、动态状态机建模和设计建模进行扩展，并把它们应用到 SPL 中。本章也说明了特征建模是来关联需求可变性和 SPL 体系结构可变性的统一模型。关于这一话题的更多内容，可以参见作者关于如何使用 UML 设计建模的著作（Gomaa 2005a）。

练习

选择题（每道题选择一个答案）

1. 什么是软件产品线（SPL）？
   （a）有着共性构件和可变构件的一组软件系统　（b）一条装配线
   （c）一组完全相同的系统　（d）一个公司销售的多个软件产品

2. 什么是可选用例？
   （a）有着可选步骤的用例　（b）一个可以不用开发的用例
   （c）部分产品线成员所需的用例　（d）可在一个 SPL 成员中替换用例的用例

3. 什么是用例可变点？
   （a）一个可变用例　（b）一个用例中可发生变化的位置
   （c）一个可替换用例　（d）一个用例中可替换路径开始的位置

4. 什么是 SPL 特征？
   （a）一个或者多个 SPL 成员提供的需求或者特性　（b）一个市场需求
   （c）一个 SPL 提供的类　（d）一个 SPL 用例

5. 什么是 SPL 特征组？
   （a）一组特征
   （b）一个 SPL 成员中有着特定使用约束的一组特征
   （c）一组互斥特征
   （d）一个 SPL 成员中有着特定使用约束的一组可选特征

6. 什么是 SPL 中的核心类？
   （a）SPL 中的实体类　（b）储存必要数据的 SPL 类
   （c）所有 SPL 成员都需要的类　（d）SPL 的外部类

7. 用来建模 SPL 类的两种构造型是？
   （a）核心和可选构造型　（b）可选和变体的构造型
   （c）共性和变体构造型　（d）复用和应用角色构造型

8. 如何在 SPL 状态机中使用特征条件？
   （a）用作控制条件　（b）作为真或假的条件
   （c）用于确定某特征在状态机中是否被选择　（d）用于允许状态机继承

9. 什么是 SPL 的核心系统？
   （a）一个只由核心类组成的 SPL 成员
   （b）一个由核心类和一些可能的默认类组成的 SPL 成员
   （c）一个由核心类和一些可能的可选类组成的 SPL 成员
   （d）一个由核心类和一些可能的实体类组成的 SPL 成员

10. SPL 软件体系结构描述了什么？
    （a）一组建筑内的软件　（b）客户端/服务器产品家族的结构
    （c）软件产品线的总体结构　（d）软件产品线的类和它们之间的关系

软件质量属性

软件质量属性（Bass，Clements，and Kazman 2003）指软件的非功能性需求，能深刻影响软件产品质量。这些属性中很多可以在软件体系结构开发时被阐述和评价。软件质量属性包括可维护性、可修改性、可测试性、可追踪性、可扩展性、可复用性、性能、可用性和安全性。4.6 节给出了软件质量属性的介绍。本节将描述上述每个属性，并讨论它们是如何被 COMET 设计方法支持的。

有些软件质量属性也是系统质量属性，因为它们同时需要硬件和软件来达到高质量。这些质量属性的例子有：性能、可用性和安全性。另一些软件质量属性是纯粹的软件性质，因为它们完全依靠软件的质量。这些质量属性的例子有：可维护性、可修改性、可测试性和可追踪性。

20.1 可维护性

可维护性是软件在部署后能被更改的程度。软件可能由于以下原因需要被修改：

- **修复残留的错误**。这些是在部署前的软件测试期间未被检测出来的错误。
- **解决性能问题**。性能问题可能只有在软件应用被部署和现场操作后才会显现出来。
- **软件需求的变更**。软件变更最主要的原因是软件需求的变更。

在很多情况下，软件维护实际上是对软件演化的不恰当称呼。特别地，软件需求中未预期的变更需要对软件产生可能是很大的修改。为了应对将来的演化，软件就要为变化和适应性而设计。质量必须构建到原始产品中，以使之可维护，这意味着采用一个好的软件开发过程以及为该产品提供全面的文档。在软件被修改时，文档要保持最新。要提供设计原理，以解释已做出的设计决策。否则，维护人员除了对着没有文档、结构或许很不合理的代码工作之外别无选择。

COMET 提供了全面的设计文档以支持可维护性。通过使用构造型，允许在设计中包含设计构造决策，因此，设计决策实际上在设计中被捕获。采用基于用例的开发方法，一个需求变更的影响可以从用例追踪到软件设计和实现。另外，COMET 对可修改性和可测试性的支持极大地帮助了产品的可维护性。

作为 COMET 如何提供可维护性的例子，考虑这样一个需求变更：要求"银行系统"在南美、欧洲和非洲都可用。特别地，这要求提示信息能用不同的语言显示。每个向客户提供提示信息的用例都被这个变更潜在地影响了。对设计的分析显示唯一连接到客户的对象是"客户交互"（Customer Interaction）。一个好的设计方案会试图把设计变更限制到最小。一个可以达到这个目的的变更是所有被"ATM 控制"对象发送到"客户交互"对象的提示都具有一个提示 ID，用此来代替提示的文本内容。如果"客户交互"已经将提示消息硬编码了，则这些提示需要被移除并放置在一个提示表中。这个提示表用一列表示提示 ID，用另外一列表示相应的提示文本。只要给出提示 ID，一个简单的表查询就能返回提示的文本。在系统初始化时，所需语言的提示表会被加载。默认的提示表是英文的。对于南美市场（除了巴西）和西班牙市场，西班牙语提示表会被加载。对于法国、魁北克和西非大部分地区，法语提示表将在初始化时被加载。带有中文提示的提示表的例子如表 20-1 所示。

表 20-1 全球系统中可维护性示例：带有特定语言提示的提示表

提示 ID	提示文本
Get-PIN	请输入您的密码：
Invalid-PIN-Prompt	密码无效。请重新输入您的密码：
Display-Confiscate	您的请求出现了问题。您的卡被收回。请联系您的发卡行。

20.2 可修改性

可修改性是软件在最初的部署期间及之后能够被修改的程度。由带有良定义接口的模块组成的模块化设计是十分重要的。Parnas 主张基于信息隐藏概念为变更而设计，其中变更是通过每个隐藏了一个可以独立于软件的其他部分而变更的秘密的信息隐藏模块来预期和管理的。信息隐藏是基础的设计概念（见第 4 章），它形成了面向对象设计的基础。 ⌐358⌐

COMET 通过在类和构件级别为信息隐藏提供支持以及在子系统级别为关注点分离提供支持的方式来支持可修改性。如下的决策对提高可修改性有帮助：（a）将每个有限状态机封装在一个单独的状态机类中，（b）将每个连接到单独的外部设备、系统或用户的接口封装到单独的边界类中，（c）将每个单独的数据结构封装在一个单独的数据抽象类中。在体系结构级别上，COMET 基于构件的软件体系结构设计方法令构件的设计在软件部署时期可以被部署在不同的分布式结点上，使得相同的体系结构可以部署到很多不同的配置上，以支持不同的应用实例。

继续提示表的例子。使用 COMET，提示表的设计会影响静态和动态模型。首先，提示表会被封装到一个提示类中。因为要求能支持不同语言，所以一个好的方法是设计一个名为"显示器提示"（Display Prompts）的超类，并为每种语言设计子类。最初的需求是英语（默认）、法语、意大利语、西班牙语和德语提示（图 20-1）；然而，设计应该允许扩展到其他语言。这个问题的解决方案是把 Display Prompts 类设计为一个具有公共接口的抽象类，这个公共接口由一个读操作（从提示表读取提示）和一个更新操作（更新提示表并添加新提示）构成。特定语言的提示子类会继承这个不被修改的接口，然后提供特定语言的实现。这个问题的另一个解决方案是使用软件产品线的概念（见第 19 章）。

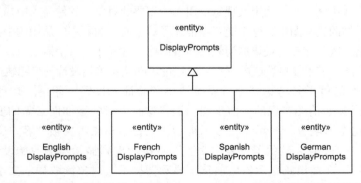

图 20-1 可修改性示例：抽象 Display Prompts 超类和特定语言子类 ⌐359⌐

20.3 可测试性

可测试性是软件能够被测试的程度。在软件生存周期的早期建立一个软件测试计划并且与软件开发并行地计划开发测试用例是很重要的。下面的段落描述了不同阶段的软件测试怎样和 COMET 方法整合在一起。软件测试的一个全面描述由 Ammann and Offutt（2008）给出。

在需求阶段，开发功能性（黑盒）测试用例是必要的，这些测试用例可以从用例模型（特别是用例描述）中开发出来。因为用例描述描述了用户和系统的交互顺序，因此它们描述了测试用例需要捕获的用户输入和预期的系统输出。需要为每个用例场景开发一个测试用例。用例的主序列要一个测试用例，用例的每个可替换序列要一个测试用例。用这种方法，可以开发一个测试套件来测试系统的功能性需求。

在软件体系结构设计阶段，开发集成测试用例是必要的，以此测试相互通信的构件之间的接口。交互模型（图）显示了对象之间相互通信的顺序以及相互传递的消息，一种称作基于场景测试的测试方法可用于测试使用对应于交互模型（图）中的用例场景的实现的场景顺序的软件。

在开发每个构件的内部算法的详细设计和编码阶段，可以开发白盒测试用例，使用众所周知的覆盖标准（如执行每一行代码和每个判断的结果）来测试构件内部。通过这种方式，可以开发出单元测试用例来测试独立的单元（例如构件）。

基于"银行系统"中"验证 PIN 码"用例给出一个黑盒测试用例的例子，这个黑盒测试用例由插入卡、提示输入 PIN 码和验证卡 ID/PIN 构成。最开始，可以开发一个测试桩对象，来模拟读卡器并提供从模拟卡读出的输入：卡 ID，开始日期和截止日期。然后，系统提示输入 PIN 码（另一个测试桩模拟用户输入 PIN 码），接着向"银行服务"子系统（或者开发过程中的服务器桩）发送卡和 PIN 的信息。可以用"借记卡"实体类实现为一个关系表的方式来建立起一个测试环境。这会允许用例的主序列（有效 PIN）以及所有可替换序列（无效 PIN、三次无效 PIN、卡已丢失或被盗等）被测试。

20.4 可追踪性

可追踪性是产品的每个阶段能被追踪到之前阶段的程度。需求可追踪性用于确保每个软件需求都被设计和实现了。每个需求都被追踪到软件的体系结构和已实现的代码模块。在软件体系结构评审期间，需求追踪表是一个有用的工具，用来分析软件体系结构是否已经解决了所有的软件需求。

在软件开发方法中建立可追踪性是有可能的，COMET 方法就是这样。COMET 是一个基于用例的开发方法，从用例开始，确定实现每个用例所需要的对象。软件需求中描述的每个用例被细化到一个基于用例的交互图中，这个交互图描述了对象通信的顺序，从用例中描述的外部输入开始直到系统输出。这些交互图被集成为软件体系结构。这意味着每个需求可以从用例追踪到软件设计与实现。因此，需求变更造成的影响可以通过跟随从需求到设计的追踪轨迹来确定。

一个可追踪性的例子是考虑"银行系统"中"验证 PIN 码"用例。在动态模型中，它是由"验证 PIN 码"通信图实现的。由于提示语言这一需求的增加而必需的变更可以通过影响分析来确定，这个影响分析揭示了在显示提示之前提示对象需要被"客户交互"对象访问（如图 20-2 所示）。图 20-2a 显示了"客户交互"直接输出到显示器的原始设计，而图 20-2b 显示了"客户交互"在输出到显示器之前从"显示器提示"对象读取提示文本这一修改的设计。这个问题的另一种解决方案是使用软件产品线的概念，如第 19 章所述。

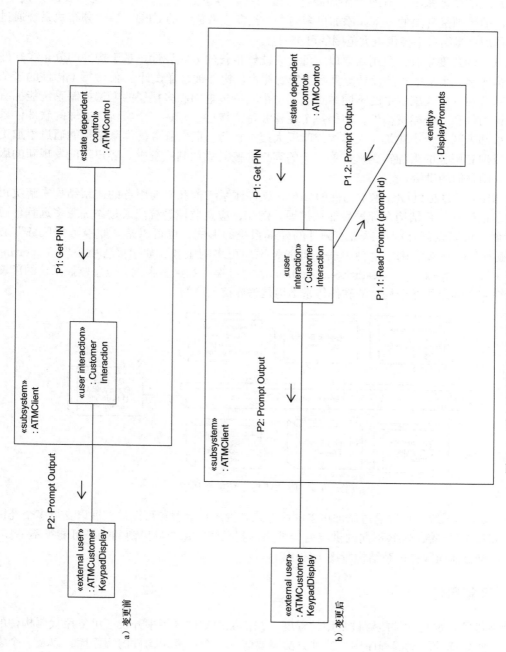

图20-2 引入显示提示对象的变更前后的可追踪性分析

20.5 可扩展性

可扩展性是系统在其最初部署之后能够生长的程度。可扩展性要考虑系统因素和软件因素。从系统的角度来看，有通过添加硬件来增加系统容量的问题。在一个集中式的系统中，可扩展性的范围是有限的，例如添加更多内存、硬盘或者额外的CPU。一个分布式系统通过向配置添加更多结点来提供更大范围的可扩展性。

从软件的角度来看，应用需要以一种使它能够生长的方式设计。基于构件的分布式软件体系结构比起一个集中式的设计更具有扩展的能力。构件被这样设计：使得每个构件的多个实例能部署在分布式配置中的不同结点上。一个支持多电梯和多楼层的电梯控制系统能拥有一个电梯构件和一个楼层构件，使得每个电梯和每个楼层各存在一个实例。这样的软件体系结构能被部署到一个小建筑、大宾馆或摩天大厦中执行。面向服务的体系结构能通过添加更多服务或现有服务的附加实例来扩展。新的客户端按需添加到系统中。客户端能发现新的服务并且利用它们的供给。

COMET通过提供设计基于构件的分布式软件体系结构和面向服务的体系结构来解决可扩展性，这两种体系结构在部署后能被扩展。例如，应急监控系统能通过添加更多远程传感器来扩展，可以以额外的传感器或额外的外部系统的形式，也可以是"监控数据服务"和"警报服务"的更多实例。这种扩展还可能是添加更多的服务，如"报告服务"（Reporting Service）和"气象服务"（Weather Service），以及这些服务的更多实例。应急监控系统的部署图（图20-3）显示了基于构件的软件体系结构是怎样被扩展的。

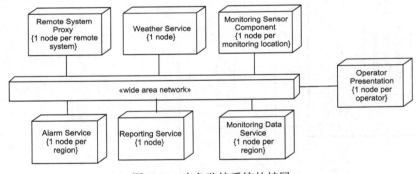

图 20-3 应急监控系统的扩展

"在线购物系统"可以通过添加更多的服务来扩展。目录服务可以被扩展以支持多个经销商（供应商）。接着，这些不同的供应商会被添加到系统。每个供应商的操作可能很不一样，但都需要符合面向服务体系结构所规定的接口。

20.6 可复用性

软件可复用性是软件能够被复用的程度。在传统的软件复用中开发了可复用代码构件的程序库，例如统计子例程程序库。这种方法需要建立一个可复用构件的程序库，以及一个索引、定位、区分相似构件的方法（Prieto-Diaz and Freeman 1987）。这种方法的问题包括如何管理这样的复用库可能包含的大量构件，以及如何区分相似但不完全相同的构件。

当一个新设计被开发时，设计者有责任设计软件体系结构，即程序的整体结构和整体的控制流。在库中定位和选择了一个可复用的构件之后，设计者就必须确定这个构件如何融入新的体系结构。

相对于复用单个构件，更好的方法是复用由构件及其相互连接构成的整个设计或子系统。这意味着复用应用的控制结构。体系结构的复用比构件复用具有更大的潜力，因为它是大粒度的复用，关注于对需求和设计的复用。

体系结构复用最有前途的方法是开发软件产品线体系结构（Gomaa 2005a），软件产品线体系结构明确地捕获了组成产品线的系统家族的共性和可变性。软件产品线体系结构——一个产品家族的体系结构——需要描述该家族中的共性和可变性。依赖于所使用的开发方法（函数式的或面向对象的），产品线**共性**以公共模块、类或构件的方式来描述，产品线**可变性**以可选或变体模块、类或构件来描述。

应用工程这个术语是指剪裁和配置产品家族体系结构和构件的过程，以创建一个作为该产品家族成员的特定应用。

PLUS 是 COMET 的一个扩展，用来设计软件产品线体系结构。PLUS 的概述在第 19 章中给出，Gomaa（2005a）给出了完整而详细的描述。第 19 章中描述了一个用软件产品线方法设计"显示器提示"超类和特定语言子类的例子。

20.7 性能

性能也是很多系统中的一个重要的考虑因素。在设计时对系统进行性能建模对确定系统是否满足其性能目标（如吞吐量和响应时间）是很重要的。性能建模方法有队列建模 (Gomaa and Menasce 2001；Menasce and Gomaa 2000) 和仿真建模。性能建模在实时系统中尤为重要，未能满足最后期限要求可能是灾难性的。实时调度结合事件序列建模是对执行在给定硬件配置上的实时设计进行建模的一种方法。

在 COMET/RT 中，软件设计的性能分析通过实时调度理论实现。**实时调度**是一个特别适合于有必须满足的最后期限的硬实时系统的方法。用这种方法来分析实时设计，以确定它是否满足最后期限要求。分析设计性能的另一种方法是用**事件时序分析**并将其与实时调度理论集成。除了考虑系统在对象间通信和上下文转换（Gomaa 2000）上的开销以外，事件时序分析还用来分析通信任务的场景并且用计时参数对每个参与的任务进行标记。

考虑第 21 章所描述的"银行系统"，画出部署图如图 20-4 所示。其中，"银行服务"（Banking Service）执行在一个服务器结点上。银行服务的性能评测会包括对 ATM 客户端请求

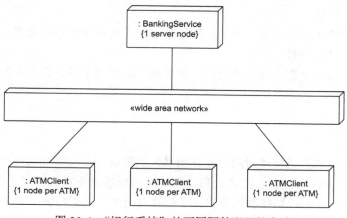

图 20-4 "银行系统"的不同硬件配置的实验

的响应时间和以每秒交易数表示的交易处理率。可以开发一个队列模型来评估"银行系统"在不同 ATM 交易负载下的性能，据此来计划服务器所需的从 CPU、主存、辅助存储以及所需网络带宽等方面来看的容量。基于对于客户和账户记录数量和大小的估计，也可以预估出所需的磁盘空间。可以采用不同的硬件配置（包括单处理器、双处理器配置）来进行性能比较，也可以采用可替换的软件设计和硬件配置进行性能比较。例如，将一个在单个结点上的顺序"银行服务"和一个在两个结点上的并发"银行服务"进行比较。

20.8 安全性

安全性是很多系统中的一个重要考虑因素。分布式应用系统（例如电子商务和银行系统）中存在很多潜在威胁。有不少阐述计算机、信息和网络安全问题的教材，包括 Bishop (2004) 和 Pfleeger (2006)。一些潜在的威胁如下：

- **系统穿透**。未经授权的人试图获得访问应用系统的权限并执行未经授权的事务。
- **违反授权**。获得授权的人误用或滥用应用系统。
- **保密信息披露**。机密信息（如卡号和银行账户）被透露给未经授权的人。
- **完整性破坏**。未经授权的人更改了数据库中的应用数据或通信数据。
- **抵赖**。执行了某些事务或者通信活动的人事后错误地否认这些事务或者活动的发生。
- **拒绝服务**。对应用系统的合法访问被恶意干扰。

COMET 扩展了用例的描述，以允许描述非功能性需求，包括安全性需求。第 6 章中给出了一个扩展用例以允许非功能性需求的例子。

下面的列表描述了如何解决"银行系统"中的这些潜在威胁（注意不是所有威胁都用纯软件的方法解决）：

- **系统穿透**。这个问题的解决方案是在消息源对消息加密，特别是起始于 ATM 客户端的事务和银行服务发送的响应，然后在目的地解密消息。
- **违反授权**。获得授权使用应用系统的人误用或滥用系统。需要维护该系统的所有访问日志，这样就能追踪到误用或者滥用的情况，使得任何滥用都能被纠正。
- **保密信息披露**。需要用访问控制方法保护机密信息，如信用卡号和银行账户，只允许带有正确权限的用户访问数据。
- **完整性破坏**。需要强制执行访问控制，以确保未经授权的人无法更改数据库中的应用数据或通信数据。
- **抵赖**。需要维护一个记录所有事务的日志，使得通过分析日志能验证声称这些事务或活动没发生过的声明。
- **拒绝服务**。必须要有入侵检测能力，使得系统能检测未经授权的入侵并采取行动拒绝它们。

20.9 可用性

可用性阐述了系统失效及其对用户和其他系统的影响。总有一些时候由于预定的系统维护使得系统对用户是不可用的；这种计划中的不可用性通常不算在可用性的测量中。然而，作为系统失效必然结果的计划外系统维护总是被算在内的。某些系统需要全时运行；在一个控制飞机或飞船的系统上发生系统失效的影响将是灾难性的。

容错系统中建立了恢复机制，以便系统能从失效中自动恢复。然而，这些系统通常是非常昂贵的，需要诸如三倍冗余和投票系统这样的能力。还有其他一些不太昂贵的解决方案，例如一个热备份，它是一台在系统失效之后很短时间内就准备就绪的机器。热备份可以在一个客户端/服务器系统提供给服务器。可以设计一个没有单点失效的分布式系统，这样一个结点失效只会导致减少服务，伴随着系统在一个降级的模式下运行。这通常比没有任何服务要好。

从软件设计的角度，支持可用性需要系统设计没有单点失效。COMET 通过提供一种设计基于构件的分布式软件体系结构的方法支持可用性。这种体系结构能部署到带有分布式控制、数据和服务的多个结点上，使得即使单个结点停机时系统也不会失效而且能运行在一种降级模式下。

作为案例研究的示例，热备份可以用于"银行系统"，即一个集中式的客户端/服务器系统，其中银行服务器是失效的单点（图 20-4）。热备份是一个备份服务器，如果主服务器宕机它可以迅速部署。一个没有单硬件失效点的分布式系统的示例是应急监控系统，其中用户 I/O 构件、监控和报警服务以及操作员交互构件都能被复制。每个客户端构件都有多个实例，因此如果一个构件坏了，系统仍然可以运行。服务能被复制，这样"监控数据服务"和"警报服务"就有多个实例。图 20-5 的部署图阐明了这个情况。假定使用的是因特网，其中可能会有局部失效但不会全局失效，因此单个结点甚至区域性子网可能有时是不可用的，但是其他区域仍然在运作中。

366

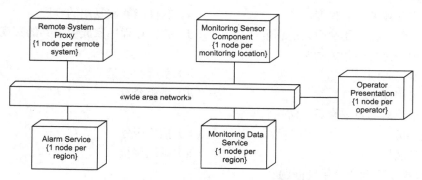

图 20-5 没有单一硬件失效点的系统示例

20.10 总结

本章论述了软件体系结构的软件质量属性及它们是如何用于评价软件体系结构的质量的。本章描述的软件质量属性包括可维护性、可修改性、可测试性、可追踪性、可扩展性、可复用性、性能、可用性和安全性。更详细的关于软件质量属性的描述在 Bass，Clements，and Kazman（2003）和 Taylor，Medvidovic，and Dashofy（2009）中。

练习

选择题（每道题选择一个答案）

1. 软件质量属性阐述了什么？

（a）软件功能性需求 （b）软件非功能性需求

（c）软件性能需求 （d）软件可用性需求

2. 什么是可维护性?

（a）软件在部署前能够被变更的程度 　　（b）软件在部署后能够被变更的程度

（c）软件在开发期间能够被变更的程度 　　（d）软件在开发后能够被变更的程度

3. 什么是可修改性?

（a）软件在部署后能够被修改的程度 　　（b）软件在最初的开发后能够被修改的程度

（c）软件在最初的开发期间和之后能够被修改的程度

（d）软件在部署前能够被变更的程度

4. 什么是可测试性?

（a）软件能够被开发的程度 　　　　　（b）软件在部署前能够被测试的程度

（c）软件在部署后能够被测试的程度 　　（d）软件被理解的程度

5. 可追踪性是一个产品什么的程度?

（a）能被追踪回之前阶段的产品 　　　（b）追踪回需求

（c）前向追踪到实现 　　　　　　　　（d）部署到一个硬件配置

6. 什么是可扩展性?

（a）一个应用能生长的程度 　　　　　（b）系统在最初部署之后能够生长的程度

（c）系统在开发过程中能够生长的程度 （d）系统可以被扩展的程度

7. 什么是可复用性?

（a）软件实现被复用的程度 　　　　　（b）软件能够被复用的程度

（c）软件产品线技术能被引入的程度 　（d）软件在程序家族中公共的程度

8. 下列哪一项不是性能相关的?

（a）系统响应时间 　　　　　　　　　（b）系统吞吐量

（c）系统可用性 　　　　　　　　　　（d）系统容量

9. 下列哪一项不能通过安全系统解决?

（a）系统穿透 　　　　　　　　　　　（b）拒绝服务

（c）系统扩展性 　　　　　　　　　　（d）系统授权

10. 可用性解决了下列哪个系统问题?

（a）拒绝服务 　　　　　　　　　　　（b）单点失效

（c）系统吞吐量 　　　　　　　　　　（d）系统穿透

案 例 研 究

客户端 / 服务器软件体系结构案例研究：银行系统

本章将介绍如何应用 COMET/UML 软件建模与设计方法来设计一个客户端 / 服务器软件体系结构（见第 15 章）：银行系统。此外，ATM 客户端的设计也被作为设计并发软件的一个例子（见第 18 章），而银行服务的设计则被作为顺序性面向对象软件设计的一个例子（见第 14 章）。

21.1 节介绍本案例中的问题。21.2 节给出"银行系统"的用例模型。21.3 节描述静态模型，覆盖了系统上下文以及实体类的静态建模。21.4 节介绍将系统组织为一组对象的方法。21.5 节介绍动态建模，其中为每个用例开发了交互图。21.6 节描述 ATM 的状态图。21.7 节到 21.14 节则描述"银行系统"的设计模型。

21.1 问题描述

一家银行拥有一些 ATM 机（自动取款机），这些 ATM 机分布在不同的地理位置并且通过广域网连接到一个中央服务器上。每一个 ATM 机由一个读卡器、一个吐钞器、一个键盘 / 显示器和一个凭条打印机组成。通过使用 ATM 机，客户能够从支票账户或储蓄账户提取现金、查询账户余额，或者在账户间转账。客户将一个 ATM 卡插入读卡器后会启动一个交易。ATM 卡背面的磁条里编码保存了该卡的卡号、生效期和失效期。如果一张 ATM 卡能够被系统识别，那么系统会验证这张卡以确定该卡没有过期、客户输入的 PIN 码（个人识别码）与系统中保留的 PIN 码匹配以及这张卡没有被挂失。客户可以尝试输入三次 PIN 码；如果第三次输入仍然错误，该卡会被没收。同时，被确认为挂失的卡也会被没收。

369
∼
371

如果输入的 PIN 码通过了验证，那么该客户可以进行取款、查询或转账交易。在取款交易被许可之前，系统需确认被取款账户拥有足够的金额、取款额度未超过单日取款上限以及本地提款机中拥有足够的现金。如果该交易获得了许可，那么 ATM 机将提取指定的取款金额、打印包含交易信息的凭条并弹出 ATM 卡。在转账交易被许可前，系统需确认客户拥有至少两个账户以及待转出的账户中拥有足够的余额。对于被允许的查询和转账请求，ATM 机会打印凭条并弹出 ATM 卡。客户可以在任何时候取消交易，如果交易被取消，那么 ATM 卡也会被弹出。服务器中保留了所有的客户记录、账户记录以及借记卡记录。

一个 ATM 操作员可以开启或关闭 ATM 机，从而为 ATM 机补充现金或进行常规维护工作。这里假设开设账户、关闭账户和创建、更新和删除客户及借记卡记录的功能由现有的系统提供，这些并不是本案例中所涉及问题的一部分。

21.2 用例模型

用例在**用例模型**中描述。"银行系统"的用例模型中有两个参与者（actor），即"ATM 客户"（ATM Customer）和"操作员"（Operator），二者都是系统的用户。客户可以从支票账户或储蓄账户中取款、查询账户余额以及在账户间转账。

　　客户通过 ATM 读卡器和键盘与系统交互。参与者是客户，而非读卡器和键盘。这些输入设备使得客户可以启动用例并对系统的提示进行响应。凭条打印机和吐钞器是输出设备，它们也不是参与者，因为从这些用例中受益的是客户。

　　ATM 操作员可以关闭 ATM 机、为 ATM 的吐钞器补充现金并启动 ATM 机。参与者代表了由用户扮演的角色，因此系统中可以有多个客户和操作员。

　　现在考虑 ATM 操作员用例。一种方案是只有一个操作员用例，其中操作员关闭 ATM机、添加现金然后启动 ATM 机。然而在现实中也有可能出现以下情况：操作员关闭 ATM 机是因为硬件出了问题而不是要添加现金；操作员启动 ATM 机是因为机器意外关闭。因此，与单个操作员用例的方案相比，一种更好的方案是将操作员用例分为三个用例，即"添加现金"（Add Cash）、"启动"（Startup）和"关闭"（Shutdown），如图 21-1 所示。

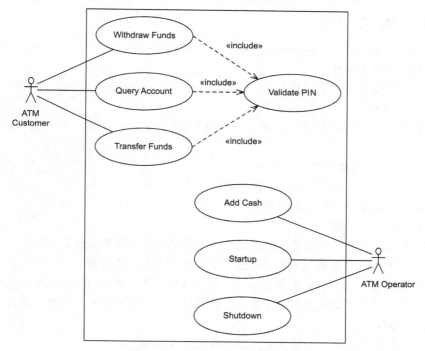

图 21-1　"银行系统"用例模型

　　再考虑由"ATM 客户"所触发的用例。一种可能的方案是为客户与系统之间所有的交互建立一个用例。然而，由客户发起的三种交易类型（即取款、查询和转账）相互之间非常独立，区分很明显。

　　因此，我们开始考虑三个独立的"ATM 客户"用例，即"取款"（Withdraw Funds）、"查询账户"（Query Account）和"转账"（Transfer Funds），每个用例对应一种交易类型。现在考虑"取款"用例。该用例的主序列对应于客户成功取款的情况，其中包括读取 ATM 卡、验证客户 PIN 码、验证客户的账户中是否有足够的金额、（如果通过验证）提供现金、打印凭条和弹出 ATM 卡。

　　然而，通过比较三个用例可以看出每个用例的开始部分（即读取 ATM 卡和验证客户 PIN码）对于所有这三个用例都是一样的。因此，我们可以将这三个用例的公共部分提取出来作为一个称为"验证 PIN 码"（Validate PIN）的包含用例。

　　这样的话，"取款"、"查询账户"和"转账"这三个用例就可以描述得更精简一点，即让它们作为包含"验证 PIN 码"用例的具体用例。图 21-1 表示了用例之间的关系。具体的"取款"用例首先从所包含的"验证 PIN 码"包含用例的描述开始，然后再继续"取款"用例的描述。具体的"转账"用例也是从"验证 PIN 码"包含用例的描述开始，然后再继续"转账"用例的描述。修改后的具体的"查询账户"用例也是如此。包含用例和具体用例会在下文阐述。

　　"验证 PIN 码"用例的主序列包括读取 ATM 卡、验证客户 PIN 码和 ATM 卡。如果验证通过，系统会提示客户选择一种交易：取款、查询或转账。其他分支则处理所有可能的错误情况，例如客户输入了错误的 PIN 码然后系统必须重新提示，或者 ATM 卡无法被识别或被挂失等。因为这些情况可以很容易地用可替换序列（alternative sequence）来描述，所以不需要将这些情况分成不同的扩展用例来描述。

21.2.1 "验证 PIN 码"用例

> **用例名**：验证 PIN 码
> **概述**：系统验证客户 PIN 码
> **参与者**：ATM 客户
> **前置条件**：ATM 机是空闲的，显示着欢迎信息
> **主序列**：
> 　1. 客户将 ATM 卡插入读卡器。
> 　2. 如果系统成功识别该卡，那么读取该卡的卡号。
> 　3. 系统提示客户输入 PIN 码。
> 　4. 客户输入 PIN 码。
> 　5. 系统检查卡的失效日期以及该卡是否已被挂失（遗失或被盗）。
> 　6. 如果该卡未失效，系统检查用户输入的 PIN 码是否正确。
> 　7. 如果 PIN 码正确，系统检查客户的哪些账户可以用该 ATM 卡访问。
> 　8. 系统显示可访问的客户账户，并提示用户选择交易类型：取款、查询或转账。
> **可替换序列**：
> **步骤 2**：如果系统未能识别该卡，那么系统弹出该卡。
> **步骤 5**：如果系统确定该卡失效，那么系统没收该卡。
> **步骤 5**：如果系统确定该卡已被挂失（遗失或被盗），那么系统没收该卡。
> **步骤 7**：如果客户输入的 PIN 码不正确，那么系统提示用户重新输入 PIN 码。
> **步骤 7**：如果客户输错 PIN 码三次，那么系统没收该卡。
> **步骤 4 ~ 8**：如果用户选择"取消"选项，那么系统取消交易并弹出 ATM 卡。
> **后置条件**：客户的 PIN 码已被验证。

21.2.2 具体的"取款"用例

> **用例名**：取款
> **概述**：客户从一个有效账户中取出一定量的现金

参与者：ATM 客户

依赖：包含了"验证 PIN 码"（Validate PIN）用例

前置条件：ATM 机是空闲的，显示着欢迎信息

主序列：

    1. 包含"验证 PIN 码"用例的步骤。

    2. 客户选择"取款"选项，输入取款金额并选择账户号。

    3. 系统检查客户在该账户中的余额是否足够以及用户所输入的取款金额是否超过取款上限。

    4. 如果通过所有上述检查，系统授权通过本次取款请求。

    5. 系统分发相应数额的现金。

    6. 系统打印凭条，显示交易号、交易类型、取款金额和账户余额信息。

    7. 系统弹出 ATM 卡。

    8. 系统显示欢迎信息。

可替换序列：

步骤 3：如果系统确定所选账户号无效，那么系统显示错误信息并弹出 ATM 卡。

步骤 3：如果系统确定客户账户上没有足够的金额，那么系统显示道歉信息并弹出 ATM 卡。

步骤 3：如果系统确定取款金额超过了每日取款上限，那么系统显示道歉信息并弹出 ATM 卡。

步骤 5：如果 ATM 机现金不够，那么系统显示道歉信息、弹出 ATM 卡并关闭机器。

后置条件：客户账户的金额已被扣除。

21.2.3 具体的"查询账户"用例

用例名：查询账户

参与者：ATM 客户

概述：客户得知一个有效银行账户的余额

依赖：包含了"验证 PIN 码"（Validate PIN）用例

前置条件：ATM 机是空闲的，显示着欢迎信息

主序列：

    1. 包含"验证 PIN 码"用例的步骤。

    2. 客户选择"查询"选项，并输入账户号码。

    3. 系统读取账户余额。

    4. 系统打印凭条，显示交易号、交易类型和账户余额信息。

    5. 系统弹出 ATM 卡。

    6. 系统显示欢迎信息。

可替换序列：

步骤 3：如果系统确定所选账户号无效，那么系统显示错误信息并弹出 ATM 卡。

后置条件：客户查询了账户。

21.2.4 具体的"转账"用例

> **用例名**：转账
>
> **概述**：客户将一定数额的资金从一个有效账户转到另一个有效账户
>
> **参与者**：ATM 客户
>
> **依赖**：包含了"验证 PIN 码"（Validate PIN）用例
>
> **前置条件**：ATM 机是空闲的，显示着欢迎信息
>
> **主序列**：
>
> 1. 包含"验证 PIN 码"用例的步骤。
> 2. 客户选择"转账"选项并输入转账"金额"（amount）、"转出账户"（from account）和"转入账户"（to account）。
> 3. 如果系统确定"转出账户"里有足够的金额，那么系统进行转账。
> 4. 系统打印凭条，显示交易号、交易类型、转账金额和账户余额信息。
> 5. 系统弹出 ATM 卡。
> 6. 系统显示欢迎信息。
>
> **可替换序列**：
>
> **步骤 3**：如果系统确定"转出账户"号码无效，那么系统显示错误信息并弹出 ATM 卡。
>
> **步骤 3**：如果系统确定"转入账户"号码无效，那么系统显示错误信息并弹出 ATM 卡。
>
> **步骤 3**：如果系统确定客户的"转出账户"上没有足够的金额，那么系统显示道歉信息并弹出 ATM 卡。
>
> **后置条件**：客户资金从指定的"转出账户"转到指定的"转入账户"。

21.3 静态建模

本节首先对问题域和系统上下文进行了考虑，然后讨论实体类的静态建模。可同时参阅第 7 章，其中用"银行系统"的例子详细介绍了静态建模。

21.3.1 问题域的静态建模

图 21-2 中的类图描述了问题域中的概念静态模型。一个银行有若干 ATM 机。每个 ATM 机被建模为一个复合类，其中包含"读卡器"（Card Reader）、一个"吐钞器"（Cash Dispenser）、一个"凭条打印机"（Receipt Printer）和一个用来和用户交互的"ATM 客户键盘/显示器"（ATM Customer Keyboard Display）。"ATM 客户"参与者将卡插入"读卡器"并通过"ATM 客户键盘/显示器"对系统的提示做出响应。"凭条打印机"为"ATM 客户"参与者打印凭条。此外，"ATM 操作员"参与者是专门维护 ATM 机的人员。

21.3.2 系统上下文的静态建模

软件系统的上下文类图使用静态建模表示法，将"银行系统"看做一个聚合类，描述了与"银行系统"存在交互关系的外部类。正如第 7 章所述，我们通过考虑问题域的静态建模过程中所确定的物理类来开发上下文类图。

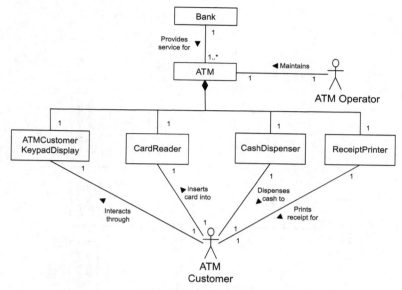

图 21-2 问题域的概念静态模型

　　如图 7-19 所示，从整个系统（包括硬件和软件）的角度看，"ATM 客户"和"ATM 操作员"参与者都位于系统外部。"ATM 操作员"通过键盘/显示器与系统交互。"ATM 客户"参与者通过读卡器、吐钞器、凭条打印机和 ATM 客户键盘/显示器等输入/输出（I/O）设备与系统交互。从整个软硬件系统的角度来说，这些输入/输出设备是系统的一部分。从软件的角度来说，这些输入/输出设备位于软件系统的外部。在软件系统的上下文类图中，输入/输出设备则被建模为外部类，如图 21-3 所示。

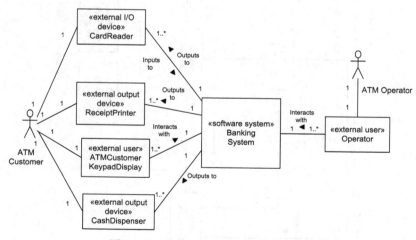

图 21-3 "银行系统"软件上下文类图

　　"ATM 客户"参与者使用的四个外部类是"读卡器"、"吐钞器"、"凭条打印机"和"ATM 客户键盘/显示器"；"ATM 操作员"通过键盘/显示器与系统交互。如第 7 章所述，"ATM 客户"和"ATM 操作员"都被建模为外部用户。ATM 机的每一个外部类都有一个实例。"银行系统"（见图 21-3）的软件系统上下文类图把软件系统刻画为一个聚合类，该类从外部类接收消息同时也向它们发送消息。

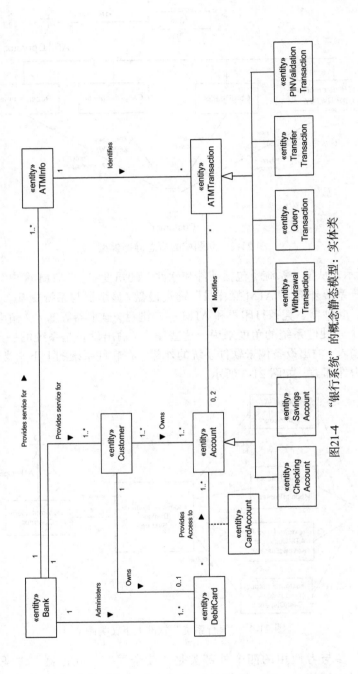

图21-4 "银行系统"的概念静态模型：实体类

21.3.3 实体类的静态建模

图 21-4 描述了实体类的静态模型，即实体类模型。图 21-5、图 21-6 和图 21-7 给出了每个实体类的属性。

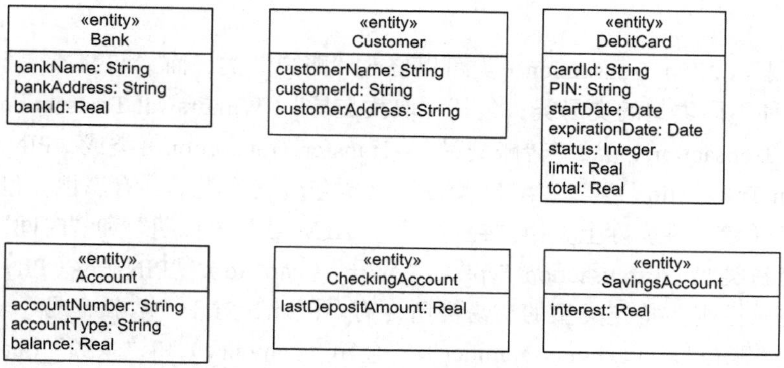

```
«entity»                  «entity»                   «entity»
Bank                      Customer                   DebitCard
─────────────────         ─────────────────────      ──────────────────────
bankName: String          customerName: String       cardId: String
bankAddress: String       customerId: String         PIN: String
bankId: Real              customerAddress: String     startDate: Date
                                                      expirationDate: Date
                                                      status: Integer
                                                      limit: Real
                                                      total: Real
```

```
«entity»                  «entity»                   «entity»
Account                   CheckingAccount            SavingsAccount
─────────────────────     ───────────────────────    ───────────────────
accountNumber: String     lastDepositAmount: Real    interest: Real
accountType: String
balance: Real
```

图 21-5 "银行系统"的概念静态模型：类属性

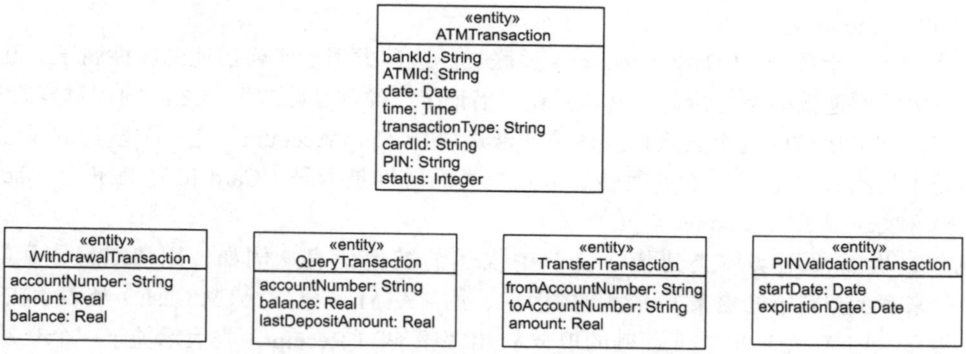

```
«entity»
ATMTransaction
───────────────────────
bankId: String
ATMId: String
date: Date
time: Time
transactionType: String
cardId: String
PIN: String
status: Integer
```

```
«entity»                  «entity»                 «entity»                   «entity»
WithdrawalTransaction     QueryTransaction         TransferTransaction        PINValidationTransaction
─────────────────────     ─────────────────────    ────────────────────────   ────────────────────────
accountNumber: String     accountNumber: String    fromAccountNumber: String  startDate: Date
amount: Real              balance: Real            toAccountNumber: String    expirationDate: Date
balance: Real             lastDepositAmount: Real   amount: Real
```

图 21-6 "银行系统"的概念静态模型：类属性（续）

```
«entity»                  «entity»
CardAccount               ATMInfo
──────────────────────    ──────────────────
cardId: String            bankId: String
accountNumber: String     ATMId: String
accountType: String       ATMLocation: String
                          ATMAddress: String
```

```
«entity»                  «entity»
ATMCash                   ATMCard
───────────────────       ───────────────────
cashAvailable: Integer    cardId: String
fives: Integer            startDate: Date
tens: Integer             expirationDate: Date
twenties: Integer
```

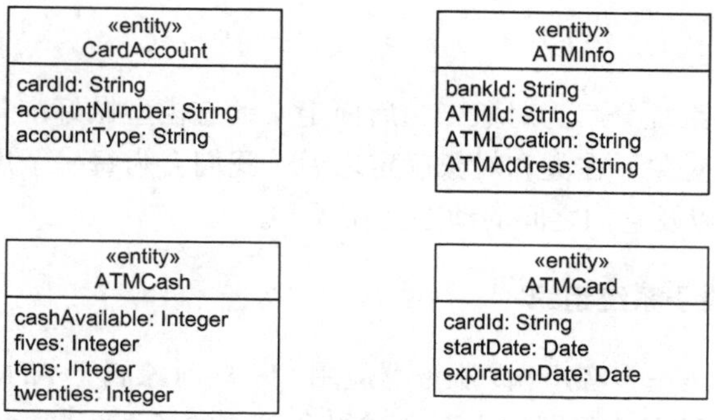

图 21-7 "银行系统"的概念静态模型：类属性（续）

图 21-4 描述了"银行"（Bank）实体类，它和"客户"（Customer）类以及"借记卡"（Debit Card）类之间存在一对多的关系。该实体类比较特别，因为它只有一个实例；它的属性包括"银行名称"（bank Name）、"银行地址"（bank Address）和"银行号"（bank Id）。"客户"类和"账户"（Account）类存在多对多的关系。由于存在支票账户（Checking Account）

和储蓄账户（Savings Account）且两者有部分公共属性，因此"账户"类可以被特化为"支票账户"类和"储蓄账户"类。这样两个子类可以共享一些属性，即"账户号"（account Number）、"账户类型"（account Type）和"余额"（balance）。其他属性则为"支票账户"（如最后一次"存款金额"（Deposit Amount））和"储蓄账户"（如累计的"利息"（interest））所专有。

"ATM 交易"（ATM Transaction）类可以修改"账户"类，而"ATM 交易"类又能被进一步特化为各种不同类型的交易类，包括"取款交易"（Withdrawal Transaction）类、"查询交易"（Query Transaction）类、"转账交易"（Transfer Transaction）类或"PIN 码验证交易"（PIN Validation Transaction）类。"ATM 交易"父类包含交易类的共有属性，包括"交易号"（transaction Id）（该属性实际上是由"银行号"、"ATM 号"、"日期"和"时间"这些属性拼接而成）、"交易类型"（transaction Type）、"卡号"（card Id）、"PIN 码"（PIN）和"状态"（status），其他属性则为特定类型的交易类所专有。因此，对于"取款交易"子类，它所专有的属性包括"账户号"（account Number）、"金额"（amount）和"余额"（balance）。对于"转账交易"子类，它所专有的属性是"转出账户号"（from Account Number）（可以是支票账户或储蓄账户）、"转入账户号"（to from Account Number）（可以是支票账户或储蓄账户）以及"金额"（amount）。

还有一个"卡账户"（Card Account）关联类。这种类用于所要描述的属性属于关联关系而非关联关系所连接的类的情况。这样，在"借记卡"类和"账户"类之间的多对多关联中，能被某张借记卡所访问的个人账户应该是"卡账户"（Card Account）这一关联类的属性，而非"借记卡"类或"账户"类的属性。卡账户类的属性是卡号（Card Id）、账户号（account Number）和账户类型（account Type）。

378
~
380

此外，也需要用实体类建模 21.2 节中描述的其他信息。例如，用"ATM 卡"（ATM Card）类来表示塑料卡的磁条上所读出的信息；用"ATM 现金"（ATM Cash）类表示在 ATM 机中 5 美元、10 美元或 20 美元面额的现金；用"凭条"（Receipt）类表示关于一个交易的信息，但由于它和前面描述的交易类的信息是一样的，因此就没有必要单独表示为一个类了。

21.4 对象组织

我们接下来考虑将系统分解为对象，为后面定义动态模型做好准备。对象组织准则可以帮助我们确定系统中的对象。在类和对象确定之后，我们会为每一个用例开发通信图或顺序图来表示用例中的对象以及它们之间的动态交互顺序。

21.4.1 客户端/服务器子系统组织

由于"银行系统"是一个客户端/服务器应用，一些对象属于 ATM 客户端而另一些对象则属于银行服务，因此我们从识别作为聚合或组合对象的子系统开始。在客户端/服务器系统中，子系统很好确定。这样，在"银行系统"中有一个客户端子系统称为"ATM 客户端子系统"（ATM Client Subsystem），每个 ATM 机上运行着它的一个实例。还有一个服务子系统称为"银行服务子系统"（Banking Service Subsystem），它只有一个实例（图 21-8）。这是一个基于地理分布的子系统组织的例子，其中的地理分布已经在问题描述中明确了。"银行服务子系统"和"ATM 客户端子系统"这两个子系统都被描述为聚合类，并且二者之间存在一对多关联。所有的外部类都和"ATM 客户端子系统"进行交互和通信。

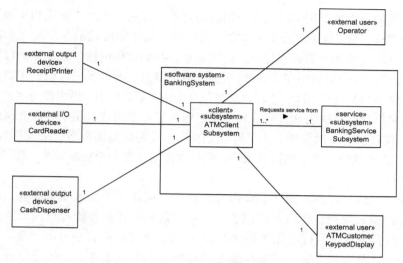

图 21-8　银行系统：主要子系统

21.4.2　ATM 客户端对象和类的组织：边界对象

下一步是要确定"ATM 客户端"中的对象和类。首先考虑边界对象和边界类。边界类可以基于软件系统的上下文图来确定，如图 21-9 所示，该图将"银行系统"显示为一个聚合类。

我们为每个外部类设计一个边界类。输入/输出设备类包括："读卡器接口"（Card Reader Interface），ATM 卡是通过这个接口读取的；"吐钞器接口"（Cash Dispenser Interface），用来分发现金；"凭条打印机接口"（Receipt Printer Interface），用于打印凭条。此外还有"客户交互"（Customer Interaction）类，这是一个通过键盘/显示器和客户交互的用户交互类，能够显示文本消息、提示客户进行操作并接收客户输入。"操作员接口"（Operator Interaction）类是一个和 ATM 操作员（为 ATM 机补充现金）交互的用户交互类。一个 ATM 机的每个边界类都只有一个实例。

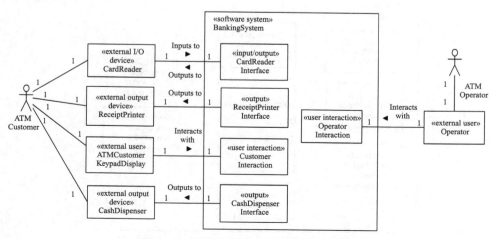

图 21-9　"银行系统"的外部类和边界类

21.4.3 ATM 客户端对象和类的组织：用例中的对象

接下来，我们考虑单个用例以及参与用例的对象。首先，考虑"验证 PIN 码"这一包含用例，该用例描述了客户如何将 ATM 卡插入读卡器、系统如何提示客户输入 PIN 码以及系统如何检查客户输入的 PIN 码是否正确。该用例中，我们首先确认"读卡器接口"对象是否需要读取 ATM 卡。由于需要保存从 ATM 卡上读取的信息，所以我们可以确定这里需要一个实体对象来存储"ATM 卡"信息。"客户交互"对象用来通过键盘/显示器与客户交互，在这里，该对象用来提示客户输入 PIN 码。发送给"银行服务子系统"用来验证 PIN 码的信息被保存在一个"ATM 交易"对象中。为了验证 PIN 码，交易信息需要包含 PIN 码以及 ATM 卡号。为了保证 ATM 机中各活动执行的顺序，我们确定还需要一个控制对象，即"ATM 控制"（ATM Control）。

下面考虑"取款"用例，如果 PIN 码有效且客户选择了取款选项则会进入该用例。在该用例中，客户输入取款金额以及借记卡号，然后系统验证是否能授权该取款操作。如果验证通过，系统分发现金、打印凭条并弹出 ATM 卡。该用例需要额外的对象。客户取款的信息（包括账户号及取款金额）需要存储在"ATM 交易"对象中。为了分发现金，需要一个"吐钞器接口"对象。我们还需要维护 ATM 机中现金的数量，因此确定需要一个称作"ATM 现金"（ATM Cash）的实体对象，该对象的值随着每次取款而相应减少。最后，需要一个"凭条打印机接口"对象来打印凭条。和前面一样，"ATM 控制"对象控制该用例的执行序列。

检查完其他用例，我们发现还需要一个额外的对象，即"操作员交互"（Operator Interaction）对象，该对象用于所有由 ATM"操作员参与者"发起的用例。"操作员交互"对象需要向"ATM 控制"发送"启动"（startup）和"关闭"（shutdown）事件，这是因为操作员维护 ATM 机和客户使用 ATM 机这两件事情不能同时进行。

基于以上分析，我们可以得到如图 21-10 所示的"ATM 客户端子系统"中的类，这些类都被表示为聚合类。除了图 21-9 中的三个输入/输出设备类和两个用户交互类，还有三个实体类和一个状态相关的控制类。

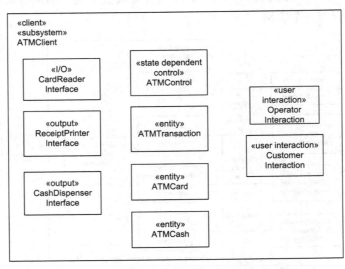

图 21-10　ATM 客户端子系统类

21.4.4　服务子系统中的对象组织

有些实体对象的作用范围涉及整个银行，所有的 ATM 机都需要访问这些对象。因此，这些对象需要保存在服务器端的"银行服务子系统"中。这些对象包括含有银行客户信息的"客户"（Customer）对象、含有各个银行账户信息的"账户"（Account）对象（包括支票账户和储蓄账户）以及包含银行所维护的所有借记卡信息的"借记卡"（Debit Card）对象。这些对象所对应的类都包含在图 21-4 所描述的实体类的静态模型中。

"银行服务子系统"中的实体类包括"客户"超类、"账户"超类、"支票账户"子类、"储蓄账户"子类以及"借记卡"类。还有一个"ATM 交易"对象，该对象需要从客户端发送到服务器。客户端向"银行服务"发送交易请求，然后"银行服务"向客户端返回一个响应。交易信息作为一个实体对象以"交易日志"（Transaction Log）的形式保存在服务器端，从而记录交易历史。作为 ATM 交易消息一部分的临时交易数据可能与持久化的交易数据有所不同，例如交易状态在交易结束之后是已知的，但在交易过程中却是未知的。

为了处理客户请求，服务器端还需要**业务逻辑**对象来定义特定业务的应用逻辑。具体而言，每一种 ATM 交易类型都需要一个交易管理器类来定义处理交易的业务规则。业务逻辑对象包括"PIN 码验证交易管理器"（PIN Validation Transaction Manager）、"取款交易管理器"（Withdrawal Transaction Manager）、"查询交易管理器"（Query Transaction Manager）和"转账交易管理器"（Transfer Transaction Manager）。例如，在"取款交易管理器"类中定义的业务规则是：（1）账户在取款之后余额必须大于等于零；（2）取款金额不能超过每日取款上限，上限的值由"借记卡"实体类的"限额"（limit）属性给出。

21.5　动态建模

动态模型描述了参与每个用例的对象之间的交互。开发动态模型的起点是用例以及对象结构组织过程中所确定的对象。满足每个用例需要的对象间消息通信序列可以用顺序图或通信图描述。通常只需要在两者中选择一个就足够了。在本例中，我们将客户端子系统的这两种图都画出来以便进行比较。

由于"银行系统"是一个客户端／服务器系统，因此在此之前已经确定将系统的结构分解为客户端和服务子系统，如图 21-8 所示。我们用通信图来表示客户端和服务子系统。

图 21-11 和图 21-16 中所描述的通信图是用来实现 ATM 客户端"验证 PIN 码"用例和"取款"用例的。通信图也可以用来实现 ATM 客户端的"转账"用例、"查询账户"用例以及由操作员触发的各个用例。

ATM 客户端的"验证 PIN 码"和"取款"的通信图是状态相关的。"ATM 控制"对象定义了交互中状态相关的部分，这一部分执行了 ATM 状态图。我们用状态相关的动态分析方法来确定对象之间是如何交互的。图 21-13 和图 21-18 中的状态图分别展示了这两种用例。21.5.1 节和 21.5.3 节分别介绍了这两个客户端用例的动态分析。

银行服务按照收到请求的先后顺序处理来自多个 ATM 机的交易。每个交易的处理都是完整和自包含的，所以用例中的银行服务部分不是状态相关的。因此，这些用例需要一个无状态的动态分析。服务器端"验证 PIN 码"和"取款"用例的通信图在图 21-14 和图 21-19中给出。这两个服务器端用例的动态分析分别在 21.5.2 节和 21.5.4 节中给出。

考虑对象之间是如何交互的。我们针对"验证 PIN 码"和"取款"用例给出了详细的例子。在客户端,给出了通信图和顺序图。在两种图中,消息序列的编号和描述都是一样的。

21.5.1 客户端验证 PIN 码交互图的消息序列描述

客户端的"验证 PIN 码"交互图起始于客户将 ATM 卡插入读卡器。该消息的顺序编号起始于 1,这是由参与者发起的第一个外部事件。表示到达系统中软件对象的消息的后续编号分别为 1.1、1.2、1.3,最后结束于 1.4,表示系统显示给参与者的响应。参与者的下一个输入是编号为 2 的外部事件,随后是内部事件 2.1、2.2 等。后续的消息序列描述对应于图 21-11 中的通信图以及图 21-12 中的顺序图。

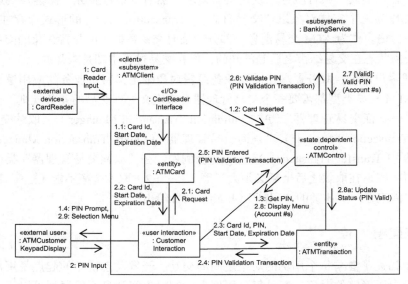

PIN Validation Transaction = {transactionId, transactionType, cardId, PIN, starDate, expirationDate}

图 21-11 通信图:ATM 客户端"验证 PIN 码"用例

由于"验证 PIN 码"交互图是状态相关的,因此有必要考虑由"ATM 控制"对象执行的 ATM 状态图。具体而言,需要考虑状态图(见图 21-13)和"ATM 控制"对象(见通信图)之间的交互。下面的消息序列阐述了该状态图的状态和转移,对应于图 21-11 中的通信图和图 21-12 中的顺序图中的事件。消息序列描述如下:

> **1**:"ATM 客户"参与者将 ATM 卡插入"读卡器"。"读卡器接口"对象读取卡中信息。
> **1.1**:"读卡器接口"将 ATM 卡输入数据(包含了"卡号"、"生效日期"、"失效日期")发送给"ATM 卡"实体对象。
> **1.2**:"读卡器接口"将"卡片插入"(Card Inserted)的消息发送给"ATM 控制"对象。"卡片插入"事件使得"ATM 控制"状态图从空闲状态(初始状态)转移到"等待 PIN 码输入"(Waiting for PIN)状态。与该转移关联的输出事件是"获取 PIN 码"(Get PIN)。
> **1.3**:"ATM 控制"将"获取 PIN 码"消息发送给"客户交互"对象。
> **1.4**:"客户交互"对象将"PIN 码提示"显示给"ATM 客户"参与者。

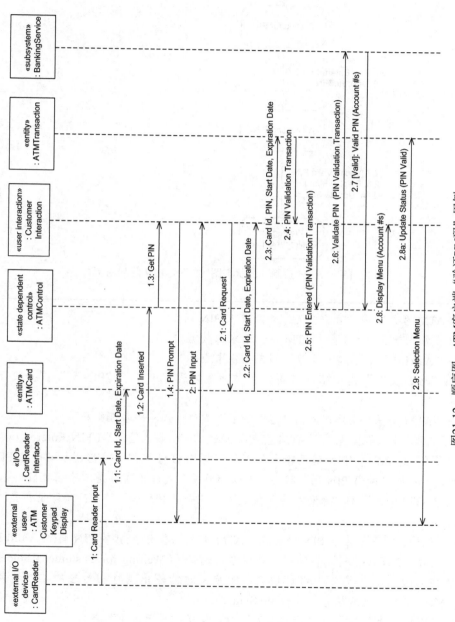

图21-12 顺序图：ATM客户端 "验证PIN码" 用例

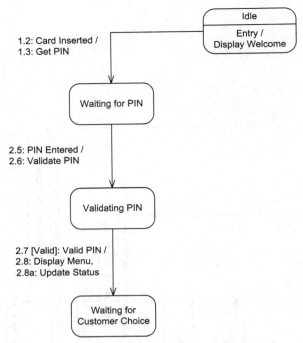

图 21-13　"ATM 控制"的状态图："验证 PIN 码"用例

2："ATM 客户"向"客户交互"对象输入 PIN 码。

2.1："客户交互"对象向"ATM 卡"请求卡数据。

2.2："ATM 卡"向"客户交互"对象提供卡数据。

2.3："客户交互"向"ATM 交易"实体对象发送"卡号"、"PIN 码"、"生效日期"和"失效日期"。

2.4："ATM 交易"实体对象向"客户交互"发送"PIN 码验证交易"。

2.5："客户交互"对象向"ATM 控制"发送"PIN 码已输入"（PIN Entered）（"PIN 码验证交易"）的消息。"PIN 码已输入"事件使得"ATM 控制"状态图从"等待 PIN 码输入"状态转移到"验证 PIN 码"状态。与该转移关联的输出事件是"验证 PIN 码"。

2.6："ATM 控制"向"银行服务"发送一个"验证 PIN 码"（"PIN 码验证交易"）的请求。

2.7："银行服务"验证 PIN 码并向"ATM 控制"发送"有效 PIN 码"（Valid PIN）的响应。然后，"ATM 控制"转移到"等待客户选择"（Waiting for Customer Choice）状态。该转移的输出事件是与"ATM 控制"对象发送的输出消息相对应的"显示菜单"（Display Menu）和"更新状态"（Update Status）。

2.8："ATM 控制"对象向"客户交互"对象发送"显示菜单"消息。

2.8a："ATM 控制"对象向"ATM 交易"对象发送"更新状态"消息。

2.9："客户交互"向"ATM 客户"显示包含"取款"、"查询"和"转账"选项的菜单。

与"验证 PIN 码"用例中的可替换场景序列相对应的可替换场景的动态建模在第 11 章中进行了描述。可替换场景是基于交互图和状态图描述的。

21.5.2　服务器端验证 PIN 码交互图的消息序列描述

现在考虑服务器端"验证 PIN 码"包含用例的交互图。"借记卡"实体对象包含了银行中所有借记卡的相关信息，在服务器验证 PIN 码时需要访问该对象。一张借记卡可访问多个账户，如果 PIN 码验证通过，需要访问"卡账户"实体对象来获得这些账户的账户号。

386
≀
388

此外，每个交易都有一个**业务逻辑对象**，该对象封装了管理交易执行的业务应用逻辑。业务逻辑对象从客户端的"ATM 控制"对象接收交易请求，然后与实体对象交互以确定向"ATM 控制"对象返回什么样的响应。例如，"PIN 码验证"交易的业务逻辑对象是"PIN 码验证交易管理器"对象。

以下服务器端"验证 PIN 码"交互图的消息序列描述对应于图 21-14 的通信图和图 21-15 的顺序图。

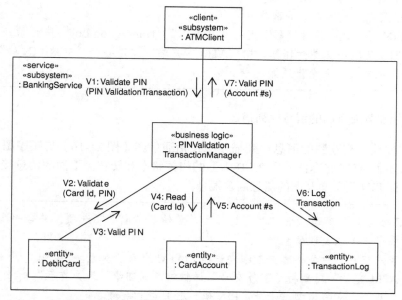

图 21-14　通信图：银行服务"验证 PIN 码"用例

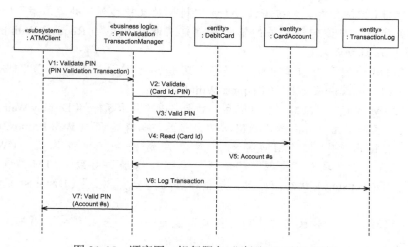

图 21-15　顺序图：银行服务"验证 PIN 码"用例

389

V1："ATM 客户端"向"PIN 码验证交易管理器"发送"验证 PIN 码"请求。"PIN 码验证交易管理器"中包含判断 PIN 码是否有效的业务逻辑，即判断客户输入的 PIN 码是否与银行服务数据库中的 PIN 码相符。

V2："PIN 码验证交易管理器"向"借记卡"实体对象发送一个"验证"（Validate）消息（包含"卡号"、"PIN"），要求其根据卡号和客户输入的 PIN 码来验证客户的借记卡是否有效。

V3："借记卡"检查验证客户输入的 PIN 码是否与"借记卡"中记录的 PIN 码符合、卡的状态是否正常（无挂失）以及该卡是否过期。如果所有验证通过，"借记卡"向"PIN 码验证交易管理器"发送一个有效 PIN 码的响应。

V4：如果验证通过，"PIN 码验证交易管理器"向"卡账户"实体对象发送消息，要求其返回当前卡号可访问的账户号。

V5："卡账户"返回有效的账户号。

V6："PIN 码验证交易管理器"用"交易日志"（Transaction Log）来记录交易日志。

V7："PIN 码验证交易管理器"向"ATM 客户端"发送一个"有效 PIN 码"的响应。如果 PIN 码验证成功，还会发送账户号。

21.5.3 客户端取款交互图的消息序列描述

客户端"取款"交互图的消息序列描述了包括通信图（图 21-16）与顺序图（图 21-17）的消息，也描述了 ATM 状态图（图 21-18）上的相关状态和转移。下面的消息接着 21.5.1 节中客户端"验证 PIN 码"交互图的消息继续编号。

3："ATM 客户"参与者向"客户交互"对象输入"取款"选项，并告知账户号（支票账户和储蓄账户）以及取款金额。

3.1："客户交互"对象将客户选项发送给"ATM 交易"对象。

3.2："ATM 交易"对象将"取款交易"详细信息返回给"客户交互"对象。"取款交易"包含了交易号、交易类型、卡号、PIN 码、账户号和金额。

3.3："客户交互"对象将"选择取款"（Withdrawal Selected）（"取款交易"）的请求发送给"ATM 控制"对象。接着，"ATM 控制"对象转移到"处理取款"（Processing Withdrawal）状态，与该转移相关的输出事件是"请求取款"（Request Withdrawal）和"显示等待"（Display Wait）。

390

3.4："ATM 控制"对象向"银行服务"发送一个包含"取款交易"（Withdrawal Transaction）的"取款请求交易"（Request Withdrawal）。

3.4a："ATM 控制"对象向"客户交互"对象发送"显示等待"（Display Wait）的消息。

3.4a.1："客户交互"对象向"ATM 客户"显示"等待提示"（Wait Prompt）。

3.5："银行服务"向"ATM 控制"对象发送一个"允许取款"（Withdrawal Approved）响应（包含取款"金额"、"余额"信息）。该事件导致"ATM 控制"转移至"分发现金"（Dispensing）状态。同时，输出事件为"分发现金"（Dispense Cash）以及"更新状态"。

3.6："ATM 控制"对象向"吐钞器接口"发送一个"分发现金"消息（包含取款"金额"信息）。

3.6a："ATM 控制"对象向"ATM 交易"对象发送一个"更新状态"消息（包含取款"金额"、"余额"信息）。

3.7："吐钞器接口"向"ATM 现金"（ATM Cash）发送一个"取款"消息（包含取款"金额"信息）。

3.8："ATM 现金"向"吐钞器接口"发送一个表示接受的"现金响应"（Cash Response），明确待分发的每种面额钞票的张数。

3.9：为了把钞票分发给客户，"吐钞器接口"向"吐钞器"外部输出设备发送"提款机输出"（Dispenser Output）命令。

3.10："吐钞器接口"向"ATM 控制"对象发送"现金已分发"（Cash Dispensed）的消息。该消息导致"ATM 控制"转移至"打印"（Printing）状态。与该转移相关的输出事件是"打印凭条"、"显示分发现金"（Display Cash Dispensed）以及"确认现金分发"（Confirm Cash Dispensed）。

3.11："ATM 控制"对象向"凭条打印机接口"（Receipt Printer Interface）发送"打印凭条"（Print Receipt）消息。

3.11a："ATM 控制"向"客户交互"发送"显示分发现金"消息。

3.11a.1："客户交互"把"现金已分发"提示显示给"ATM 客户"。

3.11b："ATM 控制"向"银行服务"发送一个"确认现金分发"消息。

3.12："凭条打印机接口"向"ATM 交易"请求交易数据。

3.13："ATM 交易"向"凭条打印机接口"发送交易数据。

3.14："凭条打印机接口"向"凭条打印机"外部输出设备发送凭条"打印机输出"（Printer Output）消息。

3.15："凭条打印机接口"向"ATM 控制"发送"凭条已打印"（Receipt Printed）消息。由此，"ATM 控制"转移到"正在弹出卡"（Ejecting）状态。此时，输出事件是"弹出卡"（Eject）。

3.16："ATM 控制"向"读卡器接口"发送"弹出卡"消息。

3.17："读卡器接口"向"读卡器"外部输入/输出设备发送"读卡器输出"（Card Reader Output）消息。

3.18："读卡器接口"向"ATM 控制"对象发送"卡弹出"（Card Ejected）消息。"ATM 控制"转移到"已终止"（Terminated）状态。此时，输出事件是"显示卡已弹出"（Display Ejected）。

3.19："ATM 控制"对象向"客户交互"对象发送"显示卡已弹出"的消息。

3.20："客户交互"对象向"ATM 客户"显示"卡已弹出"的提示消息。

21.5.4 服务器端取款交互图的消息序列描述

参与服务器端"取款"用例的**业务逻辑对象**是"取款交易管理器"，该对象封装了确定客户是否可以从某个账户中取款的逻辑。其他参与服务器用例的业务逻辑对象包括"转账交易管理器"（封装了确定客户是否能够将资金从一个账户转到另一个账户的逻辑）和"查询交易管理器"。后者由于过于简单，所以严格来说未必有必要将其封装为一个独立的业务逻辑对象；其功能也可以通过"账户"对象的"读取"操作来实现。然而，为了与其他业务逻辑对象一致，此处仍然将其作为一个独立的业务逻辑对象。

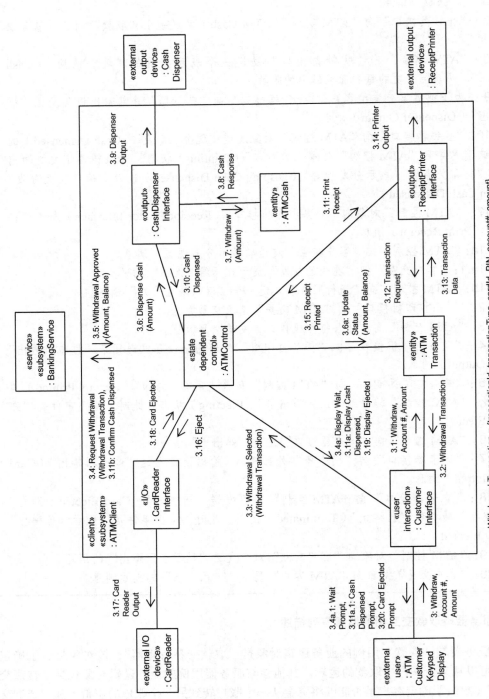

Withdrawal Transaction = {transactionId, transactionType, cardId, PIN, account#, amount}

图21-16 通信图：ATM客户端 "取款" 用例

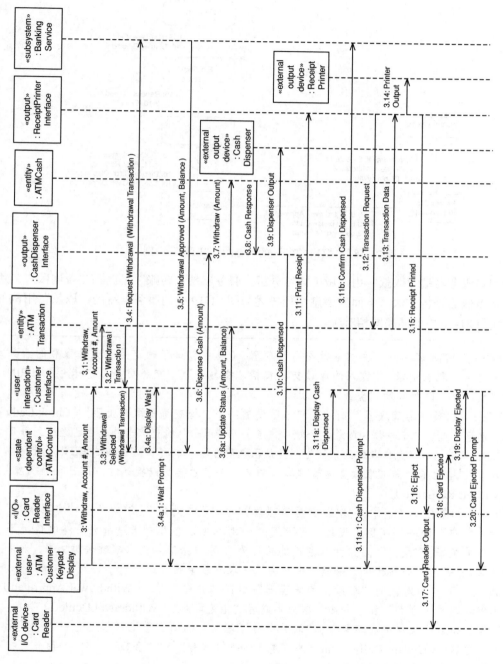

图21-17 顺序图：ATM客户端 "取款" 用例

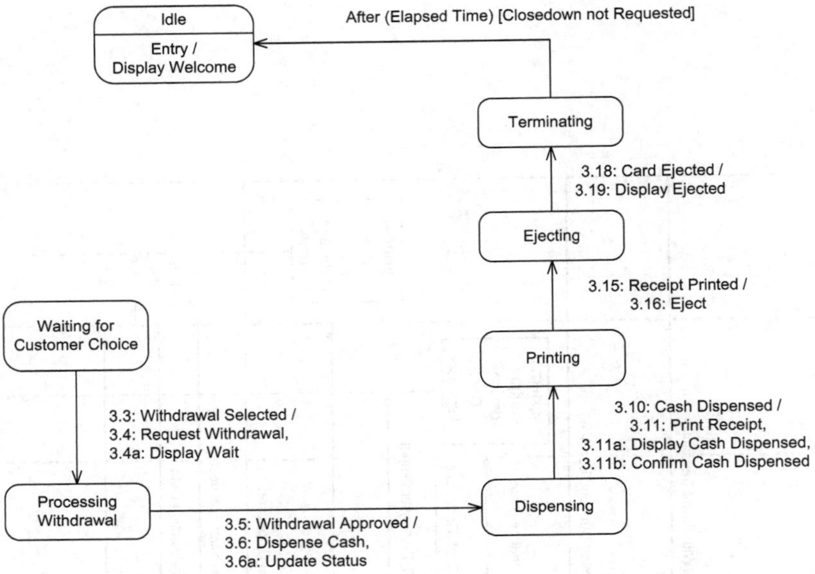

图 21-18 "ATM 控制"的状态图："取款"用例

我们对服务器端"取款"用例做了详细分析。服务器端"转账"用例和"查询账户"用例也需要类似的分析方法。下面的消息序列描述与图 21-19 中的服务器端的"取款"用例的通信图和图 21-20 中的顺序图相对应。

391
~
394

W1："ATM 客户端"向"取款交易管理器"（其中包含了确定是否允许取款的业务逻辑）发送"取款请求"。传入的取款交易包括"交易号"、"交易类型"、"卡号"、"PIN 码"、"账户号"以及取款"金额"。

W2："取款交易管理器"向"借记卡"发送一个"检查每日取款上限"（Check Daily Limit）消息（包含"卡号"和取款"金额"信息）。"借记卡"检查该卡号是否已经达到每日取款上限。"借记卡"允许取款的条件为：当日已取款总额＋本次取款金额≤每日取款上限。

W3："借记卡"向"取款交易管理器"响应一个表示接受或拒绝的"每日上限响应"（Daily Limit Response）。

W4：如果接受了请求，"取款交易管理器"向"账户对象"（该对象为"支票账户"或"储蓄账户"的一个实例）发送一条消息，该消息可以在客户账户余额足够的情况下取出相应的金额。"账户"对象允许取款的条件为：账户余额－请求取款金额≥0。如果金额足够，"账户"对象就从"余额"中减去"请求取款金额"。

W5："账户"对象向"取款交易管理器"返回"允许取款"（Withdrawal Approved）消息（包括取款"金额"和"余额"信息）或者"拒绝取款"（Withdrawal Denied）消息。

W6：如果从账户中成功取款，"取款交易管理器"则向"借记卡"发送一个"更新每日取款总额"（Update Daily Total）的消息（包含"卡号"和"金额"信息），由此可把请求的取款金额加入当日取款总额。

W7："取款交易管理器"将"交易日志"记入本次交易信息。

W8："取款交易管理器"向"ATM 客户端"返回"允许取款"消息（包括取款"金额"和"余额"信息）或者"拒绝取款"消息。

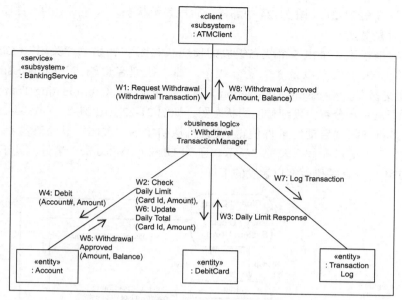

图 21-19 通信图：银行服务的"取款"用例

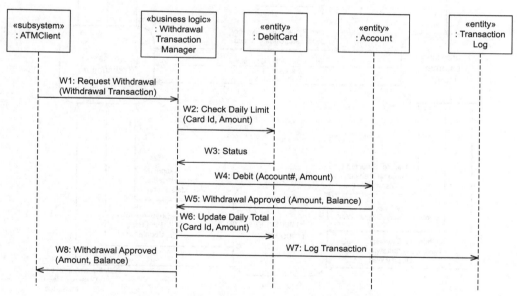

图 21-20 顺序图：银行服务的"取款"用例

21.6 ATM 状态图

由于"ATM 控制"（ATM Control）是一个控制对象，因此需要为它定义一个状态图。在图 21-14 和图 21-18 中分别描述了对应于"验证 PIN 码"和"取款"用例的部分状态图。这里也有必要为其他用例画状态图，并为这些用例的可替换场景定义状态和转移，由此来覆盖异常情况。我们一开始用扁平状态图来描述这些用例。在第 10 章中阐述了如何将状态图集成到不同的用例中以及如何设计具有层次结构的 ATM 控制状态图。具有层次结构的状态图的一大好处就是可以像图 21-21～图 21-24 中那样分阶段表示状态。这些图上的事件序列编号对应于此前描述的对象交互。

图 21-21 中描述了一个由 5 个状态组成的顶层状态图：初始的"关闭"（Closed Down）状态、"空闲"（Idle）状态以及 3 个复合状态，即"处理客户输入"（Processing Customer Input）、"处理交易"（Processing Transaction）和"结束交易"（Terminating Transaction）。每个复合状态可以进一步分解为更细粒度的状态图，如图 21-22、图 21-23 和图 21-24 所示。

在系统初始化时，"启动"事件使得 ATM 机从初始的"关闭"状态转移到"空闲"状态。进入"空闲"状态的时候会触发"显示欢迎"（Display Welcome）事件。处于"空闲"状态的时候，ATM 机一直等待由客户触发的事件。

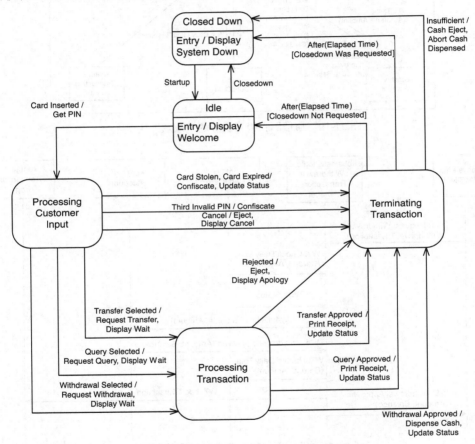

图 21-21 "ATM 控制"的顶层状态图

21.6.1 处理客户输入复合状态

"处理客户输入"复合状态（图 21-22）被分解为三个子状态："等待 PIN 码输入"（Waiting for PIN）、"验证 PIN 码"（Validating PIN）以及"等待客户选择"（Waiting for Customer Choice）：

1）**等待 PIN 码输入**：当客户把卡插入 ATM 机之后，ATM 机从"空闲"状态进入该子状态，从而触发"卡片插入"（Card Inserted）事件。在该子状态下，ATM 机等待客户输入 PIN 码。

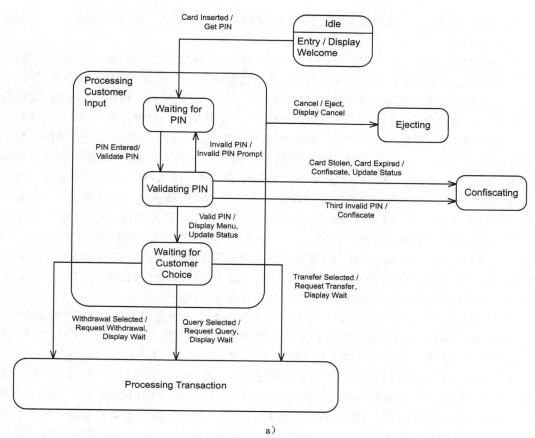

a)

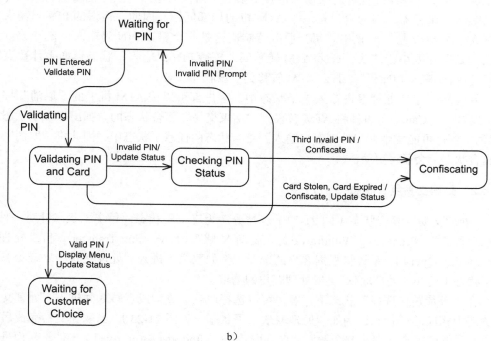

b)

图 21-22 "ATM 控制"的状态图："处理客户输入"复合状态

2）**验证 PIN 码**：当客户输入 PIN 码后 ATM 机进入该子状态。在该子状态下，"银行服务"验证 PIN 码。

3）**等待客户选择**：在"有效 PIN 码"（Valid PIN）事件发生之后 ATM 机进入该子状态，意味着 PIN 码已经正确输入。在该子状态下，客户需要输入一个选择：取款、转账或查询。

397 ~ 398

该状态图是通过考虑客户参与者完成各用例（从"验证 PIN 码"用例开始）时 ATM 机的不同状态开发出来的。当一个客户插入 ATM 卡，"卡片插入"事件使得 ATM 机的状态变为"处理客户输入"复合状态的"等待 PIN 码输入"子状态（见图 21-22a）。在此期间，ATM 机一直等待客户输入 PIN 码。输出事件"获取 PIN 码"（Get PIN）使客户看到显示器上的提示。客户输入 PIN 码后，"PIN 码已输入"（PIN Entered）事件使 ATM 机的状态转移至"验证 PIN 码"子状态，此时"银行服务"会判断客户输入的 PIN 码是否与"银行系统"中储存的对应卡的 PIN 码相符。一共有三个来自"验证 PIN 码"状态的状态转移。如果所输入的 PIN 码正确，便可通过"有效 PIN 码"转移进入"等待客户选择"状态。如果 PIN 码不正确，将通过"无效 PIN 码"（Invalid PIN）转移重新进入"等待 PIN 码输入"状态让客户重新输入 PIN 码。如果客户错误输入 PIN 码三次，将通过"第三次错误输入 PIN 码"（Third Invalid）转移进入"结束交易"复合状态的"没收"（Confiscating）子状态。

"验证 PIN 码"子状态本身也是一个复合状态，由两个子状态组成："验证 PIN 码和卡"（Validating PIN and Card）以及"检查 PIN 码状况"（Checking PIN Status）（见图 21-22b）。在前一个子状态下，系统会将（从卡上读出的）卡号和（客户输入的）PIN 码与存储于"卡账户"（Card Account）实体对象的卡号 /PIN 码相比较，由此验证客户输入的卡号与 PIN 码是否正确。此外，验证卡号可以保证该卡未被挂失。如果验证通过，ATM 机转移到"等待客户选择"状态。如果卡已被挂失，那么 ATM 转移到"没收"状态。然而，如果是输入的 PIN 码不正确，那么需要额外检查此次输入是否是第三次错误的输入。最好把错误输入的计数存于客户端而非服务器，因为它只是一个 ATM 机的局部问题。因此，错误的 PIN 码输入次数被保存在"ATM 交易"对象中。每当服务器响应这是一个错误 PIN 码输入，该计数就被更新一次。如果计数小于三次，那么 ATM 转移回"等待 PIN 码输入"状态。如果计数表明这是"第三次错误输入 PIN 码"，那么 ATM 转移到"没收"状态。

在任意一个"处理客户输入"子状态中，客户都可以按 ATM 机上的"取消"按钮。此时，"取消"（Cancel）事件将 ATM 转移到"结束交易"复合状态的"弹出卡"子状态。由于"取消"事件可能发生在"处理客户输入"复合状态的任意子状态中，因此将"取消"转移画在复合状态上会显得更简洁。

21.6.2 处理交易复合状态

399

"处理交易"复合状态（图 21-23）也被分解为三个子状态，每个子状态针对一种交易："处理取款"（Processing Withdrawal）、"处理转账"（Processing Transfer）和"处理查询"（Processing Query）。系统将根据客户的选择（例如取款）进入"处理交易"复合状态中相应的子状态（例如"处理取款"）以处理客户的请求。

在"等待客户选择"状态下，客户可以选择取款、查询或者转账并进入"处理交易"复合状态中相应的子状态，例如"处理取款"子状态（见图 21-23）。当取款交易完成后，如果客户有足够的资金，那么就会触发"允许取款"（Withdrawal Approved）事件，从而进入"结束交易"复合状态的"分发现金"子状态（见图 21-24）。相反，如果客户资金不足或者取款金额超出每日取款上限，就会触发一个"拒绝"（Rejected）事件。

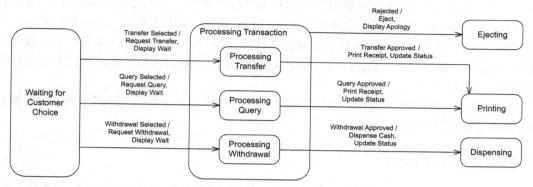

图 21-23 "ATM 控制"的状态图："处理交易"复合状态

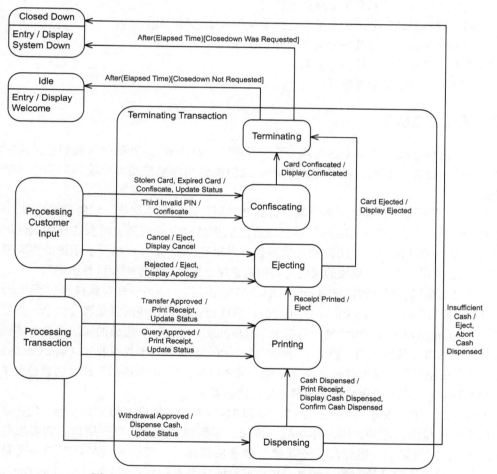

图 21-24 "ATM 控制"的状态图："结束交易"复合状态

21.6.3 结束交易复合状态

"结束交易"复合状态（见图 21-24）的子状态包括"分发现金"（Dispensing）、"打印"

400 （Printing）、"弹出卡"（Ejecting）、"没收"（Confiscating）和"停止"（Terminating）。

与"分发现金"状态的转移相关的动作是"分发现金"（Dispense Cash）和"更新状态"（Update Status）。当"现金已分发"（Cash Dispensed）事件发生后，ATM 机转移到"打印"状态下进行凭条打印。在该转移上执行"打印凭条"（Print Receipt）动作。凭条被打印完后，则进入"弹出卡"状态并执行"弹出卡"动作。当卡被弹出后（事件"卡弹出"（Card Ejected）），进入"停止"状态。

如 AMT 状态图所示，对于"查询"和"转账"交易，除了不会分发现金外，交易被允许后的状态变化序列都是相似的。

21.7 银行系统的设计

接下来，我们将"银行系统"的分析模型映射到一个设计模型，此过程可分为以下步骤：
1）集成通信模型，开发出集成的通信图。
2）将"银行系统"分成多个子系统并定义子系统之间的接口。
3）对每个子系统，将其分解为多个并发任务。
4）对每个子系统，设计信息隐藏类。
5）开发更加详细的软件设计。

21.8 集成通信模型

由于"银行系统"是一个客户端/服务器系统（21.4 节），因此此前我们已经确定将其分为客户端与服务子系统，如图 21-8 所示。通信图也相应地按照客户端和服务子系统进行了构造。

图 21-11 与图 21-16 描述了客户端"验证 PIN 码"用例和"取款"用例的通信图。同样，客户端"转账"用例、"查询账户"用例以及由操作员触发的用例也需要这样的通信图。如第 13 章所述，合并所有基于用例的通信图就可以得到"ATM 客户端"子系统的集成通信图（图 21-25）。为了完整性，集成的通信图必须覆盖每个用例的主序列和可替换序列。

一些对象参与了所有的客户端通信，如"ATM 控制"；而另一些对象只参与了部分通信，如"吐钞器接口"（Cash Dispenser Interface）。集成通信图中有些消息是聚合消息，如"客户事件"（Customer Events）和"显示器提示"（Display Prompts）。集成的通信图还必须包括第13 章提到的所有可替换序列。因此，"没收"（Confiscate）和"卡被没收"（Card Confiscated）消息来自于描述客户交易失败的可替换序列。与之相似，"显示器提示"聚合消息包含了处理401 错误 PIN 码输入的消息、客户账户金额不足的消息等。

现在考虑"银行服务子系统"。图 21-14 和 21-19 是服务器端"验证 PIN 码"用例和"取款"用例的通信图。此外，服务器端的"转账"用例和"查询账户"用例还需要额外的通信图。图 21-26 描述了"银行服务子系统"的集成通信图。每一种交易都对应一个封装交易业务逻辑的交易管理器对象，包括"PIN 码验证交易管理器"（PIN Validation Transaction Manager）、"取款交易管理器"（Withdrawal Transaction Manager）、"查询交易管理器"（Query Transaction Manager）和"转账交易管理器"（Transfer Transaction Manager）对象。此外，在设计时还可以确定此处需要一个协调者对象，即"银行交易"（Bank Transaction）协调者。如第 15 章所述，这个协调者对象用来接收客户端请求并将它们委托给适当的交易管理器。

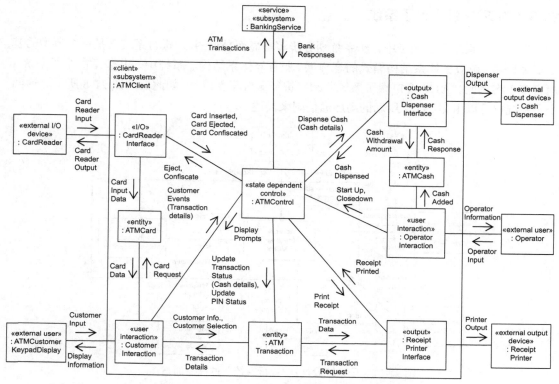

图 21-25 "ATM 客户端"子系统的集成通信图

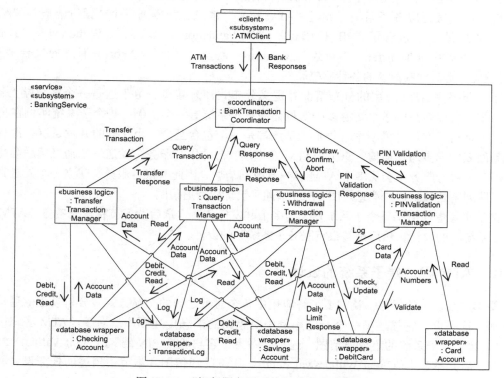

图 21-26 "银行服务子系统"的集成通信图

21.9　将系统划分为子系统

在"银行系统"的例子中，子系统划分步骤是显而易见的。"银行系统"是一个典型的基于多客户端／单服务体系结构模式的客户端／服务器体系结构。系统中一共包括两个子系统：拥有多个实例的"ATM 客户端子系统"和"银行服务子系统"，如此前的图 21-8 所示。这两个子系统也可以由图 21-27 所示的高层通信图来描述。

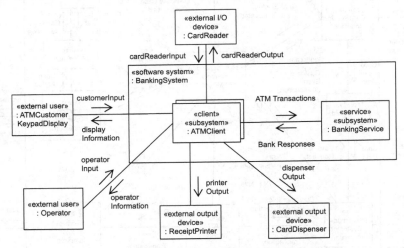

图 21-27　子系统设计："银行系统"的高层通信图

图 21-27 是一个描述两个子系统间简单消息传递的分析层面的通信图。"ATM 客户端子系统"向"银行服务子系统"发送"ATM 交易"消息，并得到一个"银行响应"。"ATM交易"消息是一个包含了"PIN 码验证"（PIN Validation）、"取款"（Withdraw）、"查询"（Query）、"转账"（Transfer）、"确认"（Confirm）以及"终止"（Abort）消息的聚合消息。"银行响应"是对这些消息的各种响应。

下一步考虑 ATM 应用的分布情况并定义分布式消息接口。由于这是一个客户端／服务器子系统，所以客户端子系统有多个实例而服务子系统有一个实例。每个子系统实例在自己的结点上运行。在设计模型中，每个子系统都是一个包含至少一个任务的并发系统。消息接口是**带回复的同步消息通信**。每个"ATM 客户端"向"银行服务"发送一个消息然后等待响应。因为"银行服务"会从多个 ATM 客户端收到消息，因此"银行服务"建立一个先进先出的消息队列来处理到达的消息。图 21-28 描述了设计模型通信图。

接下来考虑如何将每个子系统划分为多个并发任务。本章后续各节将首先考虑"ATM 客户端子系统"的设计，然后是"银行服务子系统"的设计。

21.10　ATM 客户端子系统的设计

要确定系统中的任务，就需要了解应用中各个对象之间的交互方式。分析模型的通信图最能阐述这一点，它描述了一个给定用例中对象间的消息传递顺序。对于"ATM 客户端子系统"，除了该子系统的集成通信图，还需要考虑"客户验证 PIN 码"（Client Validate PIN）用例和"客户取款"（Client Withdrawal Funds）用例的通信图。本节中描述的任务设计将产生图 21-29 中所描述的并发通信图。

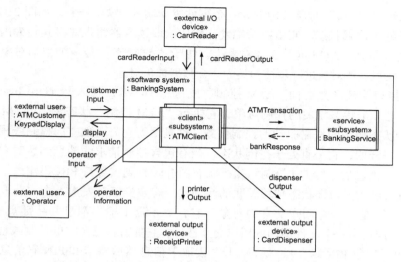

图 21-28　子系统接口："银行系统"的高层并发通信图

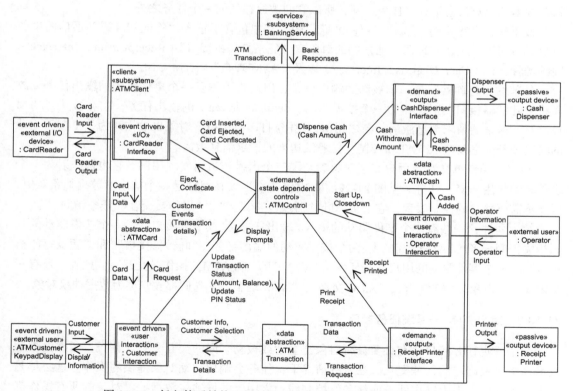

图 21-29　任务体系结构：初始的 "ATM 客户端子系统" 并发通信图

21.10.1　设计 ATM 子系统并发任务体系结构

考虑支持 "验证 PIN 码" 用例的通信图（见图 21-11）。参与交互的第一个对象是 "读卡器接口"（Card Reader Interface）对象，它是一个与真实读卡器交互的输入/输出对象。"读卡器" 外部输入/输出设备是一个事件驱动的输入/输出设备，其特点是在得到输入时它会产生一个中断。"读卡器接口"对象被构造为一个事件驱动输入／输出任务，如图 21-29 所示。一开始，该任务处于休眠状态。它由中断触发，然后读取读卡器输入并将其转为内部格式。接着它把卡的内容写到"ATM 卡"实体对象上。由于"ATM 卡"是一个被动对象，所以不需要独立的控制线程。该对象进一步被归类为一个数据抽象对象。

"读卡器接口"任务然后向"ATM 控制"发送一个"卡片插入"（Gard Inserted）消息，"ATM 控制"是一个状态相关的控制对象，它执行"ATM 控制"状态图。"ATM 控制"对象被构建为一个状态相关的按需驱动的控制任务，这是因为它需要独立的控制线程来处理不同来源的消息。一开始，它一直处于空闲状态，当有包含控制请求的消息到达时它被激活。收到"卡片插入"消息后，"ATM 控制"执行状态图并转移到"等待 PIN 码输入"子状态（见图 21-21 和图 21-22）。与该状态转移关联的活动向"客户交互"发送一个"获取 PIN 码"消息，"客户交互"是一个与用户交互的对象，它在显示器上输出消息并从键盘上接收输入。"客户交互"被构建为一个事件驱动的用户交互任务，它拥有自己独立的控制线程。它提示客户输入 PIN 码、接收 PIN 码、从"ATM 卡"读取卡信息然后将卡和 PIN 码信息写到"ATM 交易"对象上，"ATM 交易"是一个被动的数据抽象对象。由于"ATM 卡"对象和"ATM 交易"数据抽象对象会被许多任务访问，所以它们被放在任何一个任务之外。

接下来，考虑支持"取款"用例的通信图，其中包含了很多"验证 PIN 码"通信图中的对象。不同于"验证 PIN 码"通信图的对象有"凭条打印机接口"（Receipt Printer Interface）、"吐钞器接口"（Cash Dispenser Interface）以及"ATM 现金"（ATM Cash）。

外部的"吐钞器"是一个被动的输出设备，因此它不需要一个事件驱动的输出任务。故而将"吐钞器接口"对象作为一个按需驱动（demand driven）的输出任务，它会被从"ATM 控制"发送来的请求消息激活。与之相似，"凭条打印机接口"对象也被构建为一个按需驱动的输出任务，它会被从"ATM 控制"任务发送来的请求消息激活。

ATM "操作员交互"用户交互对象参与了三个由操作员引发的用例，它也被映射为一个事件驱动的用户交互任务（见图 21-29）。"ATM 现金"实体对象是一个被动的数据抽象对象，因此不需要独立的控制线程，它会被"吐钞器接口"和 ATM "操作员交互"任务访问。

综上所述，一共有一个事件驱动的输入／输出任务（"读卡器接口"）、一个按需驱动的状态相关控制任务（"ATM 控制"）、两个按需驱动的输出任务（"吐钞器接口"和"凭条打印机接口"）、两个事件驱动的用户交互任务（"客户交互"和 ATM "操作员交互"）。此外，还有三个被动实体对象（"ATM 卡"、"ATM 交易"、"ATM 现金"），它们都被归类为数据抽象对象。

21.10.2　定义 ATM 子系统任务接口

为了确定任务接口，有必要分析对象（主动或被动）间的交互方式。首先，考虑由被动数据抽象对象确定的任务交互。在每种情况下，任务会调用被动对象提供的操作。这必然是一个同步调用，因为操作处于该任务的控制线程之中。同样地，数据抽象对象的所有操作都会被同步调用。由于每个被动对象都会被多个任务调用，因此有必要同步对这些数据的访问。在下一节中详述这些被动对象的操作。

接下来考虑任务间的消息交互。先考虑"读卡器接口"任务和"ATM 控制"任务之间的接口。我们希望"读卡器接口"向"ATM 控制"发送一个消息之后不需要等待消息被接收。为此，需要一个异步消息接口，如图 21-30 所示。这意味着还需要一个反向的消息接口，因为"ATM 控制"需向"读卡器接口"任务发送"弹出"（Eject）和"没收"（Confiscate）消

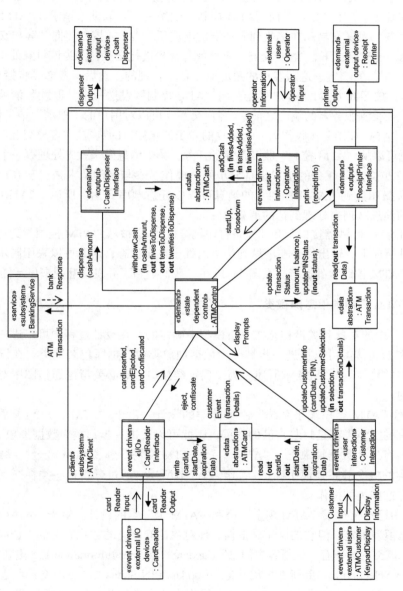

图21-30 任务体系结构：修正后的"ATM客户端子系统"的并发通信图

息。我们将此处设计为一个不带回复的同步消息接口，在向"ATM 控制"发送完消息之后，"读卡器接口"将一直等待"弹出"或者"没收"返回消息。这意味着"ATM 控制"可以发送一个同步消息，而不必等待"读卡器接口"接收此消息。"读卡器接口"任务的响应是异步的，这就提供了"读卡器接口"和"ATM 控制"任务之间最大的灵活性。

考虑"客户交互"和"ATM 控制"之间的接口。应该是异步还是同步呢？首先，考虑一个带响应的同步场景。"客户交互"向"ATM 控制"发送一个"取款"请求，"ATM 控制"然后再向"银行服务"发送交易。在接收到服务器的响应后，"ATM 控制"向"客户交互"发送一个显示器提示。这种情况下，"客户交互"不可能与客户进行交互，因为该对象处于挂起状态并等待"ATM 控制"的响应。这从客户的角度而言是不合理的。然后，考虑异步接口的方案，如图 21-30 所示。按照此方案，"客户交互"向"ATM 控制"发送一个"取款"请求而无需等待响应。这样，在得到服务器的响应之前，"客户交互"可以对用户的"取消"请求做出响应。"客户交互"从"ATM 控制"接收作为一个独立的异步消息接口的响应。"客户交互"被设计为既可以从客户也可以从"ATM 控制"收到消息的任务，哪个消息先来就先处理哪一个。

ATM "操作员交互"任务的接口也是异步的。操作员参与者的请求独立于客户请求，由此，从客户和从操作员到"ATM 控制"的消息可以以任意顺序到达。所以，"ATM 控制"用一个先进先出的消息队列来处理到达的消息。

两个输出任务（"吐钞器接口"和"凭条打印机接口"）会被从"ATM 控制"到达的请求消息激活。在这种情况下，输出任务在消息到达之前处于空闲状态，因此可以采用同步接口，因为它不会阻碍"ATM 控制"的运行。在图 21-30 中，我们更新了并发交互图来显示任务接口。

21.10.3 设计 ATM 客户端信息隐藏类

"银行系统"中的对象和类最初是在分析模型中确定的。在设计过程中可以进一步对被动类进行划分，例如实体类可以被进一步划分为数据抽象类或数据库包装器类。在设计类的过程中还要设计类的接口，如第 14 章所述。为了确定类接口，有必要考虑通信图中对象相互之间是如何交互的。

首先，考虑"ATM 客户端子系统"中实体类的设计。由于"ATM 客户端子系统"中没有数据库，所有的实体类都是封装自己的数据，因此可以被进一步归类为数据抽象类。"ATM 客户端子系统"有三个数据抽象类："ATM 卡"、"ATM 交易"和"ATM 现金"。数据抽象类的属性在实体类的概念静态建模中确定，如第 21.3 节所述。通过分析这些类在交互图中的使用方式可以确定这些类的操作。

在第 14 章中已经描述了"ATM 现金"类和"ATM 卡"类的设计。对于"ATM 交易"类，它的属性由静态模型确定，但它的操作是根据其他对象访问该类的方式确定的，访问方式已在通信图中给出。该类的操作有"更新客户信息"（update Customer Information）、"更新客户选择"（update Customer Selection）、"更新 PIN 码状态"（update PIN Status）、"更新交易状态"（update Transaction Status）以及"读取"（read）。前两个操作由"客户交互"任务调用。接下来两个操作由"ATM 控制"任务调用。"凭条打印机接口"任务在打印凭条之前调用"读取"操作。

还有一个状态机类，即"ATM 状态机"（ATM State Machine）类，它处于"ATM 控制"任务之内并封装了 ATM 状态图，该类被实现为一个状态转移表。它的操作包括"处理事件"（process Event）和获取"当前状态"（current State），这些都是状态机类的标准操作。

图 21-31 详细描述了类的设计，包括了类的属性和操作。

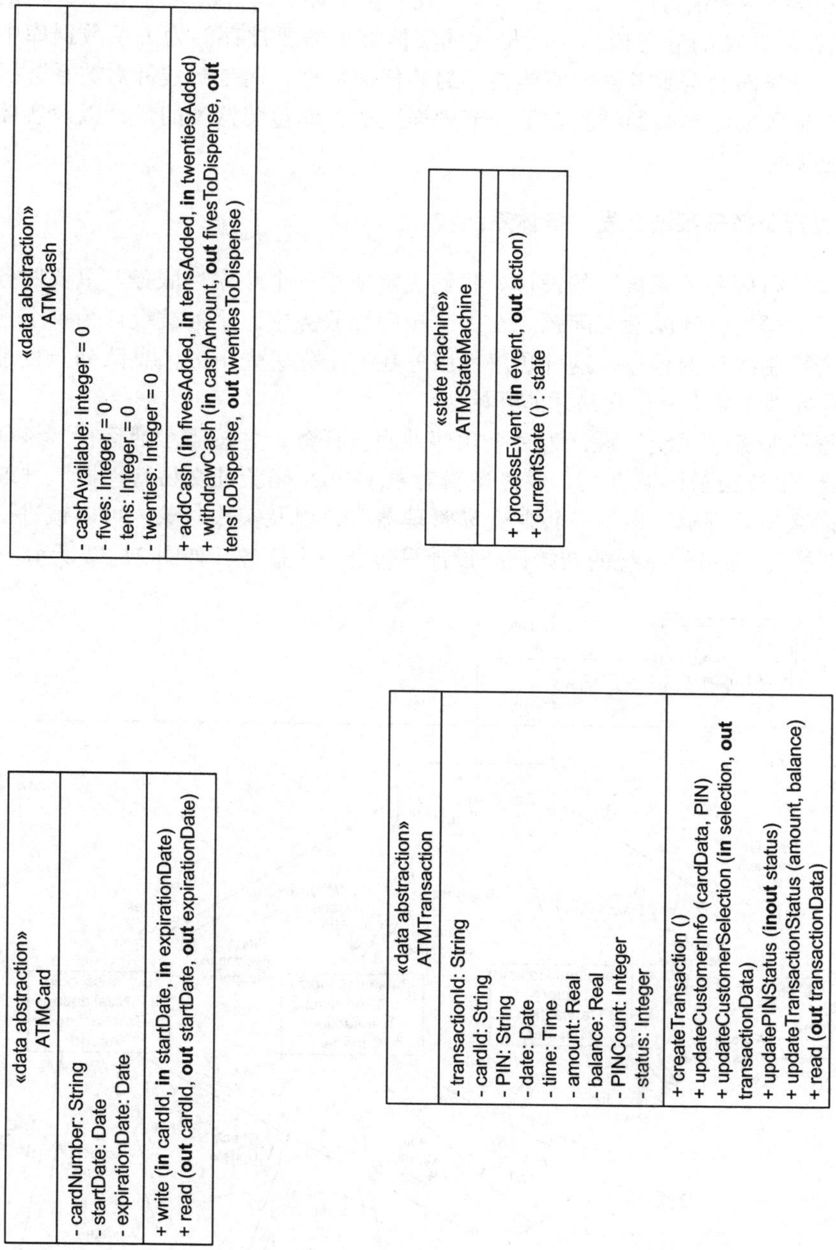

«data abstraction»
ATMCard

- cardNumber: String
- startDate: Date
- expirationDate: Date

+ write (**in** cardId, **in** startDate, **in** expirationDate)
+ read (**out** cardId, **out** startDate, **out** expirationDate)

«data abstraction»
ATMCash

- cashAvailable: Integer = 0
- fives: Integer = 0
- tens: Integer = 0
- twenties: Integer = 0

+ addCash (**in** fivesAdded, **in** tensAdded, **in** twentiesAdded)
+ withdrawCash (**in** cashAmount, **out** fivesToDispense, **out** tensToDispense, **out** twentiesToDispense)

«data abstraction»
ATMTransaction

- transactionId: String
- cardId: String
- PIN: String
- date: Date
- time: Time
- amount: Real
- balance: Real
- PINCount: Integer
- status: Integer

+ createTransaction ()
+ updateCustomerInfo (cardData, PIN)
+ updateCustomerSelection (**in** selection, **out** transactionData)
+ updatePINStatus (**inout** status)
+ updateTransactionStatus (amount, balance)
+ read (**out** transactionData)

«state machine»
ATMStateMachine

+ processEvent (**in** event, **out** action)
+ currentState ( ) : state

图21-31　"ATM客户端"信息隐藏类

21.11 银行服务子系统的设计

由于银行服务器拥有"银行系统"的中央数据库,因此我们通过考虑与静态模型相关的重要设计决策来开始"银行服务子系统"的设计。实体类的概念静态模型(见图 21-4—图 21-7)包含了几个存在于银行服务器的实体类。我们做出如下设计决策:在服务器的实体类(同样也是原先在问题域的静态模型中所描述的实体类)需要被存储为关系数据库中的关系表。故而在设计时我们确定服务器的实体类不封装任何数据,而是封装针对关系数据库的接口,它们本质上是数据库包装器类。在下一节中详述数据库包装器类的设计以及实体类模型到关系数据库的映射。

21.11.1 设计银行服务子系统并发任务体系结构

现在考虑"银行服务子系统"的设计。我们决定使用一个顺序性服务。只要服务器的处理能力足够大,这样的设计就没有问题。在一个顺序性服务中,服务被设计为一个任务,即设计为只有一个控制线程的程序。这种顺序性服务在一个先进先出的消息队列上处理每个交易,前一个交易处理完后下一个交易才能开始。

我们将"银行服务子系统"设计为一个顺序性服务任务,并按需激活运行。该任务中包括协调者对象("银行交易协调者")、业务逻辑对象("PIN 码验证交易管理器"、"取款交易管理器"、"查询交易管理器"以及"转账交易管理器"),以及实体对象(可以被进一步归类为数据库包装器类)。服务子系统的初始任务设计只包含一个任务,如图 21-32 所示。

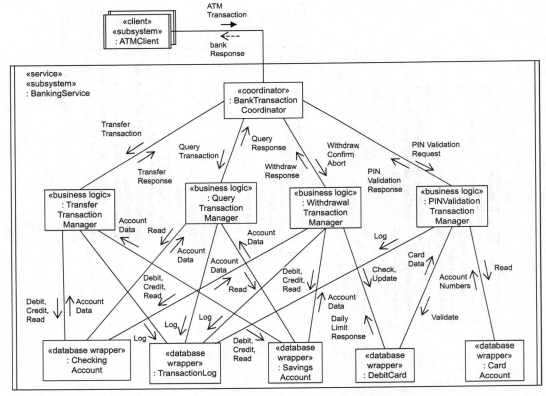

图 21-32 "银行服务子系统"的初始并发通信图

"银行交易协调者"任务接收到达的交易消息并做出响应。它委托交易管理器处理交易，而交易管理器随后再访问数据库包装器类。"银行服务子系统"内部的所有交互都是同步的，这与下文所述的操作调用相对应。

410
~
412

21.11.2 设计银行服务信息隐藏类

第 15 章阐述了数据库包装器类的设计以及如何从分析模型的实体类映射到设计模型的数据库包装器类和关系数据库的关系表（扁平文件）。在"银行服务"中，数据库包装器类包括"账户"（Account）、"支票账户"（Checking Account）、"储蓄账户"（Savings Account）、"借记卡"（Debit Card）、"卡账户"（Card Account）以及"交易日志"（Transaction Log），如图 21-33 所示。每个类都封装了表示数据库中关系的接口。从数据库的角度来看，一个关系数据库仅包含扁平文件，并不支持类层次结构，因此"账户"的泛化/特化层次结构也相应被扁平化，故而"账户"父类的属性在"支票账户"与"储蓄账户"中都存在（如第 15 章所述）。然而，对于"银行服务"中数据库包装器类的设计，"账户"的泛化/特化层次结构需要保留，从而使"支票账户"和"储蓄账户"数据库包装器类继承抽象的"账户"父类的泛化操作。

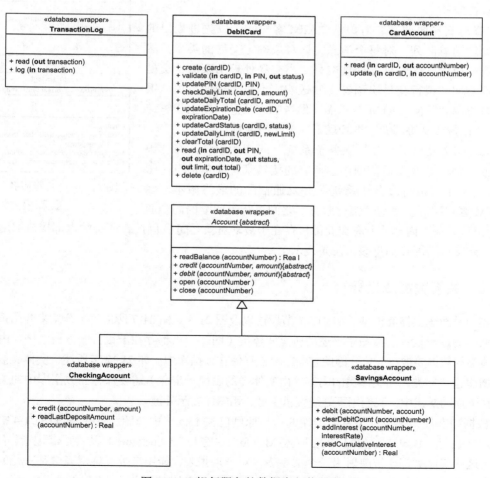

图 21-33 银行服务的数据库包装器类

还需要设计四个业务逻辑类的接口，它们是"PIN 码验证交易管理器"、"取款交易管理器"、"查询交易管理器"以及"转账交易管理器"，如图 21-34 所示。每个交易管理器都处理一种原子交易。例如，"取款交易管理器"提供了一个"取款"操作，在处理客户取款请求时会调用该操作。当一个"ATM 客户端"对象确认现金已分发给客户时会调用"确认"操作。当一个"ATM 客户端"对象终止交易时会调用"终止"操作，这种情况可能是提款机分发现金失败，也可能是客户取消了交易。

21.11.3　设计银行服务接口

"银行服务"是只有一个控制线程的顺序性服务子系统。在这一阶段，尤其需要考虑"银行服务"任务的设计。该任务是一个由被动对象组成的复合任务。"银行交易协调者"对象接收到达的交易并将它们委托给业务逻辑对象，即"PIN 码验证交易管理器"、"取款交易管理器"、"查询交易管理器"以及"转账交易管理器"。

"银行交易协调者"对象从"ATM 客户端"以先进先出的方式处理消息队列。对每个消息，该对象确定交易的类型，然后委托相应的交易管理器处理交易。当交易处理结束后，交易管理器会向"银行交易协调者"发送响应消息，进而再由"银行交易协调者"向"ATM 客户端"发送响应消息。以上步骤结束后，"银行交易协调者"再处理下一个交易消息。

图 21-32 显示了"银行服务子系统"的初始设计。在"银行服务"的初始并发通信图中，所有的接口都是简单消息。图 21-35 显示了"银行服务子系统"并发通信图的最终版本。多个 ATM 客户端的实例与"银行服务"之间进行带回复的同步通信。"银行服务"内部的所有交互都只存在于被动对象之间；因此，所有的内部接口都用操作调用来定义（用同步消息表示法来表示）。

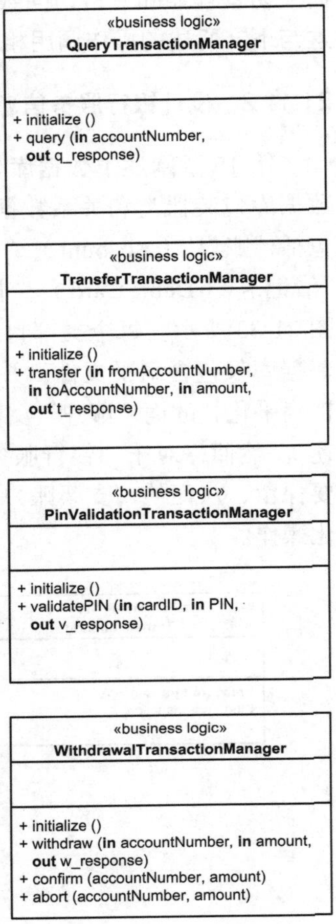

图 21-34　"银行服务"的业务逻辑类

21.12　关系数据库设计

本节从概念实体类模型（如 21.3.3 节所述以及图 21-4～图 21-7 所描述）开始来介绍银行关系数据库的逻辑设计。类图中描述的所有实体类（图 21-4）都存在于银行服务器之中。由于这些实体类的数据要被持久化，因此它们需要被存储在数据库中。如 21.12 节所述，实体类被设计为数据库包装器类，而实体类的内容（由实体类的属性所定义）需要保存在数据库中的关系表中。在下面的描述中，我们用下划线表示主键，用斜体表示外键。

根据静态模型来设计关系数据库的指导原则已在 15.5 节中介绍。现在考虑图 21-4 中的实体类。"银行"（Bank）、"ATM 信息"（ATM Info）、"客户"（Customer）以及"借记卡"（Debit Card）这些实体类都会被映射为一个关系表。对于每张表，能用来唯一确定表中某一行的属性就作为主键，如"客户"表的主键 customerId（客户号）。而外键则被用来实现表与表之间的导航。

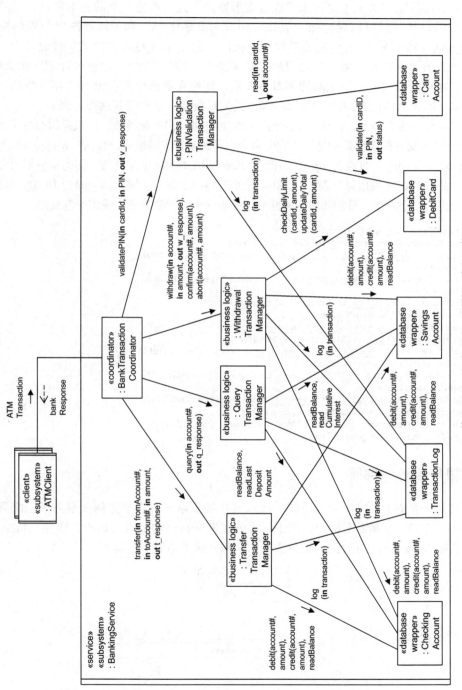

图21-35 修正后的"银行服务子系统"并发通信图

对于"账户"泛化/特化层次结构，我们决定通过将"账户"（Account）父类的属性放在"支票账户"（Checking Account）与"储蓄账户"（Savings Account）表中来实现层次结构的扁平化。虽然账户类型（储蓄账户或者支票账户）是"账户"类的一个属性，但是我们假定知道"账户号"后可以确定账户类型，因此"支票账户"和"储蓄账户"表的主键是 accountNumber（账户号）。与之相关联的"卡账户"类（在图 21-4 中定义）被设计为一张关联表，用来表示"卡"和"账户"之间的多对多关系。"客户账户"也被设计为一张关联表，用来表示"客户"和"账户"之间的多对多关系。即使在静态模型中没有"客户账户"这样一个关联类（因为 ATM 交易中并不需要它），在关系数据库中也需要这样一张表。

对于"ATM 交易"泛化/特化层次结构，我们对其进行扁平化处理，但只提供交易子类的关系表。一个 ATM 交易的主键是交易号，它由多个字段的复合主键组成，包括：bankId（银行号）、ATMId（ATM 号）、date（日期）、time（时间）。bankId 和 ATMId 也是外键，因为由它们可以导航到"银行"表和"ATM 机信息"表。"ATM 机信息"有一个复合主键，由 bankId 和 ATMId 组成，其中 bankId 也是一个外键。日期和时间属性可以提供一个时间戳来唯一确定一笔交易。

Bank (bankName, bankAddress, bankId)
Customer (customerName, customer Id, customerAddress)
Debit Card (cardId, PIN, startDate, expirationDate, status, limit, total, customerId)
Checking Account (accountNumber, accountType, balance, lastDepositAmount)
Savings Account (accountNumber, accountType, balance, interest)
Card Account (cardId, accountNumber)
Customer Account (customerId, accountNumber)
ATM Info (bankId, ATMId, ATMLocation, ATMAddress)
Withdrawal Transaction (bankId, ATMId, date, time, transactionType, cardId, PIN, accountNumber, amount, balance)
Query Transaction (bankId, ATMId, date, time, transactionType, cardId, PIN, accountNumber, balance)
Transfer Transaction (bankId, ATMId, date, time, transactionType, cardId, PIN, fromAccountNumber, toAccountNumber, amount)
PIN Validation Transaction (bankId, ATMId, date, time, transactionType, cardId, PIN, startDate, expirationDate)

21.13 银行系统的部署

由于这是一个客户端/服务器系统，所以客户端子系统有多个实例而服务子系统只有一个实例。如图 21-36 的部署图所示，每个子系统实例在自己的结点上运行。因此，每个 ATM 客户端实例在 ATM 结点上运行，"银行服务"实例在服务器结点上运行。

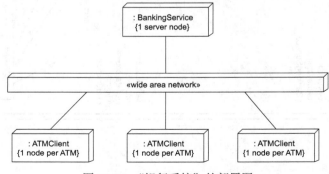

图 21-36 "银行系统"的部署图

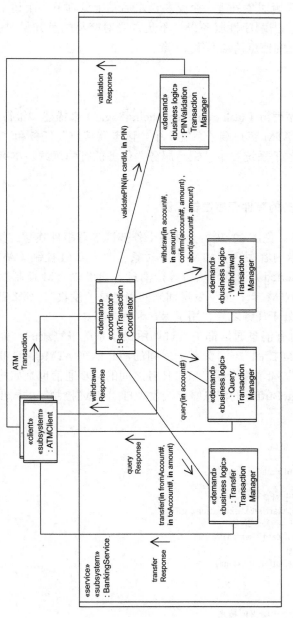

图21-37 "银行服务"的另一种设计选择："银行系统"的并发服务设计

21.14 其他设计考虑

另一个设计决策是将"银行服务"设计为一个并发服务，其中"银行交易协调者"和每个业务逻辑对象都设计为独立的按需驱动、按需激活的任务。根据这种并发服务设计，"银行交易协调者"委托业务逻辑对象处理一个交易请求后马上处理下一个请求，由此服务器可以同时处理多个交易请求。当顺序性服务设计不足以应对交易的负载量时应该采取这种办法。关于更多的并发服务设计的信息请参阅第 15 章。

21.15 详细设计

我们用任务事件顺序逻辑（task event sequencing logic）来描述"银行系统"的详细设计。在第 18 章中已给出了"ATM 客户端子系统"中"读卡器接口"任务和"ATM 控制"任务的行为规约以及"银行服务子系统"中"银行服务"任务的行为规约。本节描述这些任务的事件顺序逻辑。

21.15.1 读卡器接口任务的事件顺序逻辑示例

"读卡器接口"任务（见图 21-30）会被一个外部读卡器事件唤醒，接着读取"ATM 卡"（ATM Card）输入、将卡内容写入"ATM 卡"对象、向"ATM 控制（ATM Control）"发送一个"卡片插入"（cardInserted）消息，然后等待消息。如果"ATM 控制"发送回来的消息是"弹出卡"，那么就弹出 ATM 卡；如果发送回来的消息是"没收"，那么就没收卡。被动的数据抽象对象"ATM 卡"处于任务之外，用于保存卡的内容。

"银行系统"中的所有消息通信都是通过调用操作系统来完成的。因此，"读卡器接口"任务（生产者）和"ATM 控制"（消费者）之间的消息队列 ATMControlMessageQ 由操作系统提供，而"ATM 控制"和"读卡器接口"任务之间的同步通信也是如此（见图 21-32）。一个名为 cardReaderMessageBuffer 的消息缓存接收来自"ATM 控制"的同步消息。

```
Initialize card reader;
loop
-- 等待来自读卡器的外部中断
wait (cardReaderEvent);
Read card data held on card's magnetic strip;
if card is recognized
then -- 将卡数据写到ATM卡对象中
    ATMCard.write (cardID, startDate, expirationDate);
-- 向ATM控制对象发送卡已插入的消息
send (ATMControlMessageQ, cardInserted);
-- 等待来自ATM控制的消息
receive (cardReaderMessageBuffer, message);
if message = eject
then
    Eject card;
    -- 向ATM控制对象发送卡已弹出的消息
    send (ATMControlMessageQ, cardEjected);
elseif message = confiscate
    then
     Confiscate card;
     -- 向ATM控制对象发送卡已没收的消息
     send (ATMControlMessageQ, cardConfiscated);
    else error condition;
```

```
      end if;
   else -- 未能识别卡，因此弹出
    Eject card;
   end if;
   end loop;
```

21.15.2 ATM 控制任务的事件顺序逻辑示例

"ATM 控制"任务处于"ATM 客户端"子系统的核心部分（见图 21-30），它与其他任务保持交互。"ATM 控制"有一个名为 ATMControlMessageQ 的输入消息队列，从那里接收来自三个生产者（"读卡器接口"、"客户交互"、ATM "操作员交互"）的消息。"ATM 控制"向一些任务发送消息。它向"读卡器接口"发送不带回复的同步消息，向"吐钞器接口"和"凭条打印机接口"任务发送带回复的同步消息，向"客户交互"任务的 promptMessageQueue 消息队列发送异步消息，向"银行服务"发送带回复的同步消息。

由于"ATM 控制"任务是状态相关的，因此它并不直接处理到达的事件而是执行状态图中定义的状态相关的动作。"ATM 状态机"对象中封装了状态图的实现，该对象嵌套在"ATM 控制"中。当新的事件发生时，"处理事件"操作返回待执行的活动。在"ATM 控制"输入消息队列中可接收大多数事件，但有三个例外。由于与"银行服务"的通信是同步的，因此来自"银行服务"的响应是作为 send 消息的输出参数收到的。由于与"吐钞器接口"和"凭条打印机接口"任务的通信也是同步的，因此"分发现金"和"打印凭条"动作是带回复的同步消息，返回相应的分发动作和打印动作是否成功的布尔值。

当同步消息的响应产生了新的内部事件时，我们会将 newEvent 变量设为该事件的值并将布尔变量 outstandingEvent 设为 True。该内部事件的一个例子是 withdrawalResponse（可能同时出现多个同步响应，在下一节"银行服务"的事件顺序逻辑中会阐述这种情况）和 cashDispensed。下面是描述了大部分由"ATM 控制"所执行的动作的事件顺序逻辑。执行每个动作后，下一步会跳转到伪代码 case 代码块的底部（为了描述简洁，伪代码中并未明确写出这种跳转）。"ATM 控制"任务的伪代码如下：

420

```
loop
   -- 来自所有发送者的消息都通过消息队列接收
   Receive (ATMControlMessageQ, message);
   -- 抽取事件名称和所有消息参数
   -- 针对收到的事件，查询状态转移表
   -- 根据需要改变状态，返回将要执行的动作
   newEvent = message.event
   outstandingEvent = true;
while outstandingEvent do
   ATMStateMachine.processEvent (in newEvent, out action);
   outstandingEvent = false;
   -- 执行ATM控制状态图中定义的动作
case action of
   Get PIN: -- 提示PIN码
      send (promptMessageQueue, displayPINPrompt);
   Validate PIN: -- 通过银行服务验证客户所输入的PIN码
      send (Banking Service, in validatePIN, out
         validationResponse);
      newEvent = validationResponse; outstandingEvent = true;
   Display Menu: -- 向客户显示选择菜单
      send (promptMessageQueue,displayMenu);
      ATMTransaction.updatePINStatus (valid);
```

```
        Invalid PIN Action: -- 显示非法PIN码的提示
            send (promptMessageQueue, displayInvalidPINPrompt);
            ATMTransaction.updatePINStatus (invalid);
        Request Withdrawal: -- 向银行服务发送取款请求
            send (promptMessageQueue, displayWait);
            send (Banking Service, in withdrawalRequest, out
                withdrawalResponse);
            newEvent = withdrawalResponse; outstandingEvent = true;
        Request Query: -- 向银行服务发送查询请求
            send (promptMessageQueue, displayWait);
            send (Banking Service, in queryRequest, out queryResponse);
            newEvent = queryResponse; outstandingEvent = true;
        Request Transfer: -- 向银行服务发送转账请求
            send (promptMessageQueue, displayWait);
            send (Banking Service, in transferRequest, out
                transferResponse);
            newEvent = transferResponse; outstandingEvent = true;
        Dispense: -- 分发现金并更新交易状态
            ATMTransaction.updateTransactionStatus (withdrawalOK);
                send (cashDispenserInterface, in cashAmount, out dispenseStatus);
            newEvent = cashDispensed; outstandingEvent = true;
        Print: -- 打印凭条并向银行服务发送确认
            send (promptMessageQueue, displayCashDispensed);
            send (Banking Service, in confirmRequest);
            send (receiptPrinterInterface, in receiptInfo, out
                printStatus);
            newEvent = receiptPrinted; outstandingEvent = true;
        Eject: -- 弹出ATM卡
            send (cardReaderInterface, eject);
        Confiscate: -- 没收ATM卡
            send (cardReaderMessageBuffer, confiscate);
            ATMTransaction.updatePINStatus (status);
        Display Ejected: -- 显示卡被弹出的提示
            send (promptMessageQueue, displayEjected);
        Display Confiscated: -- 显示卡被没收的提示
            send (promptMessageQueue, displayConfiscated);
        ...
        end case;
    end while;
    end loop;
```

21.15.3 银行服务任务的事件顺序逻辑示例

"银行服务"从所有的 ATM 客户端接收消息（见图 21-36）。虽然它们之间的通信方式是带回复的同步通信，"银行服务"仍需建立一个消息队列，因为它需要接收来自于多个客户端的消息。在这个顺序性解决方案中，"银行服务"是一个顺序性服务任务，它处理完一个请求后才能处理下一个请求。

```
    loop
    receive (ATMClientMessageQ, message) from Banking Service Message Queue;
    Extract message name and message parameters from message;
    case Message of
    Validate PIN:
        -- 验证ATM卡是否合法以及客户所输入的PIN码是否与服务器记录相匹配
        PINValidationTransactionManager.ValidatePIN
            (in CardId, in PIN, out validationResponse);
        -- 如果验证成功，那么验证响应是合法并且返回当前借记卡可以访问的账户号
        -- 否则验证响应是非法
```

reply (ATMClient, validationResponse);
Withdrawal:
  --检查是否超过每日取款上限以及客户账户中是否有足够的资金来满足请求
  --如果所有检查都通过了，那么将取款记入账户
  WithdrawalTransactionManager.withdraw
    (**in** AccountNumber, **in** Amount, **out** withdrawalResponse);
  --如果通过，那么取款响应是
  -- {successful, amount, currentBalance};
  --否则取款响应是 {unsuccessful};
  reply (client, withdrawalResponse);
Query:
  --读取账户余额
  queryTransactionManager.query
  (**in** accountNumber, **out** queryresponse);
  --查询响应包括当前余额、最后一次存款金额（支票账户）或利息（储蓄账户）
  reply (client, queryResponse);
Transfer:
  --检查客户的转出账户中是否有足够的资金来满足本次请求
  --如果通过，那么从转出账户中扣款并加到转入账户中
  transferTransactionManager.transfer (**in** fromAccount#,
    in toAccount#, **in** amount, **out** transferResponse);
  --如果通过，那么转账响应是
  -- {successful, amount, Current Balance of From Account};
  --否则转账响应是 {unsuccessful};
  reply (client, transferResponse);
Confirm:
  --确认取款交易成功完成
  withdrawalTransactionManager.confirm (**in** accountNumber, **in** amount);
Abort:
  --终止转账交易
  withdrawalTransactionManager.abort (**in** accountNumber, **in** amount);
end case;
end loop;

423

面向服务的体系结构案例研究：在线购物系统

"在线购物系统"案例研究是一个高度分布的基于万维网的系统，它提供了在线购买各种商品（例如书、衣服等）的服务。该案例中的解决方案使用了一个包括多个服务的面向服务的体系结构；而协调者对象被用来帮助服务的整合。另外，该案例还使用了对象代理者来进行服务注册、代理和发现。案例中涉及的服务包括一个目录服务、一个库存服务、一个客户账户服务、一个配送订单服务、一个电子邮件服务和一个信用卡授权服务。

22.1 节提供问题描述。22.2 节描述"在线购物系统"的用例模型。22.3 节描述静态模型，包括了刻画系统和外部环境之间的边界的系统上下文模型。在继续描述实体类的静态建模之前，这一节也描述了代理者技术在这个系统中的应用。22.4 节描述如何将系统划分为对象。22.5 节描述为每个用例开发通信图的动态建模。22.6 节描述系统的设计模型，它被设计为一个基于分层抽象模式的由服务和构件组成的分层体系结构。

22.1 问题描述

在基于 Web 的"在线购物系统"中，客户可以向供应商请求购买一件或者多件商品。客户提供个人信息，例如地址和信用卡信息。这些信息被存储在客户账户中。如果信用卡是有效的，那么系统创建一个配送订单并且发送给供应商。供应商检查可用的库存，确认订单，并且输入一个计划好的配送日期。当订单完成配送后，系统通知客户并且向客户的信用卡账户收费。

22.2 用例建模

图 22-1 描绘了基于 Web 的"在线购物系统"的用例模型。有两个参与者："客户"（Customer）和"供应商"（Supplier）。客户浏览目录和请求购买商品，供应商提供目录和服务客户的购买请求。有三个用例是由客户发起的，它们是："浏览目录"（Browse Catalog），客户浏览目录并挑选商品；"下单请求"（Make Order Request），客户发出一个购买请求；"查看订单"（View Order），客户查看订单详细信息。有两个用例是由供应商发起的，即"处理配送订单"（Process Delivery Order），以满足客户的订单服务；"确认配送和给客户开账单"（Confirm Shipment and Bill Customer），以完成购买过程。

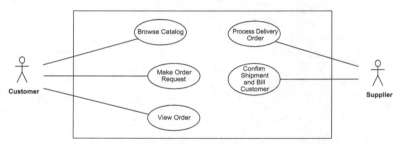

图 22-1 基于 Web 的"在线购物系统"：用例

在"浏览目录"用例中，客户浏览一个万维网的目录，查看来自于给定供应商目录的各种各样的目录商品，并从目录中选择商品。在"下单请求"用例中，客户输入个人详细信息。如果账户不存在，系统就创建一个客户账户。客户的信用卡被检查其有效性和是否有足够的额度来支付请求的目录商品。如果信用卡检查显示信用卡是有效的并且有足够的额度，那么客户的购买请求被通过，系统发送购买请求给供应商。在"查看订单"中，客户请求查看配送订单的详细信息。

供应商发起的用例是"处理配送订单"和"确认配送和给客户开账单"。在"处理配送订单"用例中，供应商请求一个配送订单，确认库存满足订单，并且展示订单。

在"确认配送和给客户开账单"用例中，供应商通过手工方式准备配送并且确认配送已经准备好。然后系统从客户账户中检索客户的信用卡信息并且给客户的信用卡开账单。

除了非常简单的"查看订单"用例，我们对其他用例都将进行详细的描述。每个用例都会用文本和活动图两种方式来描述。活动图在业务流程建模中使用很普遍，并且可以被集成到面向服务的应用的分析和设计中，用于建模用例中的活动序列。具体而言，活动图可以准确地描述主要的和可替换的用例序列，精确地刻画了它们之间的区别。

425

22.2.1 "浏览目录"用例描述

> **用例名称**：浏览目录
> **概述**：客户浏览万维网目录，从供应商的目录中查看各种各样的商品项，并且从目录中选择商品。
> **参与者**：客户
> **前置条件**：客户的浏览器链接到供应商的目录网站。
> **主序列**：
> 　1. 客户请求浏览目录。
> 　2. 系统向客户显示目录信息。
> 　3. 客户从目录中选择商品。
> 　4. 系统显示商品列表，包含商品描述、价格以及总价。
> **可替换序列**：步骤 3：客户没有选择商品并且退出。
> **后置条件**：系统显示了所选择的商品列表。

图 22-2 中的活动图描述了"浏览目录"用例中的用例活动序列，对应于前面所描述的用例中的主序列。其中的活动包括："请求目录信息"（Request Catalog Information）、"请求目录商品项"（Request Catalog Items）、"显示目录商品"（Display Catalog Items）、"从目录中请求商品"（Request Items from Catalog）、"从目录中选择商品"（Select Items from Catalog）、"显示商品和总价"（Display Items and Total Price）。

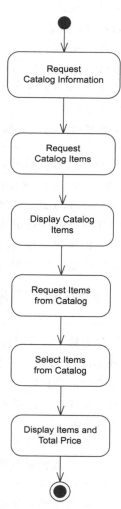

图 22-2　"浏览目录"用例的活动图

22.2.2 "下单请求"用例描述

> **用例名称**：下单请求
> **概述**：客户输入一个订单请求来购买目录商品。客户的信用卡被检查其有效性和是否有足够的额度来支付请求的目录商品。
> **参与者**：客户
> **前置条件**：客户选择了一个或者多个目录商品。
> **主序列**：
> 1. 客户提供订单请求和客户账户 ID 来支付购买。
> 2. 系统检索客户账户信息，包括客户的信用卡详细信息。
> 3. 系统根据购买总额检查客户信用卡，如果通过，创建一个信用卡购买授权号码。
> 4. 系统创建一个配送订单，包括订单细节、客户 ID 和信用卡授权号码。
> 5. 系统确认批准购买，并且向客户显示订单信息。
> **可替换序列**：
> **步骤 2**：如果客户没有账户，系统提示客户提供信息来创建一个新账户。客户可输入账户信息或者取消订单。
> **步骤 3**：如果客户的信用卡授权被拒绝（例如，无效的信用卡或者客户的信用卡账户资金不足），系统提示客户输入一个不同的信用卡号码。客户可输入一个不同的信用卡号码或者取消订单。
> **后置条件**：系统为客户创建了一个配送订单。

426
~
427

"下单请求"的活动图（图 22-3）描述了这个用例的主序列对应的活动，即"接收订单请求"（Receive Order Request）、"获取账户信息"（Get Account Information）、"授权信用卡"（Authorize Credit Card）、"创建新的配送订单"（Create New Delivery Order）、"电子邮件发送和显示订单确认"（Email and Display Order Confirmation）。此外，该活动图还描述了两个可替换序列，即账户不存在时"创建新账户"（Create New Account）和拒绝信用卡授权时"显示非法的信用卡信息"（Display Invalid Credit Card）。

22.2.3 "处理配送订单"用例描述

> **用例名称**：处理配送订单
> **概述**：供应商请求一个配送订单；系统确定库存对于满足订单是可用的，并且显示订单。
> **参与者**：供应商
> **前置条件**：供应商需要处理一个配送订单并且一个配送订单存在。
> **主序列**：
> 1. 供应商请求下一个配送订单。
> 2. 系统检索并且显示配送订单。
> 3. 供应商为配送订单请求商品库存检查。
> 4. 系统确定库存中的商品对于满足订单是可用的，并且保留这些商品。

5. 系统给供应商显示库存信息，并且确认商品被保留。

可替换序列：步骤 4：如果商品库存不足，系统显示警告信息。

后置条件：系统为配送订单保留了库存商品。

"处理配送订单"的活动图（图 22-4）描述了这个用例的主序列对应的活动，即"接收配送订单请求"（Receive Delivery Order Request）、"检索和显示配送订单"（Retrieve and Display Delivery Order）、"检查订单商品的库存"（Check Inventory for Order Items）、"保留订单商品"（Reserve Order Items）、"显示库存信息"（Display Inventory Information）。此外，该活动图还描述了该用例的可替换序列，即库存商品不足时"显示库存不足的商品"（Display Items Out of Stock）。

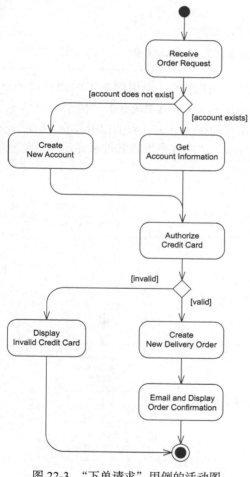

图 22-3 "下单请求"用例的活动图

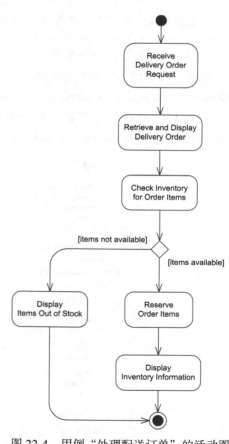

图 22-4 用例"处理配送订单"的活动图

22.2.4 "确认配送和给客户开账单"用例描述

用例名称：确认配送和给客户开账单

概述：供应商手工地准备配送并且确认配送订单已经准备好。系统通知客户订单正在配送。系统通过客户的信用卡收取购买商品的款项并且更新相关库存商品的库存。

参与者：供应商

前置条件：库存商品已经为客户的配送订单进行了预留。

主序列：

1. 供应商手工地准备配送并且确认配送订单已经准备好配送。
2. 系统检索客户的账户信息，包括发货单和客户的信用卡细节。
3. 系统更新库存，确认购买。
4. 系统通过客户信用卡收取购买商品的款项并且创建一个信用卡收费确认号码。
5. 系统用信用卡收费确认号码更新配送订单信息。
6. 系统给客户发送确认邮件。
7. 系统向供应商显示确认信息来完成配送订单的配送。

后置条件：系统提交了库存，向客户收费，并且发送了确认信息。

"确认配送和给客户开账单"的活动图（图22-5）描述了这个用例的主序列对应的活动，包括"收到配送订单就绪的信息"（Receive Delivery Order is Ready）、"检索客户信息"（Retrieve Customer Information）、"更新库存"（Update Inventory）、"向信用卡收费"（Charge Credit Card）、"更新配送订单"（Update Delivery Order）、"向客户发送邮件和显示确认信息"（Email and Display Confirmation to Customer）。

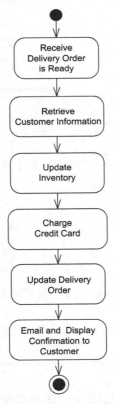

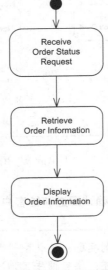

图 22-5 "确认配送和给客户开账单"用例的活动图　　　　图 22-6 "查看订单"用例的活动图

22.2.5 "查看订单"用例的活动图

在这个简单的用例中，客户请求查看一个订单。图 22-6 描绘了"查看订单"用例的活动图，其中的活动包括"收到订单状态请求"（Receive Order Status Request）、"检索订单信息"（Retrieve Order Information）、"显示订单确认信息"（Display Order Confirmation）。

22.3 静态建模

本节描述静态模型，由系统上下文模型和实体类模型组成。本节还讨论了在线购物系统的面向服务的体系结构中代理者技术的使用。

22.3.1 软件系统上下文建模

软件系统的上下文模型描述了两个作为参与者的外部用户类，即"客户"（Customer）类和"供应商"（Supplier）类。由于外部类对应于用例图中的参与者，因此上下文类图（图 22-7）与用例图非常相似。

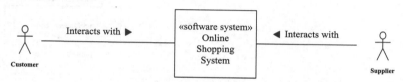

图 22-7　"在线购物系统"的软件系统上下文类图

22.3.2 问题域的静态实体类建模

问题域的静态模型可以通过类图来描述（图 22-8）。由于这是一个数据密集型应用，因此重点是在实体类上。静态实体类模型显示了实体类和这些类之间的关系。这些类包括：客户类，包括"客户"（Customer）和"客户账户"（Customer Account）；供应商类，包括"供应商"（Supplier）、"库存"（Inventory）和"目录"（Catalog）；处理客户订单的类，例如"配送订单"（Delivery Order），它是一个"商品项"（Item）的聚合。图 22-9 显示了这些类的属性。这个例子在第 7 章中有更详细的描述。

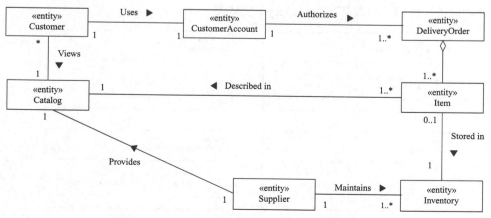

图 22-8　"在线购物系统"实体类的概念静态模型

```
        «entity»                      «entity»                       «entity»
      DeliveryOrder                   Customer                        Item
  orderId : Integer              customerId : Integer         itemId : Integer
  orderStatus : OrderstatusType  customerName : String        unitCost : Real
  accountId : Integer            address : String             quantity : Integer
  amountDue : Real               telephoneNumber : String
  authorizationId: Integer       faxNumber : String
  supplierId : Integer           emailId : EmailType
  creationDate : Date
  plannedShipDate : Date
  actualShipDate : Date
  paymentDate: Date
```

```
        «entity»                      «entity»                       «entity»
        Inventory                     Catalog                        Supplier
  itemID : Integer               itemId : Integer             supplierId : Integer
  itemDescription : String       itemDescription : String     supplierName: String
  quantity : Integer             unitCost : Real              address : String
  price : Real                   supplierId : Integer         telephoneNumber : String
  reorderTime : Date             itemDetails : linkType       faxNumber : String
                                                              email : EmailType
```

```
                                                               «entity»
                                                           CustomerAccount

                                                        accountId : Integer
                                                        cardId : String
                                                        cardType : String
                                                        expirationDate: Date
```

图 22-9　"在线购物系统"的实体类

22.4　对象和类组织

在上一节中确定的实体类可以通过服务类的形式整合到面向服务的体系结构中。"目录服务"（Catalog Service）、"客户账户服务"（Customer Account Service）、"配送订单服务"（Delivery Order Service）和"库存服务"（Inventory Service）是服务类，它们都提供了对实体类的访问（图 22-10）。"目录服务"使用了"目录"（Catalog）实体类和"供应商"（Supplier）实体类。"客户账户服务"使用了"客户账户"实体类和"客户"（Customer）实体类。"配送订单服务"使用了"配送订单"（Delivery Order）实体类和"商品"（Item）实体类。"库存服务"使用了"库存"（Inventory）实体类。

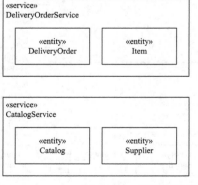

图 22-10　"在线购物系统"的服务类和实体类

　　还有一个服务类是"信用卡服务"（Credit Card Service），它处理信用卡的授权和付费。通过这种方法，信用卡付费被整合到客户购买和供应商配送中。另一个服务类是"电子邮件服务"（Email Service），它使得"在线购物系统"能够发送电子邮件给客户。

　　用户交互类需要和外部的用户交互，具体而言是"客户交互"（Customer Interaction）和"供应商交互"（Supplier Interaction）类，它们对应于用例中的参与者。此外，为了协调和序列化客户和供应商对在线购物服务的访问，要提供两个协调者对象，即"客户协调者"（Customer Coordinator）和"供应商协调者"（Supplier Coordinator）。第三个自治协调者是"账单协调者"（Billing Coordinator），它需要给客户开账单。"在线购物系统"中的类组织如图 22-11 所示。

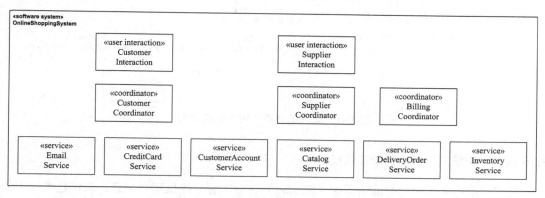

图 22-11　"在线购物系统"的类组织

22.5　动态建模

　　对于每个用例我们需要开发一个通信图，用于描述参与该用例的对象以及这些对象之间消息传递的顺序。

22.5.1　"浏览目录"用例的动态建模

　　在"浏览目录"（Browse Catalog）用例的通信图中（图 22-12），"客户交互"与"客户协调者"交互，"客户协调者"接着又与"目录服务"进行通信。消息描述如下所示：

> 　　**B1**：客户通过"客户交互"发出一个目录请求。
> 　　**B2**："客户协调者"被实例化来帮助客户。在客户请求的基础上，"客户协调者"为客户选择一个目录来浏览。
> 　　**B3**："客户协调者"向"目录服务"请求信息。
> 　　**B4**："目录服务"发送目录信息给"客户协调者"。
> 　　**B5**："客户协调者"把信息转发给"客户交互"。
> 　　**B6**："客户交互"向客户显示目录信息。
> 　　**B7**：客户通过"客户交互"选择一个目录。

B8: "客户交互"传递请求给"客户协调者"。

B9: "客户协调者"向"目录服务"请求目录选择。

B10: "目录服务"确认目录商品的可用性并且发送商品价格给"客户协调者"。

B11: "客户协调者"转送信息给"客户交互"。

B12: "客户交互"向客户显示目录信息，包括商品价格和总价。

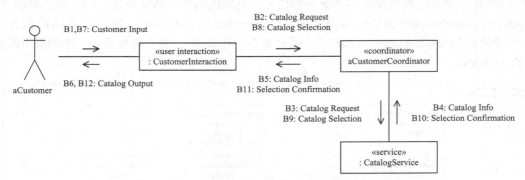

图 22-12 "浏览目录"用例的通信图

22.5.2 "下单请求"用例的动态建模

在"下单请求"用例的通信图中（图 22-13），一个客户提供账户信息，该信息被用于访问"客户账户服务"。信用卡信息通过"客户协调者"发送给"信用卡服务"来获得授权。然后"客户协调者"发送一个新的订单请求给"配送订单服务"，并且发送一封确认邮件给"电子邮件服务"。消息描述如下所示：

M1：客户向"客户交互"提出订单请求。

M2："客户交互"将订单请求发送给"客户协调者"。

M3，M4："客户协调者"发送账户请求给"客户账户服务"，并且接收账户信息，包括客户的信息卡详细信息。

M5："客户协调者"向"信用卡服务"发送客户的信用卡信息和付款授权请求（这相当于一个"准备提交"（Prepare to Commit）的消息）。

M6："信用卡服务"向"客户协调者"发送一个信用卡批准（这相当于"准备好提交"（Ready to Commit）的消息）。

M7，M8："客户协调者"发送订单请求给"配送订单服务"。

M9，M9a："客户协调者"发送订单确认给"客户交互"，并且通过"电子邮件服务"向客户发送一封订单确认的邮件。

M10："客户交互"向客户输出订单确认。

这个用例的可替换场景是：客户没有账户，在这种情况下需要创建一个新的账户；或者信用卡授权被拒绝，在这种情况下客户有选择其他卡的选项。这些可替换的场景在第 9 章中有所描述。

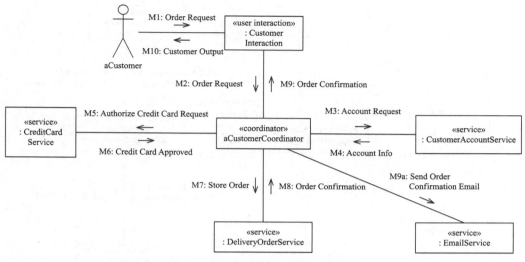

图 22-13　"下单请求"用例的通信图

22.5.3　"处理配送订单"用例的动态建模

在 "处理配送订单" 用例的通信图中（图 22-14），"供应商协调者" 向 "配送订单服务" 请求一个新的配送订单，然后 "配送订单服务" 选择一个配送订单。"供应商协调者" 请求 "库存服务" 来检查库存，并且通过用户交互对象发送订单和库存信息给供应商。消息描述如下所示：

> **D1**：供应商请求一个新的配送订单。
>
> **D2**："供应商交互" 向 "供应商协调者" 发送供应商的请求。
>
> **D3**："供应商协调者" 请求 "配送订单服务" 选择一个配送订单。
>
> **D4**："配送订单服务" 发送配送订单给 "供应商协调者"。
>
> **D5**："供应商协调者" 请求检查商品库存。
>
> **D6**："库存服务" 返回商品信息。
>
> **D7**："供应商协调者" 发送订单信息给 "供应商交互"。
>
> **D8**："供应商交互" 向供应商显示配送订单的信息。
>
> **D9**：供应商请求系统在库存中保留商品。
>
> **D10**："供应商交互" 发送供应商的请求给 "供应商协调者" 来保留库存。
>
> **D11**："供应商协调者" 请求 "库存服务" 来保留库存中的商品（这相当于 "准备提交" 的消息）。
>
> **D12**："库存服务" 向 "供应商协调者" 确认商品的保留（这相当于 "准备好提交" 的消息）。
>
> **D13**："供应商协调者" 发送库存状态给 "供应商交互"。
>
> **D14**："供应商交互" 向供应商显示库存信息。

这个用例的一个可替换场景（没有显示在图中）是：商品库存不够，在这种情况下 "库存服务" 返回一个 "库存不够"（Out of stock）的消息给供应商。

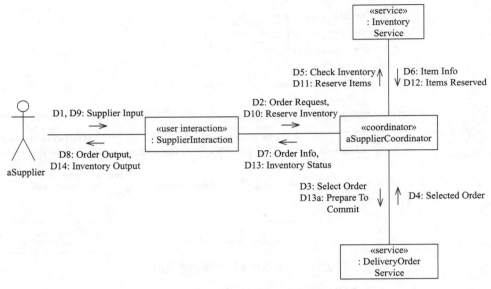

图 22-14 "处理配送订单"用例的通信图

22.5.4 "确认配送和给客户开账单"用例的动态建模

在用例"确认配送和给客户开账单"的通信图中（图 22-15），供应商手工准备配送。供应商发送"准备好配送"（Ready for Shipment）的消息给"供应商协调者"，"供应商协调者"请求"库存服务"以提交库存，并发送"准备好配送"的消息给"账单协调者"。"账单协调者"向"配送订单服务"索取发货单，向"客户账户服务"索取账户信息，并且通过"信用卡服务"向客户收费。对信用卡、配送订单和库存的更新通过使用两阶段提交协议（见第 16 章）来协调。消息描述如下所示：

> **S1**：供应商输入配送信息。
> **S2**："供应商交互"发送"准备好配送"的请求给"供应商协调者"。
> **S3**："供应商协调者"发送"订单准备好配送"（Order Ready for Shipment）的消息给"账单协调者"。
> **S4**："账单协调者"发送"准备提交"订单给"配送订单服务"。
> **S5**："配送订单服务"回复"准备好提交"的消息和发货单，包括订单号、账户号和总价。
> **S6，S7**："账单协调者"发送账户请求给"客户账户服务"，"客户账户服务"返回账户信息。
> **S8，S8a，S8b，S8c**："账单协调者"发送"提交收费"（Commit Charge）的消息给"信用卡服务"，发送"提交支付"（commit Payment）的消息给"配送订单服务"，通过"电子邮件服务"发送确认邮件给客户，发送"账户已开账单"（Account Billed）的消息给"客户协调者"。
> **S9，S10**："供应商协调者"发送"提交库存"的消息给"库存服务"，"库存服务"返回提交已完成。

S11，S12："供应商协调者"发送确认响应给"供应商交互"，"供应商交互"接着发送配送确认消息给供应商。

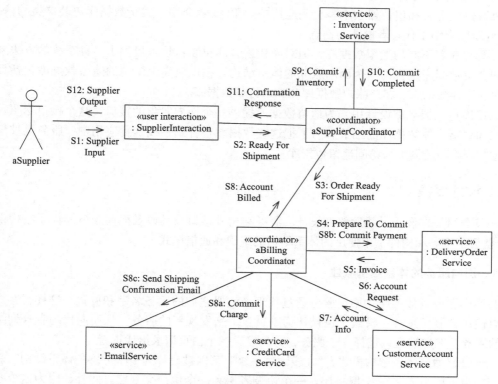

图 22-15 "确认配送和给客户开账单"用例的通信图

22.5.5 "查看订单"用例的动态建模

在"查看订单"用例的通信图中（图 22-16），"客户交互"与"客户协调者"交互，"客户协调者"接着又与"配送订单服务"通信。消息描述如下所示:

V1，V2：客户通过"客户交互"发出一个订单发货单的请求。

V3："客户协调者"向"配送订单服务"发出一个订单请求。

V4："配送订单服务"发送订单发货单信息给"客户协调者"。

V5："客户协调者"转送信息给"客户交互"。

V6："客户交互"向客户显示订单信息。

439

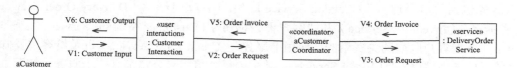

图 22-16 "查看订单"用例的通信图

22.6   面向服务体系结构的代理者和包装器技术支持

"在线购物系统"中使用了多个遗留数据库。静态模型中的许多实体类代表了存储在遗留数据库中的持久化数据，每个遗留数据库都是一个驻留在大型机上的单机数据库，这些数据库需要通过代理者和包装器技术整合到应用中。第 15 章介绍了关于数据库包装器类的信息，而第 16 章则介绍了代理者模式的信息。

尽管存在着不同的遗留数据库，但对象代理者和包装器技术提供了一种系统的方法来把异构的遗留数据库整合为一个面向服务的体系结构。在供应商组织内的遗留数据库包括目录数据库、库存数据库、客户账户数据库和配送订单数据库。

数据库包装器类被设计用来为遗留数据库提供一个面向对象的接口，这个接口隐藏了如何读取和更新个体数据库的细节。为了把这些数据库整合到在线购物应用中，服务类被设计为通过数据库包装器类来访问遗留数据库。

22.7   设计建模

本节介绍了在设计、并发软件设计、服务和构件接口设计以及面向服务的体系结构设计（完全整合了服务和构件）中使用的体系结构的组织和通信模式。

22.7.1   面向服务的体系结构概述

在面向服务的体系结构中，服务通过代理者注册它们的服务名字和位置。这样，客户端就可以使用"服务发现"模式（也被认为是黄页）来发现新的服务，从而向代理者查询给定类型的服务。客户端可以选择一个服务，并且发送一个白页请求给代理者。

基于分层抽象体系结构模式，"在线购物系统"可以被设计为一个分层的体系结构。软件体系结构由三层组成：一个服务层、一个协调者层和一个用户交互层。此外，因为这个系统需要是高度灵活和分布式的，所以决定设计为一个面向服务的体系结构。在这种体系结构中，分布式构件能够发现服务并且与它们通信。

每个构件通过构件构造型（它是什么类型的构件，按照构件组织准则中所定义的构件类型）来描述。构件和服务接口设计是通过分析每个用例的通信图来确定的。

22.7.2   分层软件体系结构

构件被组织到分层的体系结构中，使得每个构件处于只依赖于所处位置的下层而不是上层的构件的层次。这种分层的体系结构是基于分层抽象体系结构模式的（第 12 章）。这种分层的体系结构便于在线购物软件体系结构在将来的适应性变化。用户交互层的用户交互构件只与协调者构件通信，而协调者构件与服务通信。通过应用构件组织准则，我们可以确定以下按层次组织的构件和服务，如图 22-17 所示。

层次 1：服务层（Service Layer）。共有 6 个服务，4 个是应用的一部分，2 个是外部服务。应用服务包括"目录服务"（Catalog Service）、"配送订单服务"（Delivery Order Service）、"库存服务"（Inventory Service）和"客户账户服务"（Customer Account Service）。外部服务包括用于向客户收取购买费用的"信用卡服务"（Credit Card Service）以及给客户发邮件消息的"电子邮件服务"（Email Service）。其中，每个信用卡公司都有一个服务，如万事达（Mastercard）和维萨（Visa）。

　　层次 2：协调层（Coordination Layer）。共有 3 个协调者构件：“供应商协调者”（Supplier Coordinator）、“客户协调者”（Customer Coordinator）和“账单协调者”（Billing Coordinator）。
　　层次 3：用户层（User Layer）。共有 2 个用户交互构件：“供应商交互”（Supplier Interaction）和“客户交互”（Customer Interaction）。

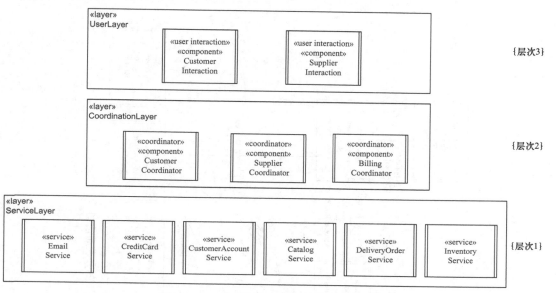

图 22-17　“在线购物系统”的分层体系结构

22.7.3　体系结构通信模式

　　为了处理软件体系结构中构件之间的多种通信方式，这里应用了以下几种通信模式：

- **带回复的同步消息通信**。这是典型的面向服务的体系结构的通信模式，当客户端需要服务的信息并且在接受响应之前不能继续执行的时候使用这个模式。该模式被用于用户交互客户端和协调者之间，也被用于协调者和各种服务之间。
- **代理者句柄**。每个服务向代理者注册服务信息，包括服务名称、服务描述和位置。“代理者句柄”模式允许客户查询代理者来确定它们应该连接的服务。
- **服务发现**。“服务发现”模式被服务请求者使用来发现新的服务。它们能够用于发现新的可浏览目录。
- **双向异步消息通信**。这个模式被用于“供应商协调者”和“账单协调者”之间的双向异步通信。
- **两阶段提交**。这个模式被用于确保对库存、信用卡和配送订单的更新是原子的，即所有的更新不是被提交就是被中止。

441
~
442

22.7.4　并发软件设计

　　面向服务的体系结构是通过集成 22.5 节中描述的基于用例的交互图然后设计消息接口的方式来设计的。“在线购物系统”的并发通信图（图 22-18）中描述了并发软件的设计，其中包括并发构件和服务。它表示由支持用例的个体通信图整合而成的通信图。此外，它也描绘了消息交互的设计。

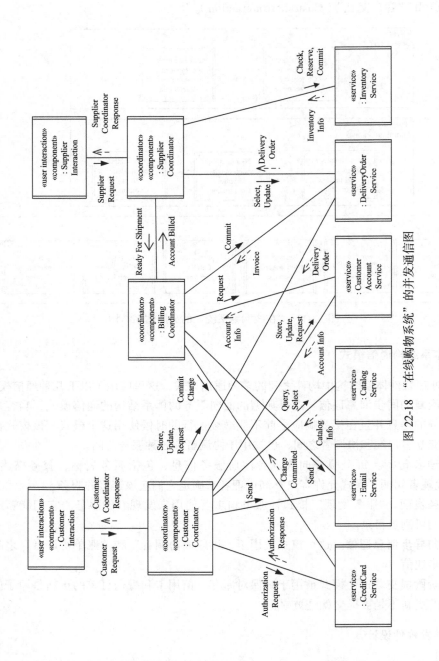

图 22-18 "在线购物系统" 的并发通信图

为了保持设计的简单，"带回复的同步消息通信"模式被广泛地使用在这个案例研究中。然而，如第 12 章中所述，该方法的劣势是当客户在等待服务的响应时要挂起客户端。一个可替换的避免挂起客户端的设计是使用"带回调的异步消息通信"模式，如第 15 章中所述。"双向异步通信"模式被用于"供应商协调者"和"账单协调者"之间的双向通信。

22.7.5 服务接口设计

服务接口按照以下方式设计。每个服务有一个供给接口，通过这个接口访问服务的操作。图 22-19 描述了服务接口和端口。服务的客户端同步地调用由接口提供的相应的操作。

服务操作是通过考虑在基于用例的交互图中各个服务是如何被访问来设计的。通常，每个服务可以通过不同的方式来访问，对应于对不同服务操作的请求。交互图描述了到达一个服务的消息（对应于服务操作的调用以及可能的服务输入参数）以及服务响应的消息（对应于服务返回的数据），服务响应的消息不是同步的（作为一个同步消息的回复）就是异步的（在一个单独的异步消息中）。

"目录服务"具有请求查看目录以及选择目录商品的操作（图 22-20）。这些操作访问"目录信息"（Catalog Info）和"商品信息"（Item Info）实体类中所保存的数据。这些访问需求是从"浏览目录"通信图（见图 22-7）和静态模型（见图 22-3 和 22-4）中确定的。操作 requestCatalog 返回给定类型的目录商品，是从图 22-12 中的消息 B3 中确定的。返回的目录信息是由图 22-9 和图 22-20 中的"目录"实体类的属性给出的。操作 requestSelection 是从图 22-12 中的消息 B9 中确定的，它返回特定商品的商品信息（从消息 B10 中确定）。

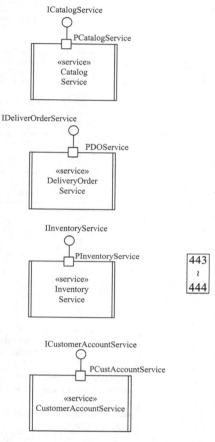

图 22-19　服务的构件端口和接口

"客户账户服务"（Customer Account Service）具有创建一个新账户、更新账户和读取一个账户的操作（图 22-21）。这些操作访问"客户账户"（Customer Account）和"客户"（Customer）实体类中所保存的数据，是从"下单请求"的通信图（见图 22-13）中确定的。"请求账户"（requestAccount）操作对应于图 22-13 中的消息 M3 以及"确认配送和给客户开账单"的通信图（见图 22-15）中的消息 S6。"创建账户"（createAccount）和"更新账户"（updateAccount）操作对应于"发出订单请求"的主序列的可替换序列，如 22.5.2 节所述。

"确定配送和给客户开账单"（见图 22-8）也涉及"配送订单服务"（提交支付）、"信用卡服务"（授权付费）以及"电子邮件服务"（发送确认邮件）。

"下单请求"通信图也涉及这三个服务："配送订单服务"、"信用卡服务"以及"电子邮件服务"。

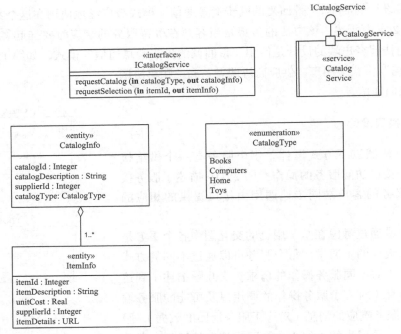

图 22-20 "目录服务"的服务接口

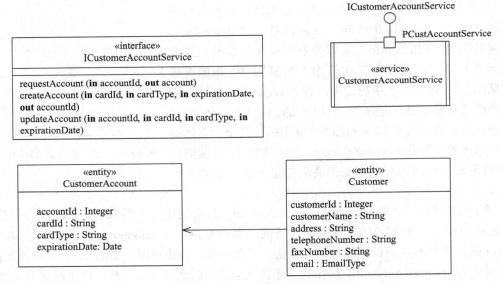

图 22-21 "客户账户服务"的服务接口

"配送订单服务"具有几个操作（图 22-22），它们按照以下方式确定。这些操作访问"配送订单"（Delivery Order）和"商品项"（Item）实体类中所保存的数据，"发货单"（Invoice）实体类包含了从"配送订单"中抽取的数据。存储配送订单的消息 M7（见图 22-13）对应于图 22-22 中"配送订单服务"的"保存"（store）操作。"处理配送订单"通信图（见图 22-14）中选择配送订单的消息 D3 对应于图 22-22 中的"选择"（select）操作。其他的操作是从"确认配送和给客户开账单"的通信图（见图 22-15）中确定的，特别是"配送订单服务"的"准备提交"订单的消息（消息 S4）和"提交支付"的消息（消息 S8b）。"读取"（read）操作是从"查看订单"的通信图（见图 22-16）中的消息 V3 确定的。"配送订单服务"的服务接口在图 22-22 中被描绘。如果订单在配送之前被取消了，"终止"（abort）操作就会被调用。

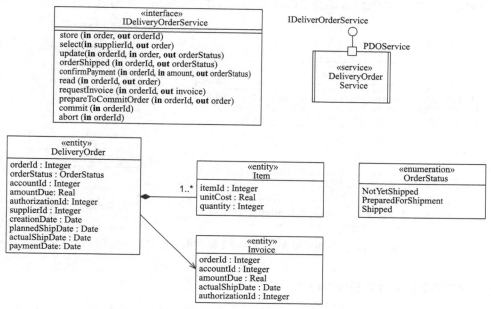

图 22-22　"配送订单服务"的服务接口

"库存服务"需要操作来检查库存（从图 22-14 中的消息 D5 确认）、保留库存（从图 22-14 中的消息 D11 确认，相当于准备提交库存）、提交库存（图 22-15 中的消息 S9）以及更新库存。如果在配送之前订单被取消并且库存被释放，"终止"（abort）操作就会被调用。补充库存之后，就需要执行"更新库存"（updateInventory）操作。16.6 节更详细地描述了这个例子。

446
~
447

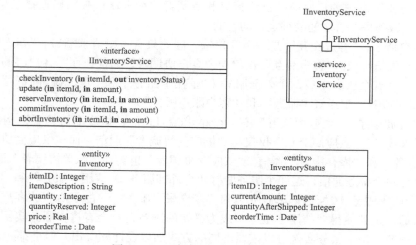

图 22-23　"库存服务"的服务接口

图 22-24 描述了外部服务"信用卡服务"和"电子邮件服务"的服务接口。这两个外部服务都有和应用服务一样的服务接口。"信用卡服务"支持一个供给接口,它有两个操作:一个是授权信用卡购买("下单请求"中的消息 M5),另一个是信用卡支付("确认配送和给客户开账单"中的消息 S8a)。"电子邮件服务"有一个供给接口,它有一个操作来发送邮件消息("下单请求"中的消息 M9a 以及"确认配送和给客户开账单"中的消息 S8c)。

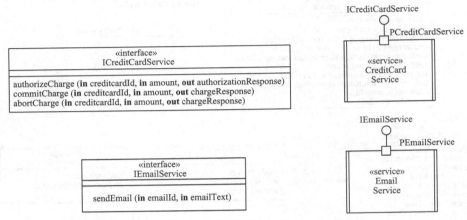

图 22-24 "信用卡服务"和"电子邮件服务"的服务接口

22.7.6 面向服务的软件体系结构设计

本节介绍了"在线购物系统"的面向服务的体系结构设计,如图 22-25 中的复合结构图所示。前一节中已经介绍了服务接口的设计,而下一节将会介绍被设计为构件的用户交互和协调者对象。

每个服务有一个带有供给接口的端口,而每个协调者构件有一个或多个带有供给接口、请求接口或两者都有的端口。在三层体系结构中,每个客户端 - 用户交互构件有一个请求端口,它支持一个请求接口。每个服务有一个供给端口,它支持一个供给接口。协调者有带有请求和供给接口的端口,因为它们作为客户端和服务的中介者且需要与多个服务通信。为了表明服务是想要被发现的,服务的供给接口和协调者的请求端口被明确地描绘出来。因此,服务请求者和服务提供者之间的绑定是动态的。

对于客户请求,"客户交互"是一个客户端,因此只有一个请求端口。"客户交互"既有请求端口又有供给端口。"客户交互"仅仅与"客户协调者"通信,而"客户协调者"会与五个服务通信,这五个服务中有两个外部服务("信用卡服务"和"电子邮件服务")和三个应用服务("目录服务、配送订单服务和客户账户服务")。

对于供应商请求,"供应商交互"有一个请求端口,而"供应商协调者"构件既有供给接口又有请求接口。"供应商交互"仅仅与"供应商协调者"通信,而"供应商协调者"会与"配送订单服务"和"库存服务"通信。"供应商协调者"也会和"账单协调者"通信。"账单协调者"会与四个服务通信,这四个服务中有两个外部服务("信用卡服务"和"电子邮件服务")和两个应用服务("配送订单服务"和"客户账户服务")。由于所有的客户支付是通过信用卡完成的,这就使得"信用卡服务"成为必要的服务,它会有许多服务实例,每个信用卡公司都有一个。每个服务实例可以按照不同的方式加以设计和实现,但是都必须符合 SOA 的信用卡接口。

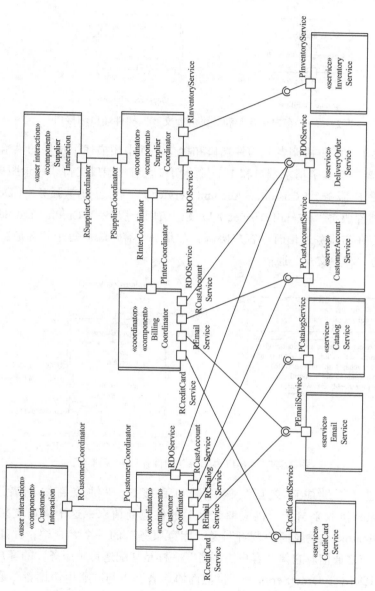

图 22-25 "在线购物系统"的面向服务的体系结构

22.7.7 构件端口和接口设计

接下来将描述用户交互和协调构件的端口和接口。用户交互构件"客户交互"（Customer Interaction）有一个请求端口，它由一个请求接口组成。"供应商交互"（Supplier Interaction）也是这样，如图 22-25 和图 22-26 所示。

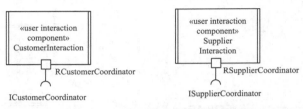

图 22-26 "客户交互"和"供应商交互"构件端口和接口

图 22-27 描述了"客户协调者"构件端口和接口，其中还描述了构件的供给接口和请求接口。"客户协调者"有 5 个请求端口和 1 个供给端口。请求端口支持"目录服务"（Catalog Service）、"客户账户服务"（Customer Account Service）、"配送订单服务"（Delivery Order Service）、"电子邮件服务"（Email Service）以及"信用卡服务"（Credit Card Service）的请求接口，这是因为在与服务通信时"客户协调者"是一个客户端。每个"客户协调者"构件有一个供给端口与"客户交互"通信。

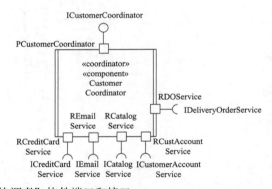

图 22-27 "客户协调者"构件端口和接口

图 22-28 描述了"供应商交互"构件端口和接口。"供应商协调者"通过端口 PSupplierCoordinator 接收来自于"供应商交互"的供应商请求，这个端口支持一个供给接口 ISupplierCoordinator。"供应商协调者"是"库存服务"的一个客户端，并通过请求接口 IInventoryService 与之通信。它像"客户协调者"一样是"配送订单服务"的客户端，并且有相同的请求接口 IDeliveryOrderService。"供应商协调者"也与"账单协调者"通信，就像在图 22-15 中所描绘的，当一个订单准备好配送和开账单时发送给它一个消息（S3）。这个通信的接口是 IShipment。

"账单协调者"（见图 22-29）通过请求端口与两个外部服务（"信用卡服务"和"电子邮件服务"）以及两个应用服务（"配送订单服务"和"客户账户服务"）通信。它还有一个供给接口 IShipment。

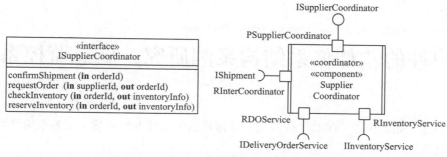

图 22-28　"供应商协调者"构件端口和接口

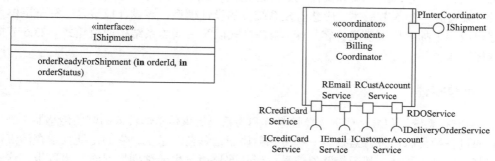

图 22-29　"账单协调者"构件端口和接口

22.8　服务复用

利用面向服务的体系结构开发范例，一旦完成了服务的设计以及接口规约，服务的接口信息就可以注册到一个服务代理者。服务可以被组合为新的应用。这个案例研究介绍了一个"在线购物系统"。然而，其他电子商务系统的设计可以复用这个"在线购物系统"提供的服务，例如"目录服务"、"配送订单服务"以及"库存服务"。

例如，在一个 B2B（Business to Business，商业对商业）系统中，商业客户和供应商之间可能建立了契约而不是使用客户账户。每个契约可能存在于一个特定的商业客户和一个特定的供应商之间，可能会持续一段指定的时间，并可能有一个指定货币的最大金额。一个商业客户将从目录中选择商品，指定应该被使用的契约，然后发送一个配送订单。一旦订单完成了配送，向供应商的支付将会通过从商业客户银行到供应商银行的电子资金转移来完成。

这个 B2B 系统将需要创建额外的服务以及"客户协调者"和"供应商协调者"的不同版本。"目录服务"、"配送订单服务"以及"库存服务"将会被复用。然而，需要新的服务来支持"契约服务"（Contrat Service）、"发货单服务"（Invoice Service）以及"账户可支付服务"（Accounts Payable Service）。一个针对电子商务软件产品线的可复用的面向服务的体系结构由核心的、可选的以及变体构件和服务组成，具体见文献 Gomaa（2005a）所述。

Software Modeling & Design: UML, Use Cases, Patterns, & Software Architectures

基于构件的软件体系结构案例研究：应急监控系统

本章描述了如何应用 COMET 软件建模和体系结构设计方法开发一个基于构件的软件体系结构：应急监控系统。

23.1 节描述问题。23.2 节描述"应急监控系统"的用例。23.3 节描述"应急监控系统"的静态模型，包括系统上下文和实体类的静态建模。23.4 节描述动态建模以及每个用例的通信图的开发过程。23.5 节描述"应急监控系统"的设计模型，该设计模型是一种分层体系结构，综合应用了抽象层次模式、客户端 / 服务模式以及一些体系结构通信模式。23.6 节描述软件构件的部署。

23.1 问题描述

"应急监控系统"包含一些远程监控系统和为系统提供传感器输入的监控传感器。外部环境状态通过各种传感器进行监控。一些传感器属于远程监控系统，它们定期发送存储于监控服务的监控信息。另外，基于传感器信息，当外部环境发生未预期情况时发出警报，这些警报需要人来处理。警报存储在警报服务中。监控操作员查看不同传感器的状态并且查看和更新警报条件。

23.2 用例建模

本节描述"应急监控系统"的用例模型。根据问题描述可以确定三个参与者。系统中有一个人类参与者"监控操作员"（Monitoring Operator），他负责发起查看传感器数据和警报的用例。此外，系统还包括一个外部输入设备参与者"监控传感器"（Monitoring Sensor）以及一个外部系统参与者"远程系统"（Remote System）。这两个参与者的行为类似，都是监控远程传感器并向系统发送传感器数据和警报。这种相似的行为可以通过一个泛化的参与者"远程传感器"（Remote Sensor）来建模，它表示一种共同的角色，即"监控传感器"和"远程系统"这两个特化的参与者所共有的行为。这些参与者如图 23-1 所示。"远程传感器"是其中两个用例的主要参与者。

图 23-1 中所有的 4 个用例涉及"监控操作员"，作为主要参与者或者次要参与者。下面对各个用例进行简要介绍：

1）**查看警报**（View Alarms）。"监控操作员"参与者查看未解决的警报，确认造成警报的原因正在处理中。操作员还可以订阅或者退订某种特定类型的警报通知。

2）**查看监控数据**（View Monitoring Data）。"监控操作员"参与者请求查看一个或者多个传感器的当前状态。这种操作员请求是按需产生的。操作员还可以订阅或者退订监控状态的变化通知。

3）**生成监控数据**（Generate Monitoring Data）。监控数据由泛化的参与者"远程传感器"不间断地产生。操作员获得关于他们所订阅的监控状态事件的通知。

4）**生成警报**（Generate Alarm）。如果"远程传感器"检测到一个警报条件被满足，那么系统就会产生一个警报。操作员获得关于他们所订阅的警报的通知。

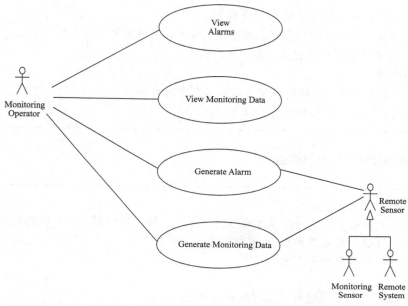

图 23-1　"应急监控系统"的用例和参与者

454

23.2.1　"查看监控数据"用例描述

用例名称：查看监控数据
概述：监控操作员请求查看一个或者多个位置的当前状态
参与者：监控操作员
前置条件：监控操作员已经登录
主序列：
　　1. 监控操作员请求查看一个监控位置的状态。
　　2. 系统按照下面的方式显示监控状态：
　　　　每个传感器的传感器状态（当前值、上限、下限、警报状态）。
可替换序列：
步骤 2：紧急状况。系统向操作员显示紧急状况警告信息
后置条件：监控状态已经被显示

23.2.2　"查看警报"用例描述

用例名称：查看警报
概述：监控操作员查看未解决的警报，确认造成警报的原因正在处理中
参与者：监控操作员
前置条件：监控操作员已经登录

主序列:

1. 监控操作员请求查看未解决的警报。
2. 系统显示未解决的警报,对于每个警报,系统显示警报名称、警报描述、警报位置和警报严重程度(高、中、低)。

可替换序列:

步骤2: 紧急状况。系统向操作员显示紧急状况警告信息

后置条件: 未解决的警报已经被显示

23.2.3 "生成监控数据"用例描述

用例名称: 生成监控数据

概述: 监控数据持续产生。操作员获得关于他们所订阅的新的监控状态的通知

参与者: 远程传感器(主要)、监控操作员(次要)

前置条件: 远程系统是可用的

主序列:

1. 远程传感器发送新的监控数据给系统。
2. 系统按照下列格式更新监控状态:每个传感器的传感器状态(当前值、上限、下限、警报状态)。
3. 系统将新的监控状态发送给那些订阅接收新状态更新的监控操作员。

可替换序列:

步骤2: 紧急状况。系统向操作员显示紧急状况警告信息

后置条件: 监控状态已经更新

23.2.4 "生成警报"用例描述

用例名称: 生成警报

概述: 如果系统检测到某个警报条件满足就会产生一个警报。操作员接收他们所订阅的警报通知

参与者: 远程传感器(主要)、监控操作员(次要)

前置条件: 外部传感器是可用的

主序列:

1. 远程传感器发送一个警报给系统。
2. 系统更新警报数据。系统储存警报名称、警报描述、警报位置和警报严重程度(高、中、低)。
3. 系统将新的警报数据发送给那些订阅接收警报更新的监控操作员。

可替换序列:

步骤2: 紧急状况。系统向操作员显示紧急状况警告信息

步骤3: 如果警报严重,那么显示闪烁的警报

后置条件: 警报数据已经更新

23.3　静态建模

"应急监控系统"的静态建模由软件系统的上下文类图组成。外部类可以通过用例参与者来确定，因此用例参与者和外部类之间存在——对应关系。

应急监控系统上下文类图

上下文类图定义了软件系统的边界。对于"应急监控系统"（见图23-2），外部类包含一个外部用户（"监控操作员"）、一个外部系统（"远程系统"）和一个外部输入设备（"监控传感器"）。由于每个外部类都有多个实例，因此每个外部类和图23-2中的"应急监控系统"都是一对多关联。"远程系统"和"监控传感器"的公共行为是通过泛化的外部类"远程传感器"来刻画的，尽管没有必要在图23-2中明确描述这一点。

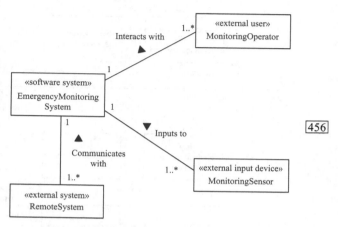

图 23-2　"应急监控系统"的软件系统上下文类图

456

23.4　动态建模

为了理解系统如何实现用例，有必要分析"应急监控系统"中的对象是如何参与用例的。系统的动态模型使用通信图描述。共有 4 个通信图，每个用例对应于其中一个。由于对象 / 类的组织和动态建模是迭代性的活动，因此本章对二者都进行了描述。前者在 23.4.1 节描述，后者在 23.4.2 到 23.4.6 节描述。由于事件监控不是状态相关的，因此没有状态相关的控制对象，因此也就没有状态机建模了。

23.4.1　类和对象组织

在动态建模过程中，我们首先要确定参与每个用例的对象，然后分析对象之间的交互序列。第一步是分析如何将"应急监控系统"分解为一系列类和对象。

实体类通常是持久化类，用来保存信息。"应急监控系统"中的实体类包括"警报数据仓库"（Alarm Data Repository）和"监控数据仓库"（Monitoring Data Repository），这是因为需要保存警报数据和监控数据。然而，实体类被封装在可以被多个客户端访问的服务内部。因此，在通信图中，实体对象包含在服务之中："警报服务"（Alarm Service）和"监控数据服务"（Monitoring Data Service）。

457

对于每一个人类参与者，都需要一个用户交互类。对于这个系统，只有一个人类参与者（即"监控操作员"）和一个相应的用户交互类（即"操作员交互"（Operator Interaction））。因为操作员使用多窗口界面，所以有两个支持用户交互类（"事件监控窗口"（Event Monitoring Window）和"警报窗口"（Alarm Window））来分别显示动态更新的状态和警报信息（见 23.5 节）。

此外，还有一个输入对象，即"监控传感器构件"（Monitoring Sensor Component），它从外部监控传感器接收传感器输入，然后将状态数据发送给"监控数据服务"对象，将警报发送给"警报服务"对象。还有一个代理对象，即"远程系统代理"（Remote System Proxy），它从外部远程系统接收传感器数据，同时将状态数据发送给"监控数据服务"对象，将警报发送给"警报服务"对象。最后，还有一个边界父类，即"远程传感器构件"（Remote Sensor Component），它刻画了下列两个边界子类的公共行为："监控传感器构件"（Monitoring Sensor Component）和"远程系统代理"（Remote System Proxy）。图23-3描述了"应急监控系统"的类组织，它展示了将对象实例化的类。

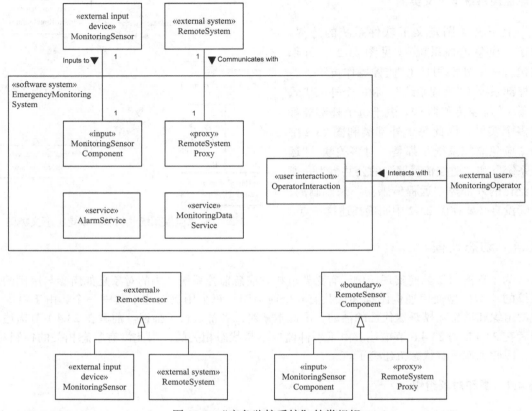

图23-3 "应急监控系统"的类组织

23.4.2 用例的通信图

完成对象的组织之后进行动态建模，为每个用例开发通信图。在分析每个用例的对象通信过程中，可以发现在后续设计过程中可能会用到的各种体系结构模式。这些通信图之中有两个使用了"多客户端/单服务"模式（见第15章），其中多个客户端实例和单个服务进行交互。另外两个通信图使用了"订阅/通知"模式（见第17章），其中客户端接收之前订阅的一个客户端/服务用例的新的事件通知。

23.4.3 "查看警报"用例的通信图

首先考虑"查看警报"用例的通信图，如图23-4所示。在这个基于"多客户端/单服务"模式的场景中，客户端能够请求查看警报或者订阅未来的警报事件通知。客户端是"操作员交互"对象，而服务则是由"警报服务"对象提供的。消息序列由主要参与者"监控操作员"的输入开始，如下所示：

S1："监控操作员"请求一个警报处理服务，例如查看警报或者订阅特定类型的警报消息。

S1.1："操作员交互"发送警报请求给"警报服务"。

S1.2："警报服务"执行请求（例如读取当前警报列表或者将这个客户端加入订阅列表），然后发送响应给"操作员交互"对象。

S1.3："操作员交互"对象显示这个响应（例如警报信息）给操作员。

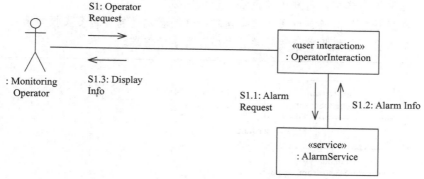

图 23-4 "查看警报"用例的通信图

23.4.4 "查看监控数据"用例的通信图

"查看监控数据"用例的通信图（图 23-5）也使用了"多客户端 / 单服务"模式，和"查看警报"用例的通信图（图 23-4）十分相似。客户端仍然是"操作员交互"对象，而服务则由"监控数据服务"对象提供。客户端可以请求查看监控数据或者订阅未来的状态事件。消息序列由主要参与者"监控操作员"的输入开始，如下所示：

V1："监控操作员"请求一个状态监控服务，例如，查看某个监控站的当前状态。

V1.1："操作员交互"发送一个监控状态请求给"监控数据服务"。

V1.2："监控数据服务"做出响应，例如返回所请求的监控状态数据。

V1.3："操作员交互"对象显示监控状态信息给操作员。

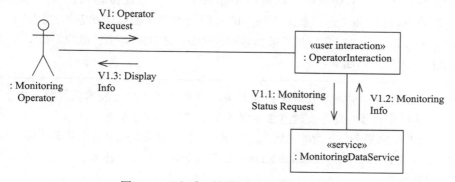

图 23-5 "查看监控数据"用例的通信图

23.4.5 "生成警报"用例的通信图

考虑"生成警报"用例的通信图，如图 23-6 所示。这个场景使用了"订阅/通知"模式，其中新的警报到达后会通知相关订阅者："远程传感器构件"（代表了"监控传感器构件"和"远程系统代理"的公共行为）发送警报给"警报服务"对象，然后该对象通知客户端对象（本例中是"警报窗口"）此前所订阅的这个新事件。消息序列如下：

> M1："远程传感器构件"收到外部传感器的输入，表明某个警报条件被满足。
> M2："远程传感器构件"发送警报给"警报服务"。
> M3："警报服务"向所有订阅了这类消息的订阅者发送包含这个警报的消息。
> M4："警报窗口"接收警报通知并且向操作员显示信息。

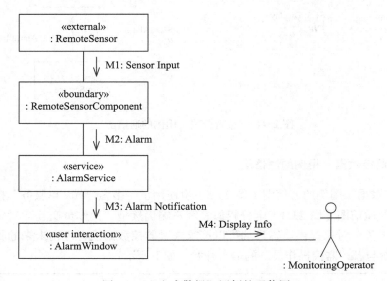

图 23-6 "生成警报"用例的通信图

23.4.6 "生成监控状态"用例的通信图

"生成监控状态"（Generate Monitoring Status）用例的通信图也使用了"订阅/通知"模式，如图 23-7 所示。本场景中，如前一个场景那样，"远程传感器构件"（同前，代表了"监控传感器构件"和"远程系统代理"的共同行为）发送监控状态给"监控数据服务"（Monitoring Data Service）对象，然后通知客户端对象（本例中是事件监控窗口）此前所订阅的这个新事件，消息序列如下：

> N1："远程传感器构件"收到外部远程系统的传感器输入，表示监控状态发生变化。
> N2："远程传感器构件"发送监控数据消息给"监控数据服务"。
> N3："监控数据服务"给所有订阅了这类消息的订阅者发送包含这个新事件通知的消息。
> N4："事件监控窗口"（Event Monitoring Window）接收事件通知消息，并且把信息显示给监控操作员。

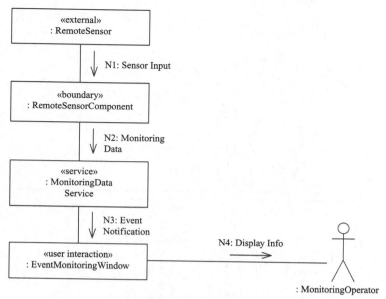

图 23-7 "生成监控状态"用例的通信图

23.5 设计建模

"应急监控系统"的软件体系结构被设计成一个基于分布式构件的软件体系结构，它使用了第 12、15 和 17 章描述的软件体系结构模式。"应急监控系统"被设计为一个基于抽象分层体系结构模式的分层体系结构。 |462|

23.5.1 集成的通信图

设计建模的第一步是集成四个基于用例的通信图以生成"应急监控系统"的集成通信图，其中描述了所有软件对象，如图 23-8 所示。三个用户交互对象被合并为一个复合的用户交互对象"操作员展现"（Operator Presentation），其中包含"警报窗口"（Alarm Window）、"事件监控窗口"（Event Monitoring Window）和"操作员交互"（Operator Interaction）对象。"操作员交互"与"警报服务"以及"监控数据服务"交互；"警报窗口"从"警报服务"接收警报通知；"事件监控窗口"从"监控数据服务"接收事件通知。特化的边界类"监控传感器构件"（Monitoring Sensor Component）和"远程系统代理"（Remote System Proxy）的多个实例都被明确描述出来了。所有这些客户端对象都和"警报服务"以及"监控数据服务"进行通信，分别发送警报和监控数据。

23.5.2 基于构件的分层体系结构

将子系统组织准则应用在集成通信图上，可以确定以下这些构件和服务：

- **服务**：包括"警报服务"、"监控数据服务"两个服务。
- **用户交互构件**。用户交互构件包括"操作员交互"、"警报窗口"、"事件监控窗口"，这些都被合并到一个复合用户交互对象中，即"操作员展现"。
- **代理构件**。代理构件是"远程系统代理"。

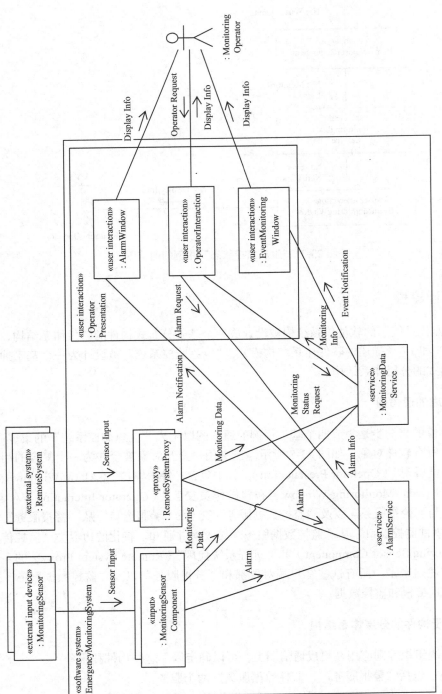

图 23-8 "应急监控系统" 的集成通信图

- **输入构件**。输入构件是"监控传感器构件"。

每个构件都使用一个构件构造型来描述，从而明确它的构件类型。构件被组织为分层体系结构，其中每个构件都被放置在一个层次中，在这个层次上该构件依赖于下层构件但不会依赖于上层构件。这种分层体系结构是基于"灵活的抽象分层"模式，是"抽象分层"模式的一种约束更少的变体，其中每个层次可以使用任何较低层次上的服务而不仅仅是相邻的下一层。这个模式的主要优势在于它为未来的软件演化提供了便利，例如如果在上层增加新的构件（或者调整这些层次的构件），那么下层的用户服务不会受到影响。而且，最低层可以增加新的服务，上层的请求构件可以发现这些服务。图 23-9 所示的分层体系结构描述如下：

层次 1：服务层。本层包含"警报服务"和"监控数据服务"。

层次 2：监控层。本层包含"远程系统代理"和"监控传感器构件"。这些构件请求"服务层"（Service Layer）上的两个服务。

层次 3：用户层。本层包含用户交互构件"操作员展现"以及它所包含的构件。

463
～
464

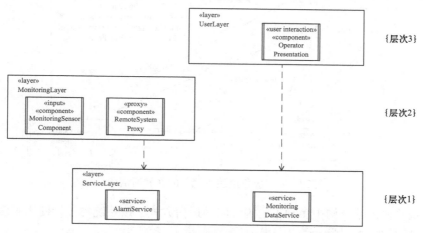

图 23-9 "应急监控系统"的分层体系结构

如果两个层次不互相依赖，如上述列表中的第 2 层和第 3 层，那么哪个层次更高是一个需要考虑的设计决策。除了"抽象分层"体系结构模式，这里还使用了另一个体系结构模式：

- **多客户端 / 多服务模式**。这个体系结构中有多个"多客户端 / 多服务"模式的例子。最初通过基于用例的交互图可以被识别为"多客户端 / 单服务"模式，因为每个客户端只和一个服务交互。而集成通信图（见图 23-8）则表明每个客户端（如"远程系统代理"）实际上和两个服务（"警报服务"和"监控数据服务"）交互。在"抽象分层"体系结构中，客户端构件被设计为位于比所请求的服务更高的层次上。在"灵活的抽象分层"模式中，客户端可以位于任意的更高层级上。例如，"操作员展现"构件（一个客户端用户交互构件）在第 3 层上，而它所使用的服务（"警报服务"和"监控数据服务"）则在第 1 层上。

23.5.3 体系结构通信模式

通信图明确地描述了通信消息的类型——同步或者异步。图 23-10 中的并发通信图展示

465 了"应急监控系统"构件之间的消息通信。所使用的通信模式（见第12、15和17章）包括带"回复的同步消息通信"、"异步消息通信"和"订阅/通知"。此外还使用了"代理者和发现"模式。

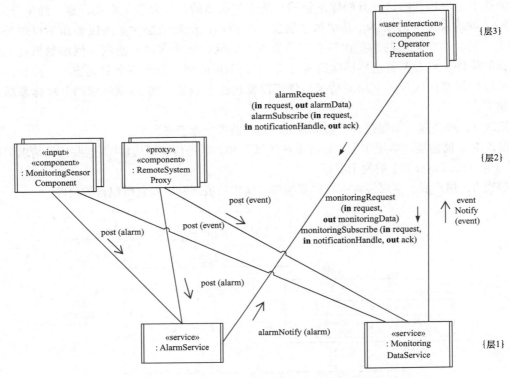

图 23-10 "应急监控系统"的并发通信图

为了实现软件体系结构中多种不同构件间的通信方式，该系统的设计使用了多种通信模式，如图 23-10 中的通信图所示：

- **带回复的同步消息通信**。这个模式是典型的客户端/服务通信模式，当客户端需要服务的信息并且不能在获得响应之前继续执行的时候使用这种模式。该模式使用在用户交互客户端和服务器之间，因为客户端需要服务响应才能继续。因此，它使用在"操作员展现"和"警报服务"之间，也用在"操作员展现"和"监控数据服务"之间（见图 23-10）。

- **异步消息通信**。"监控传感器构件"和"远程系统代理"构件通过向"警报服务"发送异步消息来传送新的警报。"监控传感器构件"和"远程系统代理"构件也发送异步消息给"监控数据服务"（如图 23-10）。异步消息通信模式是因为"监控传感器构件"和"远程系统代理"构件需要定期发送警报和监控状态；它们需要无延迟地继续执行，而且不需要响应。

- **代理者句柄**。代理者模式在系统初始化过程中使用。服务使用代理者注册服务信息。"代理者句柄"模式允许客户端通过查询代理者来确定它们应该连接到哪个服务。

- **服务发现**。"服务发现"模式允许客户端发现服务，这使得系统在部署之后也能继续演化。

- **订阅/通知（多路）**。"操作员展现"与"警报服务"以及"监控数据服务"有两种通信模式（见图 23-10）。第一个是客户端 / 服务情形中常用的一种通信模式，即"带回复的同步消息通信"模式，用于发起警报请求并接收响应。第二个是"订阅 / 通知"模式，其中"操作员展现"构件订阅某种类型的警报（例如高优先级的警报）。当"监控传感器构件"或者"远程系统代理"发送一个这种类型的警报给"警报服务"时，服务会通知所有订阅了这种警报的"操作员展现"构件。"监控数据服务"使用了相同的通信方式，其中客户端接收的是监控事件通知。

23.5.4 基于分布式构件的软件体系结构

图 23-11 描述了"应急监控系统"的基于分布式构件的软件体系结构，其中服务已经被完全集成了。所有并发构件和服务通过端口通信。这些端口是支持供给接口的供给端口或者支持请求接口的请求端口。没有同时支持供给接口和请求接口的复杂端口。接口在随后的图里进行详细描述。按照惯例，供给端口名称以 P 为前缀（如 PAlarmService），请求端口名称以 R 为前缀（如 RAlarmService）。

"应急监控系统"的软件体系结构（图 23-11）描述了两个服务，每个都支持 2 个供给端口和一个请求端口。两个客户端构件（"远程系统代理"和"监控传感器构件"）每个都支持 2 个请求端口。第三个客户端构件"操作员展现"拥有 2 个请求端口和 2 个供给端口。

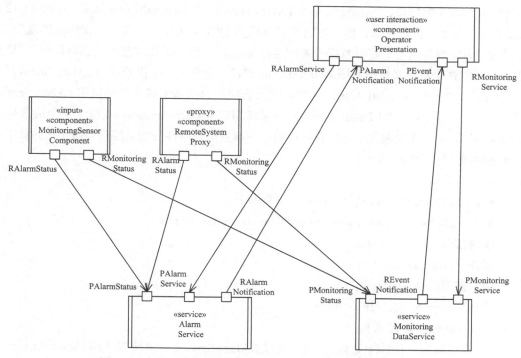

图 23-11 基于分布式构件的"应急监控系统"软件体系结构

23.5.5 构件和服务接口设计

图 23-12 到图 23-15 描述了各个构件和服务的接口设计，其中描述了每个构件 / 服务的端口和接口。每个接口都按照所提供的操作来描述，而每个操作则描述操作名称、输入参数和

输出参数。

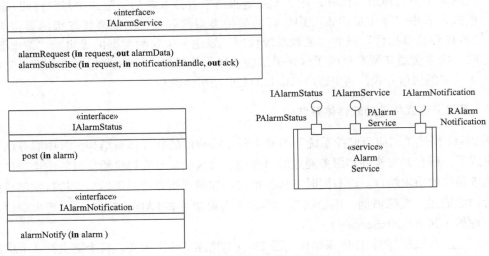

图 23-12 "警报服务"的构件接口

首先考虑一个服务及其端口、接口和操作的例子，同时考虑与这个服务通信的客户端。"警报服务"有 3 个端口，PAlarmStatus、PAlarmService 和 RAlarmNotification（见图 23-12）。"警报服务"有 2 个供给端口，因为它有两种不同类型的客户端：一类如"操作员展现"，发出同步客户端 / 服务请求来查看数据或者产生订阅请求；另一类如"监控传感器构件"，异步发送警报。发送警报的客户端使用 PAlarmStatus 端口，包含了一个供给接口 IAlarmStatus，该接口提供了一个操作 post（in Alarm）。发送需要响应的同步请求的客户端使用 PAlarmService 端口，它有一个供给接口（IAlarmService）。请求端口 RAlarmNotification 包含一个请求接口 IAlarmNotification，用来在发生新的警报后向客户端发送新事件通知。接口和操作规约如下：

- **供给接口**：IAlarmService
  操作：
  - AlarmRequest（**in** request, **out** alarmData）
  - alarmSubscribe（**in** request, **in** notificationHandle **out** ack）
- **供给接口**：IAlarmStatus
  操作：post（**in** alarm）
- **请求接口**：IAlarmNotification
  操作：alarmNotify（**in** alarm）

这些接口的使用方式如下：
- "操作员展现"构件（见图 23-11）通过 RAlarmService 请求端口使用 IAlarmService 请求接口（图 23-12）来向"警报服务"发送警报请求和订阅请求。
- "远程系统代理"和"监控传感器构件"（见图 23-11）通过 RalarmStatus 请求端口使用 IAlarmStatus 请求接口（见图 23-12）来向"警报服务"发送新警报。
- "警报服务"（图 23-11 和图 23-12）通过 RAlarmNotification 请求端口使用 IAlarmNotification 请求接口来向"操作员展现"构件发送警报通知。

"监控数据服务"（图 23-13）的设计与"警报服务"相似。它有 2 个供给接口, 一个连接到客户端"监控传感器构件"和"远程系统代理"的请求接口来接收新事件; 另一个连接到"操作员展现"构件的请求接口来接收监控请求。它有一个请求接口, 连接到"操作员展现"构件的供给接口来发送通知事件。

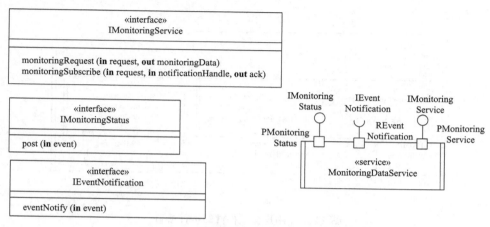

图 23-13 "监控数据服务"的构件接口

图 23-14 描述了 3 个客户端构件。"远程系统代理"和"监控传感器构件"都有 2 个请求端口, 每个端口分别有一个请求接口, 用来分别对"监控数据服务"和"警报服务"发送事件或者警报。"操作员展现"有 2 个供给端口和 2 个请求端口, 请求端口用来与"监控数据服务"以及"警报服务"通信。供给端口分别从"监控数据服务"和"警报服务"接收事件和警报通知。

467
~
469

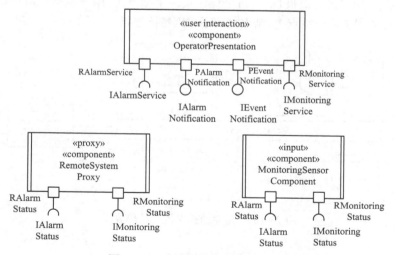

图 23-14 客户端构件的构件接口

"操作员展现"是一个复合构件, 包含 3 个简单用户交互构件（如图 23-15 所示）, 分别是"操作员交互"、"警报窗口"和"事件监控窗口"。考虑供给端口: 复合"操作员展现"构件的供给端口直接连接到内部构件"警报窗口"和"事件监控窗口"的供给端口上。连接外层供给端口和内层供给端口的连接器叫做**委托连接器**, 通过委托连接器, 由"操作员展

470

现"提供的外部委托端口接收消息，然后转发给嵌套构件提供的内部端口，例如"警报窗口"。按照惯例，这两个端口使用了相同的名称（例如"操作员展现"和"警报窗口"都是 PAlarmNotification），因为它们提供了相同的接口。与之相似，"操作员交互"构件的内部请求端口（RAlarmService 和 RmonitoringService）也直接连接到"操作员展现"相同名称的外部请求端口上。

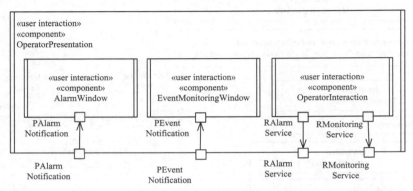

图 23-15   用户交互构件的构件接口

23.6   软件构件部署

一个典型的"应急监控系统"的软件构件部署图如图 23-16 所示。每一个客户端构件（每个构件都有多个实例）和每一个服务都被分配到了自己的物理结点上，如图 23-16 所示。客户端构件包括"监控传感器构件"（每个监控位置一个结点）、"远程系统代理"（每个远程系统一个结点）和"操作员展现"（每个操作员一个结点）。服务包括"监控数据服务"和"警报服务"（每个服务一个结点）。结点之间通过因特网连接。

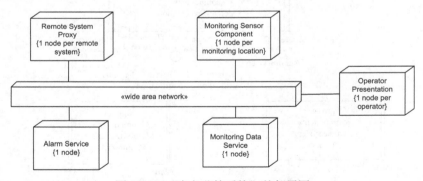

图 23-16   "应急监控系统"的部署图

实时软件体系结构案例研究：自动引导车辆系统

"自动引导车辆系统"（Automated Guided Vehicle，AGV）案例研究是一个实时系统的例子。将与之交互的其他系统（"监管系统"（Supervisory System）和"显示系统"（Display System））一起考虑的话，这也是一个分布式的系统之系统（system of system）的例子。其中"监管系统"和"显示系统"是现有的系统，而 AGV 系统需要建立与这两个系统的接口。

24.1 节描述问题。24.2 节给出 AGV 系统的用例模型。24.3 节介绍静态模型，其中包括用于描述系统与外部环境之间边界的系统上下文模型。24.4 节描述 AGV 系统的对象组织。24.5 节描述动态的状态机建模。24.6 节介绍动态交互建模，其中为每个用例建立了通信图。24.7 节介绍 AGV 系统的设计模型，包括基于构件的实时软件体系结构的设计。

24.1 问题描述

基于计算机的 AGV 可以在工厂内部按照顺时针方向在轨道上移动，并且在工厂内各个站点启动和停止。AGV 系统具有以下特点：

1）一个发动机，可以按照命令启动和停止车辆的移动。发动机会发送两种响应："已启动"（Started）和"已停止"（Stopped）。

2）一个到达传感器，用于检测 AGV 何时到达一个站点，例如已到达 x 站点。如果该站点是目标站点，则 AGV 会停止。反之 AGV 会越过该站点继续移动。

3）一个机械臂，用于装货和卸货。

AGV 系统从外部"监管系统"那里接收"移动"（Move）命令，并且向"监管系统"发送车辆"确认信息"（Acks），以表明车辆已启动、越过某个站点或在某站点上停止。此外，AGV 系统还会每隔 30 秒向"显示系统"发送一次车辆状态信息。

在 AGV 系统中到达传感器是事件驱动的输入设备，而发动机和机械臂则是被动的输入/输出（I/O）设备。此外，AGV 系统通过消息与"监管系统"和"显示系统"进行通信。

472

24.2 用例建模

AGV 系统的用例模型如图 24-1 所示。从问题描述可知，该模型包括两个用例，其中一个处理车辆移动到某个站点，另一个用例负责将车辆状态发送至显示系统。其中包含四个参与者："监管系统"（Supervisory System）、"显示系统"（Display System）、"到达传感器"（Arrival Sensor）以及"时钟"（Clock）。从 AGV 系统的角度来说，"监管系统"和"显示系统"是外部系统参与者。"到达传感器"是一个输入设备参与者，而"时钟"是个计时器

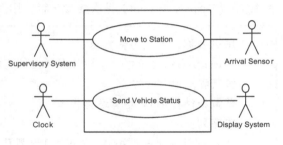

图 24-1 自动引导车辆系统：用例

参与者。下面给出用例描述。

24.2.1 "移动到站点"用例

"监管系统"是发起"移动到站点"（Move to Station）用例的主要参与者，因为该系统负责发送移动命令给 AGV 系统。"到达传感器"会在车辆到达站点时发出通知，因此作为次要参与者参与该用例。用例的描述如下：

用例名称：移动到站点

概述：AGV 移动部件到工厂站点

参与者：监管系统（主），到达传感器（次）

前置条件：AGV 是静止的

主序列：

　　1."监管系统"发送消息给"AGV 系统"，要求移动到某个工厂站点并装载一个部件。

　　2."AGV 系统"命令发动机开始移动。

　　3.发动机通知"AGV 系统"车辆已经开始移动。

　　4."AGV 系统"发送"已离开"的消息到"监管系统"。

　　5.到达传感器通知"AGV 系统"已经到达工厂站点（#）。

　　6."AGV 系统"确定该站点是目标站点并命令发动机停止移动。

　　7.发动机通知"AGV 系统"车辆已经停止移动。

　　8."AGV 系统"命令机械臂装载部件。

　　9.机械臂通知"AGV 系统"部件已经装载。

　　10."AGV 系统"发送"已到达"（Arrived）消息给"监管系统"。

可替换序列：

第6步：如果车辆到达与目标站点不同的站点，车辆将继续移动越过该站点并发送消息"越过工厂站点（#）"给"监管系统"。

第8、9步：如果"监管系统"请求 AGV 移动到工厂站点并卸载部件，AGV 将会在到达目标站点后卸载部件。

后置条件：AGV 完成任务并到达目标站点。

24.2.2 "发送车辆状态"用例

在此用例中"时钟"（Clock）是主要参与者，负责发起"发送车辆状态"用例，而"显示系统"（Display System）是次要参与者。用例描述如下：

用例名称：发送车辆状态

概述：AGV 发送关于车辆位置和空闲 / 繁忙状态的信息给显示系统。

参与者：时钟（主）、显示系统（次）

前置条件：AGV 处于运行状态

主序列：

　　1.时钟通知"AGV 系统"计时器已过期。

> 2. "AGV 系统" 读取关于 AGV 位置和空闲 / 繁忙状态的信息。
> 3. "AGV 系统" 发送其状态信息给 "显示系统"。
>
> **后置条件**："AGV 系统" 已经发送状态信息

24.3　静态建模

本节描述静态模型，包括系统上下文模型和实体类模型。

474

24.3.1　概念静态模型

图 24-2 中给出了用类图表示的概念静态模型。其中描述了一个系统之系统，包括 "监管系统"、"AGV 系统" 和 "显示系统"。"AGV 系统" 被建模为一个复合类，从 "监管系统" 接收命令并返回确认信息，此外还发送状态信息给 "显示系统"。"AGV 系统" 由四个类组成："到达传感器"（Arrival Sensor）、"发动机"（Motor）、"机械臂"（Robot Arm）和 "时钟"（Clock）。

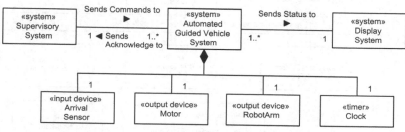

图 24-2　"自动引导车辆系统" 的概念静态模型

24.3.2　软件系统上下文建模

软件系统上下文类图（图 24-3）是从被开发软件系统（即 "AGV 系统"）的角度建模的。因此，它包括两个外部系统类（即 "监管系统" 和 "显示系统"）以及作为外部计时器类的 "时钟"，"时钟" 最初在用例模型中被描述为参与者。此外还有一个外部输入设备类 "到达传感器" 和两个外部输出设备类 "发动机" 和 "机械臂"。

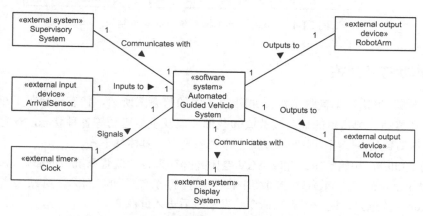

图 24-3　"自动引导车辆系统" 的软件系统上下文类图

475

24.4 对象和类组织

"AGV 系统"的对象组织如图 24-4 所示。软件系统上下文类图中的每个外部类都有个相对应的内部软件类。因此，存在两个代理类，即"监管系统代理"（Supervisory System Proxy）和"显示代理"（Display Proxy），它们分别与两个外部系统通信，即"监管系统"（Supervisory System）和"显示系统"（Display System）。还有一个输入类"到达传感器接口"（Arrival Sensor Interface），它与外部输入设备"到达传感器"（Arrival Sensor）进行通信；有两个输出类"发动机接口"（Motor Interface）和"机械臂接口"（Arm Interface），分别与两个外部输出设备类"发动机"（Motor）和"机械臂"（Arm）通信。此外，系统中还存在两个类：一个状态相关的控制类"车辆控制"（Vehicle Control），负责执行车辆状态机；一个实体类"车辆状态"（Vehicle Status），其中包含了关于车辆目的地和命令的数据。最后，还存在一个计时器类"车辆计时器"（Vehicle Timer）。

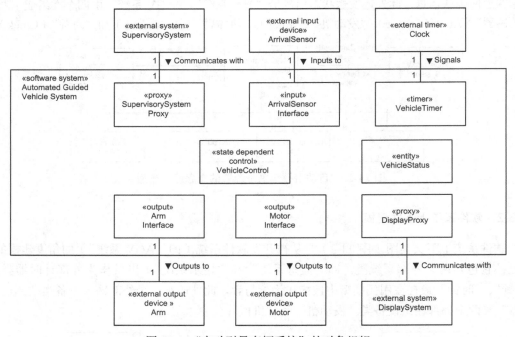

图 24-4 "自动引导车辆系统"的对象组织

24.5 动态状态机建模

"车辆控制"类执行车辆状态机，如图 24-5 中的状态图所示。状态机涵盖了车辆从空闲（idle）状态到移动、到达目的地、装载或卸载部件以及重新启动等各种状态。这些状态可以通过分析"移动到站点"用例中所描述的主序列来确定，具体如下：

- **空闲**（Idle）。初始状态，此时 AGV 空闲并等待来自"监管系统"的命令。
- **启动**（Starting）。当 AGV 接收到来自"监管系统"的"移动到站点"（Move to Station）消息并发送一个启动命令给发动机后进入此状态。
- **移动**（moving）。AGV 正在向下一个站点移动。

- **检查目的地**（Checking Destination）。AGV 到达一个站点并正在检查以确定该站点是否是目标站点。
- **停止并准备装载**（Stopping to Load）。当前站点为目标站点，AGV 准备装载部件。AGV 在进入此状态时命令发动机停止。
- **部件装载**（Part Loading）。机械臂正在将部件装载到 AGV 上。
- **停止并准备卸载**（Stopping to Unload）。当前站点为目标站点，AGV 准备卸载部件。AGV 在进入此状态时命令发动机停止。
- **部件卸载**（Part Unloading）。机械臂正在将部件从 AGV 上卸载下来。

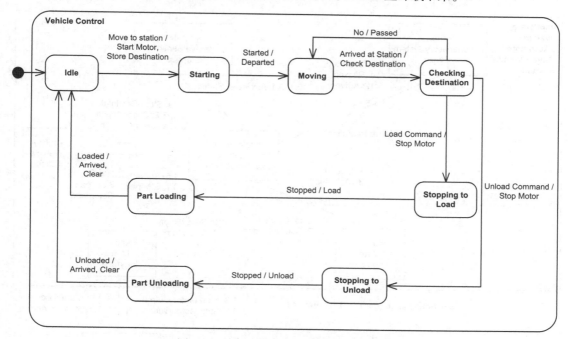

图 24-5 "自动引导车辆系统"的状态图

注意"停止并准备装载"和"停止并准备卸载"这两个状态是分开的，因为离开这两个状态时的动作是不同的（分别为装载和卸载）。

24.6 动态交互建模

对于每个用例，我们都要开发一个通信图以描述参与用例的各个对象以及对象之间传递的消息序列。其中主要的用例"移动到站点"（Move to Station）由多个对象共同实现，而支持用例"发送车辆状态"（Send Vehicle Status）只需要三个软件对象来实现。

24.6.1 "移动到站点"用例的动态建模

在"移动到站点"用例的通信图中（图 24-6），外部输入和外部输出的顺序与用例中所描述的顺序一致，从作为主要参与者的"监管系统"发送消息开始。实现此用例的对象包括："监管系统代理"（Supervisory System Proxy），此对象从"监管系统"接收输入；"车辆控制"（Vehicle Control），负责控制参与本用例的各个对象；"车辆状态"（Vehicle Status），用于存储和检索目的地位置信息；"机械臂接口"（Arm Interface）和"发动机接口"（Motor Interface），用于与两个外部输出设备进行交互；"到达传感器接口"（Arrival Sensor Interface），用于从到达传感器接收输入。

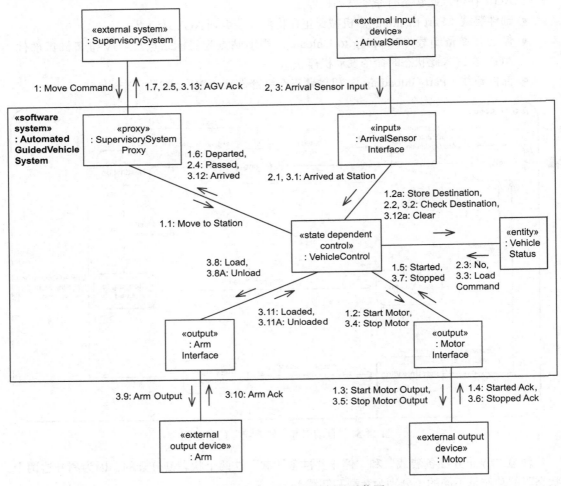

图 24-6 "移动到站点"用例的通信图

在下述场景中，车辆经过第一个站点并且停在第二个站点上以装载部件，其消息序列为：

1：外部"监管系统"向"AGV 系统"发送"移动"命令，要求车辆移动到一个工厂站点并装载部件。

1.1："监管系统代理"接收"移动"命令，发送"移动到站点"命令给"车辆控制"。

1.2："车辆控制"发送"启动发动机"命令给"发动机接口"以开始移动。

1.2a："车辆控制"在"车辆状态"中保存目标站点以及装载 / 卸载命令。

1.3："发动机接口"发送"启动发动机"（Start Motor）命令给外部"发动机"。

1.4："发动机"发送"启动"确认信息给"发动机接口"。

1.5："发动机接口"通知"车辆控制"车辆已经开始移动。

1.6："车辆控制"发送"离站"消息给"监管系统代理"。

1.7："监管系统代理"将"离站"（Departed）消息转发给"监管系统"。

2：到达传感器通知 AGV 系统已经到达工厂站点（#）。

2.1："到达传感器接口"发送"到达站点"（Arrived at Station）消息给"车辆控制"。

2.2："车辆控制"发送"检查目的地"（Check Destination）消息给"车辆状态"对象。

2.3："车辆状态"对象指示此站点不是目的地站点。

2.4："车辆控制"发送"继续移动"（Passed）的消息给"监管系统代理"。

2.5："监管系统代理"将"继续移动"的消息转发给"监管系统"。

3：到达传感器通知"AGV 系统"它已经到达工厂站点（#）。

3.1："到达传感器接口"发送"到达站点"消息给"车辆控制"。

3.2："车辆控制"发送"检查目标站点"消息给"车辆状态"对象。

3.3："车辆状态"对象指示此站点为目标站点，并表明所接到的命令是装载部件。

3.4："车辆控制"发送"停止发动机"消息给"发动机接口"。

3.5："发动机接口"发送"停止发动机"命令给外部"发动机"设备。

3.6："发动机"发送"停止"确认消息给"发动机接口"。

3.7："发动机接口"通知"车辆控制"车辆已经停止移动。

3.8："车辆控制"发送"装载"（Load）消息给"机械臂接口"。

3.9："机械臂接口"发送"装载"消息给外部"机械臂"设备。

3.10："机械臂"发送确认消息给"车辆控制"并表明机械臂已完成装载。

3.11："机械臂接口"发送"已装载"（Loaded）消息给"车辆控制"。

3.12："车辆控制"发送"到达"消息给"监管系统代理"。

3.13："监管系统代理"转发"到达"消息给"监管系统"。

"车辆控制"发出和接收的消息与图 24-7 中所描述的状态图中的事件和动作相对应，并且遵循与此前的消息序列描述中一样的场景。

480

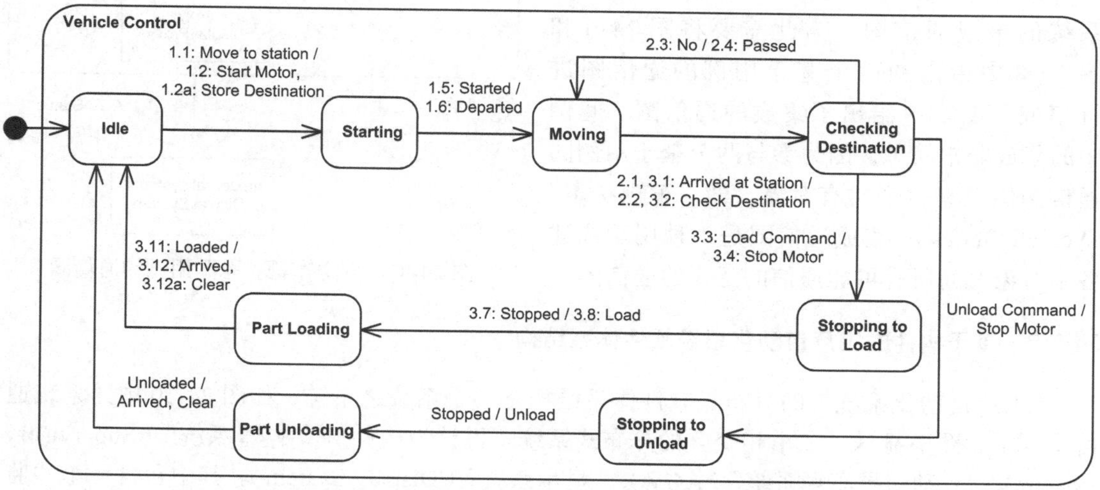

图 24-7 "车辆控制"状态图中的事件和动作序列编号

481

24.6.2 "发送车辆状态"用例的动态建模

"发送车辆状态"用例的通信图如图 24-8 所示。实现此用例的对象包括："车辆计时器"（Vehicle Timer），负责接收时钟输入；"车辆状态"（Vehicle Status），用于保存状态信息；"显示代理"（Display Proxy），负责发送车辆状态给外部"显示系统"。用例的消息序列由来自于外部的"时钟"对象的计时器事件发起，消息序列如下：

> 1："时钟"发送"计时器事件"给"车辆计时器"。
> 1.1, 1.2："车辆计时器"读取"车辆状态"。
> 1.3："车辆计时器"发送"更新状态"消息给"显示代理"。
> 1.4："显示代理"发送"车辆状态"给外部"显示系统"。

24.7 设计建模

482

"AGV 系统"的软件体系结构设计遵循集中式控制模式。集中式控制由"车辆控制"构件提供，此构件从"监管系统"和"到达传感器"接收输入，控制外部环境中的"发动机"和"机械臂"。从更大的工厂自动化系统的角度看，其体系结构的设计符合层次化控制模式，其中多个"AGV 系统"的实例（每个实例控制一个车辆）在"监管系统"的控制下运行，"监管系统"通过发送移动命令给每个车辆提供层次化的控制。

24.7.1 集成通信图

在设计模型的初始阶段，需要开发 AGV 系统的集成通信图，为此需要将图 24-6 和图 24-8 中给出的两个基于用例的通信图进行集成。图 24-9 给出了集成的通信图。此例中的集成非常简单，因为参与两个基于用例的通信图中只有一个共有对象，即"车辆状态"（Vehicle Status）。集成通信图是一种用于描述各个对象之间所有可能通信的泛化的通信图。

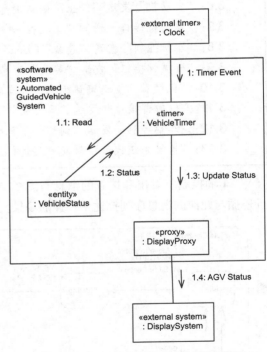

图 24-8 "发送车辆状态"用例的通信图

24.7.2 基于构件的工厂自动化系统软件体系结构

"工厂自动化系统"的分布式软件体系结构是一个系统之系统，如图 24-10 中的系统通信图所示。图中显示了三个相交互的分布式系统（设计为构件）："监管系统"（Supervisory System）、"自动引导车辆系统"（AGV）、"显示系统"（Display System）。其中包含一个"监管系统"的实例、多个"AGV 系统"和"显示系统"的实例。所有分布式构件之间的通信均为异步的，这为消息通信提供了极大的灵活性。"监管系统"和"AGV 系统"之间的通信是一个双向异步通信的例子。

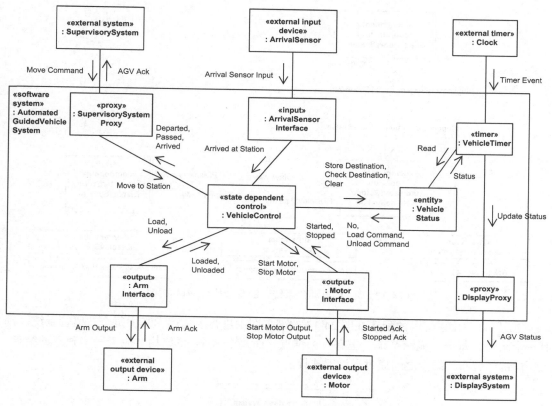

图 24-9　"自动引导车辆系统"的集成通信图

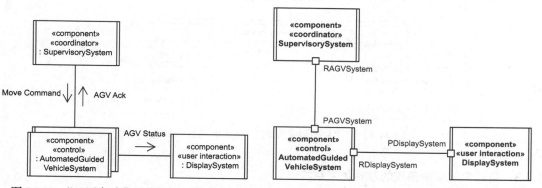

图 24-10　"工厂自动化系统"的系统通信图　图 24-11　基于构件的"工厂自动化系统"软件体系结构

图 24-11 描述了基于构件的"工厂自动化系统"软件体系结构，其中三个系统设计为分布式构件。"AGV 系统"拥有一个用于从"监管系统"接收消息的供给端口（provided port）和一个用于发送消息给"显示系统"的请求端口（required port）。供给端口 PAGVSystem 是一个复杂端口，因为它同时拥有一个用于接收命令消息的供给接口 IAGVSystem 以及一个用于发送确认消息的请求接口 ISupervisorySystem，如图 24-12 所示。请求端口 RDisplaySystem

支持一个请求接口 IDisplaySystem，用于发送 AGV 状态消息给"显示系统"。这三个构件接口也在图 24-12 中进行了定义。

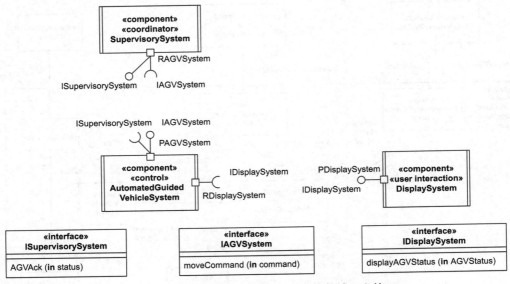

图 24-12 "工厂自动化系统"的复合构件端口和接口

"工厂自动化系统"的配置在图 24-13 的部署图中进行了描述，其中每个"监管系统"都有一个结点，每个"显示系统"也有一个结点，而每个 AGV 系统均对应于一个独立的结点。工厂内部的分布式结点之间通过局域网连接。

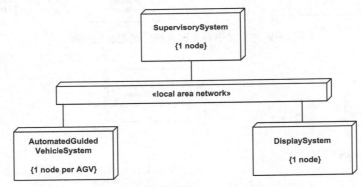

图 24-13 "工厂自动化系统"的分布式系统部署

24.7.3 自动引导车辆系统的软件体系结构

"AGV 系统"被设计成实时的基于构件的软件体系结构。基于构件的设计遵循第 17 章所介绍的概念，其优点是可配置性。实时设计是由于应用本身的特点，它遵循第 18 章中所介绍的并发任务组织准则和基于消息的任务接口设计。

"AGV 系统"的设计基于实时设计的集中式控制模式（见第 18 章），其中一个控制构件"车辆控制"（Vehicle Control）提供对整个系统的控制。此外，"AGV 系统"被设计成基于构件的分布式软件体系结构，这种设计允许输入输出构件驻留在不同的结点上，而这些结点之间通过高速总线相连。在系统部署时需要确定所采用的配置类型（集中式或分布式）。

"AGV 系统"的并发软件体系结构是在集成通信图基础上开发的。其中，并发任务是通过应用任务结构化组织准则设计的，而任务之间的消息通信是通过应用体系结构通信模式设计的。随后设计基于构件的软件体系结构。最后描述每个构件的供给接口和请求接口。每个构件端口则在供给接口和 / 或请求接口之上定义。

483
~
486

24.7.4　并发软件体系结构

在并发实时设计中，并发任务结构化组织准则被用于确定"AGV 系统"的各个任务。并发任务的设计（见图 22-14）从图 24-9 给出的集成通信图开始，图中描述了"AGV 系统"的所有对象。由于这些对象需要独立操作，因而它们是并发的，除了作为被动数据抽象对象的"车辆状态"。由于设计目标是基于构件的并发软件体系结构，因此任务被设计为简单并发构件，每个构件中包含一个简单控制线程。因而在设计中，术语任务（task）和简单构件（simple component）是同义词。并发任务描述如下：

- **输入任务**。并发输入任务从外部环境接收输入并发送相应消息给控制任务。"到达传感器构件"（图 24-14）被设计为事件驱动的输入任务，会被到来的到达传感器输入唤醒。输入任务由分析模型（见图 24-9）中各个输入设备接口对象组成："到达传感器接口"。

- **代理任务**。"监管系统代理"代表"监管系统"运行，从"监管系统"那里接收"移动"命令并转发给"车辆控制"任务，并且向"监管系统"发送 AGV 确认消息。"监管系统代理"被设计成事件驱动任务，由来自外部"监管系统"或内部"车辆控制"的消息唤醒。值得注意的是，如果一个任务不仅接收外部消息而且还接收内部消息，则该任务被设计成事件驱动任务而非按需驱动任务。"显示代理"（Display Proxy）在"显示系统"一端执行操作，负责将 AGV 状态消息转发给"显示系统"。"显示代理"被设计成按需驱动任务，由来自于"车辆计时器"的消息唤醒。

- **控制任务**。"车辆控制"任务是"AGV 系统"的一个集中式状态相关的控制任务。该任务执行"车辆控制"状态机，从其他包含能够引起"车辆控制"状态变化的事件的任务接收消息，并且发送动作消息给其他任务。"车辆控制"任务被设计成按需驱动任务，由来自于"监管系统代理"和"到达传感器构件"的消息唤醒。

- **输出任务**。"机械臂构件"与外部"机械臂"项链。在分析模型中"机械臂接口"对象被映射为输出任务（见图 24-9 和图 24-14）。与之相似，"发动机构件"与外部"发动机"交互，在分析模型中发动机构件被设计为"发动机接口"对象。两个输出任务都被设计为按需驱动任务，由来自于"车辆控制"任务的消息按需唤醒。

24.7.5　体系结构通信模式

图 24-14 是"AGV 系统"的并发通信图，其中显示了 AGV 软件体系结构中的并发任务。接下来进行任务接口的设计。

487

在 AGV 系统中各个任务之间的消息本身根据图 24-9 的集成通信图确定，但消息通信的类型（同步或异步）依然需要进一步明确。为了处理"AGV 系统"中任务之间各种不同的消息通信方式，我们使用了四种通信模式：

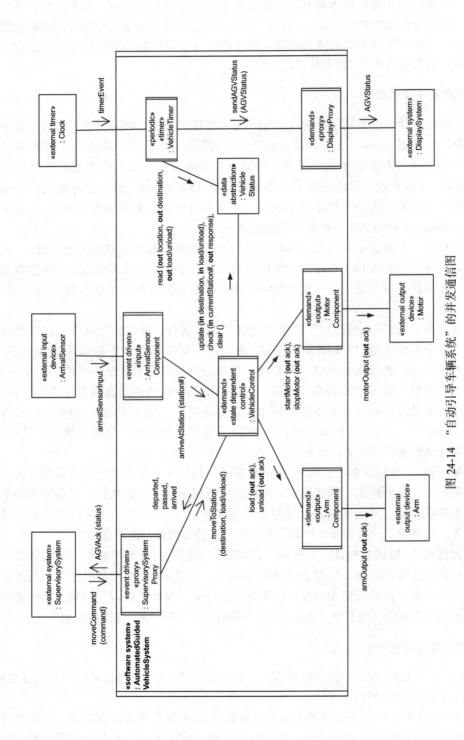

图 24-14 "自动引导车辆系统"的并发通信图

1）**异步消息通信**。"异步消息通信"模式在"AGV 系统"中得到了广泛使用，这是因为系统中的大部分通信是单向的，而且此模式的一个优势是消息生产者无需为消息消费者挂起。"车辆控制"任务需要从两个消息生产者（即"监管系统代理"和"到达传感器构件"）接收消息而不论其顺序。为了灵活性，处理此需求的最佳方法是通过异步消息通信，其中为"车辆控制"任务建立一个输入消息队列，从而使"车辆控制"任务可以处理首先到达的消息，不论是移动命令还是到站通知。"车辆计时器"任务发送异步的 AGV 状态消息给"显示代理"任务，而"显示代理"同样通过消息队列接收这些消息。

2）**双向异步通信**。此通信模式用在"监管系统代理"与"车辆控制"任务之间，这是由于在"监管系统代理"发送移动命令给"车辆控制"任务与"车辆控制"任务发回确认消息之间可能需要相当长的一段时间（确认发生在 AGV 到达目标站点之后）。因此，移动命令和确认消息之间不存在耦合。

3）**不带回复的同步消息通信**。当消息生产者需要在继续执行之前确认消息消费者已经接收到消息时需要使用此模式。在本章的实例中，此通信模式用在"车辆控制"和"机械臂构件"以及"车辆控制"和"发动机构件"之间。这两种情形下消费者任务会保持空闲直到接收到消息，因此消息生产者"车辆控制"任务发送消息后无需等待确认。

4）**调用 / 返回**。当"AGV 控制"和"车辆计时器"调用被动"车辆状态"数据抽象对象时使用（见图 24-14）。

24.7.6　基于构件的软件体系结构

基于构件的"AGV 系统"体系结构如图 24-15 所示。图中显示了一个包含系统构件端口和连接器的 UML 复合结构图。除一个构件之外所有其他构件都是并发的，构件之间通过端口进行通信。系统的整体结构以及构件之间的连接在"AGV 系统"的并发通信图的基础上确定。因此，图 24-15 所示的构件系结构的复合结构图是基于图 24-14 所示的并发通信图确定的。

"自动引导车辆系统"构件被设计为包括 8 个简单部分构件的复合构件。这些部分构件中有 7 个是并发构件，包括"监管系统代理"、"到达传感器构件"、"车辆控制"、"车辆计时器"、"机械臂构件"、"发动机构件"和"显示代理"；此外还有一个被动的数据抽象对象，即"车辆状态"。7 个简单并发构件与 24.7.4 节确定的任务相对应，并在图 24-14 的并发通信图中给出。

图 24-15 描述了如何将"AGV 系统"构件分解成上一段提到的 7 个简单并发构件和 1 个被动数据抽象对象。"AGV 系统"复合构件的供给端口直接与简单"监管系统代理"构件的供给端口相连，两个端口由于提供相同的接口因而均命名为 PAGV System。与这两个端口相关的连接器实际上是一个委托连接器，这意味着"AGV 系统"提供的外部端口会转发每个接收到的消息到"监管系统代理"提供的内部端口。"显示代理"构件的请求端口也通过委托连接器与复合"AGV 系统"构件的请求端口相连。

执行车辆状态机的"车辆控制"构件具有一个供给端口，该端口提供用于接收来自"监管系统代理"和"到达传感器构件"的所有消息的接口。这样，"车辆控制"以先进先出（FIFO）的方式接收所有到达的消息。"车辆状态"也拥有一个供给端口和一个供给接口，由于"车辆状态"对象是被动的，它提供了被"车辆控制"构件和"车辆计时器"调用的操作。"车辆控制"也具有两个用来与"机械臂构件"和"发动机构件"通信的请求端口。

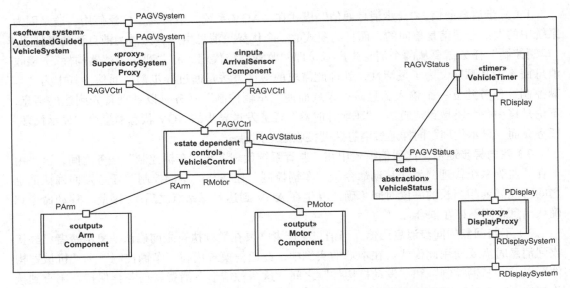

图 24-15 基于构件的"自动引导车辆系统"软件体系结构

在图 24-14 中，由于两个消息生产者构件（"监管系统代理"和"到达传感器构件"）发送消息给"车辆控制"构件，因此每个生产者构件被设计成具有一个输出端口（称为请求端口）和一个输入端口（称为供给端口），两个端口通过连接器相连，如图 24-15 所示。生产者构件中的请求端口名称为 RAGVCtrl；根据 COMET 的惯例，端口名称中的第一个字母 R 用来强调该构件具有一个请求端口（required port）。"车辆控制"构件的供给端口名称为 PAGVCtrl；其第一个字母 P 用于强调该构件具有一个供给端口（provided port）。连接器用来建立两个生产者构件的请求端口和控制构件的供给端口。

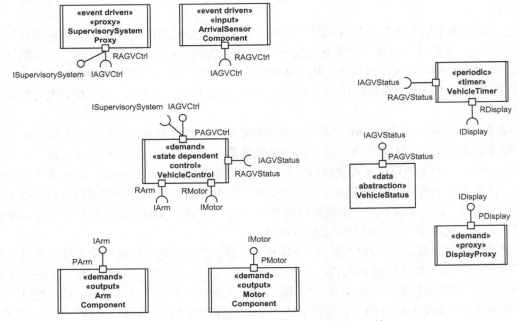

图 24-16 "自动引导车辆系统"的构件端口和接口

24.7.7　构件接口设计

每个构件端口都是按照其请求接口和／或供给接口进行定义的。有些消息生产者构件（特别是输入构件）不提供软件接口，这是由于此类构件直接从外部硬件输入设备接收输入，但是这些构件需要通过控制构件提供的接口向控制构件发送消息。图 24-16 给出了输入构件"到达传感器构件"（Arrival Sensor Component）的端口和请求接口。此输入构件以及"监管系统代理"构件具有相同的请求接口 IAGVControl，该接口由"车辆控制"构件提供。

"车辆控制"构件具有三个请求端口，通过这些端口"车辆控制"构件可以发送消息给图 24-14 中所示的两个输出构件（"机械臂构件"和"发动机构件"）的供给端口，而且"车辆控制"构件通过"车辆状态"数据抽象对象的供给端口调用其操作。

输出构件因为直接输出至外部硬件输出设备而无需软件接口，但是需要提供接口以接收来自于控制构件的消息。图 24-16 给出了"AGV 系统"中两个输出构件的端口和供给接口。图 24-17 给出了这两个输出构件接口的规约，规约中说明了它们提供的操作。"机械臂构件"和"发动机构件"输出构件均具有一个供给端口：

- "机械臂构件"的 PArm 端口，提供接口 IArm；
- "发动机构件"的 PMotor 端口，提供接口 IMotor。

"显示代理"构件具有一个称为 PDisplay 的供给端口，该端口继而提供一个称为 IDisplay 的接口，如图 24-16 所示。图 24-17 给出了接口的规约。

有些构件（例如控制构件）需要为消息生产者构件提供使用接口并需要输出构件所提供的接口。"车辆控制"构件具有多个端口（一个供给端口和三个请求端口），如图 24-16 所示。每个请求端口用于与不同消费者构件之间的交互，这些端口的命名使用前缀 R，例如 RArm。而供给端口称为 PAGVControl，提供接口 IAGVControl 给消息生产者构件使用。

"车辆控制"构件（见图 24-14 和图 24-15）执行 AGV 状态表，并且从两个生产者构件接收异步控制请求消息。供给接口 IAGVControl 在图 24-17 中说明，接口很简单，只包含一个操作 processControlRequest，该操作具有一个输入参数 controlRequest，参数中包含单个消息的名称和内容。考虑到系统的演化，在接口中为每个控制请求分别设计操作会使接口过于复杂，因为系统演化通常需要操作的增加或删除而不仅仅是参数的变更。

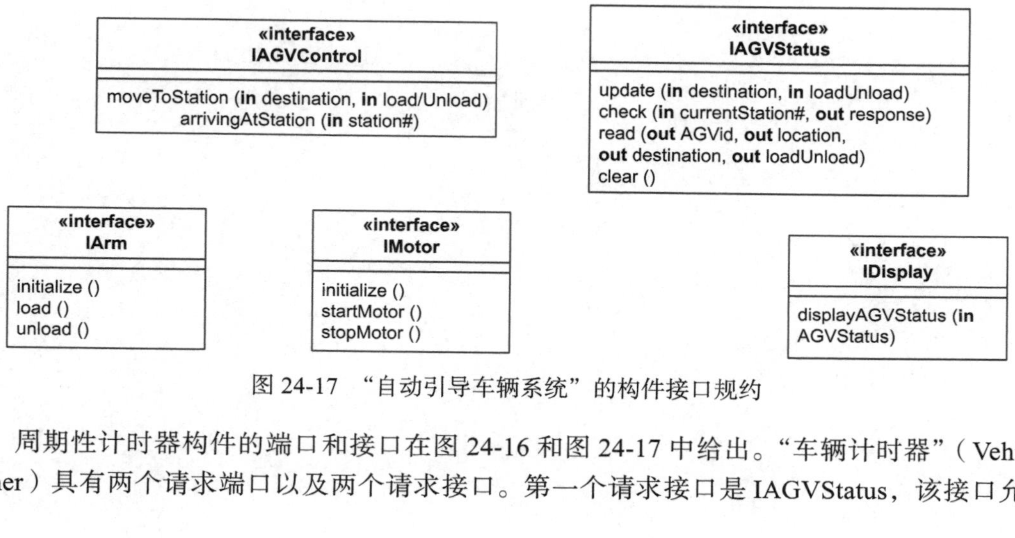

490
～
492

«interface»
IAGVControl

moveToStation (**in** destination, **in** load/Unload)
arrivingAtStation (**in** station#)

«interface»
IAGVStatus

update (**in** destination, **in** loadUnload)
check (**in** currentStation#, **out** response)
read (**out** AGVid, **out** location,
out destination, **out** loadUnload)
clear ()

«interface»
IArm

initialize ()
load ()
unload ()

«interface»
IMotor

initialize ()
startMotor ()
stopMotor ()

«interface»
IDisplay

displayAGVStatus (**in** AGVStatus)

图 24-17　"自动引导车辆系统"的构件接口规约

周期性计时器构件的端口和接口在图 24-16 和图 24-17 中给出。"车辆计时器"（Vehicle Timer）具有两个请求端口以及两个请求接口。第一个请求接口是 IAGVStatus，该接口允许从"车辆状态"数据抽象对象读取 AGV 状态信息。第二个请求接口是 IDisplay，该接口允许"车辆计时器"发送 AGV 状态消息给"显示代理"构件。

被动数据抽象对象"车辆状态"的端口和接口在图 24-16 和图 24-17 中给出。"车辆状态"（Vehicle Status）对象提供一个具有三个操作的接口。其中"更新"（update）操作保存下一个 AGV 目标站点以及在目标站点需要执行的命令（装货或卸货）。"检查"（check）操作接收当前站点编号并返回该站点是否为目标站点，如果是则进一步返回站点的命令是装货还是卸货。"读"（read）操作返回位置、目标站点以及装货/卸货命令。图 24-18 中显示了被动数据抽象对象"车辆状态"的各个属性。图中也给出了为"车辆状态机"（Vehicle State Machine）设计的状态机类，该类被封装在"车辆控制"构件中。

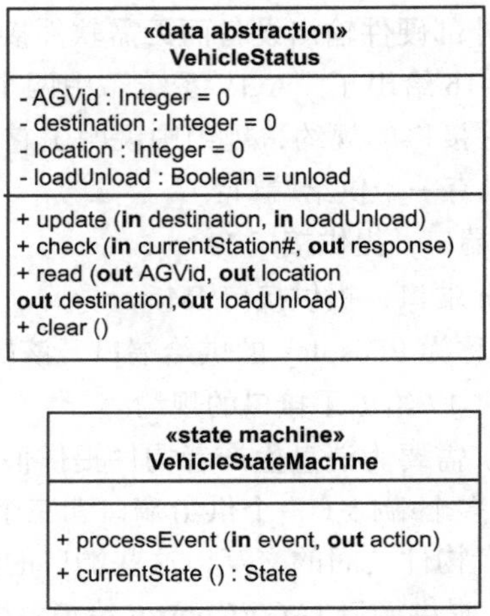

```
«data abstraction»
VehicleStatus

- AGVid : Integer = 0
- destination : Integer = 0
- location : Integer = 0
- loadUnload : Boolean = unload

+ update (in destination, in loadUnload)
+ check (in currentStation#, out response)
+ read (out AGVid, out location
out destination, out loadUnload)
+ clear ()
```

```
«state machine»
VehicleStateMachine

+ processEvent (in event, out action)
+ currentState () : State
```

图 24-18 "车辆状态"数据抽象类和"车辆状态机"类

软件体系结构模式分类

从模式的预期用户的角度而言，一个描述模式的模板通常含有以下几个项目：

- **模式名**。
- **别名**。这个模式的其他名字。
- **上下文**。引出这个问题的情景。
- **问题**。问题的简单描述。
- **解决方案的总结**。解决方案的简要描述。
- **解决方案的优点**。用来确定这个解决方案对于你的设计问题是否是正确的。
- **解决方案的缺点**。用来确定这个解决方案对于你的设计问题是否是错误的。
- **适用性**。可以使用这个模式的情景。
- **相关的模式**。考虑你的解决方案的其他模式。
- **参考**。可以找到关于这个模式更多信息的地方。

体系结构结构模式、体系结构通信模式以及体系结构事务模式分别在 A.1 节、A.2 节以及 A.3 节中按照这个模板记录。这些模式总结在表 A-1 ～ 表 A-3 中。

表 A-1　软件体系结构结构模式

软件体系结构结构模式	模式描述	参考章节
代理者模式	A.1.1 节	第 16 章，16.2 节
集中式控制模式	A.1.2 节	第 18 章，18.3.1 节
分布控制模式	A.1.3 节	第 18 章，18.3.2 节
层次化控制模式	A.1.4 节	第 18 章，18.3.3 节
抽象分层模式	A.1.5 节	第 12 章，12.3.1 节
多客户端 / 多服务模式	A.1.6 节	第 15 章，15.2.2 节
多客户端 / 单服务模式	A.1.7 节	第 15 章，15.2.1 节
多层客户端 / 服务模式	A.1.8 节	第 15 章，15.2.3 节

表 A-2　软件体系结构通信模式

软件体系结构通信模式	模式描述	参考章节
异步消息通信模式	A.2.1 节	第 12 章，12.3.3 节
带回调的异步消息通信模式	A.2.2 节	第 15 章，15.3.2 节
双向异步消息通信模式	A.2.3 节	第 12 章，12.3.3 节
广播模式	A.2.4 节	第 17 章，17.6.1 节
代理者转发模式	A.2.5 节	第 16 章，16.2.2 节
代理者句柄模式	A.2.6 节	第 16 章，16.2.3 节
调用 / 返回模式	A.2.7 节	第 12 章，12.3.2 节
协商模式	A.2.8 节	第 16 章，16.5 节

（续）

软件体系结构通信模式	模式描述	参考章节
服务发现模式	A.2.9 节	第 16 章，16.2.4 节
服务注册模式	A.2.10 节	第 16 章，16.2.1 节
订阅／通知模式	A.2.11 节	第 17 章，17.6.2 节
带回复的同步消息通信模式	A.2.12 节	第 12 章，12.3.4 节 第 15 章，15.3.1 节
不带回复的同步消息通信模式	A.2.13 节	第 18 章，18.8.3 节

表 A-3 软件体系结构事务模式

软件体系结构事务模式	模式描述	参考章节
复合事务模式	A.3.1 节	第 16 章，16.4.2 节
长事务模式	A.3.2 节	第 16 章，16.4.3 节
两阶段提交协议模式	A.3.3 节	第 16 章，16.4.1 节

496

A.1 软件体系结构的结构模式

本节按照字母顺序并使用标准模板描述了体系结构的结构模式，这些模式针对体系结构的静态结构。

A.1.1 代理者模式

模式名	代理者
别名	对象代理者、对象请求代理者
上下文	软件体系结构设计，分布式系统
问题	在分布式应用中，多个客户端与多个服务通信。客户端不知道服务的位置。
解决方案的总结	服务向代理者注册。客户端发送服务请求给代理者。代理者扮演客户端和服务的中介。
解决方案的优点	位置透明性：服务可以方便地重定位。客户端不需要知道服务的位置。
解决方案的缺点	由于在消息通信中涉及了代理者而需要额外的开销。如果代理者有高负载，那么代理者可能会成为瓶颈。客户端可能保留而不是丢弃过时的服务句柄。
适用性	分布式环境：有多个服务的客户端／服务和分布式应用
相关的模式	代理者转发，代理者句柄
参考	第 16 章，16.2 节

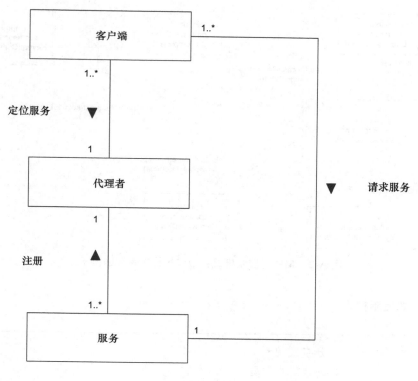

图 A-1 代理者模式

497

A.1.2 集中式控制模式

模式名	集中式控制
别名	集中式控制器，系统控制器
上下文	需要整体控制的集中式应用
问题	多个动作和活动是状态相关的，并且需要控制和顺序化。
解决方案的总结	有一个控制构件，它概念上执行一个状态机并且提供系统或者子系统的整体控制和顺序化。
解决方案的优点	在一个构件内封装了所有状态相关的控制。
解决方案的缺点	云会导致过度集中式的控制，在这种情况下应该考虑分布式控制。
适用性	实时控制系统状态相关的应用
相关的模式	分布式控制，层次化控制
参考	第 18 章，18.3.1 节

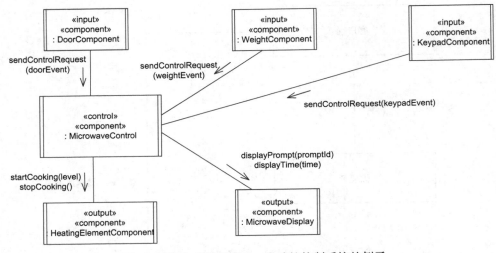

图 A-2 集中式控制模式：微波炉控制系统的例子

A.1.3 分布式控制模式

模式名	分布式控制
别名	分布式控制器
上下文	具有实时控制需求的分布式应用
问题	在有多个位置的分布式应用中需要在多个位置进行实时的本地化控制。
解决方案的总结	有多个控制构件，使得每个构件通过概念上执行一个状态机来控制一个系统的给定部分。控制分布在多个控制构件中，没有一个构件有全局的控制。
解决方案的优点	克服了过度集中式控制的可能问题。
解决方案的缺点	没有一个整体的协调者。如果需要它，可以考虑使用层次化控制模式。
适用性	分布式实时控制的、分布式状态相关的应用
相关的模式	层次化控制，集中式控制
参考	第 18 章，18.3.2 节

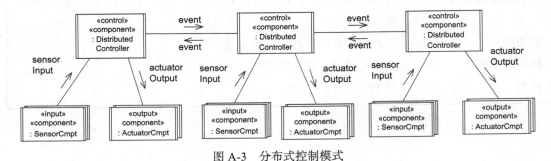

图 A-3 分布式控制模式

A.1.4   层次化控制模式

模式名	层次化控制
别名	多层控制
上下文	具有实时控制需求的分布式应用
问题	在有多个位置的分布式应用中需要实时的本地化控制和整体的控制。
解决方案的总结	有多个控制构件，每个构件通过概念上执行一个状态机来控制一个系统的给定部分。还有一个协调者构件，它提供了高层的控制：为每个控制构件决定下一个任务，并且直接把这个信息通知给控制构件。
解决方案的优点	通过提供高层的控制和协调，克服了分布式控制模式的可能问题
解决方案的缺点	当负载高并且是一个单点缺陷时，高层的协调者可能会成为瓶颈。
适用性	分布式实时控制的、分布式状态相关的应用
相关的模式	分布式控制，集中式控制
参考	第 18 章，18.3.3 节

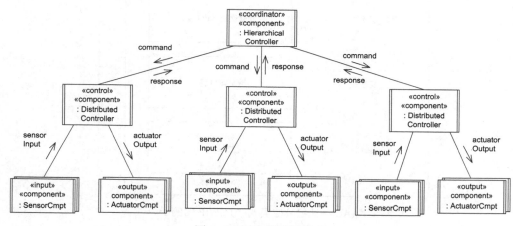

图 A-4   层次化控制模式

500

A.1.5   抽象分层模式

模式名	抽象分层
别名	分等级的层次、抽象等级
上下文	软件体系结构设计
问题	一个鼓励便于扩展和收缩设计的软件体系结构。
解决方案的总结	低层的构件提供服务给高层的构件。构件可能只能使用由低层构件提供的服务。

解决方案的优点	促进软件设计的扩展和收缩。
解决方案的缺点	如果需要遍历太多层，可能会导致低效率。
适用性	操作系统，通信协议，软件产品线
相关的模式	软件内核可以是抽象分层体系结构的最低层。这个模式的变体包括灵活的抽象分层
参考	第 12 章，12.3.1 节；Hoffman and Weiss 2001；Parnas 1979

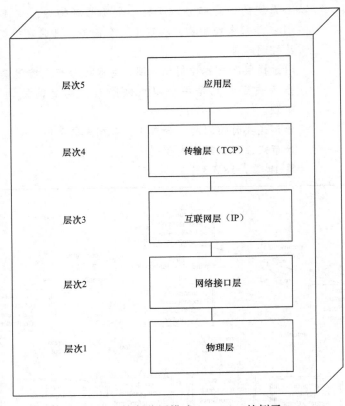

图 A-5　抽象分层模式：TCP/IP 的例子

501

A.1.6　多客户端 / 多服务模式

模式名	多客户端 / 多服务
别名	客户端 / 服务、客户端 / 服务器
上下文	软件体系结构设计，分布式系统
问题	在分布式应用中多个客户端请求多个服务的服务。
解决方案的总结	客户端与多个服务通信，通常是串行的，不过也可能是并行的。每个服务响应客户端的请求。每个服务处理多个客户端的请求。一个服务可能把一个客户端的请求委托给另一个服务。

解决方案的优点	当客户端需要来自每个服务的不同信息时,这是一个客户端与多个服务通信的好方法。
解决方案的缺点	如果在任意一个服务器有高负载,那么客户端可能会被无限阻塞。
适用性	分布式处理:有多个服务的客户端/服务和分布式应用
相关的模式	多客户端/单服务,多层客户端/服务
参考	第15章,15.2.2节

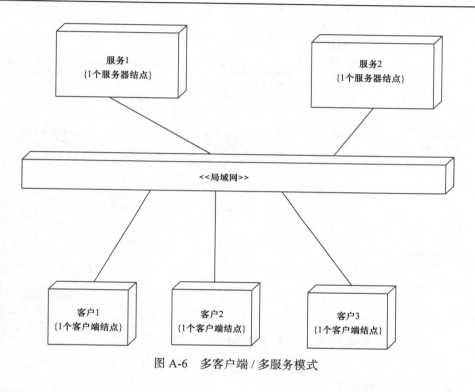

图 A-6 多客户端/多服务模式

A.1.7 多客户端/单服务模式

模式名	多客户端/单服务
别名	客户端/服务、客户端/服务器
上下文	软件体系结构设计,分布式系统
问题	在分布式应用中多个客户端需要一个服务的服务。
解决方案的总结	客户端请求服务。服务响应客户端的请求并且不发起请求。服务处理多个客户端请求。
解决方案的优点	当客户端需要服务的回复时,这是一个客户端与服务通信的好方法。在客户端/服务器应用中,这是很常见的通信形式。
解决方案的缺点	如果服务器有高负载,那么客户端可能会被无限阻塞。

适用性	分布式处理：客户端/服务应用
相关的模式	多客户端/多服务，多层客户端/服务
参考	第 15 章，15.2.1 节

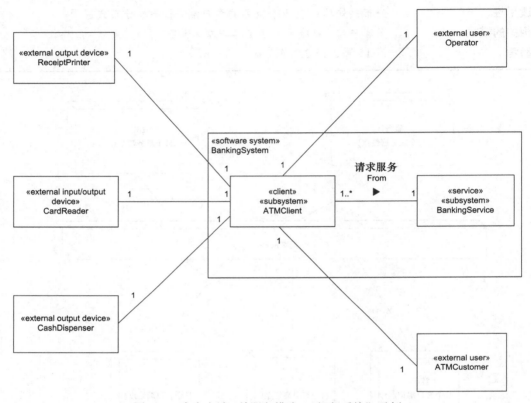

图 A-7 多客户端/单服务模式："银行系统"示例

A.1.8 多层客户端/服务模式

模式名	多层客户端/服务
别名	客户端/服务、客户端/服务器
上下文	软件体系结构设计，分布式系统
问题	在分布式应用中有多层服务。
解决方案的总结	客户端请求服务。解决方案有多层服务。中介层提供了客户端和服务的角色。可以有多个中介层。
解决方案的优点	如果处理一个个体客户端的请求需要多个服务并且一个服务需要另一个服务的辅助，那么这是一个层次化服务的好方法。
解决方案的缺点	如果服务器有高负载，那么客户端可能会被无限阻塞。
适用性	分布式处理：有多个服务的客户端/服务和分布式应用

相关的模式	多客户端 / 单服务，多客户端 / 多服务
参考	第 15 章，15.2.3 节

图 A-8 多层的客户端 / 服务模式："银行系统"示例

504

A.2 软件体系结构通信模式

本节按照字母顺序并使用标准模板描述了体系结构通信模式，这些模式处理了体系结构的分布式构件之间的动态通信。

A.2.1 异步消息通信模式

模式名	异步消息通信
别名	松耦合的消息通信
上下文	并发或者分布式系统
问题	并发或者分布式系统有需要互相通信的并发构件。生产者不需要等待消费者。生产者不需要回复。
解决方案的总结	在生产者构件和消费者构件之间使用消息队列。生产者发送消息给消费者，然后继续。消费者接收消息。如果消费者忙，消息以先进先出的方式排队。如果没有消息，消费者被挂起。如果消费者结点宕了，生产者需要超时的通知。
解决方案的优点	消费者不阻塞生产者。
解决方案的缺点	如果生产者生产消息的速度快于消费者处理消息的速度，消息队列最终会溢出。
适用性	集中式和分布式环境：实时系统、客户端 / 服务和分布式应用
相关的模式	带回调的异步消息通信
参考	第 12 章，12.3.3 节

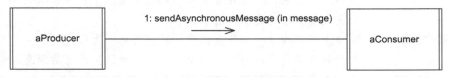

图 A-9 异步消息通信模式

505

A.2.2　带回调的异步消息通信模式

模式名	带回调的异步消息通信
别名	带回调的松耦合通信
上下文	并发或者分布式系统
问题	并发或者分布式应用中需要互相通信的并发构件。客户端不需要等待服务，但是需要收到一个回复。
解决方案的总结	客户端和服务之间使用同步通信。客户端发送请求给服务，包括客户端操作（回调）句柄。客户端不需要等待回复。在服务处理客户端请求之后，它使用句柄来远程地调用客户端操作（回调）。
解决方案的优点	当客户端需要一个回复但是能够继续执行并且在稍后接收回复时，这是一个客户端与服务通信的好方法。
解决方案的缺点	仅仅适用于客户端在接收第一个回复之前不需要发送多个请求的情况。
适用性	分布式环境：有多个服务的客户端 / 服务和分布式应用
相关的模式	考虑双向异步消息通信作为候选模式
参考	第 15 章，15.3.2 节

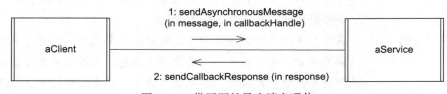

图 A-10　带回调的异步消息通信

A.2.3　双向异步消息通信模式

模式名	双向异步消息通信
别名	双向松耦合的消息通信
上下文	并发或者分布式系统
问题	并发或者分布式应用有需要互相通信的并发构件。生产者不需要等待消费者，尽管稍后它需要接收回复。生产者在接收第一个回复之前能够发送多个请求。
解决方案的总结	在生产者构件和消费者构件之间使用两个消息队列：一个给从生产者到消费者的消息，一个给从消费者到生产者的消息。生产者

	在 P→C 队列上发送消息给消费者，然后继续。消费者接收消息。如果消费者忙，消息排队。消费者在 C→P 队列上发送回复。
解决方案的优点	生产者不会被消费者阻塞。当生产者需要回复的时候，它稍后接收回复。
解决方案的缺点	如果生产者生产消息的速度快于消费者处理消息的速度，消息队列 P→C 最终会溢出。如果生产者没有足够快地进行回复，回复队列 C→P 将会溢出。
适用性	集中式和分布式环境：实时系统、客户端／服务器和分布式应用
相关的模式	带回调的异步消息通信
参考	第 12 章，12.3.3 节

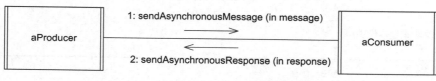

图 A-11 双向异步消息通信模式

507

A.2.4 广播模式

模式名	广播
别名	广播通信
上下文	分布式系统
问题	分布式应用有多个客户端和服务。有时一个服务需要发送同一个消息给多个客户端。
解决方案的总结	粗野的群组通信形式，其中服务发送消息给所有的客户端而不管客户端是否想要这个消息。客户端决定它想要处理这个消息还是丢弃这个消息。
解决方案的优点	群组通信的简单形式。
解决方案的缺点	由于客户端可能不想要这个消息，所以给客户端带来了额外的负载。
适用性	分布式环境：有多个服务器的客户端／服务器和分布式应用
相关的模式	类似于"订阅／通知"，除了它不是选择性的
参考	第 17 章，17.6.1 节

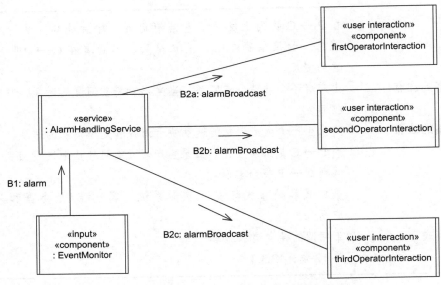

图 A-12 广播模式：警报广播的例子

A.2.5 代理者转发模式

模式名	代理者转发
别名	白页代理者转发、带转发设计的代理者
上下文	分布式系统
问题	分布式应用中多个客户端与多个服务通信。客户端不知道服务的位置。
解决方案的总结	服务向代理者注册。客户端发送服务请求给代理者。代理者转发请求给服务。服务处理请求，并发送回复给代理者。代理者转发回复给客户端。
解决方案的优点	位置透明性:服务可以方便地重定位。客户端不需要知道服务的位置。
解决方案的缺点	由于在所有的消息通信中都涉及代理者而带来额外的开销。如果代理者有高负载，代理者就成为了瓶颈。
适用性	分布式环境：有多个服务器的客户端/服务器和分布式应用
相关的模式	类似于代理者句柄；更安全，但是性能不太好
参考	第 16 章，16.2.2 节

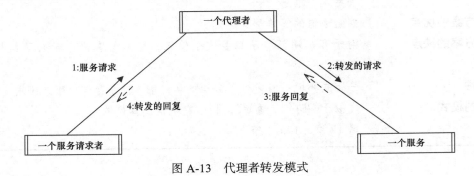

图 A-13 代理者转发模式

A.2.6　代理者句柄模式

模式名	代理者句柄
别名	白页代理者句柄，带句柄驱动设计的代理者
上下文	分布式系统
问题	分布式应用中多个客户端与多个服务通信。客户端不知道服务的位置。
解决方案的总结	服务向代理者注册。客户端发送服务请求给代理者。代理者返回服务句柄给客户端。客户端使用服务句柄向服务发出请求。服务处理请求并且直接发送回复给客户端。客户端能够向服务发送多个请求而不需要涉及代理者。
解决方案的优点	位置透明性：服务能够方便地重定位。客户端不需要知道服务的位置。
解决方案的缺点	由于在初始消息通信中涉及代理者而带来了额外的开销。如果代理者有高负载，代理者就成为了瓶颈。客户端可能会持有而不是丢弃一个过时的服务句柄。
适用性	分布式环境：有多个服务器的客户端/服务器以及分布式应用
相关的模式	类似于代理者转发，但是有更好的性能
参考	第 16 章，16.2.3 节

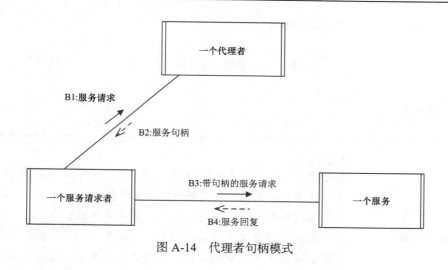

图 A-14　代理者句柄模式

510

A.2.7　调用/返回模式

模式名	调用/返回模式
别名	操作调用、方法调用
上下文	面向对象的程序和系统
问题	一个对象需要调用一个不同的对象的一个操作（也被认为是方法）。
解决方案的总结	在一个调用对象中的一个调用操作调用了一个被调用对象中的一

个被调用操作。在操作调用的时候，控制以及任何输入参数从调用操作被转移到被调用操作。当被调用操作完成执行时，它把控制和任何输出参数返回给调用操作。

解决方案的优点	这个模式是在串行设计中对象之间唯一可能的通信形式。
解决方案的缺点	如果这个模式的通信不合适，那么在大多数情况下会需要一个并发的或者分布式的解决方案。
适用性	串行的面向对象的体系结构、程序和系统。一个带内部对象的、被设计为串行子系统的服务会使用这个模式
相关的模式	使用消息传递而不是操作调用的软件体系结构通信模式
参考	第 12 章，12.3.2 节

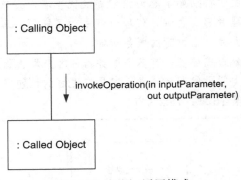

图 A-15 调用 / 返回模式

511

A.2.8 协商模式

模式名	协商
别名	基于主体的协商、多主体协商
上下文	分布式多主体系统；面向服务的体系结构
问题	客户端需要与多个服务协商来找到最好的可用服务。
解决方案的总结	客户端主体代表客户端向代表服务的服务主体做出提议。服务主体尝试着满足客户端的提议，这通常涉及与其他服务的通信。确定了可用的选项之后，服务主体会提供一个或者多个最接近于原来客户端主体提议的选项。客户端主体可以请求其中的一个选项、提出其他选项或者拒绝这个提议。如果服务主体能够满足客户端主体的请求，客户端主体接受这个请求；否则，它拒绝这个请求。
解决方案的优点	提供协商服务来补充其他服务。
解决方案的缺点	协商可能是冗长的而且没有结果。
适用性	分布式环境：有多个服务的客户端 / 服务以及分布式应用，面向服务的体系结构

相关的模式	经常与代理者模式（代理者转发、代理者句柄、服务发现）一起使用
参考	第 16 章，16.5 节

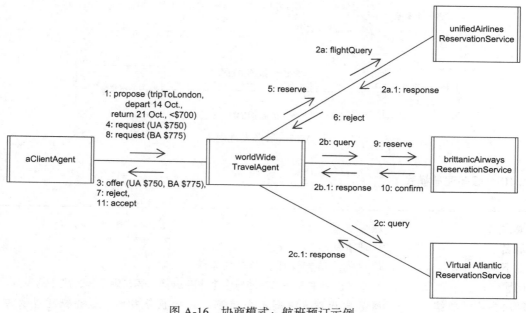

图 A-16　协商模式：航班预订示例

512

A.2.9　服务发现模式

模式名	服务发现
别名	黄页代理者、代理者交易者、发现
上下文	分布式系统
问题	分布式应用中多个客户端与多个服务通信。客户端知道请求的服务类型而不是特定的服务。
解决方案的总结	使用代理者的发现服务。服务向代理者注册。客户端发送发现服务的请求给代理者。代理者返回匹配发现服务请求的所有服务的名字。客户端选择一个服务并且使用代理者句柄或者代理者转发模式与服务通信。
解决方案的优点	位置透明性：服务能够方便地重定位。客户端不需要知道特定的服务而只需要服务类型。
解决方案的缺点	由于在初始消息通信中涉及代理者而带来额外的开销。如果代理者有高负载，代理者可能会成为瓶颈。
适用性	分布式环境：有多个服务的客户端／服务和分布式应用
相关的模式	其他代理者模式（代理者转发、代理者句柄）
参考	第 16 章，16.2.4 节

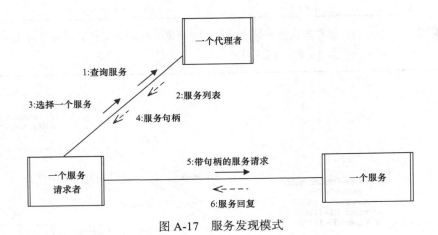

图 A-17 服务发现模式

A.2.10 服务注册模式

模式名	服务注册
别名	代理者注册
上下文	软件体系结构设计、分布式系统
问题	分布式应用中多个客户端与多个服务通信。客户端不知道服务的位置。
解决方案的总结	服务向代理者注册服务信息，包括服务名称、服务描述以及位置。客户端发送服务请求给代理者。代理者扮演客户端和服务之间的中介者。
解决方案的优点	位置透明性：服务能够方便地重定位。客户端不需要知道服务的位置。
解决方案的缺点	由于在消息通信中涉及代理者而带来额外的开销。如果代理者有高负载，代理者可能会成为瓶颈。
适用性	分布式环境：有多个服务的客户端／服务和分布式应用
相关的模式	代理者、代理者转发、代理者句柄、服务发现
参考	第 16 章，16.2.1 节

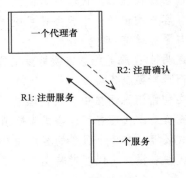

图 A-18 服务注册模式

A.2.11 订阅 / 通知模式

模式名	订阅 / 通知
别名	广播
上下文	分布式系统
问题	有多个客户端和服务的分布式应用。客户端想要接收给定类型的消息。
解决方案的总结	群组通信的选择性形式。客户端订阅接收给定类型的消息。当服务接收这个类型的消息时，它通知所有订阅它的客户端。
解决方案的优点	群组通信的选择性形式。广泛应用于互联网和万维网应用。
解决方案的缺点	如果客户端订阅了太多的服务，它可能会出乎意料地接收大量的消息。
适用性	分布式环境：有多个服务的客户端 / 服务和分布式应用
相关的模式	类似于"广播"，除了它具选择性
参考	第 17 章，17.6.2 节

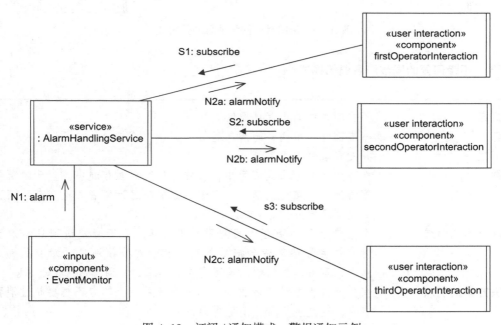

图 A-19 订阅 / 通知模式：警报通知示例

515

A.2.12 带回复的同步消息通信模式

模式名	带回复的同步消息通信
别名	带回复的紧耦合的消息通信
上下文	并发或者分布式系统
问题	并发或者分布式系统中多个客户端与一个服务通信。客户端需要等待服务的回复。

解决方案的总结	在客户端和服务之间使用同步通信。客户端发送消息给服务并且等待回复。由于有许多客户端，所以在服务端使用消息队列。服务以先进先出的方式处理消息。服务发送回复给客户端。当客户端从服务接收到消息时，客户端被激活。
解决方案的优点	当客户端与服务通信并且需要回复时，这是一个好的方法。这个通信形式在客户端/服务器应用中很常见。
解决方案的缺点	如果服务器有高负载，客户端可能会被无限阻塞。
适用性	分布式环境：有多个服务的客户端/服务和分布式应用
相关的模式	带回调的异步消息通信
参考	第 12 章，12.3.4 节；第 15 章，15.3.1 节

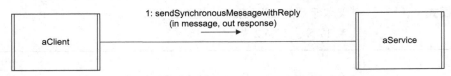

图 A-20 带回复的同步消息通信模式

A.2.13 不带回复的同步消息通信模式

模式名	不带回复的同步消息通信
别名	不带回复的紧耦合的消息通信
上下文	并发或者分布式系统
问题	在并发或者分布式应用中，并发构件需要互相通信。生产者需要等待消费者接受消息。生产者不想要超过消费者。生产者和消费者之间没有队列。
解决方案的总结	在生产者和消费者之间使用同步通信。生产者发送消息给消费者，并且等待消费者接受消息。消费者接收消息。如果没有消息，消费者就被挂起。消费者接受消息，从而释放了生产者。
解决方案的优点	当生产者需要消费者收到消息的确认并且生产者不想要超过消费者时，这是生产者与消费者通信的好方法。
解决方案的缺点	如果消费者忙于做其他事情，生产者可能会被无限阻塞。
适用性	分布式环境：有多个服务的客户端/服务和分布式应用
相关的模式	考虑把带回复的同步消息通信作为可替换模式
参考	第 18 章，18.8.3 节

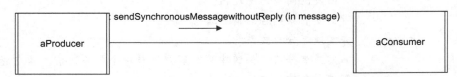

图 A-21 不带回复的同步消息通信模式

A.3 件体系结构事务模式

本节按照字母顺序并使用标准模板描述了体系结构事务模式，这些模式处理了客户端 / 服务器体系结构中的事务管理。

A.3.1 复合事务模式

模式名	复合事务
别名	
上下文	分布式系统、分布式数据库
问题	客户端有一个事务需求，它可以被分解为更小的、独立的扁平事务。
解决方案的总结	把复合事务分解成更小的原子事务，每个原子事务可以被独立地执行和回滚。
解决方案的优点	为可以分解为两个或者多个原子事务的事务提供了有效的支持。如果只有其中的一个事务需要回滚或者改变，这是有效的。
解决方案的缺点	为了确保个体原子事务之间是一致的，这需要更多的工作。如果整个复合事务需要回滚或者改变，这需要更多的协调。
适用性	事务处理应用、分布式数据库
相关的模式	两阶段提交协议、长事务
参考	第 16 章，16.4.2 节

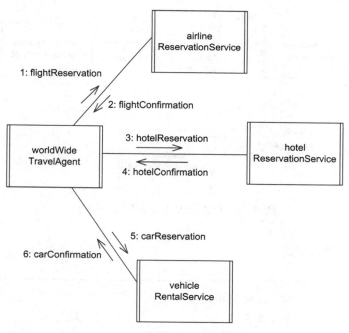

图 A-22　复合事务模式：航班 / 宾馆 / 汽车预订示例

A.3.2 长事务模式

模式名	长事务
别名	
上下文	分布式系统、分布式数据库
问题	客户端有一个长事务需求，它有人参与其中，需要很长、可能是无限的时间来执行。
解决方案的总结	把一个长事务分解为两个或者多个独立的原子事务，使得人的决策发生在连续的原子事务对之间。
解决方案的优点	为可以分解为两个或者多个原子事务的长事务提供了有效的支持。
解决方案的缺点	由于组成长事务的连续原子事务之间的长延迟，情况可能发生变化，导致一次不成功的长事务。
适用性	事务处理应用、分布式数据库
相关的模式	两阶段提交协议、复合事务
参考	第 16 章，16.4.3 节

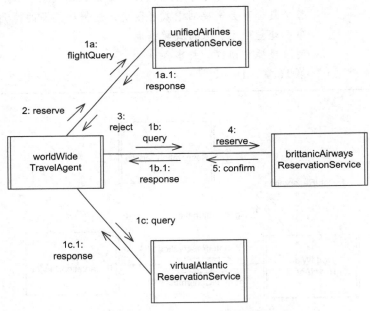

图 A-23 长事务模式：航班预订示例

A.3.3 两阶段提交协议模式

模式名	两阶段提交协议
别名	原子事务
上下文	分布式系统、分布式数据库

问题	客户端产生事务，并且把它们发送给服务来处理。一个事务是原子的（即不可分割的）。它有两个或者多个操作组成来执行一个单一的逻辑功能，它必须全部完成或者全部不完成。
解决方案的总结	对于原子事务，服务需要提交或者中止事务。两阶段提交协议被用于在分布式应用中同步不同结点的更新。结果不是事务被提交（在这种情况下所有的更新都成功）就是事务被中止（在这种情况下所有的更新都失败）。
解决方案的优点	为原子事务提供了有效的支持。
解决方案的缺点	只对短事务有效，即在事务的两个阶段之间没有长延迟。
适用性	事务处理应用、分布式数据库
相关的模式	复合事务、长事务
参考	第 16 章，16.4.1 节

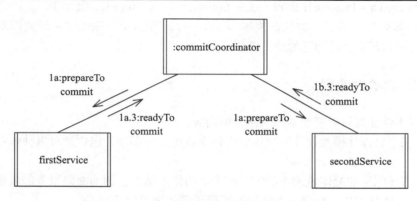

a）两阶段提交协议的第一个阶段

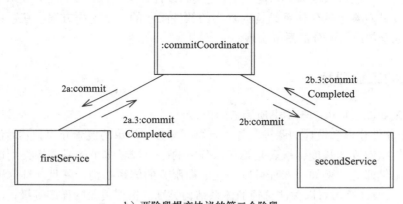

b）两阶段提交协议的第二个阶段

图 A-24　两阶段提交协议模式

520

教 学 考 虑

B.1 概述

本书的内容可以根据可用的时间以及学生的知识水平以不同的方式进行授课。这个附录描述了基于本书的可能的学术性课程和工业性课程的不同安排。

这些课程的前提条件是修读过关于软件工程的概论性课程，涵盖软件生存周期以及生存周期中各个阶段的主要活动。这个先导性课程将覆盖关于软件工程的介绍性书籍中描述的内容，例如，Pressman（Pressman 2009）或者 Sommerville（Sommerville 2010）。

这些课程都有三个部分：方法的描述、至少一个使用这个方法的案例研究以及一个给学生应用这个方法到现实世界问题的动手设计练习。

B.2 建议的学术性课程

以下的学术性课程可以基于本书所涵盖的内容：

1）一个关于软件建模和设计的高年级本科生或研究生课程，包含针对每种体系结构类别的概述。

2）一个前述课程的变体是关注其中某种类型的体系结构，例如面向服务的体系结构或者基于构件的软件体系结构，包含一个详细的案例研究和动手设计练习。

3）一个设计实验的课程可以作为软件建模和设计课程（课程 1）的后续课程，学生分小组工作，开发针对某个软件体系结构的真实的软件问题的一个解决方案。在这种情况下，学生也可以完成全部或者部分的系统实现。

521

B.3 建议的工业课程

以下的工业课程可以基于本书所涵盖的内容：

1）关于软件建模和设计的课程。首先是第一部分中简单的概念介绍，然后课程可以关注第二部分，根据课程的长度，最后是第三部分中的一个或者多个体系结构类别以及对应的第四部分中的案例研究。例如，课程可以关注面向服务的体系结构，并且详细地覆盖"在线购物系统"。动手设计练习可以关注选择的体系结构类别。根据覆盖的详细等级，这个课程可以持续 2 天到 5 天的任意长度。

2）一个实际的动手课程，方法的每个阶段都有一个动手的设计实验。假设是一个内部课程，设计实验可以是一个公司选择的问题。这个课程将关注一个体系结构类别，例如基于构件的软件设计。一个选择方案是分阶段的课程，每个阶段的方法教学与这个阶段的实际开发项目配合进行。

B.4 设计练习

这个讨论适用于学术性课程和工业课程。

作为课程的一部分，学生应该单独地或者分组针对一个或者多个现实世界问题进行工作。是否要解决一个或者多个问题取决于问题的大小以及课程的实践。然而，应该给予学生充分的时间来解决问题，因为这是让学生真正理解方法的最好途径。

可以使用以下软件问题：

1）微波炉系统（实时）

2）超级市场结账系统（客户端 / 服务器）

3）工厂自动控制系统（基于构件的软件体系结构）

4）库存管理系统（面向服务的系统）

可能的方法如下所示：

1）在整个课程中关注一个问题，并使用某种类型的体系结构，例如面向服务的体系结构。这个方法的优势是学生能够深入地理解方法。

2）把班级分成小组。每个小组使用不同类型的体系结构来解决同一个问题。在课程的最后安排时间给每个小组展示他们的解决方案。在课程上讨论应用方法时遇到的问题以及是如何解决这些问题的。

3）一个设计实验的课程可以作为软件建模和设计课程的后续课程，学生分小组工作，开发针对某类体系结构的真实的软件体系结构的一个解决方案。在这种情况下，学生也可以完成全部或者部分的系统实现。

术 语 表

A

abstract class（**抽象类**） 不能直接实例化的类（Booch，Rumbaugh，and Jacobson 2005）。 比较 concrete class。

abstract data type（**抽象数据类型**） 通过操纵它的操作来定义并因此隐藏了其表示细节的一种数据类型。

abstract interface specification（**抽象接口规约**） 定义信息隐藏类的外部视图的规约，即类的使用者需要了解的所有信息。

abstract operation（**抽象操作**） 在抽象类中声明并且未实现的操作。

action（**动作**） 作为状态转移的结果而执行的运算。

active object（**主动对象**） 见 concurrent object。

Activity diagram（**活动图**） 一种展示活动之间控制流和顺序的 UML 图。

actor（**参与者**） 与系统交互的外部用户或相关的用户集合（Rumbaugh,Booch,and Jacobson 2005）。

aggregate class（**聚合类**） 在聚合关系中代表整体的类（Booch，Rumbaugh，and Jacobson 2005）。

aggregate subsystem（**聚合子系统**） 较低层次的子系统和 / 或对象的逻辑分组。

aggregation（**聚合**） 一种较弱的整体 / 部分关系的形式。比较 composition。

algorithm object（**算法对象**） 封装了问题域中所使用的某种算法的对象。

alternative feature（**可替换特征**） 可以被选取并用来替换同一软件产品线中其他特征的特征。比较 common feature 和 optional feature。

alternative use case（**可替换用例**） 可以被选取并用来替换同一软件产品线中其他用例的用例。比较 kernel use case 和 optional use case。

analog data（**模拟数据**） 理论上具有无限个取值的连续数据。

analysis modeling（**分析建模**） COMET 基于用例的软件生存周期中的一个阶段，在此期间进行静态建模和动态建模。比较 design modeling 和 requirements modeling。

application deployment（**应用部署**） 确定需要哪些构件的实例、构件实例如何互相连接以及如何将构件实例分配到分布式的物理结点上的过程。

application logic object（**应用逻辑对象**） 隐藏应用逻辑细节使其和所操作的数据相分离的对象。

architectural pattern（**体系结构模式**） 见 software architectural pattern。

association（**关联**） 两个或多个类之间的关系。

asynchronous message communication（**异步消息通信**） 通信的一种形式，并发的生产者构件（或任务）发送消息给并发的消费者构件（或任务），并且不等待响应；并发的构件（或任务）之间可能需要构建一个消息队列。也称为松耦合消息通信。比较 synchronous message communication。

at-least-one-of feature group（**至少选一特征组**） 从中选择一个或多个特征的特征组，但必须至少选择一个特征。

B

behavioral analysis（**行为分析**） 见 dynamic analysis。

behavioral model（**行为模型**） 描述系统对从外部环境接收的输入所做出的响应的模型。

binary semaphore（**二元信号量**） 用于实现双向互斥的布尔变量。也简称为信号量。

black box specification（**黑盒规约**） 描述系统外部可见特性的规约。

boundary object（**边界对象**） 通过接口与外部环境相连接并与之通信的软件对象。

broadcast communication（**广播通信**） 一种群组通信的形式，消息会以主动提供的方式发送给所有的接收者。

broker(**代理者**) 客户端和服务之间交互的中介。也被称为对象代理者或对象请求代理者。

brokered communication（**代理者通信**） 在分布式对象环境中客户端和服务通过代理者进行消

息通信。

business logic object（业务逻辑对象） 为处理客户端请求而封装了业务规则（特定业务的应用逻辑）的对象。

C

callback（回调） 由客户端在对服务的异步请求中发送的一种操作句柄，并且服务将使用该操作句柄对客户端的请求做出响应。

CASE 见 Computer-Aided Software Engineering。

category（类别） 一个分类系统中专门定义的一个划分。

class（类） 一种对象类型，因此也是对象的模板。是抽象数据类型的一种实现方式。

class diagram（类图） 通过类和类之间的关系来表示系统的静态视图的 UML 图。比较 interaction diagram。

class interface specification（类接口规约） 定义类的外部可见视图的规约，包括该类所提供操作的规约。

class structuring criteria（类组织准则） 见 object structuring criteria。

client（客户端） 客户端/服务器系统中的服务的请求者。比较 server。

client/server system（客户端/服务器系统） 由请求服务的客户端和提供服务的一个或多个服务器构成的系统。

collaboration diagram（协作图） 通信图在 UML1.x 中的名称。

Collaborative Object Modeling and Architectural Design Method（COMET，协作式对象建模和体系结构设计方法） 覆盖软件开发生存周期中的需求、分析和设计建模阶段的一种迭代的用例驱动和面向对象的方法。

COMET 见 Collaborative Object Modeling and Architectural Design Method。

commonality（共性） 在软件产品线的所有成员中共有的功能特性。比较 variability。

commonality/variability analysis（共性/可变性分析） 通过分析软件产品线中的功能特性以确定哪些功能是产品线所有成员所共有的而哪些不是的一种方法。

common feature（共性特征） 软件产品线中每个成员都提供的特征。比较 optional feature 和 alternative feature。

Common Object Request Broker Architecture

（CORBA，公共对象请求代理者体系结构） 由"对象管理组织"（Object Management Group）制定的一种中间件技术的开放系统标准，用于在异构平台的分布式对象之间进行通信。

communication diagram（通信图） UML 2 中的一种交互图，用于描述系统中对象通过消息进行交互的动态视图。在 UML1.x 中被称为协作图。

complex port（复杂端口） 同时支持供给接口和请求接口的端口。

component（构件） 并发、自包含且拥有良定义的接口的一种对象，能够被用于除最初开发此构件的应用之外的其他应用中。也被称为分布式构件。

component-based software architecture（基于构件的软件体系结构） 一种提供相应的基础设施以使得现有的构件可以被复用的软件体系结构。

component-based system（基于构件的系统） 一种提供相应的基础设施以使得现有的构件可以被复用的系统。

component structuring criteria（构件组织准则） 辅助设计者将系统分解并组织为一组构件的一系列启发式规则。

composite component（复合构件） 包含内嵌子构件的构件，也被称为复合子系统。比较 simple component。

composite object（复合对象） 包含内嵌对象的对象。

composite state（复合状态） 在状态图中被分解为两个或多个子状态的状态。也被称为超状态。

composite structure diagram（复合结构图） UML 2 中的图，用于描述复合类的结构和之间的相互关联；常用来描述构件、端口和连接器。

composite subsystem（复合子系统） 见 composite component。

composition（组合） 一种比聚合更强的整体/部分关系形式；部分对象和复合对象（整体）一同创建、存在和销毁。

Computer-Aided Software Engineering（CASE，计算机辅助软件工程） 支持软件工程方法和表示法的软件工具。

concrete class（具体类） 能够被直接实例化的类（Booch，Rumbaugh，and Jacobson 2005）。比较 abstract class。

concurrent（并发） 一种问题、过程、系统或应用，其中多个活动可以并行发生并且事件的到达顺序通常是不可预测的并可能重叠。一个并发系统或应用有多个控制线程。比较 sequential。

concurrent collaboration diagram（并发协作图） 见 concurrent communication diagram。

concurrent communication diagram（并发通信图） 一种通信图，是一种通过异步和同步消息通信来描述并发对象以及对象之间交互的网络图。在 UML1.x 中被称为并发协作图。

concurrent object（并发对象） 拥有自己的控制线程的自主对象。也被称为主动对象、进程、任务、线程、并发进程或并发任务。

concurrent process（并发进程） 见 concurrent object。

concurrent service（并发服务） 能并行服务于多个客户端请求的服务。比较 sequential service。

concurrent task（并发任务） 见 concurrent object。

condition（条件） 在一段有限的时间间隔内值为真或假的布尔变量值。

connector（连接器） 封装了两个或多个构件之间互连协议的对象。

constraint（约束） 必须为真的条件或限制。

control object（控制对象） 为其他对象提供总体协调的对象。

coordinator object（协调者对象） 一种全局决策对象，决定一组对象的总体顺序并且与状态无关。

CORBA 见 Common Object Request Broker Architecture。

critical section（临界区） 对象内部逻辑中互斥的区域。

D

data abstraction（数据抽象） 一种通过操作集合来定义数据结构或数据类型的方法，因此可以用来分离和隐藏表示细节。

data abstraction class（数据抽象类） 封装了数据结构或数据类型的类，因此可隐藏表示细节；类提供的操作可管理隐藏的数据。

database wrapper class（数据库包装器类） 隐藏如何访问存储在数据库中的数据的类。

data replication（数据复制） 在分布式应用中在多个地方复制数据，以加速对数据的访问。

deadlock（死锁） 两个或多个并发对象都无限期地挂起的一种情形，因为每个并发对象都在等待其他并发对象释放某种资源。

default feature（默认特征） 在同一软件产品线的可替换特征组中如果没有其他特征显式地被选择系统会自动选择的特征。

delegation connector（委托连接器） 连接复合构件的外部端口和部分构件的内部端口的连接器，这样到达外部端口的消息会转发到内部端口。

demand driven task（按需驱动的任务） 由来自其他任务的消息或内部事件按需激活的任务。

deployment diagram（部署图） 一种 UML 图，通过物理结点以及结点之间的物理连接（例如网络连接）来显示系统的物理配置。

design concept（设计思想） 可应用到系统设计过程中的一种根本性的思想。

design method（设计方法） 一种创建设计的系统化的方法。该设计方法可帮助标识设计决策、使用顺序和使用准则。

design modeling（设计建模） COMET 基于用例的软件生命周期中的一个阶段，在此阶段中设计系统的软件体系结构。比较 analysis modeling 和 requirements modeling。

design notation（设计表示法） 描述设计的图形、符号或文字的方式。

design pattern（设计模式） 关于所要解决的某种重复出现的设计问题、问题的解决方案以及使用解决方案的上下文环境的一种描述。

design strategy（设计策略） 开发设计的整体规划和指导。

device interface object（设备接口对象） 一种信息隐藏对象，隐藏了输入/输出设备的特性并向用户提供虚拟的设备接口。

device I/O boundary object（设备输入/输出边界对象） 接收来自硬件输入/输出设备的输入或者向硬件输入/输出设备输出的软件对象。

discrete data（离散数据） 以一定的时间间隔到达的数据。

distributed（分布式） 本质上是并发的系统或应用，并且在包含多个不同地理分布的结点的环境中运行。

distributed application 分布式应用 在分布式环境中执行的应用。

distributed component（分布式构件） 见 component。

distributed kernel（分布式内核） 支持分布式应用的操作系统的原子性内核。

distributed processing environment（分布式处理环境） 通过局域网或广域网将多个地理上分布的结点相互连接起来的一种系统配置。

distributed service（分布式服务） 功能可以分布在多个服务器结点上运行的服务。

domain analysis(领域分析） 软件产品线的分析。

domain engineering（**领域工程**） 见 software product line engineering。

domain modeling（**领域建模**） 对软件产品线的建模。

domain-specific pattern（**特定领域模式**） 特定于给定软件产品线的软件模式。

domain-specific software architecture（**特定领域软件体系结构**） 见 software product line architecture。

dynamic analysis（**动态分析**） 帮助确定用例中的对象如何进行交互的一种策略。也被称为行为分析。

dynamic model（**动态模型**） 考虑一个问题或系统的控制和顺序的视图，可通过对象的有限状态机或通过多个对象间的交互顺序来完成。

dynamic modeling（**动态建模**） 开发系统的动态模型的过程。

E

EJB 见 Enterprise JavaBeans。

encapsulation（**封装**） 见 information hiding。

EJB JavaBeans（**企业级**） 一种基于 Java 的构件技术。

entity class（**实体类**） 一种类，很多时候都是可持久化的，其实例是封装信息的对象。

entity object（**实体对象**） 一种软件对象，很多时候都是可持久化的，用来封装信息。

entry action（**进入动作**） 进入某个状态时执行的动作。比较 exit action。

event（**事件**） （1）并发处理中用于同步目的的外部或内部的激励，它可以是一个外部中断、计时器超时、内部信号或内部消息。（2）交互图中在某个时间点到达一个对象的一个激励。（3）在状态图中引起状态转移的一个激励的发生。

event driven I/O device（**事件驱动的输入/输出设备**） 产生一些输入或处理完输出操作之后会产生中断的输入/输出设备。

event driven task（**事件驱动任务**） 被外部事件（例如中断）激活的任务。

event sequencing logic（**事件顺序逻辑**） 对任务如何响应每个消息或事件输入的描述，尤其是每个输入所导致的输出。

event synchronization（**事件同步**） 通过信号来控制并发对象的激活。事件同步有三种可能的类型：外部中断、计时器超时和来自其他并发对象的内部信号。

event trace（**事件轨迹**） 对每一个外部输入和发生时间的基于时间序列的描述。

exactly-one-of feature group（**选一特征组**） 对一个给定产品线成员只能从中选择一个特征的特征组。也被称为有且仅有一个特征组。

exit action（**退出动作**） 在退出状态时执行的动作。比较 entry action。

Extensible Markup Language（**XML，可扩展标记语言**） 允许不同的系统通过数据和文本的交换进行相互交互的技术。

external class（**外部类**） 在系统外部并且属于外部环境的一部分的类。

external event（**外部事件**） 来自外部对象的事件，特别是来自外部输入/输出设备的中断。比较 internal event。

explicit feature（**显式特征**） 在软件产品线的特定应用中可以单独被选择的特征。比较 implicit feature。

F

family of systems（**系统家族**） 见 software product line。

feature（**特征**） 一种功能性需求；可复用的产品线需求或特性。需求或特性由一个或多个软件产品线成员提供。

feature-based impact analysis（**基于特征的影响分析**） 在软件产品线中评估特征影响的一种方法，通常通过动态建模进行。

feature/class dependency（**特征/类依赖**） 表示一个或多个类支持软件产品线的一个特征的关系（例如实现该特征所定义的功能）。

feature/class dependency analysis（**特征/类依赖分析**） 为了确定特征/类依赖而对特征和类进行评估的一种方法。

feature group（**特征组**） 一组特征，其中包含软件产品线成员在使用这些特征时的特定约束。

feature modeling（**特征建模**） 分析和明确软件产品线中的特征和特征组的过程。

finite state machine（**有限状态机**） 包含有限个状态和由输入事件引起的状态转移的概念化机器。通过状态转移图、状态图或状态转移表来表示有限状态机。也被简称为状态机。

formal method（**形式化方法**） 使用形式化规约语言的一种软件工程方法，即具有数学化定义的语法和语义的语言。

G

generalization/specialization（**泛化 / 特化**） 公共属性和操作被抽象到超类（泛化类）之中并且被子类（特化类）继承的一种关系。

I

idiom（**惯用法**） 描述特定编程语言实现方案的低层次模式。

implicit feature（**隐式特征**） 不允许被单独选择的特征。比较 explicit feature。

incremental software development（**增量软件开发**） 见 iterative software development。

information hiding（**信息隐藏**） 在对象中封装软件设计决策的概念，这样对象接口只显示用户需要知道的东西。也被称为封装。

information hiding class（**信息隐藏类**） 根据信息隐藏概念构造出的类。该类隐藏了被认为很可能变化的设计决策。

information hiding class specification（**信息隐藏类规约**） 信息隐藏类的外部视图的规约，包括其操作。

information hiding object（**信息隐藏对象**） 信息隐藏类的实例。

inheritance（**继承**） 类之间共享和复用代码的一种机制。

input object（**输入对象**） 接收来自外部输入设备的输入的软件设备输入 / 输出边界对象。

input/output object（**输入 / 输出对象**） 从外部输入 / 输出设备那里接收输入并向其发送输出的软件设备输入 / 输出边界对象。

integrated communication diagram（**集成通信图**） 多个通信图的一种合成，描述了各个通信图上所有的对象及其之间的交互。也被称为合并协作图。

interaction diagram（**交互图**） 一种 UML 图，通过对象和对象之间传递的消息序列来表示系统的动态视图。通信图和顺序图是两种主要的交互图类型。比较 class diagram。

interface（**接口**） 刻画了一个类、服务或构件外部可见的操作，同时隐藏了操作的内部结构（实现）。

internal event（**内部事件**） 两个并发对象之间的一种同步方法。比较 external event。

I/O task structuring criteria（**输入 / 输出任务组织准则**） 属于一种任务组织准则，用于确定设备输入 / 输出对象如何映射到输入 / 输出任务以及输入 / 输出任务何时被激活的问题。

iterative software development（**迭代软件开发**） 一种按阶段进行的软件增量开发方法。也被称为增量软件开发。

J

JavaBeans 基于 Java 的构件技术。

Jini 在嵌入式系统和基于网络的计算应用中使用的一种连接计算机和设备的连接技术。

K

kernel（**内核**） 软件产品线或操作系统的核心部分。

kernel class（**核心类**） 软件产品线中所有成员都需要的类。比较 optional class 和 variant class。

kernel component（**核心构件**） 软件产品线中所有成员都需要的构件。比较 optional component 和 variant component。

kernel first approach（**核心首选方法**） 一种动态建模方法，用于确定实现核心用例的对象以及对象间如何交互。

kernel object（**核心对象**） 软件产品线中所有成员都需要的对象；是核心类的实例。比较 optional object 和 variant object。

kernel system（**核心系统**） 由核心类和任意所需的默认类组成的软件产品线的最小成员集合。

kernel use case（**核心用例**） 软件产品线中所有成员都需要的用例。比较 optional use case 和 alternative use case。

L

loosely coupled message communication（**松耦合消息通信**） 见 asynchronous message communication。

M

mathematical model（**数学模型**） 系统的数学化表示方法。

message dictionary（**消息字典**） 显示在交互图中的所有聚合消息的定义集合，其中交互图包含一些单体消息。

message sequence description（**消息序列描述**） 显示在通信图或顺序图上，从源对象到目标对象发送消息序列的概要描述。它描述当每条消息到达目标对象时发生的事情。

middleware（**中间件**） 位于异构化操作系统之上且为分布式应用的运行提供统一平台的软件层。

monitor（**监控**） 封装了数据和互斥执行的操作的数据对象。

multicast communication（**组播通信**） 见 subscription/notification。

multiple readers and writers（**多读多写**） 允许多个读取者并发访问同一共享数据存储库的算法；写入者必须通过互斥的方式来更新数据存储库。比较 mutual exclusion。

mutual exclusion（**互斥**） 在同一时间只允许一个并发对象访问共享数据的算法。可通过二元信号灯或使用监控的方法来实现。比较 multiple readers and writers。

mutual exclusion feature group（**互斥特征组**） 针对给定的软件产品线成员，至多可选择一个特征的特征组。比较 mutually inclusive feature。

mutually inclusive feature（**互包含特征**） 必须和其他特征一起使用的特征。比较 mutually exclusive feature group。

N

negotiation pattern（**协商模式**） 用于多主体系统中不同的主体之间相互协商从而共同做出决定的通信方法。

node（**结点**） 分布式环境下的部署单元，通常包括一个或多个共享内存的处理器。

O

object（**对象**） 包含被隐藏的数据和数据上的操作的类的实例。

object-based design（**基于对象的设计**） 基于信息隐藏思想的软件设计方法。

object broker（**对象代理者**） 见 broker。

object-oriented analysis（**面向对象分析**） 强调识别问题领域中的真实世界的对象并将其映射为软件对象的分析方法。

object-oriented design（**面向对象设计**） 基于对象、类和继承概念的软件设计方法。

object request broker（**对象请求代理者**） 见 broker。

object structuring criteria（**对象组织准则**） 帮助设计者将系统分解并组织为对象的一系列启发式规则，也称为类组织准则。

one-and-only-one-of feature group（**有且仅有一个特征的特征组**） 见 exactly-one-of feature group。

operation（**操作**） 由类执行的某种功能的规约。由类提供的访问过程或函数。

optional class（**可选类**） 软件产品线的部分成员所需要的类。比较 kernel class 和 variant class。

optional component（**可选构件**） 软件产品线的部分成员所需要的构件。比较 kernel component 和 variant component。

optional feature（**可选特征**） 软件产品线的部分成员所需要的特征。比较 common feature 和 alternative feature。

optional object（**可选对象**） 软件产品线的部分成员所需要的对象；可选类的实例。比较 kernel object 和 variant object。

optional use case（**可选用例**） 软件产品线的部分成员所需要的用例。比较 kernel use case 和 alternative use case。

output object（**输出对象**） 向外部输出设备提供输出的软件设备输入/输出边界对象。

P

package（**包**） UML 模型元素的一种分组。

parameterized feature（**参数化特征**） 定义了一个软件产品线参数且参数值需要在产品线成员中定义的特征。

part component（**部分构件**） 复合构件中的一个构件。

passive I/O device（**被动输入/输出设备**） 在完成输入或输出功能时不会产生中断的设备。来自被动输入设备的输入需要通过轮询或按需进行读取。

passive object（**被动对象**） 没有控制线程的对象；其操作直接或间接地被并发对象调用的对象。

performance analysis（**性能分析**） 一种软件设计的定量分析，概念上在特定的硬件配置上执行并且有特定的外部任务应用于该分析。

performance model（**性能模型**） 现实世界计算机系统行为的一种抽象，用于更深入地了解系统的性能，不论该系统是否真实存在。

periodic task（**周期性任务**） 被计时器事件周期性激活（例如相同的时间间隔）的并发对象。

PLUS 见 Product Line UML-Based Software Engineering。

port（**端口**） 用于构件之间通信的连接点。

prerequisite feature（**前提特征**） 被其他特征依赖的特征。

primary actor（**主要参与者**） 发起用例的参与者。比较 secondary actor。

priority message queue（**优先级消息队列**） 每个消息都有相应的优先级的消息队列。消费者总是在低优先级的消息之前接收高优先级的消息。

process（进程） 见 concurrent object。

product family（产品族） 见 software product line。

product line（产品线） 见 software product line。

product line engineering（产品线工程） 见 software product line engineering。

Product Line UML-Based Software Engineering, PLUS（基于 UML 的软件产品线工程） 针对软件产品线的一种设计方法，描述了如何使用 UML 对软件产品线进行需求建模、分析建模和设计建模。

provided interface（供给接口） 刻画了一个构件（或类）中必须实现的操作。比较 required interface。

provided port（供给端口） 支持供给接口的端口。比较 required port。

proxy object（代理对象） 与外部系统或子系统连接并进行通信的软件对象。

pseudocode（伪代码） 用于描述对象或类的算法细节的一种结构化英语表达形式。

Q

queuing model（排队模型） 一种计算机系统的数学表示，用于分析对有限资源的竞争。

R

Rational Unified Process（RUP, Rational 统一过程） 见 Unified Software Development Process（USDP）。

real-time（实时） 是指这样一种问题、系统或应用，其自身是并发的并且带有时间约束，要求到达的事件必须在一个给定的时间段内处理。

remote method invocation（RMI, 远程方法调用） 允许分布式的 Java 对象相互通信的中间件技术。

required interface（请求接口） 由其他构件（或类）提供的、供特定的构件（或类）在特定环境下执行的操作。比较 provided interface。

required port（请求端口） 支持请求接口的端口。比较 provided port。

requirements modeling（需求建模） COMET 基于用例的软件生命周期中的一个阶段，其中系统的功能性需求通过用例模型的开发来确定。

比较 analysis modeling 和 design modeling。

reuse category（复用类型） 软件产品线中的建模元素（用例、特征、类等）依据各自的复用属性（例如核心或可选）所进行的分类。比较 role category。

reuse stereotype（复用构造型） 表示建模元素的复用分类的 UML 表示法。

RMI 见 remote method invocation。

role category（角色类型） 应用中的建模元素（类、对象、构件）依据各自充当的角色（例如控制或实体）进行的分类。比较 reuse category。

role stereotype（角色构造型） 表示建模元素的角色分类的 UML 表示法。

RUP 见 Rational Unified Process。

S

scenario（场景） 用例或对象交互图中的一个特定的路径。

secondary actor（次要参与者） 参与（但没有发起）用例的参与者。比较 primary actor。

semaphore（信号量） 见 binary semaphore。

sequence diagram（顺序图） 一种 UML 的交互图，它描述系统的动态视图，其中参与交互的对象水平表示，时间垂直表示，消息的交互从顶部到底部按顺序表示。

sequential（顺序性） 指问题、进程、系统或应用中的活动都严格按照顺序发生；顺序性的系统或应用只有一个控制线程。比较 concurrent。

sequential service（顺序性服务） 一个服务完成客户端的请求后再开始下一个服务。比较 concurrent service。

server（服务器） 提供一个或多个服务的系统结点。

service（服务） 在 SOA 中分布式、自治、异构、松耦合、可发现和可复用的软件功能。

service object（服务对象） 为其他对象提供服务的软件对象。

service-oriented architecture（SOA, 面向服务的体系结构） 由分布式、自治、异构、松耦合、可发现和可复用的服务组合而成的软件体系结构。

simple component（简单构件） 不包含其他构件的构件。比较 composite component。

simulation model（模拟模型） 系统的一种算法

表示，反映了系统在一段时间之内动态变化的结构和行为，因此提供了一种分析系统在一段时间之内动态行为的方法。

SOA 见 service-oriented architecture。

software application engineering（软件应用工程） 软件产品线工程中的一个过程，在此过程中通过配置并修改软件产品线体系结构来开发一个属于软件产品线成员的软件应用。也被称为应用工程。

software architectural pattern（软件体系结构模式） 在一系列软件应用中反复使用的体系结构。也被简称为体系结构模式。

software architectural communication pattern（软件体系结构通信模式） 针对软件体系结构中分布式构件之间的动态通信的软件体系结构模式。

software architectural structure pattern（软件体系结构结构模式） 针对软件体系结构中的静态结构的软件体系结构模式。

software architecture（软件体系结构） 通过构件以及构件间的关系来描述系统整体结构的一种高层设计，与各个构件的内部细节相分离。

software product family（软件产品族） 见 software。

software product family engineering（软件产品族工程） 见 software product line engineering。

software product line（软件产品线） 拥有一些共性功能和一些可变性功能的软件系统家族；共享一组公性且受管理的特征、满足某个细分市场或任务的特定需求、并且在一组通用的核心资产基础上按照事先定义的方式开发出来的一系列软件密集型系统（Clements and Northrop 2002）。也被称为系统家族、软件产品族、产品族或产品线。

software product line architecture（软件产品线体系结构） 一个产品族的体系结构，描述了软件产品线中的核心、可选和可变性构件及其之间的互连。也被称为"特定领域的软件体系结构"。

software product line engineering（软件产品线工程） 指软件产品线的设计和开发过程，其中包括分析软件产品线的共性和可变性，并且开发产品线的用例模型、分析模型、软件产品线体系结构和复用构件。也被称为软件产品族工程、产品族工程或产品线工程。

software system context class diagram（软件系统上下文类图） 一种描述软件系统（表示为聚合类）和软件系统之外的外部类之间关系的类图。比较 system context class diagram。

software system context model（软件系统上下文模型） 在软件系统上下文类图中描述的软件系统边界模型。比较 system context model。

spiral model（螺旋模型） 一种风险驱动的软件过程模型。

state（状态） 一种在一段时间间隔内存在的可识别的情形。

statechart（状态图） 一种层次化状态转移图，其中结点表示状态，弧表示状态转移。

Statechart diagram（UML 状态图） UML 1.x 中状态机图的名称。

state-dependent control object（状态相关的控制对象） 隐藏有限状态机细节的对象；即该对象封装了状态图、状态转移图或状态转移表的内容。

state machine（状态机） 见 finite state machine。

state machine diagram（状态机图） 有限状态机或状态图的 UML 描述。

state transition（状态转移） 由输入事件引起的状态改变。

state transition diagram（状态转移图） 有限状态机的图形化表示，其中结点表示状态，弧表示状态转移。

state transition table（状态转移表） 有限状态机的表格式表示。

static modeling（静态建模） 为一个问题、系统或软件产品线开发静态、结构化视图的过程。

stereotype（构造型） 基于现有的 UML 建模元素并根据建模者的问题进行裁剪得到的用于定义新的构造块的一种分类（Booch, Rumbaugh, and Jacobson 2005）。

subscription/notification（订阅/通知） 一种群组通信方式，其中订阅者接收事件通知。又称为组播通信。

substate（子状态） 属于复合状态一部分的状态。

subsystem（子系统） 整个系统的重要组成部分；子系统提供整个系统的一个功能子集。

subsystem communication diagram（子系统通信图） 描述子系统及其之间交互的高层通信图。

superstate（超状态） 一个复合状态。

synchronous message communication（同步消息通信） 一种通信方式，其中生产者构件（或并发任务）发送消息到消费者构件（或并发任务）并立即等待确认。也被称为紧耦合消息通信。比较 asynchronous message communication。

synchronous message communication with

reply（带回复的同步消息通信） 一种通信方式，其中客户端构件（或生产者任务）发送消息到服务构件（或消费者任务）并等待回复。也被称为带回复的紧耦合消息通信。

synchronous message communication without reply（不带回复的同步消息通信） 一种通信方式，其中生产者构件（或任务）发送消息到消费者构件（或任务）并等待消费者接收消息。也被称为不带回复的紧耦合消息通信。

system context class diagram（系统上下文类图） 描述系统（表示为聚合类）和系统外部的外部类之间关系的类图。比较 software system context class diagram。

system context model（系统上下文模型） 在系统上下文类图中描述的系统（硬件和软件）边界模型。比较 software system context model。

system interface object（系统接口对象） 隐藏对于外部系统或子系统的接口的对象。

T

task（任务） 见 concurrent object。

task architecture（任务体系结构） 通过其接口和互连对系统或子系统中的并发对象的描述。

thread（线程） 见 concurrent object。

tightly coupled message communication（紧耦合消息通信） 见 synchronous message communication。

tightly coupled message communication with reply（带回复的紧耦合消息通信） 见 synchronous message communication with reply。

tightly coupled message communication without reply（不带回复的紧耦合消息通信） 见 synchronous message communication without reply。

timer event（计时器事件） 用来周期性激活并发对象的一种激励。

timer object（定时器对象） 被外部计时器激活的控制对象。

timing diagram（时间图） 显示一组并发对象按照时间顺序执行的图。

transaction（事务） 来自客户端的服务请求，所请求的服务包括两个或多个操作并且这些操作要么全部完成要么全部都未执行。

two-phase commit protocol（两阶段提交协议） 分布式应用中用来同步更新的一种算法，目的是确保原子性的事务要么提交要么终止。

U

UML 见 Unified Modeling Language。

Unified Modeling Language（UML，统一建模语言） 用于可视化、规约、构造和文档化软件密集型系统中的制品的一种语言。

Unified Software Development Process（USDP，统一软件开发过程） 一种使用 UML 表示法的迭代式用例驱动的软件过程。也被称为 Rational 统一过程（RUP）。

USDP 见 Unified Software Development Process。

use case（用例） 对一个或多个参与者与系统之间的一系列交互所进行的描述。

use case diagram（用例图） 显示一组用例、参与者及它们之间关系的 UML 图（Booch, Rumbaugh, and Jacobson 2005）。

use case model（用例模型） 基于参与者和用例的系统功能性需求的描述。

use case modeling（用例建模） 开发一个系统或软件产品线的用例的过程。

use case package（用例包） 一组相关的用例。

user interaction object（用户交互对象） 与个人用户进行交互的软件对象。

V

variability（可变性） 软件产品线的部分成员（但不是全部成员）所提供的功能。比较 commonality。

variant class（变体类） 与另一个类相似但不相同的类；与同一个父类的其他子类相似但不相同的子类。比较 kernel class 和 optional class。

variant component（变体构件） 与另一个构件相似但不相同的构件。比较 kernel component 和 optional component。

variant object（变体对象） 与另一个对象相似但不相同的对象；是变体类的实例。比较 kernel object 和 optional object。

variation point（可变点） 在软件产品线制品（例如用例或类）中会发生改变的位置。

visibility（可见性） 定义了类中的元素是否对外部类可见的一种特性。

W

Web service（Web 服务） 由服务提供者通过互联网提供给万维网用户的一种业务功能。

white page brokering（白页代理） 客户端和代

理者之间的一种通信模式，其中客户端知道所需要的服务但是不知道位置。比较 yellow page brokering。

whole/part relationship（整体 / 部分关系） 组合或聚合关系，其中整体类由多个部分类组成。

wrapper component（包装器构件） 处理客户端对遗留应用请求的通信和管理的分布式构件（Mowbray and Ruh 1997）。

X

XML 见 Extensible Markup Language。

Y

yellow page brokering（黄页代理） 客户端和代理者之间的一种通信模式，其中客户端知道所需要的服务类型但是不知道具体的服务。比较 white page brokering。

Z

zero-or-more-of feature group（零到多个特征的特征组） 包含可选特征的特征组。

zero-or-one-of feature group（零到一个特征的特征组） 所包含的所有特征两两互斥的特征组。

练习答案

第 1 章

1.（b）　**2.**（d）　**3.**（c）　**4.**（b）　**5.**（c）
6.（d）　**7.**（c）　**8.**（a）　**9.**（b）　**10.**（c）

第 2 章

1.（b）　**2.**（a）　**3.**（c）　**4.**（a）　**5.**（a）
6.（b）　**7.**（c）　**8.**（d）　**9.**（d）　**10.**（c）

第 3 章

1.（c）　**2.**（b）　**3.**（d）　**4.**（b）　**5.**（d）
6.（c）　**7.**（b）　**8.**（c）　**9.**（c）　**10.**（d）

第 4 章

1.（c）　**2.**（c）　**3.**（c）　**4.**（c）　**5.**（c）
6.（b）　**7.**（c）　**8.**（b）　**9.**（b）　**10.**（b）

第 5 章

1.（b）　**2.**（c）　**3.**（d）　**4.**（b）　**5.**（c）
6.（b）

第 6 章

1.（c）　**2.**（c）　**3.**（b）　**4.**（c）　**5.**（b）
6.（c）　**7.**（d）　**8.**（d）　**9.**（a）　**10.**（c）

第 7 章

1.（d）　**2.**（c）　**3.**（a）　**4.**（d）　**5.**（c）
6.（b）　**7.**（d）　**8.**（c）　**9.**（c）　**10.**（b）

第 8 章

1.（c）　**2.**（c）　**3.**（d）　**4.**（c）　**5.**（c）
6.（c）　**7.**（a）　**8.**（a）　**9.**（a）　**10.**（b）

第 9 章

1.（c）　**2.**（d）　**3.**（c）　**4.**（c）　**5.**（b）
6.（c）　**7.**（a）　**8.**（a）　**9.**（c）　**10.**（d）

第 10 章

1.（a）　**2.**（a）　**3.**（d）　**4.**（a）　**5.**（b）
6.（c）　**7.**（a）　**8.**（b）　**9.**（a）　**10.**（b）

第 11 章

1.（c）　**2.**（c）　**3.**（a）　**4.**（b）　**5.**（b）
6.（d）　**7.**（b）　**8.**（a）　**9.**（a）　**10.**（a）

第 12 章

1.（c）　**2.**（b）　**3.**（b）　**4.**（d）　**5.**（c）
6.（a）　**7.**（a）　**8.**（b）　**9.**（b）　**10.**（a）

第 13 章

1.（b）　**2.**（a）　**3.**（b）　**4.**（b）　**5.**（a）
6.（c）　**7.**（b）　**8.**（c）　**9.**（d）　**10.**（a）

第 14 章

1.（b）　**2.**（b）　**3.**（d）　**4.**（c）　**5.**（d）
6.（d）　**7.**（d）　**8.**（d）　**9.**（c）　**10.**（b）
11.（d）　**12.**（d）

第 15 章

1.（d）　**2.**（b）　**3.**（d）　**4.**（b）　**5.**（a）
6.（b）　**7.**（c）　**8.**（a）　**9.**（d）　**10.**（c）

第 16 章

1.（b）　**2.**（c）　**3.**（a）　**4.**（d）　**5.**（a）
6.（b）　**7.**（b）　**8.**（c）　**9.**（c）　**10.**（d）

第 17 章

1.（d）　**2.**（a）　**3.**（a）　**4.**（b）　**5.**（c）
6.（a）　**7.**（c）　**8.**（d）　**9.**（c）　**10.**（a）

第 18 章

1.（d）　**2.**（c）　**3.**（b）　**4.**（b）　**5.**（b）
6.（c）　**7.**（b）　**8.**（a）　**9.**（c）　**10.**（d）

第 19 章

1.（a）　**2.**（c）　**3.**（b）　**4.**（a）　**5.**（b）
6.（c）　**7.**（d）　**8.**（c）　**9.**（b）　**10.**（c）

第 20 章

1.（b）　**2.**（b）　**3.**（c）　**4.**（b）　**5.**（a）
6.（b）　**7.**（b）　**8.**（c）　**9.**（c）　**10.**（b）

参 考 文 献

Alexander, C. 1979. *The Timeless Way of Building*. New York: Oxford University Press.

Ammann, P., and J. Offutt. 2008. *Introduction to Software Testing*. New York: Cambridge University Press.

Ambler, S. 2005. *The Elements of UML 2.0 Style*. New York: Cambridge University Press.

Atkinson, C., J. Bayer, O. Laitenberger, et al. 2002. *Component-Based Product Line Engineering with UML*. Boston: Addison-Wesley.

Awad, M., J. Kuusela, and J. Ziegler. 1996. *Object-Oriented Technology for RealTime Systems: A Practical Approach Using OMT and Fusion*. Upper Saddle River, NJ: Prentice Hall.

Bacon, J. 2003. *Concurrent Systems: An Integrated Approach to Operating Systems, Database, and Distributed Systems*, 3rd ed. Reading, MA: Addison-Wesley.

Bass, L., P. Clements, and R. Kazman. 2003. *Software Architecture in Practice*, 2nd ed. Boston: Addison-Wesley.

Beizer, B., 1984. *Software System Testing and Quality Assurance*. New York: Van Nostrand.

Berners-Lee, T., R. Cailliau, A. Loutonen, et al. 1994. "The World-Wide Web." *Communications of the ACM* 37: 76–82.

Bjorkander, M., and C. Kobryn. 2003. "Architecting Systems with UML 2.0." *IEEE Software* 20(4): 57–61.

Blaha, J. M., and W. Premerlani. 1998. "*Object-Oriented Modeling and Design for Database Applications*. Upper Saddle River, NJ: Prentice Hall.

Blaha, J. M., and J. Rumbaugh. 2005. "*Object-Oriented Modeling and Design with UML*, 2nd ed. Upper Saddle River, NJ: Prentice Hall.

Boehm, B. 1981. *Software Engineering Economics*. Upper Saddle River, NJ: Prentice Hall.

Boehm, B. 1988. "A Spiral Model of Software Development and Enhancement." *IEEE Computer* 21(5): 61–72.

Boehm, B., and F. Belz. 1990. "Experiences with the Spiral Model as a Process Model Generator." In *Proceedings of the 5th International Software Process Workshop: Experience with Software Process Models, Kennebunkport, Maine, USA, October 10–13, 1989*, D. E. Perry (ed.), pp. 43–45. Los Alamitos, CA: IEEE Computer Society Press.

Boehm, B. 2006. "A view of 20th and 21st century software engineering." In *Proceedings of the International Conference on Software Engineering, May 20–26, 2006, Shanghai, China*, pp. 12–29. Los Alamitos, CA: IEEE Computer Society Press.

Booch, G., R. A. Maksimchuk, M. W. Engel, et al. 2007. *Object-Oriented Analysis and Design with Applications*, 3rd ed. Boston: Addison-Wesley.

Booch, G., J. Rumbaugh, and I. Jacobson. 2005. *The Unified Modeling Language User Guide*, 2nd ed. Boston: Addison-Wesley.

Bosch, J. 2000. *Design & Use of Software Architectures: Adopting and Evolving a Product-Line Approach*. Boston: Addison-Wesley.

Brooks, F. 1995. *The Mythical Man-Month: Essays on Software Engineering*, anniversary ed. Boston: Addison-Wesley.

Brown, A. 2000. *Large-Scale, Component-Based Development*. Upper Saddle River, NJ: Prentice Hall.

Budgen, D. 2003. *Software Design*, 2nd ed. Boston: Addison-Wesley.

Buhr, R. J. A., and R. S. Casselman. 1996. *Use Case Maps for Object-Oriented Systems*. Upper Saddle River, NJ: Prentice Hall.

Buschmann, F., R. Meunier, H. Rohnert, et al. 1996. *Pattern-Oriented Software Architecture: A System of Patterns*. New York: Wiley.

Cheesman, J., and J. Daniels. 2001. *UML Components*. Boston: Addison-Wesley.

Clements, P., and Northrop, L. 2002. *Software Product Lines: Practices and Patterns*. Boston: Addison-Wesley.

Coad, P., and E. Yourdon. 1991. *Object-Oriented Analysis*. Upper Saddle River, NJ: Prentice Hall.

Coad, P., and E. Yourdon. 1992. *Object-Oriented Design*. Upper Saddle River, NJ: Prentice Hall.

Coleman, D., P. Arnold, S. Bodoff, et al. 1993. *Object-Oriented Development: The Fusion Method*. Upper Saddle River, NJ: Prentice Hall.

Comer, D. E. 2008. *Computer Networks and Internets*, 5th ed. Upper Saddle River, NJ: Pearson/Prentice Hall.

Dollimore J., T. Kindberg, and G. Coulouris. 2005. *Distributed Systems: Concepts and Design*, 4th ed. Boston: Addison-Wesley.

Dahl, O., and C. A. R. Hoare. 1972. "Hierarchical Program Structures." In *Structured Programming*, O. Dahl, E. W. Dijkstra, and C. A. R. Hoare (eds.), pp. 175–220. London: Academic Press.

Davis, A. 1993. *Software Requirements: Objects, Functions, and States*, 2nd ed. Upper Saddle River, NJ: Prentice Hall.

Dijkstra, E. W. 1968. "The Structure of T. H. E. Multiprogramming System." *Communications of the ACM* 11: 341–346.

Douglass, B. P. 1999. *Doing Hard Time: Developing Real-Time Systems with UML, Objects, Frameworks, and Patterns*. Reading, MA: Addison-Wesley.

Douglass, B. P. 2002. *Real-Time Design Patterns: Robust Scalable Architecture for Real-Time Systems*. Boston: Addison-Wesley.

Douglass, B. P. 2004. *Real Time UML: Advances in the UML for Real-Time Systems*, 3rd ed. Boston: Addison-Wesley.

Eeles, P., K. Houston, and W. Kozaczynski. 2002. *Building J2EE Applications with the Rational Unified Process*. Boston: Addison-Wesley.

Eriksson, H. E., M. Penker, B. Lyons, et al. 2004. *UML 2 Toolkit*. Indianapolis, IN: Wiley.

Erl, T. 2006. *Service-Oriented Architecture (SOA): Concepts, Technology, and Design*. Upper Saddle River, NJ: Prentice Hall.

Erl, T. 2008. *SOA Principles of Service Design*. Upper Saddle River, NJ: Prentice Hall.

Erl, T. 2009. *SOA Design Patterns*. Upper Saddle River, NJ: Prentice Hall.

Espinoza H., D. Cancila, B. Selic and S. Gérard. 2009. "Challenges in Combining SysML and MARTE for Model-Based Design of Embedded Systems." Berlin: Springer LNCS 5562, pp. 98–113.

Fowler, M. 2002. *Patterns of Enterprise Application Architecture*. Boston: Addison-Wesley.

Fowler, M. 2004. *UML Distilled: Applying the Standard Object Modeling Language*, 3rd ed. Boston: Addison-Wesley.

Freeman, P. 1983a. "The Context of Design." In *Tutorial on Software Design Techniques*, 4th ed., P. Freeman and A. I. Wasserman (eds.), pp. 2–4. Silver Spring, MD: IEEE Computer Society Press.

Freeman, P. 1983b. "The Nature of Design." In *Tutorial on Software Design Techniques*, 4th ed., P. Freemanand A. I. Wasserman (eds.), pp. 46–53. Silver Spring, MD: IEEE Computer Society Press.

Freeman, P., and A. I. Wasserman (eds.). 1983. *Tutorial on Software Design Techniques*, 4th ed. Silver Spring, MD: IEEE Computer Society Press.

Friedenthal., A. Moore, and R. Steiner. 2009. A Practical Guide to SysML: The Systems Modeling Language. Burlington, MA: Morgan Kaufmann.

Gamma, E., R. Helm, R. Johnson, et al. 1995. *Design Patterns: Elements of Reusable Object-Oriented Software*. Reading, MA: Addison-Wesley.

Gomaa, H. 1984. "A Software Design Method for Real Time Systems." *Communications of the ACM* 27(9): 938–949.

Gomaa, H. 1986. "Software Development of Real Time Systems." *Communications of the ACM* 29(7): 657–668.

Gomaa, H. 1989a. "A Software Design Method for Distributed Real-Time Applications." *Journal of Systems and Software* 9: 81–94.

Gomaa, H. 1989b. "Structuring Criteria for Real Time System Design." In *Proceedings of the 11th International Conference on Software Engineering, May* 15–18, *1989, Pittsburgh, PA, USA*, pp. 290–301. Los Alamitos, CA: IEEE Computer Society Press.

Gomaa, H. 1990. "The Impact of Prototyping on Software System Engineering." In *Systems and Software Requirements Engineering*, pp. 431–440. Los Alamitos, CA: IEEE Computer Society Press.

Gomaa, H. 1993. *Software Design Methods for Concurrent and Real-Time Systems.* Reading, MA: Addison-Wesley.

Gomaa, H. 1995. "Reusable Software Requirements and Architectures for Families of Systems." *Journal of Systems and Software* 28: 189–202.

Gomaa, H. 2001. "Use Cases for Distributed Real-Time Software Architectures." In *Engineering of Distributed Control Systems*, L. R. Welch and D. K. Hammer (eds.), pp. 1–18. Commack, NY: Nova Science.

Gomaa, H. 1999. "Inter-Agent Communication in Cooperative Information Agent-Based Systems." In *Proceedings of the Cooperative Information Agents III: Third International Workshop, CIA'99, Uppsala, Sweden, July 31–August 2, 1999*, pp. 137–148. Berlin: Springer.

Gomaa, H. 2000. *Designing Concurrent, Distributed, and Real-Time Applications with UML.* Boston: Addison-Wesley.

Gomaa, H. 2002. "Concurrent Systems Design." In *Encyclopedia of Software Engineering*, 2nd ed., J. Marciniak (ed.), pp. 172–179. New York: Wiley.

Gomaa, H. 2005a. *Designing Software Product Lines with UML.* Boston: Addison-Wesley.

Gomaa, H. 2005b. "Modern Software Design Methods for Concurrent and Real-Time Systems." In *Software Engineering*, vol. 1: *The Development Process*. 3rd ed. M. Dorfman and R. Thayer (eds.), pp. 221–234. Hoboken, NJ: Wiley Interscience.

Gomaa, H. 2006. "A Software Modeling Odyssey: Designing Evolutionary Architecture-centric Real-Time Systems and Product Lines." Keynote paper, *Proceedings of the ACM/IEEE 9th International Conference on Model-Driven Engineering, Languages and Systems, Genoa, Italy, October 2006*, pp. 1–15. Springer Verlag LNCS 4199.

Gomaa, H. 2008. "Model-based Software Design of Real-Time Embedded Systems." *International Journal of Software Engineering* 1(1): 19–41.

Gomaa, H. 2009. "Concurrent Programming." In *Encyclopedia of Computer Science and Engineering*, Benjamin Wah (ed.), pp. 648–655. Hoboken, NJ: Wiley.

Gomaa, H., and G. Farrukh. 1997. "Automated Configuration of Distributed Applications from Reusable Software Architectures." In *Proceedings of the IEEE International Conference on Automated Software Engineering, Lake Tahoe, November 1997*, pp. 193–200. Los Alamitos, CA: IEEE Computer Society Press.

Gomaa, H., and G. A. Farrukh. 1999. "Methods and Tools for the Automated Configuration of Distributed Applications from Reusable Software Architectures and Components." *IEEE Proceedings – Software* 146(6): 277–290.

Gomaa, H., and D. Menasce. 2001. "Performance Engineering of Component-Based Distributed Software Systems." In *Performance Engineering: State of the Art and Current Trends*, R. Dumke, C. Rautenstrauch, A. Schmietendorf, et al. (eds.), pp. 40–55. Berlin: Springer.

Gomaa, H., and E. O'Hara. 1998. "Dynamic Navigation in Multiple View Software Specifications and Designs." *Journal of Systems and Software* 41: 93–103.

Gomaa, H., and D. B. H. Scott. 1981. "Prototyping as a Tool in the Specification of User Requirements." In *Proceedings of the 5th International Conference on Software Engineering, San Diego, March 1981*, pp. 333–342. New York: ACM Press.

Gomaa, H., and M. E. Shin. 2002. "Multiple-View Meta-Modeling of Software Product Lines." In *Eighth International Conference on Engineering of Complex Computer Systems, December 2–4, 2002, Greenbelt, Maryland*, pp. 238–246. Los Alamitos, CA: IEEE Computer Society Press.

Gomaa, H., and D. Webber. 2004. "Modeling Adaptive and Evolvable Software Product

Lines Using the Variation Point Model." In *Proceedings of the 37th Annual Hawaii International Conference on System Sciences, HICSS'04: January 5–8, 2004, Big Island, Hawaii*, pp. 1–10. Los Alamitos, CA: IEEE Computer Society Press.

Gomaa, H., L. Kerschberg, V. Sugumaran, et al. 1996. "A Knowledge-Based Software Engineering Environment for Reusable Software Requirements and Architectures." *Journal of Automated Software Engineering* 3(3/4): 285–307.

Gomaa, H., D. Menasce, and L. Kerschberg. 1996. "A Software Architectural Design Method for Large-Scale Distributed Information Systems." *Journal of Distributed Systems Engineering* 3(3): 162–172.

Griss, M., J. Favaro, and M. d'Alessandro. 1998. "Integrating Feature Modeling with the RSEB." In *Fifth International Conference on Software Reuse: Proceedings: June 2–5, 1998, Victoria, British Columbia, Canada*, P. Devanbu and J. Poulin (eds.), pp. 1–10. Los Alamitos, CA: IEEE Computer Society Press.

Harel, D. 1987. "Statecharts: A Visual Formalism for Complex Systems." *Science of Computer Programming* 8: 231–274.

Harel, D. 1988. "On Visual Formalisms." *Communications of the ACM* 31: 514–530.

Harel, D., and E. Gery. 1996. "Executable Object Modeling with Statecharts." In *Proceedings of the 18th International Conference on Software Engineering, Berlin, March 1996*, pp. 246–257. Los Alamitos, CA: IEEE Computer Society Press.

Harel, D., and M. Politi. 1998. *Modeling Reactive Systems with Statecharts: The Statemate Approach*. New York: McGraw-Hill.

Hoffman, D., and D. Weiss (eds.). 2001. *Software Fundamentals: Collected Papers by David L. Parnas*. Boston: Addison-Wesley.

Hofmeister, C., R. Nord, and D. Soni. 2000. *Applied Software Architecture*. Boston: Addison-Wesley.

IEEE Standard Glossary of Software Engineering Terminology, 1990, IEEE/Std 610.12-1990, Institute of Electrical and Electronic Engineers.

Jackson, M. 1983. *System Development*. Upper Saddle River, NJ: Prentice Hall.

Jacobson, I. 1992. *Object-Oriented Software Engineering: A Use Case Driven Approach*. Reading, MA: Addison-Wesley.

Jacobson, I., G. Booch, and J. Rumbaugh. 1999. *The Unified Software Development Process*. Reading, MA: Addison-Wesley.

Jacobson, I., M. Griss, and P. Jonsson. 1997. *Software Reuse: Architecture, Process and Organization for Business Success*. Reading, MA: Addison-Wesley.

Jacobson, I., and P. W. Ng. 2005. *Aspect-Oriented Software Development with Use Cases*. Boston, MA: Addison-Wesley.

Jazayeri, M., A. Ran, and P. Van Der Linden. 2000. *Software Architecture for Product Families: Principles and Practice*. Boston: Addison-Wesley.

Kang, K., S. Cohen, J. Hess, et al. 1990. *Feature-Oriented Domain Analysis (FODA) Feasibility Study* (Technical Report No. CMU/SEI-90-TR-021). Pittsburgh, PA: Software Engineering Institute.

Kobryn, C. 1999. "UML 2001: A Standardization Odyssey." *Communications of the ACM* 42(10): 29–37.

M. Kim, S. Kim, S. Park, et al. "Service Robot for the Elderly: Software Development with the COMET/UML Method." *IEEE Robotics and Automation Magazine*, March 2009.

Kramer, J., and J. Magee. 1985. "Dynamic Configuration for Distributed Systems." *IEEE Transactions on Software Engineering* 11(4): 424–436.

Kroll, P., and P. Kruchten. 2003. *The Rational Unified Process Made Easy: A Practitioner's Guide to the RUP*. Boston: Addison-Wesley.

Kruchten, P. 2003. *The Rational Unified Process: An Introduction*, 3rd ed. Boston: Addison-Wesley.

Larman, C. 2004. *Applying UML and Patterns*, 3rd ed. Boston: Prentice Hall.

Liskov, B., and J. Guttag. 2000. *Program Development in Java: Abstraction, Specification, and Object-Oriented Design*. Boston: Addison-Wesley.

Lea, D. 2000. *Concurrent Programming in Java: Design Principles and Patterns*, 2nd ed. Boston: Addison-Wesley.

Magee, J., and J. Kramer. 2006. *Concurrency: State Models & Java Programs*, 2nd ed. Chichester, England: Wiley.

Magee, J., N. Dulay, and J. Kramer. 1994. "Regis: A Constructive Development Environment for Parallel and Distributed Programs." *Journal of Distributed Systems Engineering* 1(5): 304–312.

Magee, J., J. Kramer, and M. Sloman. 1989. "Constructing Distributed Systems in Conic." *IEEE Transactions on Software Engineering* 15(6): 663–675.

Malek, S., N. Esfahani, D. A. Menascé, et al. 2009. "Self-Architecting Software Systems (SASSY) from QoS-Annotated Activity Models." In *Proceedings Workshop on Principles of Engineering Service-Oriented Systems (PESOS), Vancouver, Canada, May 2009.*

McComas, D., S. Leake, M. Stark, et al. 2000. "Addressing Variability in a Guidance, Navigation, and Control Flight Software Product Line." In *Software Product Lines: Experience and Research Directions: Proceedings of the First Software Product Lines Conference (SPLC1), August 28–31, 2000, Denver, Colorado*, P. Donohoe (ed.), pp. 1–11. Boston: Kluwer Academic.

Menascé, D. A., V. Almeida, and L. Dowdy. 2004. *Performance by Design: Computer Capacity Planning By Example*. Upper Saddle River, NJ: Prentice Hall.

Menascé, D. A., and H. Gomaa. 1998. "On a Language Based Method for Software Performance Engineering of Client/Server Systems." In *First International Workshop on Software Performance Engineering, Santa Fe, New Mexico, October 12–16, 1998*, pp. 63–69. New York: ACM Press.

Menascé, D. A., and H. Gomaa. 2000. "A Method for Design and Performance Modeling of Client/Server Systems." *IEEE Transactions on Software Engineering* 26: 1066–1085.

Menascé, D. A., H. Gomaa, and L. Kerschberg. 1995. "A Performance-Oriented Design Methodology for Large-Scale Distributed Data Intensive Information Systems." In *First IEEE International Conference on Engineering of Complex Computer Systems, Held Jointly with 5th CSESAW, 3rd IEEE RTAW, and 20th IFAC/IFIP WRTP: Proceedings, Ft. Lauderdale, Florida, USA, November 6–10, 1995*, pp. 72–79. Los Alamitos, CA: IEEE Computer Society Press.

Meyer, B. 1989. "Reusability: The Case for Object-Oriented Design." In *Software Reusability*, vol. 2: *Applications and Experience*, T. J. Biggerstaff and A. J. Perlis (eds.), pp. 1–33. New York: ACM Press.

Meyer, B. 2000. *Object-Oriented Software Construction*, 2nd ed. Upper Saddle River, NJ: Prentice Hall.

Mills, K., and H. Gomaa. 1996. "A Knowledge-Based Approach for Automating a Design Method for Concurrent and Real-Time Systems." In *Proceedings of the 8th International Conference on Software Engineering and Knowledge Engineering*, pp. 529–536. Skokie, IL: Knowledge Systems Institute.

Mills, K., and H. Gomaa. 2002. "Knowledge-Based Automation of a Design Method for Concurrent and Real-Time Systems." *IEEE Transactions on Software Engineering* 28(3): 228–255.

Morisio, M., G. H. Travassos, and M. E. Stark. 2000. "Extending UML to Support Domain Analysis." In *15th International Conference on Automated Software Engineering 2000*, pp. 321–324. Los Alamitos, CA: IEEE Computer Society Press.

Mowbray, T., and W. Ruh. 1997. *Inside CORBA: Distributed Object Standards and Applications*. Reading, MA: Addison-Wesley.

Olimpiew, E., and H. Homaa. 2009. "Reusable Model-Based Testing", In *Proceedings 11th International Conference on Software Reuse, Falls Church, VA, September 2009*, Berlin: Springer LNCS 5791, pp. 76–85.

Orfali, R., and D. Harkey. 1998. *Client/Server Survival Guide*, 2nd ed. New York: Wiley.

Orfali, R., D. Harkey, and J. Edwards. 1996. *Essential Distributed Objects Survival Guide*. New York: Wiley.

Orfali, R., D. Harkey, and J. Edwards. 1999. *Essential Client/Server Survival Guide*, 3rd ed. New York: Wiley.

Page-Jones, M. 2000. *Fundamentals of Object-Oriented Design in UML*. Boston: Addison-Wesley.

Parnas, D. 1972. "On the Criteria to Be Used in Decomposing a System into Modules." *Communications of the ACM* 15: 1053–1058.

Parnas, D. 1974. "On a 'Buzzword': Hierarchical Structure." In *Proceedings of IFIP Congress 74, Stockholm, Sweden*, pp. 336–339. Amsterdam: North Holland.

Parnas, D. 1979. "Designing Software for Ease of Extension and Contraction." *IEEE Transactions on Software Engineering* 5(2): 128–138.

Parnas, D., and D. Weiss. 1985. "Active Design Reviews: Principles and Practices." In *Proceedings, 8th International Conference on Software Engineering, August 28–30, 1985, London, UK*, pp. 132–136. Los Alamitos, CA: IEEE Computer Society Press.

Parnas, D., P. Clements, and D. Weiss. 1984. "The Modular Structure of Complex Systems." In *Proceedings of the 7th International Conference on Software Engineering, March 26–29, 1984, Orlando, Florida*, pp. 408–419. Los Alamitos, CA: IEEE Computer Society Press.

Pettit, R., and H. Gomaa. 2006. "Modeling Behavioral Design Patterns of Concurrent Objects." In *Proceedings of the IEEE International Conference on Software Engineering, May 2006, Shanghai, China*. Los Alamitos, CA: IEEE Computer Society Press.

Pettit, R., and H. Gomaa. 2007. "Analyzing Behavior of Concurrent Software Designs for Embedded Systems." In *Proceedings of the 10th IEEE International Symposium on Object and Component-Oriented Real-Time Distributed Computing, Santorini Island, Greece, May 2007*.

Pitt, J., M. Anderton, and R. J. Cunningham. 1996. "Normalized Interactions between Autonomous Agents: A Case Study in Inter-Organizational Project Management." *Computer Supported Cooperative Work: The Journal of Collaborative Computing* 5: 201–222.

Pree, W., and E. Gamma. 1995. *Design Patterns for Object-Oriented Software Development*. Reading, MA: Addison-Wesley.

Pressman, R. 2009. *Software Engineering: A Practitioner's Approach*, 7th ed. New York: McGraw-Hill.

Prieto-Diaz, R. 1987. "Domain Analysis for Reusability." In *Compsac '87: Eleventh International Computer Software and Applications Conference Proceedings*, pp. 23–29. Los Alamitos, CA: IEEE Computer Society Press.

Prieto-Diaz, R., and P. Freeman. 1987. "Classifying Software for Reusability." *IEEE Software* 4(1): 6–16.

Pyster, A. 1990. "The Synthesis Process for Software Development." In *Systems and Software Requirements Engineering*, R. J. Thayer and M. Dorfman (eds.), pp. 528–538. Los Alamitos, CA: IEEE Computer Society Press.

Quatrani, T. 2003. *Visual Modeling with Rational Rose 2002 and UML*. Boston: Addison-Wesley.

Rosenberg, D., and K. Scott. 1999. *Use Case Driven Object Modeling with UML: A Practical Approach*. Reading, MA: Addison-Wesley.

Rumbaugh, J., M. Blaha, W. Premerlani, et al. 1991. *Object-Oriented Modeling and Design*. Upper Saddle River, NJ: Prentice Hall.

Rumbaugh, J., G. Booch, and I. Jacobson. 2005. *The Unified Modeling Language Reference Manual*, 2nd ed. Boston: Addison-Wesley.

Schmidt, D., M. Stal, H. Rohnert, et al. 2000. *Pattern-Oriented Software Architecture*, vol. 2: *Patterns for Concurrent and Networked Objects*. Chichester, England: Wiley.

Schneider, G., and J. P. Winters. 2001. *Applying Use Cases: A Practical Guide*, 2nd ed. Boston: Addison-Wesley.

Selic, B. 1999. "Turning Clockwise: Using UML in the Real-Time Domain." *Communications of the ACM* 42(10): 46–54.

Selic, B., G. Gullekson, and P. Ward. 1994. *Real-Time Object-Oriented Modeling*. New York: Wiley.

Shan, Y. P., and R. H. Earle. 1998. *Enterprise Computing with Objects*. Reading, MA:

Addison-Wesley.

Shaw, M., and D. Garlan. 1996. *Software Architecture: Perspectives on an Emerging Discipline*. Upper Saddle River, NJ: Prentice Hall.

Shlaer, S., and S. Mellor. 1988. *Object-Oriented Systems Analysis*. Upper Saddle River, NJ: Prentice Hall.

Shlaer, S., and S. Mellor. 1992. *Object Lifecycles: Modeling the World in States*. Upper Saddle River, NJ: Prentice Hall.

Silberschatz, A., P. Galvin, and G. Gagne. 2008. *Operating System Concepts*, 8th ed. New York: Wiley.

Silberschatz, A., H. F. Korth, and S. Sudarshan. 2010. *Database System Concepts*, 6th ed. Boston: McGraw Hill.

Smith, C. U. 1990. *Performance Engineering of Software Systems*. Reading, MA: Addison-Wesley.

Sommerville, I. 2010. *Software Engineering*, 9th ed. Boston: Addison-Wesley.

Stevens, P., and R. Pooley. 2000. *Using UML: Software Engineering with Objects and Components*, updated ed. New York: Addison-Wesley.

Street, J., and H. Gomaa, 2008. "Software Architectural Reuse Issues in Service-Oriented Architectures." In *Proceedings Hawaii International Conference on System Sciences, Hawaii, January 2008*.

Szyperski, C. 2003. *Component Software: Beyond Object-Oriented Programming*, 2nd ed. Boston: Addison-Wesley.

Tanenbaum, A. S. 2003. *Computer Networks*, 4th ed. Upper Saddle River, NJ: Prentice Hall.

Tanenbaum, A. S. 2008. *Modern Operating Systems*, 3rd ed. Upper Saddle River, NJ: Prentice Hall.

Tanenbaum, A. S., and M. Van Steen. 2006. *Distributed Systems: Principles and Paradigms*, 2nd ed. Upper Saddle River, NJ: Prentice Hall.

Taylor, R. N., N. Medvidovic, and E. M. Dashofy. 2009. *Software Architecture: Foundations, Theory, and Practice*. New York: Wiley.

Texel, P., and C. Williams. 1997. *Use Cases Combined with Booch/OMT/UML: Process and Products*. Upper Saddle River, NJ: Prentice Hall.

Warmer, J., and A. Kleppe. 1999. *The Object Constraint Language: Precise Modeling with UML*. Reading, MA: Addison-Wesley.

Webber, D., and H. Gomaa. 2004. "Modeling Variability in Software Product Lines with the Variation Point Model." *Journal of Science of Computer Programming* 53(3): 305–331.

Weiss, D., and C. T. R. Lai. 1999. *Software Product-Line Engineering: A Family-Based Software Development Process*. Reading, MA: Addison-Wesley.

Wirfs-Brock, R., B. Wilkerson, and L. Wiener. 1990. *Designing Object-Oriented Software*. Upper Saddle River, NJ: Prentice Hall.

索　引

索引中的页码为英文原书页码，与书中页边标注的页码一致。

推荐阅读

软件工程：实践者的研究方法（原书第8版）

作者：Roger S. Pressman 等
ISBN：978-7-111-54897-3　定价：99.00元

软件工程：架构驱动的软件开发

作者：Richard F. Schmidt
ISBN：978-7-111-53314-6　定价：69.00元

人件（原书第3版）

作者：Tom DeMarco 等
ISBN：978-7-111-47436-4　定价：69.00元

设计原本——计算机科学巨匠Frederick P. Brooks的反思（经典珍藏）

作者：Frederick P. Brooks
ISBN：978-7-111-41626-5　定价：79.00元